U0792170

高等职业教育计算机网络技术专业教材

数据库技术与应用（SQL Server 2019）

主　编　沙有闯

副主编　朱小娟　薄　杨　李晨诚

中国水利水电出版社
www.waterpub.com.cn
·北京·

内 容 提 要

本书系统地介绍了数据库系统的基本概念、基本原理、基本设计方法及相关技术，翔实地介绍了应用 SQL Server 2019 进行数据库管理的各种操作，以及数据库程序开发所需的各种知识和技能。本书共 13 章，分为基础篇、应用篇、管理篇和设计篇 4 个部分。基础篇介绍了数据库的基本概念、SQL Server 环境搭建、T-SQL 基本语法等知识；应用篇基于 SQL Server 2019 介绍了数据库在项目开发中的应用技术，包括数据库及表格的创建和管理、数据的操纵方法（增、删、查、改）、索引及视图的创建与管理、存储过程和触发器的创建和管理等；管理篇主要介绍 SQL Server 的管理与维护方法；设计篇介绍了数据库的一般设计流程、PowerDesigner 工具的使用方法，并给出了一个典型的数据库设计案例。本书配有精选的练习题与实验任务，可供读者巩固和提高自己的实践技能。

本书重点突出，面向应用与实践，兼顾基础理论，体现了编者多年来在“数据库应用”课程教学模式改革过程中形成的“案例贯穿、项目导向、任务驱动”思想，融“教”“学”“做”于一体。本书可以作为各类院校工科类专业数据库技术或 SQL Server 相关课程的教材，尤其适合高等职业院校电子信息类专业教学使用，也可作为培训机构的培训教材和对数据库感兴趣的读者的自学用书。

图书在版编目（CIP）数据

数据库技术与应用 : SQL Server 2019 / 沙有闯主编. -- 北京 : 中国水利水电出版社, 2020.8（2024.11 重印）
高等职业教育计算机网络技术专业教材
ISBN 978-7-5170-8689-5

Ⅰ. ①数… Ⅱ. ①沙… Ⅲ. ①关系数据库系统－高等职业教育－教材 Ⅳ. ①TP311.138

中国版本图书馆CIP数据核字(2020)第124285号

策划编辑：石永峰　责任编辑：张玉玲　加工编辑：刘　瑜　封面设计：李　佳

书　　名	高等职业教育计算机网络技术专业教材 数据库技术与应用（SQL Server 2019） SHUJUKU JISHU YU YINGYONG (SQL Server 2019)
作　　者	主　编　沙有闯 副主编　朱小娟　薄　杨　李晨诚
出版发行	中国水利水电出版社 （北京市海淀区玉渊潭南路 1 号 D 座　100038） 网址：www.waterpub.com.cn E-mail：mchannel@263.net（答疑） sales@mwr.gov.cn 电话：（010）68545888（营销中心）、82562819（组稿）
经　　售	北京科水图书销售有限公司 电话：（010）68545874、63202643 全国各地新华书店和相关出版物销售网点
排　　版	北京万水电子信息有限公司
印　　刷	三河市鑫金马印装有限公司
规　　格	184mm×260mm　16 开本　19.75 印张　484 千字
版　　次	2020 年 8 月第 1 版　2024 年 11 月第 3 次印刷
印　　数	5001—7000 册
定　　价	49.00 元

前　　言

数据库技术自 20 世纪 60 年代诞生以来，其理论与应用都已经十分成熟，是计算机领域应用很广、实用性很强的一门技术。随着大数据和人工智能时代的到来，数据库技术几乎应用到了现实生活的各个领域。小到大中型网站、企业资源管理系统、企业的决策支持系统，大到数据挖掘系统、人工智能应用等，数据库技术都提供了重要的技术支撑。目前，不仅计算机类专业将数据库技术设置为核心课程，很多电子信息类、通信类、管理类专业都将数据库相关课程设置为必修或选修课程，由此可见数据库技术的重要地位。

数据库管理系统的种类很多，SQL Server 作为微软公司推出的一个性能优越、功能完备的关系型数据库管理系统，市场占有率较高。SQL Server 2019 为用户提供了强大且简单易用的工具，同时降低了多平台上创建、部署、管理、应用企业数据的复杂性，并通过全面的功能集、与现有系统的互操作性，以及对日常任务的自动化管理能力，为不同规模的企业提供了一个完整的数据管理系统和应用开发解决方案。

本书的编写团队根据数据库设计、开发和管理岗位的需要，分析不同岗位的核心工作任务，按照“二八原则”设计理论和实践的比例，以案例和项目任务为载体，根据岗位能力要求和行业实用技术需求完成了教学内容的编写。基础篇介绍了数据库的基础知识、数据模型的基本概念和 T-SQL 基本语法等必要理论；应用篇基于主流的数据库管理系统 SQL Server 2019 介绍了数据库的典型工作任务，包括数据库、关系表、视图、存储过程、触发器等对象的创建和管理，数据完整性约束的设计与实现，数据的查询和操作，索引的设计与维护等；管理篇介绍了数据库的日常安全管理、数据库的备份恢复及导入导出技术；设计篇介绍了数据库设计的流程和 PowerDesigner 设计软件的使用方法，并以新闻发布系统的数据库设计为例完整地展现了数据库设计和实现的过程，让读者通过项目训练强化对知识的理解和对技能的掌握。

本书是安徽省精品资源共享课程项目、大规模在线开放课程项目建设成果，编写团队主要成员均为安徽国防科技职业学院一线教师。本书以“学生成绩管理系统”项目为驱动，每个教学章节又采用任务引入的方法，全面、翔实地介绍了数据库应用与开发所需的各种知识和技能。本书的内容选取体现了编写团队“案例贯穿、项目导向、任务驱动”的教学改革思想，融“教”“学”“做”于一体，是一本真正面向职业岗位技能培养的教材。本书配备了习题、实验指导、MOOC 等立体化教学资源，可以帮助广大读者快速、全面地掌握数据库应用、开发、管理和维护等技能。

本书由沙有闯负责整体规划和统稿，并由薄杨编写第 1 章、第 2 章、第 3 章，朱小娟编写

第 4 章、第 5 章、第 9 章，沙有闯编写第 6 章、第 7 章、第 8 章、第 10 章、第 11 章，李晨诚编写第 12 章、第 13 章。黄存东教授在本书的规划设计和开发过程中给予了大力支持，年夫坤、王干、张勇、彭飞等企业工程师参与了本书部分案例的设计并对本书的编写提出了宝贵的建议，中国水利水电出版社及其各位编辑也给予了支持和帮助，在此一并表示衷心的感谢！

由于编者水平有限，虽然经过再三勘误，仍难免有纰漏，欢迎广大读者提出宝贵意见和建议。

编 者

2020 年 4 月

目 录

第二部分　应用篇

第三部分 管理篇

第四部分　设计篇

第一部分　基础篇

第1章 数据库

任务背景：

数据库主要应用于大量数据的管理，如学校要管理学生、课程等信息，就要把学校的学生、课程、学生成绩等数据有序地存放在计算机内，并通过数据库管理系统对这些数据进行管理。数据库管理系统可以对收集到的大量数据进行整理、加工、归并、分类、计算、存储等处理，并产生新的数据来反映事物或现象的本质和特征及其内在联系。

本章任务是学习数据、数据库、数据库管理系统等基本概念。

学习目标：

（1）理解数据库的概念。

（2）理解数据库管理系统的概念。

（3）了解数据管理技术的发展。

（4）理解数据库系统的组成与结构。

任务导航：

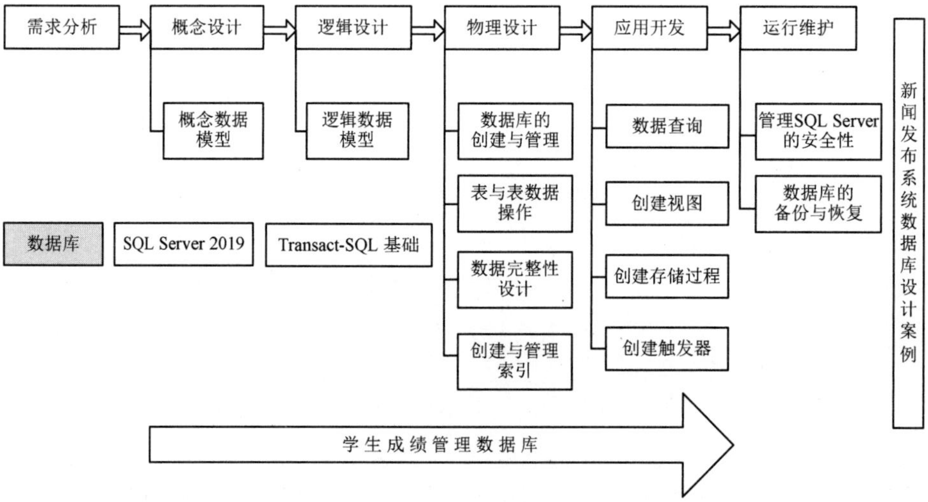

1.1 数据库概述

数据库的基本概念

1.1.1 数据库的基本概念

在计算机应用技术中，虽然数据（data）与信息（information）的概念有很多相似之处，但其表述的具体内容是有区别的。

1. 数据与信息

数据是对客观事物及其活动的抽象符号表示，是存储在某一种媒体上可以鉴别的符号资料。数据的表示形式多样，既可以是数据、文本，也可以是图形、图像、声音、说明性信息等。

例如：定义某学生的姓名是“张三”，年龄是“17”岁，性别是“男”，这里的“张三”、“17”和“男”就是数据。

信息是经过加工处理后具有一定含义的数据集合，是以某种数据形式表现的。例如，可以将上述三组相对独立的数据组合在一起形成表示张三基本情况的一条信息。

数据和信息是两个相互联系但又相互区别的概念，数据是信息的具体表现形式，信息是加工处理后的数据，是数据所表达的内容。

2. 数据库

数据库（DataBase，DB）的概念从不同的角度来描述有不同的定义。例如，称数据库是一个“记录保存系统”（该定义强调了数据库是若干记录的集合），或称数据库是“人们为完成特定的任务，以一定的组织方式存储在一起的相关的数据的集合”（该定义侧重于数据的组织），更有甚者称数据库是“一个数据仓库”，这种说法虽然形象，但并不严谨。

严格的数据库定义如下所述。

定义 1：数据库是“按照数据结构来组织、存储和管理数据的仓库”。在经济管理的日常工作中，常常需要把某些相关的数据放进这样的“仓库”，并根据管理的需要进行相应的处理。例如，企业或事业单位的人事部门常常要把本单位雇员的基本情况（职工号、姓名、年龄、性别、籍贯、工资、简历等）存放在表中，这张表就可以看成是一个数据库。有了这个“数据仓库”就可以根据需要随时查询某职工的基本情况，也可以查询工资在某个范围内的职工人数等。如果这些工作都能在计算机上自动进行，那企业或事业单位的人事管理就可以达到极高的水平。此外，在财务管理、仓库管理、生产管理中也需要建立众多的与上述相似的“数据库”，以便利用计算机实现财务、仓库、生产的自动化管理。

J. Martin 给数据库下了一个比较完整的定义：

定义 2：数据库是存储在一起的相关数据的集合，这些数据是结构化的，无有害或不必要的冗余，并为多种应用服务；数据的存储独立于使用它的程序；对数据库插入新数据，修改和检索原有数据均能按一种公用且可控制的方式进行。当某个系统中存在结构上完全分开的若干个数据库时，则该系统包含一个“数据库集合”。

根据上述定义，在不变更原意的情况下，本书给出一个较为简洁的定义，如下所述。

定义 3：数据库是长期存储在计算机内，有组织的、可共享的数据集合。数据库中的数据按一定的数据模型组织、描述和存储，具有较小的冗余度、较高的数据独立性和易扩展性，并可为各种用户共享。

3. 数据库管理系统

数据库管理系统（Database Management System，DBMS）是处理数据访问的软件系统，是位于用户与操作系统之间的对数据库进行管理的软件。数据库在建立、运行和维护时由数据库管理系统统一管理、控制。

数据库管理系统的功能如下所述。

（1）数据定义：数据库提供数据定义语言（Data Definition Language，DDL）对数据进行定义。

（2）数据操纵：数据库提供数据操作语言（Data Manipulation Language，DML）对数据进行具体操作。

（3）数据库的运行管理：数据库提供数据控制语言（Data Control Language，DCL）对数据进行完整性控制、安全性控制、数据库恢复、数据库维护和数据库的并发控制等。

（4）数据字典：数据库的逻辑结构、物理存储结构和完整性约束均保存在数据字典（Data Dictionary，DD）中。

（5）数据通信接口：数据库管理系统需要提供与其他软件系统进行通信的功能。例如，提供与其他数据库管理系统的接口，从而能够将数据转换为另一个数据库管理系统能够接受的格式，或者接收其他数据库管理系统的数据。

也就是说，数据库管理系统使用户能方便地定义和操纵数据，并能够保证数据的安全性、完整性，以及多用户对数据的并发使用及发生故障后的系统恢复等。

4. 数据库系统

数据库系统（DataBase System，DBS）是指引进了数据库后的计算机系统，它能够有组织地、动态地存储大量数据，提供数据处理和数据共享机制。数据库系统是一个复杂的系统，一般情况下由硬件系统、软件系统、数据库和用户四个部分组成，其核心是数据库管理系统。

数据、数据库、数据库管理系统、数据库系统，四个基本概念的相互关系如下：数据是数据库存储的基本对象，是描述事物的符号；数据库是依照某种数据模型组织起来并存放在二级存储器中的数据集合；数据库由数据库管理系统统一管理，数据的插入、修改和检索均需要通过数据库管理系统进行；数据库系统是指在计算机系统中引入数据库后的操作系统。

1.1.2 数据管理技术的产生与发展

数据库的历史可以追溯到20世纪50年代，那时的数据管理非常简单：通过大量的分类、比较和表格绘制，由机器运行数百万张穿孔卡片来进行数据的处理，其运行结果在纸上打印出来或者制成新的穿孔卡片，而数据管理就是对所有穿孔卡片进行物理存储和处理。然而，雷明顿·兰德公司（Remington Rand Inc）于1951年推出了一种叫作Univac 1的计算机，该计算机配置了一种一秒可以输入数百条记录的磁带驱动器，从而引发了数据管理的革命。研制计算机的初衷是利用它来执行科学计算，但随着计算机技术的发展，其应用远远超出了这个范围。在应用需求的推动下，基于计算机硬件、软件的发展，数据库管理技术经历了人工管理、文件系统、数据库系统、高级数据库系统四个阶段，下面分别对这四个阶段加以介绍。

1. 人工管理阶段

20世纪50年代中期之前，计算机的软硬件均不完善，硬件存储设备只有磁带、卡片和纸带，软件方面还没有操作系统，当时的计算机主要用于科学计算。由于这个阶段没有软件系统对数据进行管理，因此程序员在程序中不仅要规定数据的逻辑结构，还要设计其物理结构，包括存储结构、存取方法、输入输出方式等，当数据的物理组织或存储设备改变时，必须重新编制用户程序。数据的组织面向应用，不同的计算程序之间不能共享数据，这使得不同的应用之间存在大量的重复数据，应用程序之间数据的一致性很难维护。

人工管理阶段数据库管理技术的主要特征可归纳为如下几点：

（1）计算机中没有支持数据管理的软件。

（2）数据组织面向应用，数据不能共享，数据大量重复。

（3）在程序中要规定数据的逻辑结构和物理结构，数据与程序不独立。

（4）数据处理方式只能是基本的批处理。

2. 文件系统阶段

20世纪50年代中期到60年代中期，计算机大容量存储设备（如硬盘）的出现推动了软件技术的发展，而操作系统的出现标志着数据管理步入了一个新的阶段——文件系统阶段。在这个阶段，数据以文件为单位存储在外存储器上，由操作系统统一管理，且操作系统为用户使用文件提供了友好界面。由于文件的逻辑结构与物理结构脱离、程序和数据分离，因此数据与程序有了一定的独立性，用户的程序与数据可分别存放在外存储器上，各个应用程序可以共享一组数据，实现了以文件为单位的数据共享。

但由于这一阶段数据的组织仍然是面向程序的，因此仍然存在大量的数据冗余，而且数据的逻辑结构不能方便地修改和扩充，每一点微小改变都会影响到应用程序。由于文件之间互相独立，因此它们不能反映现实世界中事物之间的联系，操作系统不负责维护文件之间的联系信息，如果文件之间有内容上的联系，也只能由应用程序去处理。

3. 数据库系统阶段

20世纪60年代后，随着计算机在数据管理领域的普遍应用，人们对数据管理技术提出了更高的要求：面向企业或部门；以数据为中心组织数据，减少数据的冗余；提供更高的数据共享能力；程序和数据具有较高的独立性，当数据的逻辑结构改变时，不涉及数据的物理结构，也不影响应用程序，以降低应用程序研制与维护的费用。数据库技术正是在这样的应用需求基础上发展起来的。

数据库技术具有如下特点：

（1）面向企业或部门，以数据为中心组织数据，形成综合性的数据库，为各应用共享。

（2）采用一定的数据模型，数据模型不仅要描述数据本身的特点，而且要描述数据之间的联系。

（3）数据冗余小，易修改、易扩充。不同的应用程序根据处理要求，从数据库中获取需要的数据，这样就减少了数据的重复存储，也便于增加新的数据结构与维护数据的一致性。

（4）程序和数据有较高的独立性。

（5）具有良好的用户接口，用户可方便地开发和使用数据库。

（6）对数据进行统一管理和控制，提供了数据的安全性、完整性及并发控制。

从文件系统发展到数据库系统，这在信息领域中具有里程碑的意义。在文件系统阶段，人们在信息处理中关注的中心问题是系统功能的设计，因此程序设计占主导地位；而在数据库系统阶段，数据开始占据了中心位置，数据的结构设计成为信息系统首先关心的问题，而应用程序则以既定的数据结构为基础进行设计。

4. 高级数据库系统阶段

高级数据库系统阶段的主要标志是分布式数据库系统和面向对象数据库系统的出现。第三阶段的数据库系统是集中式的数据系统，其缺点是随着数据量的增加，系统变得体积庞大、操作复杂、开销大，而且因为数据集中存储，大量的通信都要通过主机完成，易造成拥挤。分布式数据库系统的主要特点是数据在物理上分散存储，但在逻辑上是统一的，因此多数处理可以就地完成，各地的计算机由数据通信网络相联系。

面向对象数据库系统是面向对象的程序设计技术与数据库技术相结合的产物，其主要特点是具有面向对象技术的封装性和继承性，提高了软件的可重用性。

分布式数据库系统是数据库技术和计算机网络技术相结合的产物，在 20 世纪 80 年代中期已有商品化产品问世。分布式数据库是一个逻辑上统一、地域上分布的数据集合，是计算机网络环境中各个节点局部数据库的逻辑集合，同时受分布式数据库管理系统的控制和管理，其主要特点如下：

（1）局部自主。网络上每个节点的数据库系统都具有独立处理本地事务的能力，而且各局部节点之间也能够相互访问、有效地配合处理更复杂的事务。因此，分布式数据库系统特别适合各个部门的地理位置分散的组织机构。

（2）可靠性和可用性。分布式系统比集中式系统有更高的可靠性，在个别节点或个别通信链路发生故障的情况下可以继续工作。一个局部系统发生故障不至于导致整个系统停顿或破坏，只要有一个节点上的数据备份是可用的，系统就可以继续工作。可见，支持一定程度的数据冗余是为充分发挥分布式数据库系统优点的先决条件之一。

（3）效率和灵活性。分布式系统分散了工作负荷，缓解了单机容量的压力，能够在对现有系统影响最小的情况下实现扩充。因此，分布式数据库系统在扩大系统规模方面比集中式系统更加方便、经济、灵活。

1.1.3 数据库系统的特点

与人工管理阶段和文件系统阶段相比，数据库系统的特点主要体现在以下几个方面：

（1）数据结构化。数据结构化是数据库与文件系统的根本区别，在描述数据时不仅要描述数据本身，还要描述数据之间的联系。

（2）数据的共享性。数据库系统从整体角度看待和描述数据，数据不再面向某个应用而是面向整个系统，因此数据可以被多个用户共享和应用。

（3）数据冗余度低。数据冗余度是指同一数据重复存储时的重复程度，数据库系统的共享性降低了数据的冗余度。

（4）数据的一致性。数据的一致性是指同一数据不同拷贝的值一样，在采用人工管理或文件系统管理时，由于数据被重复存储，当不同的应用使用和修改不同的拷贝时就易造成数据的不一致。

（5）物理独立性。当数据的存储结构（或物理结构）改变时，通过对映像的相应改变可以保持数据的逻辑结构不变，从而应用程序也不必改变。

（6）逻辑独立性。当数据的总体逻辑结构改变时，通过对映像的相应改变可以保持数据的局部逻辑结构不变，因为应用程序是依据数据的局部逻辑结构编写的，所以应用程序不必修改。

（7）数据的安全性。数据的安全性（security）是指数据得到保护，防止不合法使用数据造成数据的泄密和破坏，使每个用户只能按规定，对某些数据以某些方式进行访问和处理。

（8）数据的完整性。数据的完整性（integrity）指数据的正确性、有效性和相容性，即将数据控制在有效的范围内，或要求数据之间满足一定的关系。

（9）并发控制。当多个用户的并发（concurrency）进程同时存取、修改数据库时，可能会发生相互干扰而得到错误的结果并使得数据库的完整性遭到破坏的情况，因此必须对多用户的并发操作加以控制和协调。

（10）数据库恢复。计算机系统的硬件故障、软件故障、操作员的失误以及人为的破坏都会影响数据库中数据的正确性，甚至造成数据库部分或全部数据的丢失。数据库管理系统必须具有将数据库从错误状态恢复（recovery）到某一已知的正确状态（亦称为完整状态或一致状态）的功能。

1.2 数据模型

1.2.1 数据模型的三要素

数据模型（data model）是对数据特征的抽象，是严格定义的概念集合，包括数据库数据的结构部分、数据库数据的操作部分和数据库数据的约束条件，即数据模型的三要素：数据结构、数据操作、数据约束。

1. 数据结构

数据结构是研究存储在数据库上的数据对象类型的集合，这些数据对象类型是数据库的组成部分。数据模型中的数据结构主要描述数据的类型、内容、性质及数据间的联系等。它是数据模型的基础，数据操作和数据约束都是建立在一定的数据结构基础上的，不同的数据结构具有不同的数据操作和数据约束。

数据库系统通常按数据结构的类型来命名数据模型，如层次结构、网状结构和关系结构的模型分别被命名为层次模型（hierarchical model）、网状模型（network model）和关系模型（relational model），此外还有面向对象模型（object oriented model）。

2. 数据操作

数据操作主要描述在数据库相应的数据结构上的操作类型和操作方式，是对数据库中各种对象执行操作的集合，包括操作和有关的操作规则，使数据库系统具备动态性的特点。

基本的数据操作包括两大类。

（1）检索：数据查询操作。

（2）更新：数据的插入、删除和更新等操作。

3. 数据约束

数据约束主要描述数据结构内数据间的语法、词义联系、制约和依存关系，以及数据动态变化的规则，以保证数据的正确、有效和相容。

1.2.2 数据模型分类及关系

在实际数据库应用中，为了更为便捷、准确地描述现实世界中的数据，通常依据不同的应用环境，采用不同的数据模型。

数据模型按不同的应用层次分成三种类型：概念数据模型、逻辑数据模型、物理数据模型。

（1）概念数据模型（conceptual data model）。概念数据模型是面向数据库用户的现实世界的模型，主要用来描述世界的概念化结构。它使设计人员在设计数据库的初始阶段能够摆脱计算机系统及数据库管理系统的具体技术问题，以便集中精力分析数据以及数据之间的联系等。概念数据模型与具体的数据管理系统无关。

概念数据模型必须换成逻辑数据模型，才能在数据库管理系统中实现。

（2）逻辑数据模型（logical data model）。逻辑数据模型与数据库管理系统直接相关，它是用户从数据库所看到的模型，是具体的数据库管理系统所支持的数据模型。逻辑数据模型主要有网状数据模型、层次数据模型、关系数据模型和面向对象数据模型等。

逻辑数据模型有严格的形式化定义，既要面向用户，又要面向系统，主要用于在数据库管理系统中的具体实现，每一种逻辑数据模型在实现时都有其对应的物理数据模型。

（3）物理数据模型（physical data model）。物理数据模型是面向计算机物理表示的模型，描述了数据在存储介质上的组织方式，它不但与具体的数据库管理系统有关，而且还与操作系统和硬件有关。由于数据库管理系统为了保证其独立性与可移植性，大部分物理数据模型的实现工作由系统自动完成，而设计者只设计索引、聚集等特殊结构，因此本章不再介绍物理数据模型的表示方法，并将在第 12 章最后一个任务中讲解逻辑数据模型直接转换为物理数据模型的方法。

1．概念数据模型及其表示方法

概念数据模型及其表示方法

概念数据模型是对信息世界的建模，是对现实世界中问题域内的事物的描述，它不依赖于某一个具体数据库管理系统支持的数据模型，但可以转换为计算机上某数据库管理系统支持的特定数据模型。

（1）实体（entity）。客观存在并可相互区别的事物和活动的抽象称为实体。实体可以是具体的人、事、物，也可以是抽象的概念或联系，例如一个员工、学生成绩、用户在软件系统中的权限。

（2）属性（attribute）。实体和联系所具有的特性称为属性。一个实体可以由若干个属性来描述，例如，员工编号、员工姓名、员工性别、员工年龄。

（3）主码（key）。任何一个实体中能起到唯一标识实体作用的属性或属性集称为码，例如，实体员工中的员工编号、员工的身份证号等。一个实体可能有多个这样的码，但是要从中选择一个作为主码，如实体员工中选择员工编号作为主码。

（4）域（domain）。属性的取值范围称为该属性的域，例如，员工编号的取值范围，学生性别的取值范围，学生成绩的取值范围等都可以通过域来做出规定。

（5）实体型（entity type）。用实体名及描述它的各属性名，可以刻画出全部同质实体的共同特征和性质，它被称为实体型。

（6）实体集（entity set）。同型实体的集合称为实体集，其类型用实体型来描述，例如，一个学生成为一个实体，所有的学生构成一个实体集。

（7）联系（relationship）。实体集间或一个实体集内的各实体之间存在的关系称为联系，现实世界中事物内部及事物之间的联系，在信息世界中反映为实体内部和实体之间的联系。联系有以下三种：

- 一对一联系（1:1）：如果对于实体集 A 中的每一个实体，实体集 B 中有且仅有一个实体与之联系，反之亦然，则称实体集 A 与实体集 B 具有一对一联系，记为 1:1。

例如：在一个班级里，一个班级只有一个班长，反之一个班长只能在一个特定班级里，则班长和班级之间具有一对一联系，记为 1:1。

- 一对多联系（$1:n$）：如果对于实体集 A 中的每一个实体，实体集 B 中有 n 个实体（$n \geqslant 0$）与之联系，反之，对于实体集 B 中的每一个实体，实体集 A 中有且仅有一个实体与之联系，则称实体集 A 与实体集 B 有一对多联系，记为 $1:n$。

例如：一个班级里有很多学生，某一个学生只属于一个班级，则班级和学生具有一对多的联系，记为 $1:n$。

- 多对多联系（$m:n$）：如果对于实体集 A 中的每一个实体，实体集 B 中有 n 个实体（$n \geqslant 0$）与之联系，反之，对于实体集 B 中的每一个实体，实体集 A 中也有 m 个实体（$m \geqslant 0$）与之联系，则称实体集 A 与实体集 B 具有多对多联系，记为 $m:n$。

例如：一门课程可以被很多学生学习，一个学生可以学习很多课程，则学生和课程具有多对多的联系，记为 $m:n$。

实体集之间的一对一、一对多、多对多联系不仅存在于两个实体型之间，也存在于两个以上的实体集之间。实体集之间的联系示意如图 1-1 所示。

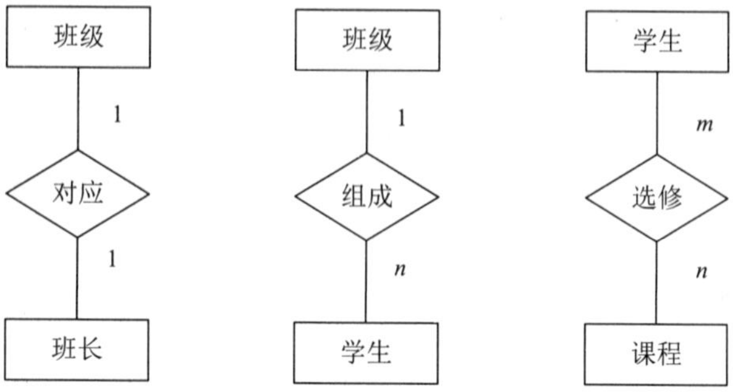

图 1-1 实体集之间的联系示意

概念模型是对信息世界建模，所以概念模型应该能够方便、准确地表示出信息世界中的常用概念。概念模型的表示方法很多，其中最为著名、最为常用的是 P. P. S. Chen 于 1976 年提出的实体-联系方法（entity-relationship approach），即 E-R 方法。该方法用 E-R 图来描述现实世界的概念模型，E-R 方法也称为 E-R 模型。本书第 12 章会结合案例讲解 E-R 模型的画法。

2. 逻辑数据模型及其表示方法

逻辑数据模型与实际应用中的数据库管理系统直接相关，当前流行的逻辑数据模型有四种，即层次模型、网状模型、关系模型和面向对象模型。它们之间的区别在于记录之间联系的表示方式不同，其中关系模型是目前应用最为广泛的模型，绝大多数的数据库管理系统都是关系模型。

逻辑数据模型及其表示方法

（1）层次模型。层次模型是数据库系统中最早使用的模型，它的数据结构与倒置的树形图类似，每个节点表示一个记录类型，记录之间的联系是一对多的联系，基本特征如下：

- 一定有且只有一个位于树根的节点，称为根节点。
- 一个节点下面可以没有节点，即向下没有分支，那么该节点称为叶节点。

- 一个节点可以有一个或多个节点，前者称为父节点，后者称为子节点。
- 同一父节点的子节点称为兄弟节点。
- 除根节点外，其他任何节点有且只有一个父节点。

层次模型中，每个记录类型可以包含多个字段，不同记录类型、同一记录类型的不同字段不能同名。如果要存取某一类型的记录，就要从根节点开始，按照树的层次逐层向下查找，查找路径就是存取路径。层次模型结构的示例如图 1-2 所示。

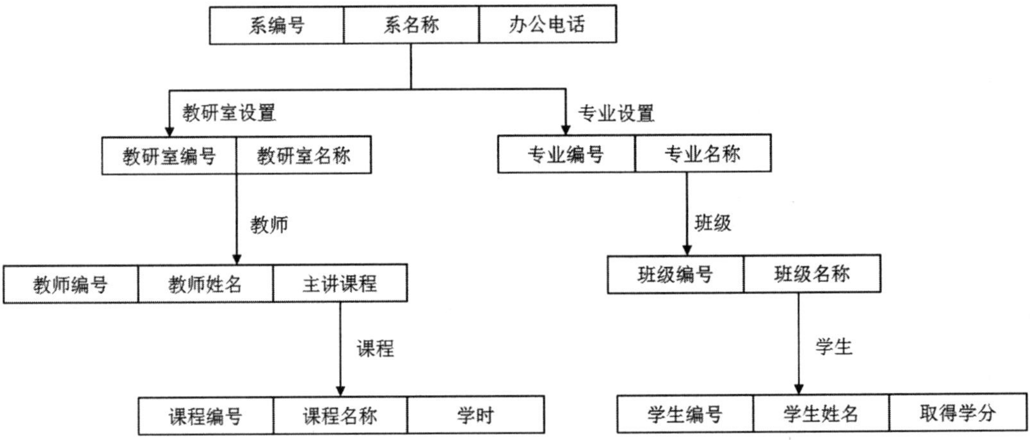

图 1-2　层次模型结构的示例

层次模型结构简单，容易实现，对于某些特定的应用系统效率很高，但当需要动态访问数据(如增加或修改记录类型)时，效率较低。另外，对于一些非层次性结构(如多对多联系)，层次模型表达起来比较烦琐而且不直观。

（2）网状模型。网状模型可以看作是层次模型的一种扩展，它采用网状结构表示实体及实体之间的联系。网状结构的每一个节点代表一个记录类型，记录类型可包含若干字段，联系用链接指针表示，避免了层次模型的限制。网状模型的特征如下：

- 允许一个以上的节点没有父节点。
- 一个节点可以有多于一个的父节点。

由于网状模型比较复杂，一般实际的网状数据库管理系统对网状都有一些具体的限制，因此在使用网状数据库时有时候需要一些转换。

网状模型与层次模型相比，具有更大的灵活性，能更直接地描述现实世界，性能和效率也比较好，其缺点是结构复杂，用户不易掌握，记录类型联系变动后涉及链接指针的调整，扩充和维护都比较复杂。网状模型结构的示例如图 1-3 所示。

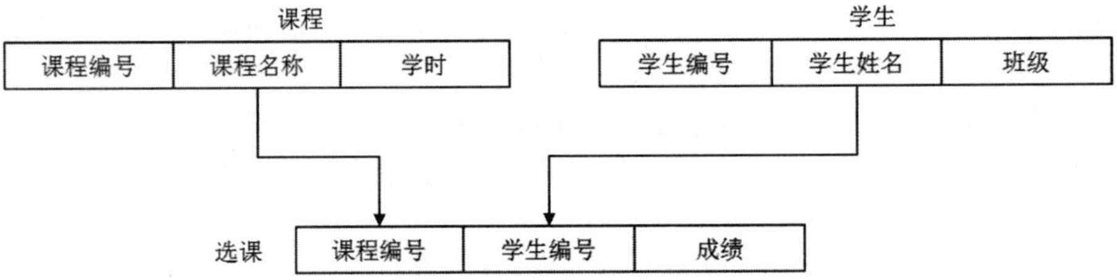

图 1-3　网状模型结构的示例

（3）关系模型。关系模型是目前应用最多也最为重要的一种数据模型，它建立在严格的数学概念基础上，采用二维表格结构来表示实体和实体之间的联系。下面以学生信息表（见表1-1）和课程信息表（见表1-2）为例，说明关系模型中的一些常用术语。

表1-1 学生信息表

学号（studentID）	姓名（studentName）	性别（Sex）	出生日期（birthdate）	电话号码（telephone）
20100101	张小丽	女	2000-12-23	18912348765
20100102	王刚	男	2001-07-12	19906571256

表1-2 课程信息表

课程号（courseID）	课程名（coursename）	课程类别（typename）
342101	计算机基础	专业课
342102	数据库应用	专业课

- 关系。关系是一个规范化的二维表，例如学生信息表、课程信息表在关系模型中就称为“关系”。
- 元组。表的每一行对应一个元组，不包含表头部分。类似现实世界中的一个具体的事物，在概念模型中称为实体。
- 属性。在关系中为了加以区分表中的列，必须对每列起一个名字，这个列的名称就称为属性。
- 主码。关系中可以起到唯一标识作用的属性，例如学生的学号、课程的课号。
- 域。表格中每一列都有一个取值范围，即属性的取值范围，这里称为“域”。
- 关系模式。关系模式是对关系的一种描述方法，通常可以简记为

关系名(属性名1, 属性名2,..., 属性名*n*)。

例如，学生关系模式和课程关系模式通常可以简记为

Student(<u>studentID</u>,studentName,Sex,birthdate,telephone)
Course(<u>courseID</u>,coursename,typename)

关系模型概念清晰，结构简单，实体、实体联系和查询结果都采用关系表示，用户比较容易理解。另外，关系模型的存取路径对用户是透明的，程序员不用关心具体的存取过程，减轻了程序员的工作负担，具有较好的数据独立性和安全保密性。

关系模型也有一些缺点，如在某些实际应用中，关系模型的查询效率有时不如层次模型和网状模型高。为了提高查询的效率，有时需要对查询进行一些特别的优化。

（4）面向对象模型。面向对象模型是采用面向对象的观点来描述现实世界中实体及实体之间联系的模型，现实世界中的实体都被抽象为对象，同类对象的共同属性和方法被抽象为类。面向对象模型中的一些常用术语如下：

- 对象。对象是现实世界中某个实体的模型化，每个对象都有一个唯一标识符，称为对象标识（ObjectID）。对象还包括属性集合（描述对象的状态、组成和特征）、方法集合（描述对象的行为特征）、实现和消息集合（对象操作请求的传递）。
- 类。类是具有相同结构对象的集合，是一个抽象的概念，对象是类的实例。例如，学生类是对所有学生的抽象表示，而张小丽和王刚是学生类的具体实例，称为学

生对象。

- 封装。封装是一种面向对象的技术，通过封装可以把对象的某些实现与外界隔离，这样一方面可以使外部的应用简化，不用关心具体的实现；另一方面使内部的修改不影响外部的应用，提高了数据的独立性。
- 继承。面向对象模型的一个特色是可以实现继承。在现实世界中，许多事物都具有密切相关的层次关系。面向对象模型提供了建立类结构层次的功能，可以定义一个类的子类，形成树形结构。

面向对象模型是一种接近现实世界、很自然的模型，可以定义复杂数据关系。由于具有继承特性，面向对象模型可提供快速创建各种变种记录类型的能力，缺点是查询功能相对比较弱。

1.3 数据库系统的组成与体系结构

1.3.1 数据库系统的组成

数据库系统主要由以下几部分组成：

（1）硬件（Hard Ware，HW）。硬件是数据进行存储的基础，一般数据库系统中的硬件是具备一定数据存储能力和数据处理能力的服务器。

（2）操作系统（Operating System，OS）。操作系统是数据库系统硬件的第一次扩展，并能够对数据库系统中的软、硬件资源进行管理，一个优秀的操作系统可以保证系统的正常、高效运行。常见的操作系统有 Windows 系列操作系统、Linux 操作系统和 UNIX 操作系统等。

（3）数据库。说明略。

（4）数据库管理系统。说明略。

（5）数据库应用系统开发软件（Development Tools，DT）。一个完善的数据库系统需要为用户提供友好、快捷的操作界面，以满足用户快速、方便地对数据进行存储、修改、查询的实际需求。对数据库应用系统中应用端的开发一般由常用的计算机语言开发工具开发，如 C#、Java、Visual Basic .NET 等。

（6）数据库应用系统（DataBase Application System，DBAS）。由计算机语言开发的数据库应用系统可以使用户快速、便捷地对数据进行处理，大幅度提高了工作效率。数据库应用系统几乎能够应用于各行各业，如学生成绩管理系统、企业人力资源管理系统、酒店点餐系统等。

（7）用户（user）。根据数据库从建设到运行的整个过程中不同岗位的工作性质，可以将其用户分为开发类用户和应用类用户两类，如图 1-4 所示。

- 数据库分析员：在数据库系统开发的最初阶段对数据库系统的实际业务需求进行需求分析，建立数据库系统的数据模型，并正确建立数据库。
- 应用程序员：根据应用的实际需求，使用数据库应用系统的开发软件开发出功能丰富、操作便捷、能够满足实际需求的应用系统。应用程序员不但要熟悉数据库应用系统的开发软件，还要熟悉相应数据库管理系统。

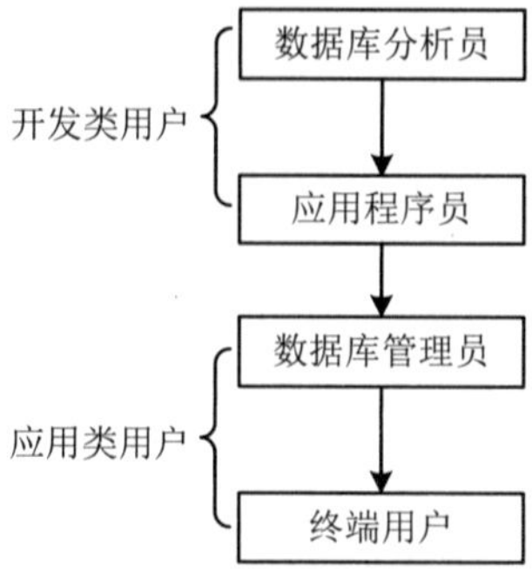

图 1-4 数据库用户的分类

- 数据库管理员：数据库系统建立完成后，数据库的运行、管理、维护工作均由数据库管理员承担，数据库管理员需要对数据库系统的软、硬件资源有较深了解，能够在数据库运行过程中发现问题，并能高效地解决问题。
- 终端用户：数据库系统中人数最多的一个群体，即使用数据库系统的人员，是数据库系统服务的对象。终端用户往往熟悉本身工作的相关业务，而不熟悉计算机的相关知识，因此在其使用数据库系统前，一般需要进行相应的系统使用培训。

1.3.2 数据库系统的体系结构

根据体系结构的不同，可将数据库系统分为单机数据库系统、主从结构的数据库系统、分布式结构的数据库系统、客户机/服务器（Client/Server，C/S）结构的数据库系统和浏览器/服务器（Browser/Server，B/S）结构的数据库系统等。

1. 单机数据库系统

在单机体系结构下，整个数据库系统，包括应用程序、数据库管理系统、数据信息，都安装在一台计算机上，结构简洁，系统运行速度快，但不同机器之间不能进行数据共享，安全性较差，只适用于小规模的单位或个人。

2. 主从结构的数据库系统

主从结构指一台主机同时连接多个终端的结构，在这种结构中，数据库系统，包括应用程序、数据库管理系统、数据信息，都集中存放在系统中的一台主机上，所有处理任务都由该主机完成，各终端通过请求主机获取服务，共享数据资源。

由于主从结构下的数据集中于一台主机，因此数据易于维护和管理。但终端会同时请求主机服务，这导致主机的任务比较繁重，尤其在请求高峰期，往往因主机的负载能力有限，从而限制整个系统性能的发挥，使系统性能大幅度下降；并且，该系统采用以主机为中心的结构模式，当主机出现运行故障时，可能致使整个系统都无法使用，因此该类系统的可靠性和安全性不高。主从结构的数据库系统如图 1-5 所示。

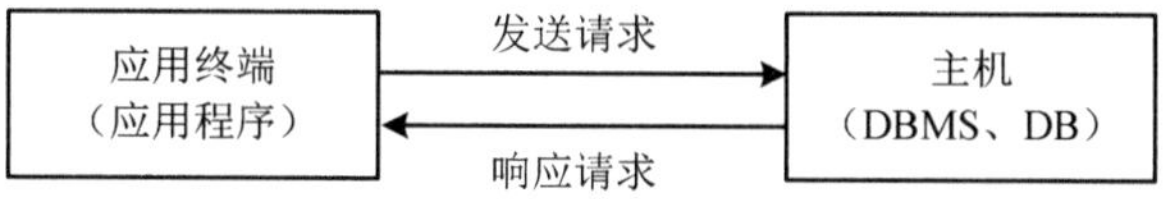

图 1-5 主从结构的数据库系统

3. 分布式结构的数据库系统

分布式结构的数据库系统是指数据库中的数据在逻辑上是一个整体，但物理地址分布在整个数据库系统网络下的不同节点上。网络中的每个节点都可以独立处理本地数据库中的数据，并能执行本地数据库的应用，还可以同时存取和处理网络上的多个异地数据库中的数据，执行全网的数据库应用。

分布式结构的数据库系统是计算机网络发展的必然产物，它适应了地理上分散的客户对于数据库应用的需求，并均衡了数据库的处理压力。但由于整个数据库系统的数据被分布式地存放在整个网络上，因此给数据的处理、管理与维护带来困难。同时，当用户需要访问远程数据时，访问请求要通过网络进行数据传输，此时系统效率会明显地受到计算机网络通信的制约。

分布式数据库系统的优点是具有灵活的体系结构，适应分布式的管理和控制机构，经济性能优越，系统的可靠性高、可用性较好，而且在运行过程中的可扩展性好，易于集成现有数据库系统。

但是，分布式数据库系统在通信开销方面的缺点明显，而且存取结构复杂，原来在主从式系统中有效存取数据的技术在分布式系统已经不再适用。

4. C/S 结构的数据库系统

C/S 结构的数据库系统是近几年非常受欢迎的一种分布式计算模式，其优势在于广泛地采用了计算机网络技术，将系统中的各部分任务分配给分布在网络上担任不同角色的计算机。例如，把比较复杂的计算机和管理任务交给网络上的高档计算机——服务器（Server），而把一些频繁与用户打交道的任务交给前端较简单的计算机——客户机（Client），从而实现了网络信息资源的共享。本书介绍的 SQL Server 是可用于 C/S 结构的数据库管理系统。

C/S 结构的数据库系统显著减少了网络上的数据传输量，提高了系统的性能、吞吐量和负载能力。二层 C/S 结构（见图 1-6）的数据库应用由客户应用程序和数据库服务器程序两部分组成，二者可分别工作于系统前台与后台。当后台服务器程序启动后，服务器就随时等待响应客户端发来的请求信息；客户端运行在用户计算机上，当需要对数据库中的数据进行操作时，客户端就自动地寻找服务器，并向服务器发出服务请求，服务器根据一定的响应规则对请求做出响应并将应答结果送回到客户端。

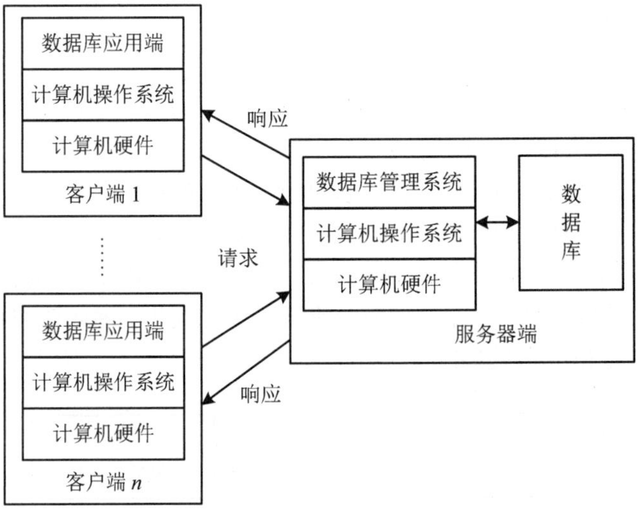

图 1-6　二层 C/S 结构

C/S 结构的数据库与其他结构的数据库相比往往更加开放，应用程序具有更强的可移植性，同时也可以减少软件维护的开销。

C/S 结构下数据的存储管理功能是由服务器程序和客户应用程序分别独立进行的，但对于工作在前台的用户，数据库的管理是“透明”的，他们无须了解后台数据库的存储过程和原理，烦琐的数据处理都由服务器和计算机网络完成。

C/S 结构还有三层 C/S 结构形式，如图 1-7 所示。三层 C/S 结构在二层 C/S 结构的客户端与服务器之间增加了应用服务器作为中间层，用以完成数据处理和报告请求等工作。

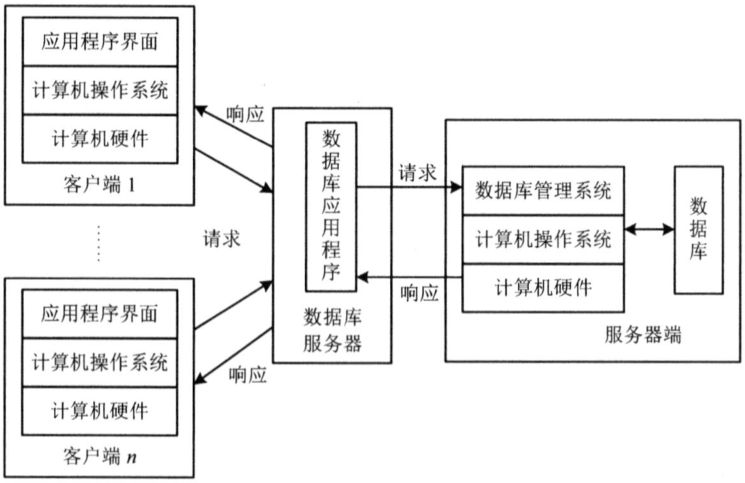

图 1-7　三层 C/S 结构

5. B/S 结构的数据库系统

随着计算机网络的应用越来越广泛，传统的 C/S 结构的软件需要针对不同的操作系统开发不同版本的软件，由于产品的更新换代十分快，高代价和低效率已经不适应工作需要。在 Java 这样的跨平台语言出现之后，三层 C/S 结构逐渐应用于 Web，形成了一种新兴的体系结构，即 B/S 结构，如图 1-8 所示。

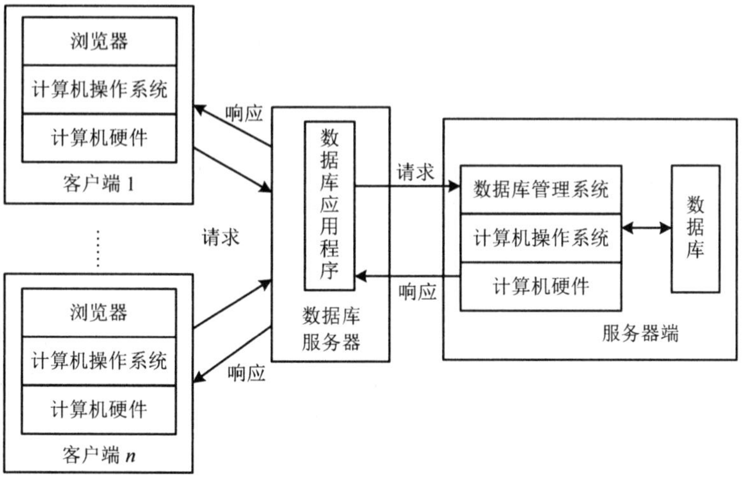

图 1-8　B/S 结构

B/S 结构的出现给 C/S 结构的应用地位造成了猛烈冲击。由于 B/S 结构是三层 C/S 结构的特例，因此 B/S 结构具备 C/S 结构的优点，同时具有使用简单、开发效率高、界面友好等优点。

1.4 数据库的应用

数据库是信息系统的核心，是计算机学科领域中发展最为迅速的重要分支，其技术在各行各业中已得到广泛应用。在信息化社会的今天，数据库的建设规模，数据库信息的多少和使用频度，已成为衡量一个国家信息化程度的重要标志。

1.4.1 数据库技术应用领域

数据库的应用领域非常广泛，不管是家庭、公司或大型企业，还是政府部门，都需要使用数据库来存储数据信息。传统数据库中的很大一部分用于商务领域，如证券行业、银行、医院、公司或企业单位，以及国家政府部门、国防军工领域、科技发展领域等。

随着信息时代的发展，数据库也应用于一些新的领域，主要表现在以下六个方面。

1. 多媒体数据库

多媒体数据库主要存储与多媒体相关的数据，如声音、图像和视频等，其最大的特点是数据连续，而且数据量比较大，需要的存储空间较大。

2. 移动数据库

移动数据库是在移动计算机系统上发展起来的，如笔记本电脑、智能手机等，其最大的特点是通过无线数字通信网络传输，而且可以随时随地地获取和访问数据，为一些商务应用和一些紧急情况的应对带来了很大的便利。

3. 空间数据库

空间数据库目前发展得比较迅速，它主要包括地理信息（又称为地理信息系统，即 GIS）数据库和计算机辅助设计（CAD）数据库。其中，地理信息数据库一般存储与地图相关的信息数据；计算机辅助设计数据库一般存储设计信息，如机械、集成电路及电子设备的设计图等。

4. 信息检索数据库

信息检索就是根据用户输入的信息，从数据库中查找相关的文档或信息，并反馈给用户。信息检索系统是一种典型的联机文档管理系统或者联机图书目录。

5. 分布式信息检索数据库

分布式信息检索数据库是随着计算机网络的发展而产生的数据库，一般用于因特网及远距离计算机网络系统中。特别是随着电子商务的发展，分布式信息检索数据库发展得更加迅猛，以满足网络用户（如个人、公司或企业等）在自己的计算机中存储信息，同时希望通过网络发送电子邮件、进行文件传输、远程登录、和别人共享这些信息的需求。

6. 专家决策系统

专家决策系统也是数据库应用的一部分。如今越来越多的数据可以联机获取，而企业通过这些数据可以对其发展作出更好的决策，以使企业更好地运行。同时，人工智能的发展使得专家决策系统的应用更加广泛。

1.4.2 数据库未来的发展趋势

数据库技术经过四个阶段的发展，目前应用最为广泛的是分布式及对象关系型数据。随着信息技术的发展以及各行业对数据处理要求的增加，数据库技术也呈现出一些新的发展方向，主要体现在如下几个方面。

1. 信息集成

信息集成系统的方法有数据仓库方法和 Wrapper/Mediator 方法。

2. 数据流处理

测量和监控复杂的动态现象，如远程通信、Web 应用、金融事务、大气情况等会产生大量、不间断的数据流，对这些数据流的处理十分必要。目前，数据流处理对数据库、系统、算法、网络和其他计算机科学领域的技术挑战已经开始显露，并且成为数据库界一个活跃的研究领域，包括新的流操作、SQL 扩展、查询优化方法、操作调度（operator scheduling）技术等。

3. 传感器数据库技术

随着微电子技术的发展，传感器的应用越来越广泛，可以使小鸟携带传感器，根据传感器在一定的范围内发回的数据定位小鸟的位置，从而进行其他的研究；还可以在汽车等运输工具中安装传感器，从而掌握其位置信息；甚至在微型的无人驾驶的间谍飞机上安装传感器，收集一定范围内的有用信息，并将其发回到指挥中心。

4. XML 数据管理

目前大量的 XML 数据以文本文档的方式存储，难以支持复杂高效的查询。用传统数据库存储 XML 数据的问题在于模式映射带来的效率下降和语义丢失。

5. 网格数据管理

网格数据管理是把整个网络整合成一个虚拟的巨大的超级计算环境，实现计算资源、存储资源、数据资源、信息资源、知识资源和专家资源的全面共享，其目的是解决多机构虚拟组织中的资源共享和协同工作问题。

6. 移动数据管理

移动计算环境中的数据管理技术，已成为目前分布式数据库研究的一个新的方向，即移动数据库技术。

7. 微小型数据库技术

数据库技术一直随着计算的发展而不断进步，随着移动计算时代的到来，嵌入式操作系统对微小型数据库系统的需求为数据库技术开辟了新的发展空间。

1.4.3 常用数据库管理系统简介

数据库技术经过几代的发展，已经变得非常成熟，目前市场上占主要份额的数据库主要有以下几种。

1. Oracle

Oracle 数据库被认为是业界目前比较成功的关系型数据库管理系统。Oracle 公司是世界第二大软件供应商，是数据库软件领域第一大厂商（大型机市场除外），其数据库产品被认为是运行稳定、功能齐全、性能超群的贵族产品。这一方面反映了它在技术方面的领先，另一方面也反映了它在用户定位上更着重于大型的企业。对于数据量大、事务处理繁忙、安全性要求高的企业，Oracle 无疑是比较理想的选择。因特网的普及带动了网络经济的发展，Oracle 适时地将自己的产品紧密地和网络计算结合起来，成为在因特网应用领域数据库厂商中的佼佼者。

2. SQL Server

SQL Server 是 Microsoft 公司开发的大型关系型数据库系统，其功能全面、效率高，可以作为大中型企业或单位的数据库平台，并且在可伸缩性与可靠性方面做了许多工作，近年来在许多企业的高端服务器上得到了广泛的应用。同时，SQL Server 继承了 Microsoft 产品界面友好、易学易用的特点，与其他大型数据库产品相比，在操作性和交互性方面更胜一筹。SQL Server 还可以与 Windows 操作系统紧密集成，从而使 SQL Server 能充分利用操作系统所提供的特性，大幅提升应用程序的开发速度和系统事务处理的运行速度。另外，SQL Server 可以借助浏览器实现数据库查询功能，并支持内容丰富的扩展标记语言（XML），提供了全面支持 Web 功能的数据库解决方案。对于在 Windows 平台上开发的各种企业级信息管理系统来说，不论是 C/S 架构还是 B/S 架构，SQL Server 都是一个很好的选择。SQL Server 的缺点是只能在 Windows 系统下运行。

3. MySQL

MySQL 由瑞典 MySQL AB 公司开发，属于 Oracle 旗下产品，是目前最流行的关系型数据库管理系统之一。在 Web 应用方面，MySQL 是最好的关系数据库管理系统应用软件之一，由于其体积小、速度快、总体拥有成本低，尤其是开放源码，一般中小型网站的开发都选择 MySQL 作为网站数据库。

4. DB2

DB2 是 IBM 公司的产品，是一个多媒体、Web 关系型数据库管理系统，其功能足以满足大中型公司的需要，并可灵活地服务于中小型电子商务解决方案。DB2 系统在企业级的应用中十分广泛，其目前在全球的用户超过 6000 万，分布于约 40 万家公司。

5. Sybase 系列

Sybase 系列数据库是 Sybase 公司的产品。Sybase 公司的主要产品有 Sybase 的旗舰数据库产品 Adaptive Server Enterprise、Adaptive Server Replication、Adaptive Server Connect 及异构数据库互连选件。Sybase ASE 是其主要的数据库产品，可以运行在 UNIX 和 Windows 平台，此外还有移动数据库产品 Adaptive Server Anywhere。Sybase Warehouse Studio 在客户分析、市场划分和财务规划方面提供了专门的分析解决方案，其核心产品有 Adaptive Server IQ。Adaptive Server IQ 的从底层设计的数据存储技术能快速查询大量数据。围绕 Adaptive Server IQ 有一套完整的工具集，包括数据仓库或数据集市的设计、各种数据源的集成转换、信息的可视化分析，以及关键客户数据（元数据）的管理。因特网应用方面的产品有中间层应用服务器以及强大的 RAD 开发工具 PowerBuilder 和业界领先的 4GL 工具。

小结

本章首先介绍了数据管理技术的基本概念，使读者了解数据与信息的基本概念及数据库、数据库管理系统的区别；然后介绍了数据管理技术的发展；最后介绍了数据库系统，使读者掌握数据库系统的构成、数据库系统体系结构。

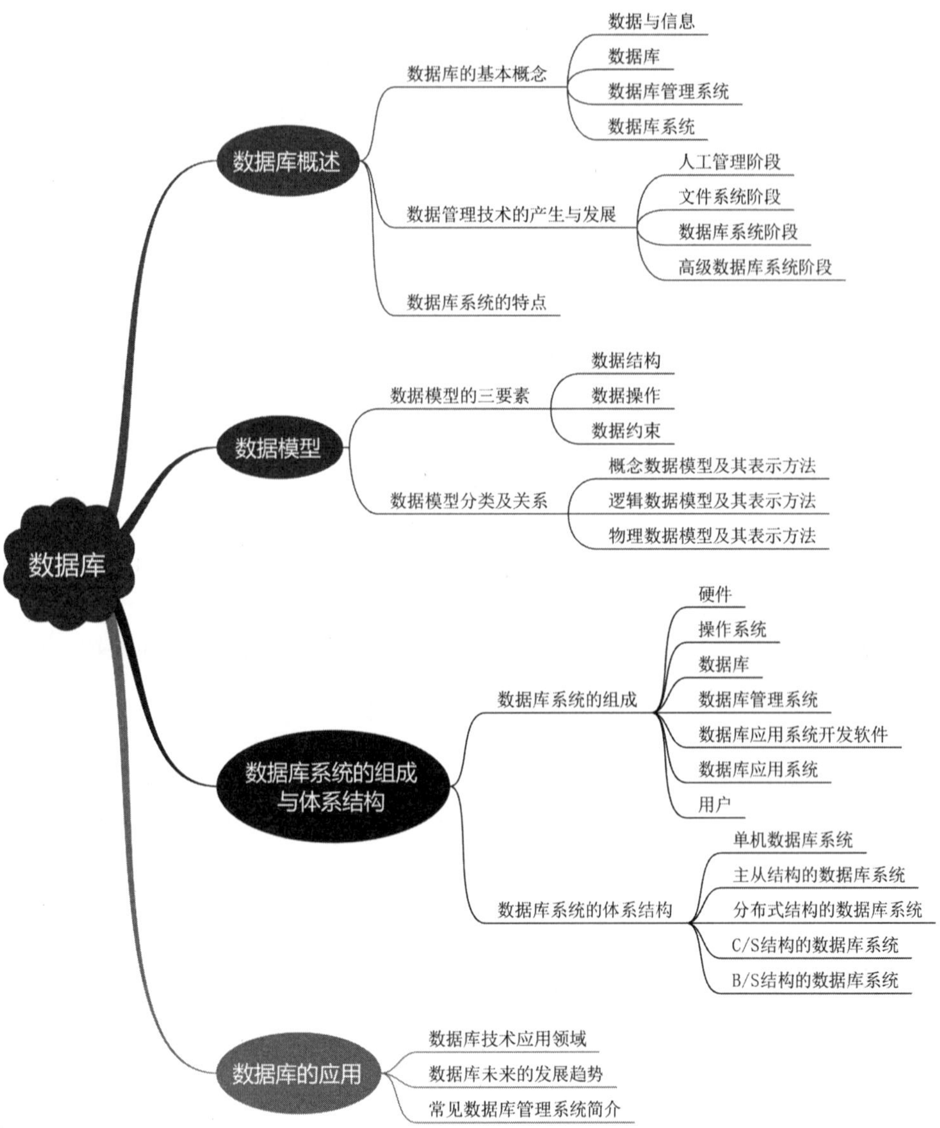

思考与练习

一、选择题

1．以下（　　）不是数据库管理技术经历的阶段。

A．人工管理阶段　　B．数据库系统阶段

C．文件系统阶段　　D．人工智能阶段

2．数据库管理系统的用户包括（　　）。

A．数据库分析员　　B．应用程序员

C．数据库管理员　　D．终端用户

3. 数据库（DB）、数据库系统（DBS）和数据库管理系统（DBMS）之间的关系是（　　）。
   A. DBS 包括 DB 和 DBMS　　B. DBMS 包括 DB 和 DBS
   C. DB 包括 DBS 和 DBMS　　D. DBS 就是 DB，也就是 DBMS
4. 分布式数据库系统的优点是（　　）。
   A. 具有灵活的体系结构
   B. 系统的可靠性高、可用性较好
   C. 可扩展性好，易于集成现有数据库系统
   D. 适应分布式的管理和控制机构
   E. 数据的安全性和保密性处理较容易
5. （　　）数据库管理系统是 Microsoft 公司的产品。
   A. Oracle　　B. MySQL　　C. SQL Server　　D. Sybase

二、填空题

1. 数据库系统能够有组织地、动态地存储大量数据，提供数据处理和数据共享机制。它是一个复杂的系统，一般情况下由________、________、________、________组成。

2. 数据管理是指对数据进行收集、分类、组织、编码、存储、检索和维护，数据管理技术大致经历了________、________、________三个阶段。

3. 数据模型的描述包括________、________、________三个部分。

4. ________是对信息世界建模，能够方便、准确地表示出信息世界中的事物及其联系。

5. ________模型是一种接近现实世界、很自然的模型，可以定义复杂数据关系。

三、简答题

1. 简述数据、数据库、数据库管理系统、数据库系统的概念。
2. 简述数据库系统体系结构。
3. 简述数据库管理系统的功能。
4. 简述数据模型的三要素。
5. 简述四种常见的数据库逻辑模型。

第2章 SQL Server 2019

任务背景：

SQL Server 是 Microsoft 公司发布的基于 C/S 结构的分布式关系型数据库管理系统，它是一个全面的数据库管理平台，使用集成的商业智能工具提供了企业级的数据管理。本章将详细介绍 SQL Server 2019 的一些基础知识，包括版本、特性和安装方法等，同时重点介绍 SQL Server 管理工具和 SQL Server Management Studio（SSMS）的使用方法。

学习目标：

（1）了解 SQL Server 2019 的功能。

（2）熟悉 SQL Server 2019 的安装条件。

（3）掌握 SQL Server 2019 的安装方法。

（4）熟悉 SQL Server 的管理和配置工具。

（5）掌握 SSMS 查询编辑器的用法。

任务导航：

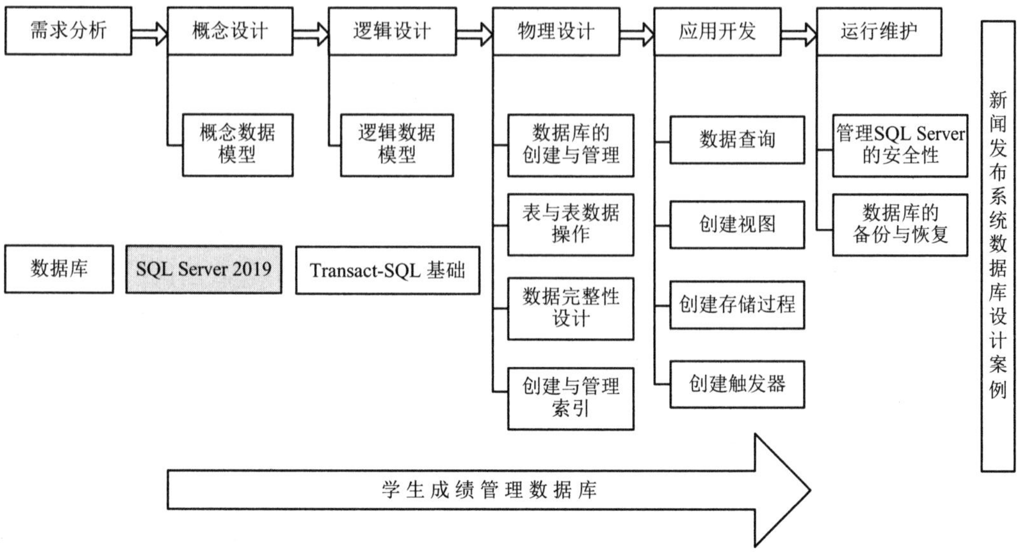

2.1 SQL Server 2019 简介

SQL Server 是 Microsoft 公司推出的关系型数据库管理系统，它是一个全面的数据库管理平台，使用集成的商业智能（BI）工具提供了企业级的数据管理，具有使用方便、可伸缩性好和相关软件集成程度高等优点。SQL Server 的数据库引擎为关系型数据和结构化数据提供了更安全可靠的存储功能，使用户可以构建和管理用于业务的具有高可用性、高性能的数据应用程序。

2.1.1 SQL Server 2019 的版本介绍

2019 年 11 月 4 日，Microsoft 公司正式发布了新一代的数据库产品 SQL Server 2019，在保持前几代产品的优势的同时，增加了大数据集群、数据虚拟化等特性。

SQL Server 根据用户业务需求和使用场景的不同，设计了不同的版本供用户选择。其中，主要的版本有 Enterprise 版（企业版）和 Standard 版本（标准版）；专业化版本有 Web 版（网页版）；扩展的版本有 Developer 版（开发版）和 Express 版（简易版）。根据实际应用的需要，如性能、价格和运行时间等，用户可以选择购买和安装不同版本的 SQL Server。值得一提的是自 2016 版开始，SQL Server 仅支持 64 位处理器安装，不再支持 32 位系统的软件。

1. Enterprise 版

SQL Server 2019 的 Enterprise 版提供了全面的高端数据中心功能，性能极为快捷、虚拟化不受限制，还具有端到端的商业智能，可为关键任务工作负荷提供较高级别服务，支持最终用户访问深层数据。

2. Standard 版

SQL Server 2019 的 Standard 版提供了基本数据管理和商业智能数据库，使部门和小型组织能够顺利运行其应用程序，并支持将常用开发工具用于内部部署和云部署，有助于以最少的 IT 资源获得高效的数据库管理。

3. Web 版

SQL Server 2019 的 Web 版支持面向 Internet 的工作负载，使企业能够快速部署网页、应用程序、网站和服务。对于为从小规模至大规模 Web 服务提供可伸缩性、经济性和可管理性功能的 Web 宿主和 Web VAP 来说，Web 版是一个性价比较高的选择。

4. Developer 版

SQL Server 2019 的 Developer 版支持开发人员基于 SQL Server 构建任意类型的应用程序，它包括 Enterprise 版的所有功能，但有许可限制，只能用作开发和测试系统，而不能用作生产服务器。对于构建和测试应用程序的人员来说，Developer 版是理想之选。

5. Express 版

SQL Server 2019 的 Express 版是入门级的免费数据库，是学习和构建桌面及小型服务器数据驱动应用程序的理想选择。它是独立软件供应商、开发人员和热衷于构建客户端应用程序的人员的最佳选择。如果需要使用更高级的数据库功能，则可以将 Express 版无缝升级到其他更高端的 SQL Server 版本。SQL Server Express LocalDB 是 Express 版的一种轻型版本，该版本具备所有可编程性功能，但只能在用户模式下运行，并且具有快速的零配置安装和必备组件要求较少的特点。

2.1.2 SQL Server 2019 的新特性

SQL Server 2019（15.x）在早期版本的基础上构建，旨在将 SQL Server 发展成一个平台，以提供开发语言、数据类型、本地或云环境以及操作系统选项。本节只介绍其部分新增特性，详情请自行查阅官方文档和 MSDN。

1. 数据虚拟化和 SQL Server 2019 大数据群集

当代企业通常掌管着庞大的数据资产，这些数据资产由托管在整个公司的孤立数据源中的各种不断增长的数据集组成。利用 SQL Server 2019 大数据群集，可以从所有数据中获得近乎实时的见解，该群集提供了一个完整的环境来处理包括机器学习和 AI 功能在内的大量数据。

2. 智能数据库

从智能查询处理到对永久性内存设备的支持，SQL Server 智能数据库功能提高了所有数据库工作负荷的性能和可伸缩性，而无须更改应用程序或数据库设计。

（1）智能查询处理特性：通过智能查询处理，可以改进关键的并行工作负荷在大规模运行时的性能。默认情况下，最新的数据库兼容性级别设置上支持智能查询处理，可通过最少的实现工作量改进现有工作负荷的性能。

（2）内存数据库：SQL Server 内存数据库技术利用现代硬件创新提供无与伦比的性能和规模。SQL Server 2019 在早期版本的基础上进行创新构建，如内存中联机事务处理（OLTP），旨在为所有数据库工作负荷实现新的可伸缩性级别。

（3）智能性能：SQL Server 2019 在早期版本的智能数据库的基础上进行创新，增加了智能性能处理特性，这种改进有助于克服已知的资源瓶颈，并提供配置数据库服务器的选项，以在所有工作负荷中提供可预测性能。

3. 开发人员体验

SQL Server 2019 继续提供一流的开发人员体验，并增强了图形和空间数据类型、UTF-8 支持及新扩展性框架，使开发人员可以使用他们选择的语言来获取其所有数据的见解。

4. 任务关键安全性

SQL Server 提供安全的体系结构，旨在使数据库管理员和开发人员能够创建安全的数据库应用程序并应对威胁。每个版本的 SQL Server 都在早期版本的基础上进行了改进，同时引入了新的特性和功能，SQL Server 2019 新增了具有安全 Enclave 的 Always Encrypted 以及 SQL Server 配置管理器中的证书管理、数据发现和分类等新特性。

5. 高可用性

每位用户在部署 SQL Server 时都需执行一项常见任务，以确保所有任务关键型 SQL Server 实例以及其中的数据库在企业和最终用户需要时随时可用。可用性是 SQL Server 平台的关键支柱，SQL Server 2019 引入了许多新功能和增强功能，使企业能够确保其数据库环境高度可用。例如，最多五个同步副本、次要副本到主要副本连接重定向等新特性。

2.2 SQL Server 2019 的安装

2.2.1 SQL Server 2019 安装的软硬件需求

SQL Server 作为一款功能强大的数据库管理系统（服务器系统软件），其安装和正常运行对软硬件都有一定要求，以下是最低的软硬件要求：

（1）对.NET Framework 的要求：SQL Server 2016（13.x）RC1 和更高版本需要 .NET Framework 4.6 才能运行数据库引擎、Master Data Services 或进行复制。SQL Server 安装程序自动安装 .NET Framework。

（2）网络软件：SQL Server 支持的操作系统具有内置网络软件。独立安装项的命名实例和默认实例支持共享内存、命名管道、TCP/IP 和 VIA 等网络协议。

（3）硬盘：SQL Server 要求最少 6 GB 的可用硬盘空间。

（4）Internet 要求：使用联网功能（更新、下载.NET Framework 时）时需要连接互联网。

（5）其他：从光盘安装时需要 DVD 光驱，需要一个至少 800 像素×600 像素的监视器。

1. 对硬件环境的要求

表 2-1 所列的对内存和处理器的要求适用于 SQL Server 2019 的所有版本。

表 2-1 对内存和处理器的要求

组件	要求
内存	最低要求：Express Edition：512 MB；所有其他版本：1 GB 建议：Express Edition：1 GB；所有其他版本：至少 4 GB，并且应随着数据库大小的增加而增加，以确保性能
处理器速度	最低要求：1.4 GHz 建议：2.0 GHz 或更快
处理器类型	x64 处理器：AMD Opteron、AMD Athlon 64、支持 Intel EM64T 的 Intel Xeon，以及支持 EM64T 的 Intel Pentium IV

2. 对操作系统的要求

SQL Server 2019 的不同版本对操作系统的要求是比较严格的，表 2-2 列出了各种版本的 SQL Server 2019 对运行的操作系统的要求，更加详细的要求可以参阅 MSDN 或帮助文件。

表 2-2 各种版本的 SQL Server 2019 对运行的操作系统的要求

操作系统	Enterprise	Developer	Standard	Web	Express
Windows Server 2019 各版本	是	是	是	是	是
Windows Server 2016 各版本	是	是	是	是	是
Windows Server 2012 R2 各版本	是	是	是	是	是
Windows Server 2012 各版本	是	是	是	是	是
Windows 10 各版本	否	是	是	否	是
Windows 8.1 各版本	否	是	是	否	是
Windows 8 各版本	否	是	是	否	是

2.2.2 SQL Server 2019 的安装步骤

下面以在 Windows 10 上安装 SQL Server 2019 Developer 版为例，介绍 SQL Server 的安装步骤。

Step 1 将 SQL Server 2019 安装盘插入光驱后，将自动启动安装程序。如未启动，打开根目录双击运行文件 setup.exe，即可打开“SQL Server 安装中心”窗口，如图 2-1 所示。

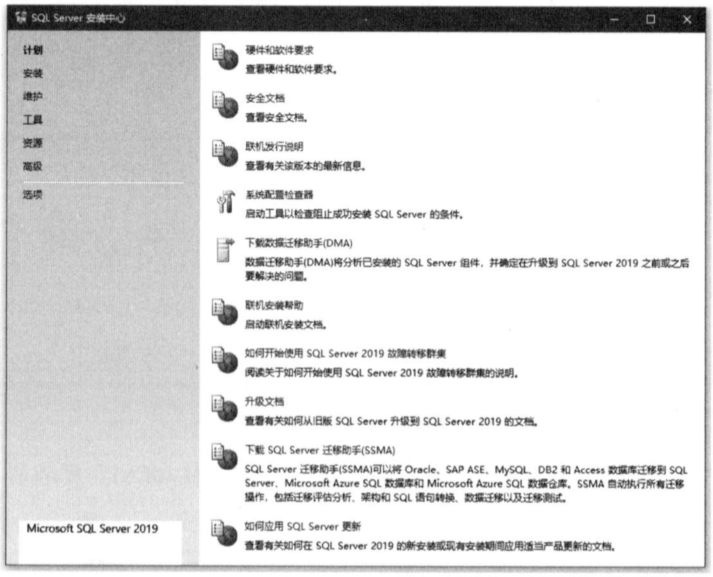

图 2-1 “SQL Server 安装中心”窗口

Step 2 选择左侧“安装”选项，并选择“全新 SQL Server 独立安装或向现有安装添加功能”，如图 2-2 所示。

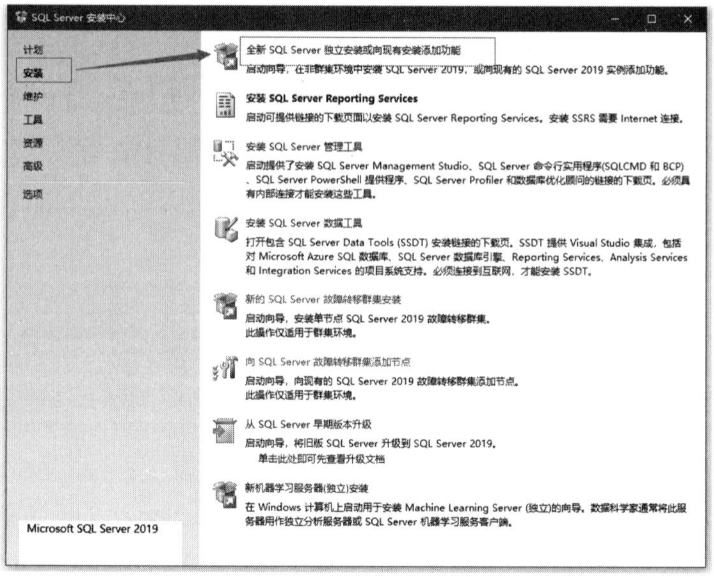

图 2-2 “SQL Server 安装中心”功能选择界面

Step 3 在打开的“SQL Server 2019 安装”窗口中，默认指定 Developer 版（用户可根据需要自行选择），单击“下一步”按钮，如图 2-3 所示。

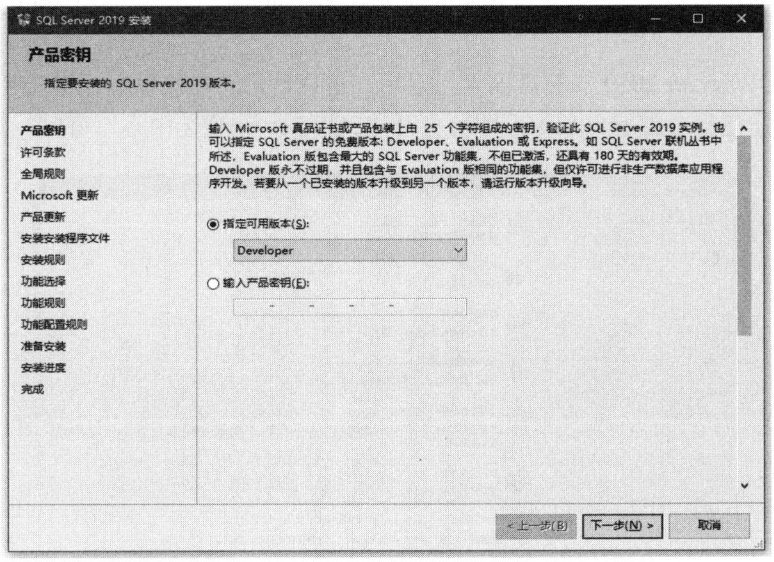

图 2-3　SQL Server 安装版本选择

Step 4 在打开的“许可条款”界面，勾选“我接受许可条款和(A)”复选框，单击“下一步”按钮，如图 2-4 所示。

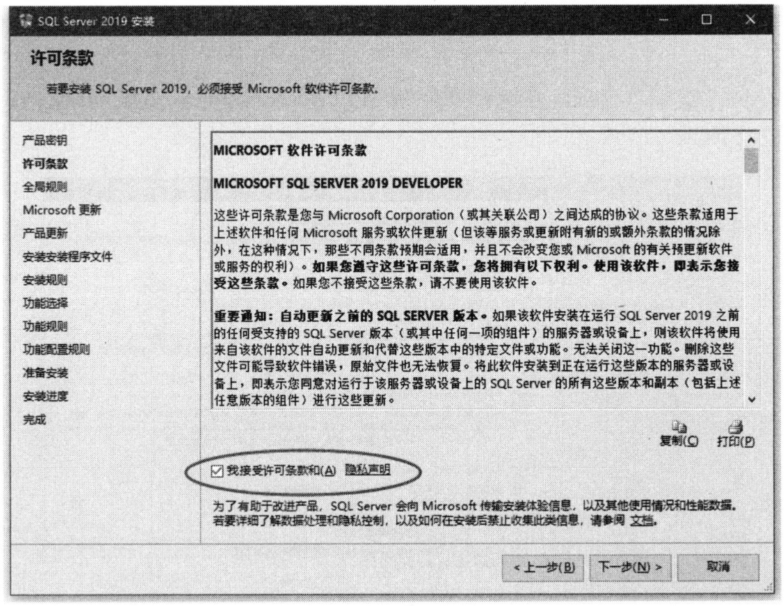

图 2-4　“许可条款”界面

Step 5 在打开的“全局规则”界面，安装程序将检查 SQL Server 的安装条件，如图 2-5 所示。这个步骤中必须更正所有错误，才能进行下一步“更新检查”，如果有需要更新的会提示进行安装，本次安装的是最新版本的软件，因此跳过了相关更新选项。

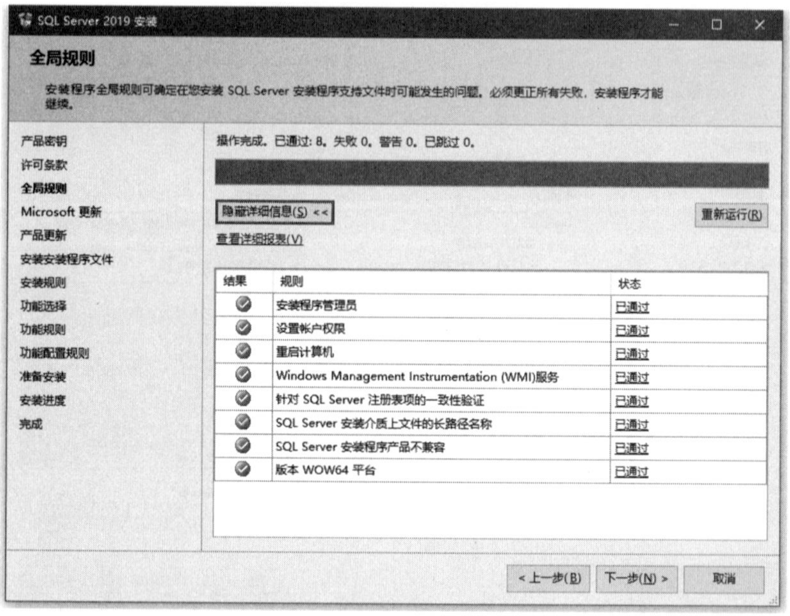

图 2-5　“全局规则”界面

Step 6　在完成更新检查以后，单击“下一步”按钮以进行安装规则检查，如图 2-6 所示。

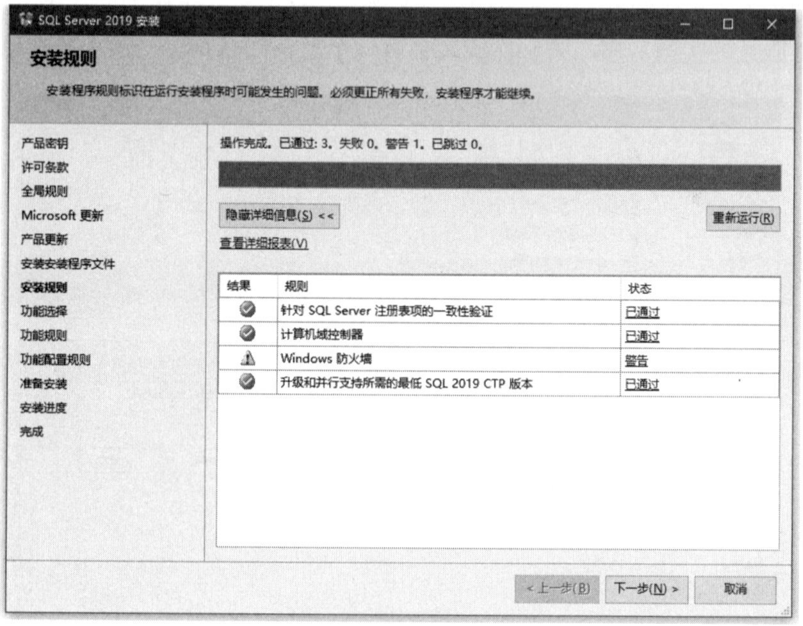

图 2-6　“安装规则”界面

Step 7　在进行安装规则检查后，单击“下一步”按钮进入“功能选择”界面，选择要安装的组件，进行更详细的配置，选择相应功能名称后，“功能说明”窗格会显示每个组件的说明，如图 2-7 所示。SQL Server 2019 是一款功能庞杂的数据库系统软件，用户在安装过程中不必勾选每一个功能，此处仅安装“数据库引擎服务”及客户端相关工具即可。

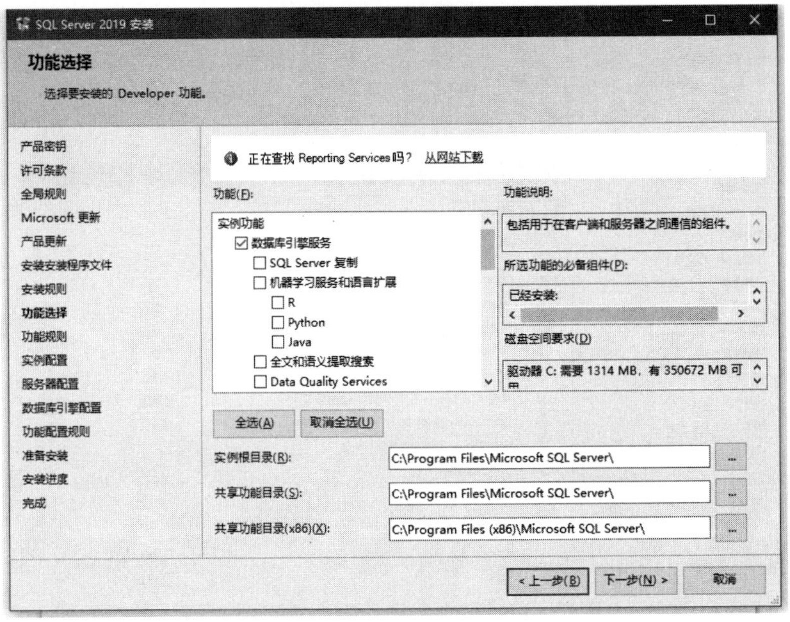

图 2-7 “功能选择”界面

Step 8 选择完功能后，单击“下一步”按钮会进行功能规则的依赖性检查，通过检查后会自动进入“实例配置”界面，如图 2-8 所示。SQL Server 作为服务器，在安装时需要配置服务的实例名称，第一次安装会有一个默认的名称，一般不需要修改。

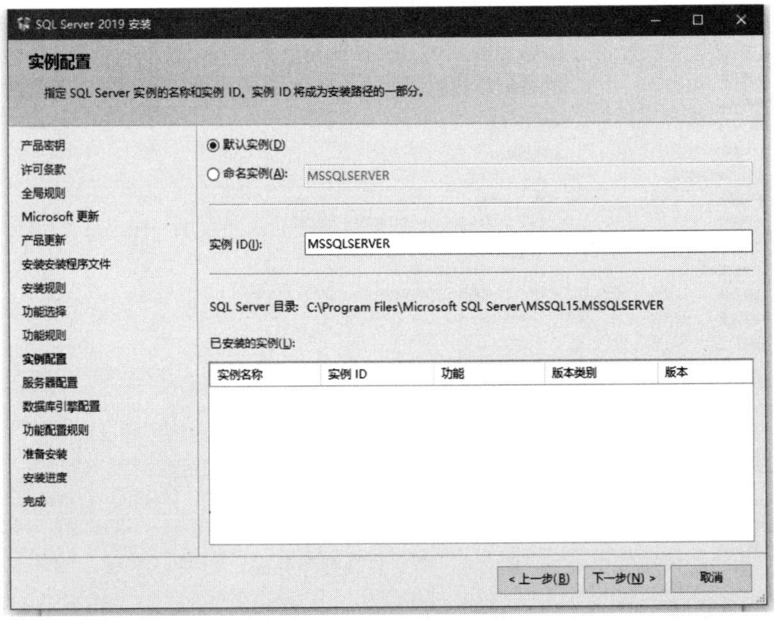

图 2-8 “实例配置”界面

Step 9 完成实例配置后，单击“下一步”按钮，进入“服务器配置”界面，在此界面可以为所有的服务分配相同的登录账户（本书图中所有“帐户”均应为“账户”），也可以单独配置不同的账户，还可以指定自动或手动启动特定服务，如图 2-9 所示。

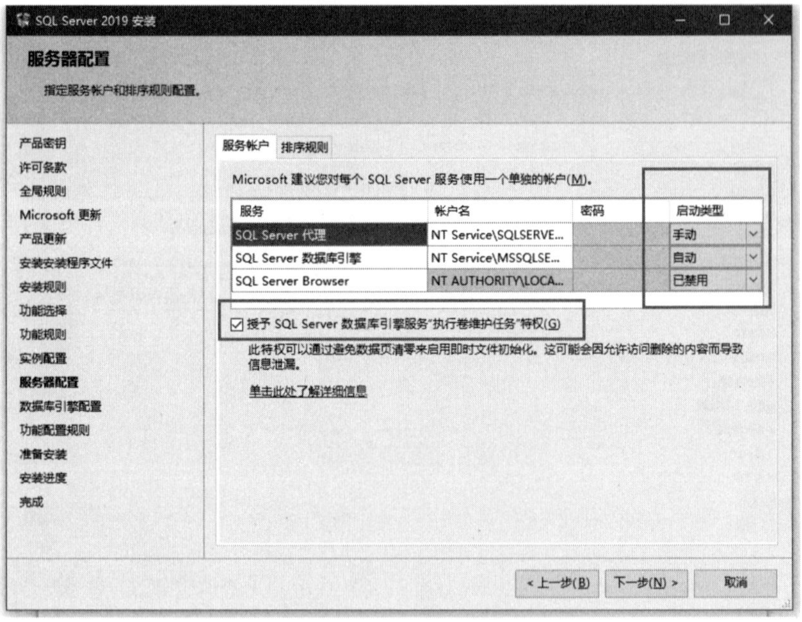

图 2-9 “服务器配置”界面

Step 10 完成服务器配置后，单击“下一步”按钮，进入“数据库引擎配置”界面。如果选择“混合模式”，必须为 SQL Server 系统管理员（sa）设置密码（默认要求强密码），必须为 SQL Server 实例至少指定一个 sa。若要添加运行 SQL Server 安装程序的账户，请单击“添加当前用户”按钮，如图 2-10 所示。

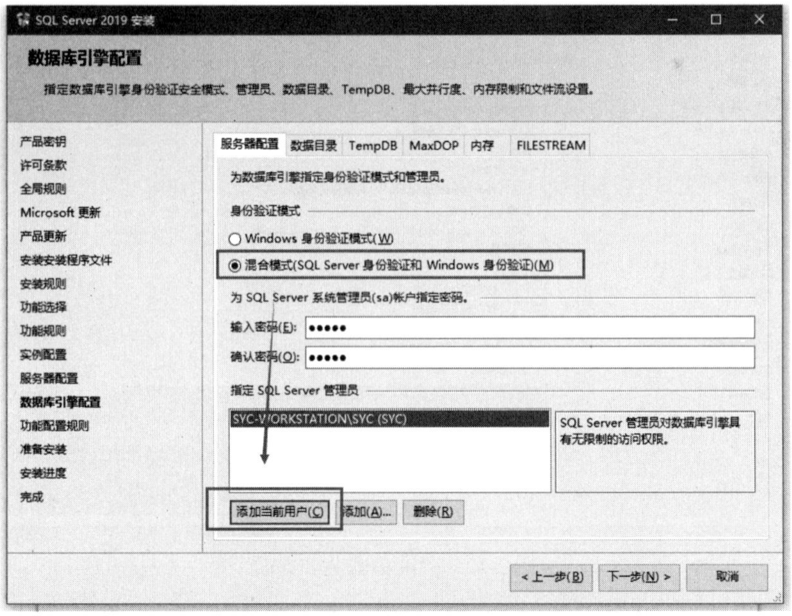

图 2-10 “数据库引擎配置”界面

Step 11 在“数据库引擎配置”界面可以切换到“数据目录”选项卡，在该选项卡可以配置数据库的文件及其存储位置，如图 2-11 所示。

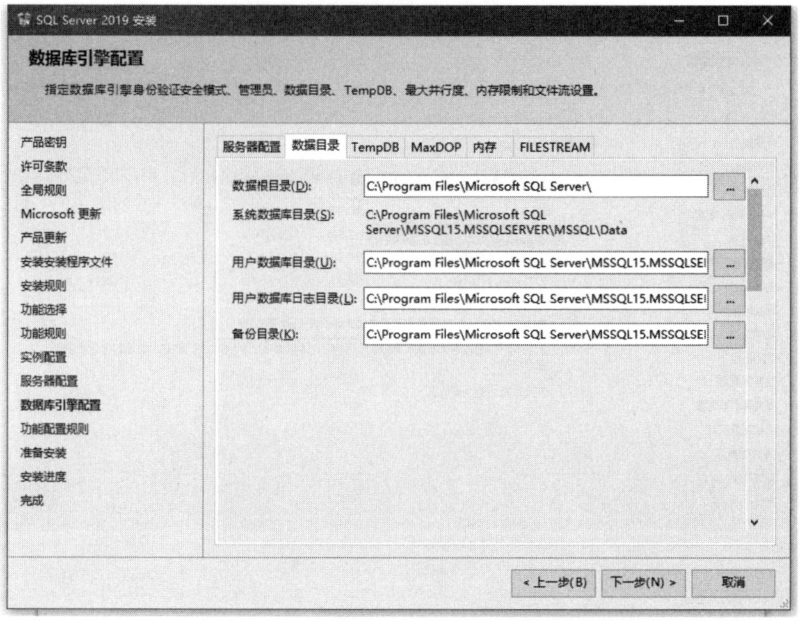

图 2-11　“数据目录”选项卡

Step 12 完成数据库引擎配置后，单击“下一步”按钮会进行功能配置的检查，通过检查后进入“准备安装”界面，该界面给出了即将安装的配置清单，如图 2-12 所示。

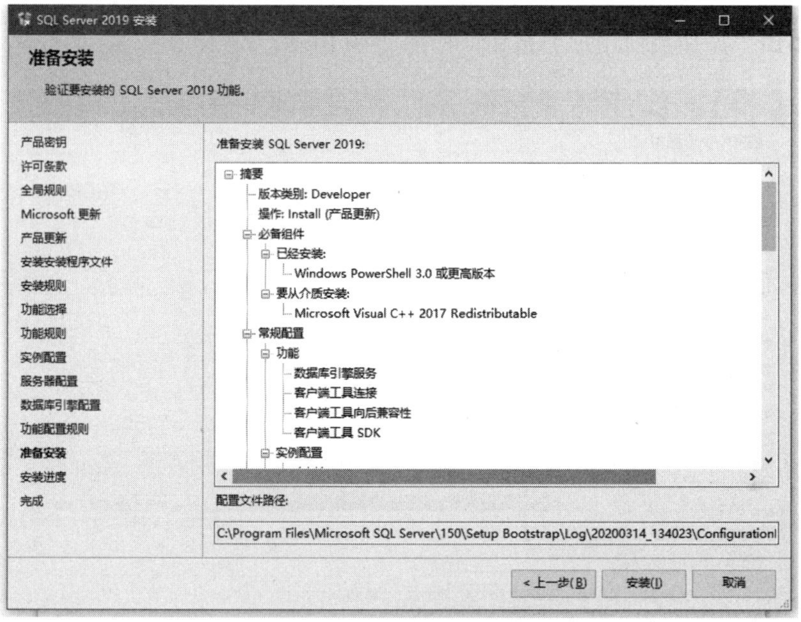

图 2-12　“准备安装”界面

Step 13 单击“准备安装”界面的“安装”按钮，进入“安装进度”界面，如图 2-13 所示。

Step 14 完成安装后，单击“关闭”按钮，此时计算机已具备 SQL Server 的相关服务，同时增加了 SQL Server 安装中心、数据导入导出等工具程序。

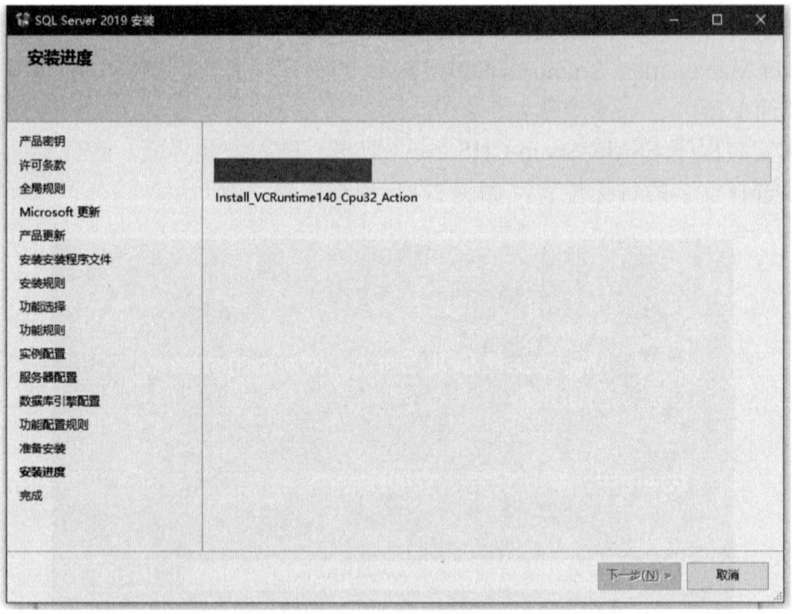

图 2-13 “安装进度”界面

2.2.3 SQL Server Management Studio 的安装

SQL Server 2016 以及更高版本在安装中心单独提供了管理工具安装功能，也就是说在 SQL Server 的安装过程中不再自动安装 SQL Server Management Studio、SQL Server 命令行提示工具、SQL Server Profiler 等管理工具。因此，我们需要单独下载安装才能使用。

1．SQL Server Management Studio 的下载

SQL Server 2019 版本发布的同时，SQL Server Management Studio 也更新到 18.x 版本供用户下载使用，可以在 SQL Server 的官网下载，同时也可以在 SQL Server 的安装中心（见图 2-2）选择“安装 SQL Server 管理工具”进入下载页面，如图 2-14 所示。

图 2-14 “下载 SQL Server Management Studio(SSMS)”页面

2. SQL Server Management Studio 的安装步骤

SQL Server Management Studio 是 SQL Server 的管理工具，因此其安装过程比 SQL Server 的安装过程要简单得多，基本步骤如下：

Step 1 找到安装程序 SSMS-Setup-CHS.exe，双击，进入安装界面，在此界面可以根据用户需要选择安装的目标位置，如图 2-15 所示。

图 2-15　SQL Server Management Studio 安装界面

Step 2 选择好需要安装的目标位置后，单击“安装”按钮进入安装过程，如图 2-16 所示。

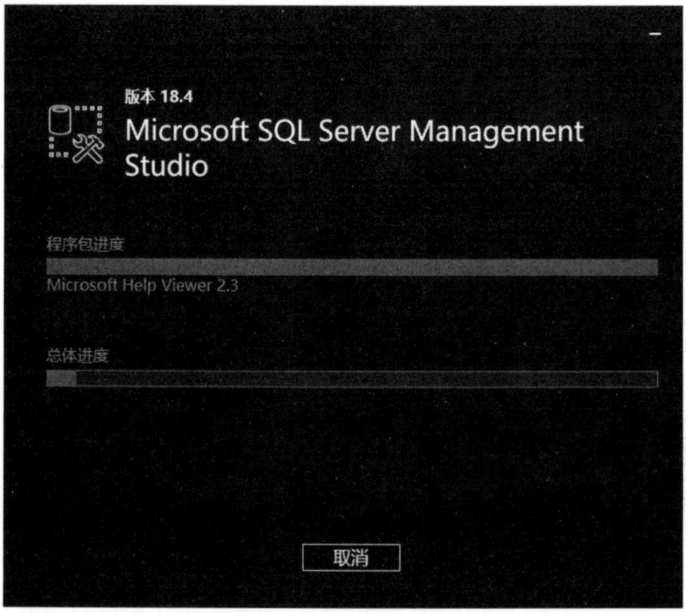

图 2-16　SQL Server Management Studio 安装过程

Step 3 完成安装后，在“开始”菜单中可以找到 SQL Server 常用工具软件，如图 2-17 所示。

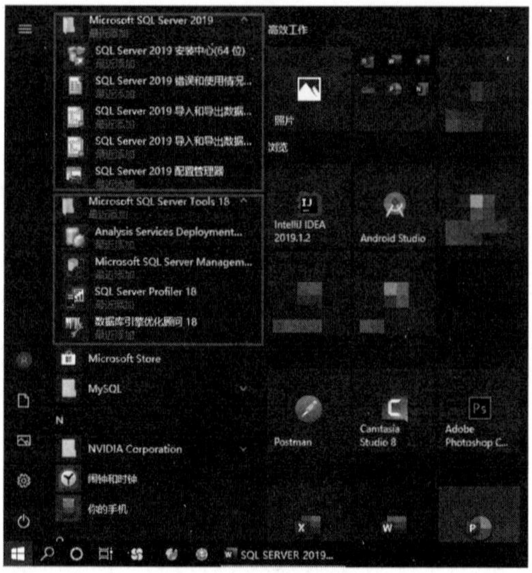

图 2-17 “开始”菜单中的 SQL Server 常用工具软件

2.3 SQL Server 2019 管理工具

工具是管理数据库的必要条件，但无论数据库是在云端、Windows 上、MacOS 上还是 Linux 上运行，工具都不需要与数据库在相同的平台上运行。较为常用的管理工具包括 SQLServer Management Studio（以下简称 SSMS）、SQL Server Data Tools（以下简称 SSDT）、数据库引擎优化顾问、SQL Server 配置工具、命令行工具文档和社区等。

2.3.1 SSMS

SSMS 是 SQL Server 的集成管理工具，它将 SQL Server 早期版本中的企业管理器、查询分析器和分析管理器的功能组合到单一环境中，为不同层次的开发人员和管理员提供 SQL Server 访问能力。SSMS 提供用于配置、监视和管理 SQL Server 和数据库实例的工具，可以部署、监视和升级应用程序使用的数据层组件，以及生成查询和脚本，也可以在本地计算机或云端查询、设计和管理数据库及数据仓库。

2.3.2 SSDT

SSDT 是一款新式开发工具，用于生成 SQL Server 关系数据库、Azure SQL 数据库、Analysis Services（AS）数据模型、Integration Services（IS）包和 Reporting Services（RS）报表。用户可以使用 SSDT 设计和部署任何 SQL Server 内容类型，就像在 Visual Studio 中开发应用程序一样简单。

与 SSMS 一样，SSDT 也是一个独立的数据库管理工具，需要用户单独安装。Visual Studio 从 2017 版开始，便将创建数据库项目的功能集成到了自身的安装中，即无须单独安装 SSDT，就可以使用 SSDT。但是如果用户要创建 Analysis Services、Integration Services 或 Reporting

Services 等项目，仍需要单独安装 SSDT。

2.3.3 数据库引擎优化顾问

数据库引擎优化顾问（DTA）是 SQL Server 提供的性能优化工具，它能够分析数据库并对优化查询性能提出建议。借助数据库引擎优化顾问，用户不必精通数据库结构或深谙 SQL Server 的工作原理，就可选择和创建索引、索引视图和分区的最佳集合。使用数据库引擎优化顾问可以完成以下优化任务：

（1）特定问题查询，故障排除。

（2）优化跨一个或多个数据库的大型查询集。

（3）在更改物理设计前进行预判分析。

（4）管理存储空间。

2.3.4 SQL Server 配置工具

SQL Server 配置工具主要用于配置服务器和客户端，主要包括以下三种。

1. SQL Server 安装中心

使用 SQL Server 安装中心可以查看硬件和软件要求、安全文档、该版本的最新信息和联机安装帮助等，可以启动工具检查本机成功安装 SQL Server 所缺少的条件，分析升级到 SQL Server 2019 要解决的问题，还可以对 SQL Server 进行维护。

2. SQL Server 配置管理器

使用 SQL Server 配置管理器可以配置 SQL Server 服务和网络连接，具体如下所述。

（1）管理与 SQL Server 相关的服务：

- 启动、停止和暂停服务。
- 将服务配置为自动启动或手动启动，禁用服务，或者更改其他服务设置。
- 更改 SQL Server 服务所使用的账户的密码。
- 使用跟踪标志（命令行参数）启动 SQL Server。
- 查看服务的属性。

（2）可以完成与此计算机上的 SQL Server 服务相关的任务：

- 启用或禁用 SQL Server 网络协议。
- 配置 SQL Server 网络协议。

（3）SQL Server 客户端通过使用 SQL Server Native Client 网络库连接到 SQL Server。使用 SQL Server 配置管理器可以完成与此计算机上的客户端应用程序相关的任务：

- 指定连接到 SQL Server 实例时的协议顺序。
- 配置客户端连接协议。
- 创建 SQL Server 实例的别名，使客户端能够使用自定义连接字符串进行连接。

3. 数据迁移助手

数据迁移助手工具可以检测可能会影响新版 SQL Server 或 Azure SQL 数据库中数据库功能的兼容性问题，有助于用户升级到新版本的 SQL Server。

2.3.5 命令行工具

与其他数据库管理系统一样，SQL Server 也提供了丰富的命令行工具，可以实现基本的数据管理功能。

（1）bcp 命令：可以在 SQL Server 实例和用户指定格式的数据文件间大容量复制数据。

（2）mssql-cli（预览版）：一项用于查询 SQL Server 的交互式命令行工具。此外，可使用具有 IntelliSense、语法高亮等功能的命令行工具查询 SQL Server。

（3）mssql-conf：用于配置在 Linux 上运行的 SQL Server。

（4）mssql-scripter（预览版）：是一种新的生成 T-SQL 脚本的命令行工具。

（5）sqlcmd：可以在命令提示符下，使用 sqlcmd 实用工具输入 Transact-SQL 语句、系统过程和脚本文件。

（6）sqlpackage：是一个命令行实用工具，可自动处理多个数据库开发任务。

2.3.6 文档和社区

SQL Server 提供了大量的联机帮助文档和内容详实的教程，为用户提供学习帮助。用户可以在开始菜单中启动联机帮助，也可以直接在其他任何 SQL Server 的实用工具中启动。

2.4 SSMS 的使用方法

SSMS 是基于 Visual Studio 设计的，为用户提供了图形化的、集成的丰富的管理工具。

2.4.1 启动 SSMS

Management Studio 的使用方法

启动 SSMS 的步骤如下：

Step 1 在“开始”菜单（见图 2-17）中找到“Microsoft SQL Server Management Studio 18”并单击，打开“Microsoft SQL Server Management Studio”窗口，弹出“连接到服务器”对话框，如图 2-18 所示。

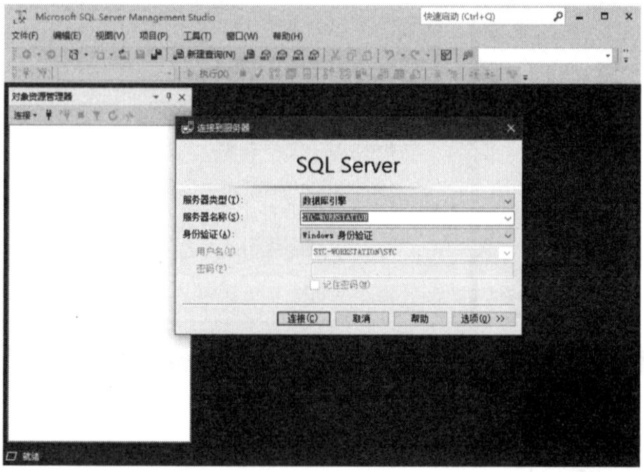

图 2-18 “连接到服务器”对话框

Step 2 选择身份验证模式。Windows 身份验证模式直接利用 Windows 用户的权限登录 SQL Server 服务器；SQL Server 身份验证模式要求用户输入用户名和密码，输入完成后单击“连接”按钮，便可以进入“Microsoft SQL Server Management Studio”窗口，如图 2-19 所示。

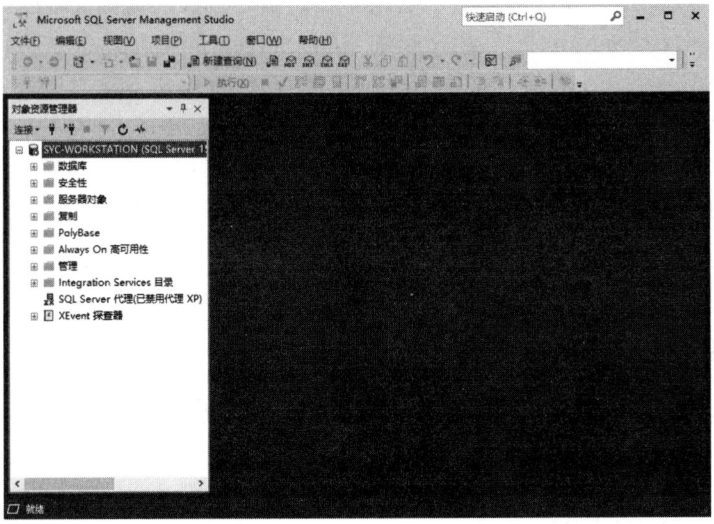

图 2-19　“Microsoft SQL Server Management Studio”窗口

2.4.2　SSMS 查询编辑器

1. 打开查询编辑器

单击“Microsoft SQL Server Management Studio”窗口中工具栏上的“新建查询”按钮，就会自动新建一个 T-SQL 脚本编辑窗口，并打开查询编辑器，如图 2-20 所示。

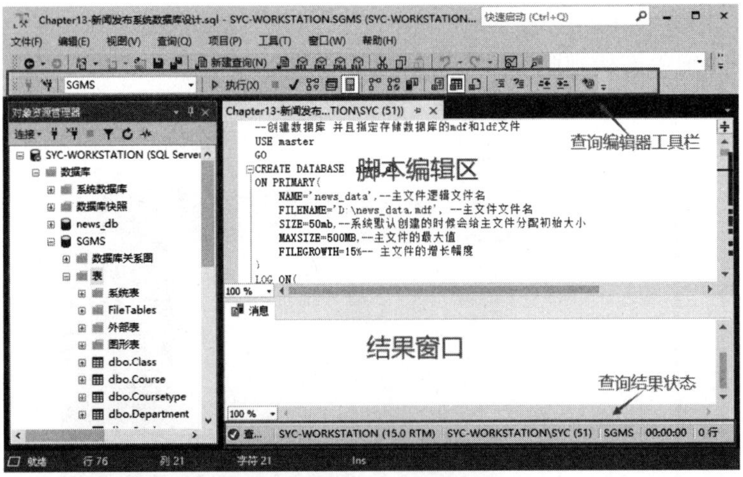

图 2-20　查询编辑器

2. 查询编辑器的基本操作

在使用查询编辑器编写 SQL 脚本的时候经常会用到 SSMS 工具栏中的查询编辑器工具

栏，如图 2-21 所示。该工具栏只在查询编辑器打开的时候出现。

图 2-21　查询编辑器工具栏

该工具栏上的常用按钮及其说明如下：

（1）执行按钮 执行(X)：用于执行编写好的 T-SQL 脚本。

（2）检查按钮：用于检查分析编写好的 T-SQL 脚本。

（3）停止按钮：终止正在执行的 T-SQL 脚本。

（4）预估执行计划按钮：用于显示预估的执行计划。

（5）查询选项配置按钮：用于配置查询的结果参数和执行参数。

（6）查询统计按钮：用于显示实际的执行计划、统计信息、客户端信息。

（7）结果显示按钮：以网格、文本消息的形式查看运行结果或将结果另存为文件。

（8）注释按钮：对选中行进行注释或取消对选中行的注释。

（9）缩进按钮：增加或减少选中行的缩进。

（10）当前数据库列表框 SGMS：可以通过这个数据库列表框切换当前执行脚本所在的数据库。

3. 使用 SSMS 编写并运行 T-SQL 脚本

编写并运行 T-SQL 脚本的步骤如下：

Step 1 单击 SSMS 工具栏上的“新建查询”按钮，打开查询编辑器，如图 2-20 所示。

Step 2 在查询编辑器的脚本编辑区输入 T-SQL 脚本：

```
USE SGMS
GO
SELECT * FROM Student
GO
```

Step 3 单击工具栏“执行”按钮，查询结果栏将显示执行结果，如图 2-22 所示。

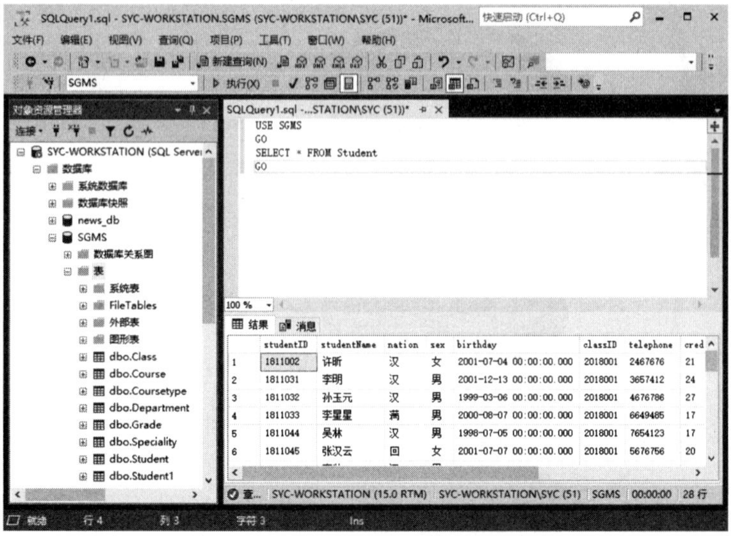

图 2-22　T-SQL 脚本查询结果

Step 4 选择“文件”→“另存为”命令，可以保存脚本文件，如图 2-23 所示。

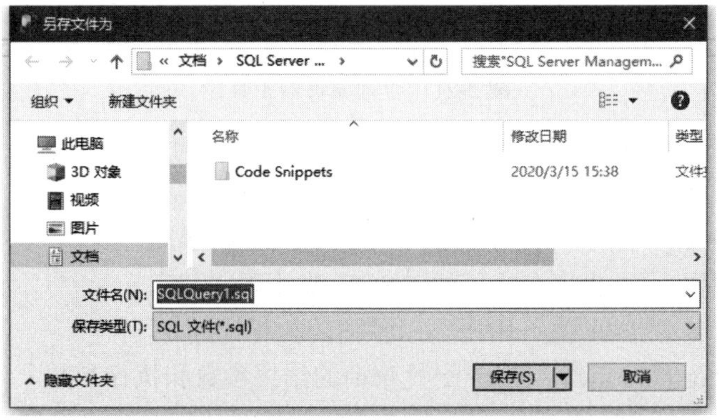

图 2-23 “另存文件为”对话框

小结

本章简单介绍了 SQL Server 2019 的各个版本及其新特性，重点介绍了 SQL Server 2019 的安装条件与安装方法，最后介绍了 SQL Server 2019 的常见管理工具以及 SQL Server Management Studio 的使用方法。

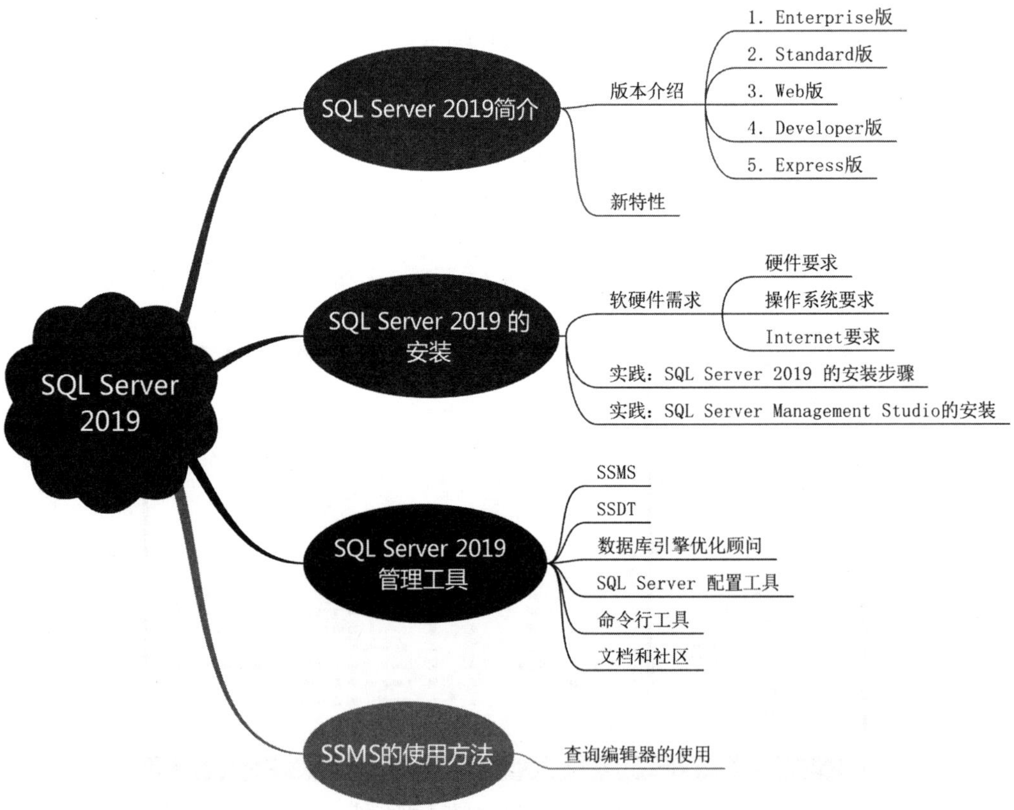

思考与练习

一、选择题

1．SQL Server 2019 是（　　）公司的产品。

A．Sybase　　B．Oracle　　C．Microsoft　　D．IBM

2．在 Windows 10 操作系统中，不可以安装（　　）SQL Server 2019。

A．Enterprise　　B．Standard　　C．Web　　D．Developer

3．（　　）是 SQL Server 2019 提供的集成环境，这种工具可以完成访问、配置、控制、管理和 SQL 脚本编写调试的所有工作。

A．SQL Server Management Studio

B．SQL Server Profiler

C．SQL Server 配置管理器

D．SQL Server Data Tools

4．在连接到 SQL Server 服务器时有两种身份验证模式，其中在（　　）方式下，需要输入登录用户名以及密码。

A．Windows 身份验证　　B．SQL Server 身份验证

C．上述两种都需要　　D．两种都不需要

二、简答题

1．简述 SQL Server 2019 的常用管理工具和主要功能。

2．简述 SQL Server 2019 提供了哪些版本及其各自的应用范围。

上机实验

实验指导书

一、实验目的和要求

1．通过安装了解 SQL Server 2019 的一些常识。

2．熟悉安装 SQL Server 2019 所需要的软硬件及操作系统。

3．掌握 SQL Server 2019 的一般安装方法。

4．了解 SQL Server 2019 常用工具的用法。

5．掌握 SSMS 的用法。

二、实验内容

1．在自己的计算机（或者实验室的计算机）上安装 SQL Server 2019，在安装时做好以下设置：

（1）选择安装所有的服务，并查看哪些服务已经在本机安装。

（2）将服务账户设置为“使用内置系统账户”。

（3）将登录身份验证模式设置为“SQL Server 和 Windows”混合的身份验证，并一定记住 sa 的密码。

2．启动 SQL Server Configuration Manager，熟悉 SQL Server 的常用配置及其设置方法，完成以下几个任务：

（1）查看当前服务器上已经安装的 SQL Server 服务，并启动或停止其中某个服务，如 SQL Server Agent 服务。

（2）查看当前服务器的网络配置，选择启用其中某个协议。

（3）查看 SQL Server Native Client 的配置。

3．启动并使用 sa 用户登录 SQL Server Management Studio，熟悉该工具的用法，完成以下几个任务：

（1）打开或隐藏“对象资源管理器”，并逐级展开其目录，查看其中内容。

（2）在对象资源管理器中查看服务器的属性，了解 SQL Server 的常规配置信息。

（3）打开或隐藏“已注册服务器”窗口，在该窗口中可以看到所有本地计算机上安装的服务器和已注册的其他远程服务器。

（4）尝试注册本局域网内其他能连接的服务器（需要该服务器的用户名和密码）。

4．编写基本的 T-SQL 脚本并调试运行，具体任务如下所述。

（1）新建查询，并执行下面一段程序：

```
USE master
GO
CREATE DATABASE db_test
GO
```

（2）单击查询编辑器工具栏上的“执行”按钮或按<F5>键，执行程序并查看执行结果。

（3）在对象资源管理器中刷新，查看数据库节点的变化。

（4）在查询编辑器中，选中 CREATE DATBASE，按<Shift + F1>组合键，查看该语句的语法帮助。

第3章 Transact-SQL 基础

任务背景：

Transact-SQL（以下简称 T-SQL）是一种数据定义、操作和控制语言，是 SQL Server 用于操作数据库的编程语言。T-SQL 遵循 ANSI-SQL 的规范，其核心语法与其他遵循 ANSI-SQL 规范的数据库管理系统是兼容的，因此 SQL Server 使用的 SQL 脚本经过极少的修改之后就可以应用到其他数据库管理系统中。因为 T-SQL 是 SQL Server 重要的编程语言，也是实现数据库管理的重要工具，所以无论是数据库管理员还是数据库程序员都会用到该语言进行数据库的设计、维护和编程。即使作为一名应用程序设计者，也必须熟练掌握 T-SQL 语法以便同 SQL Server 数据库进行交互。本章主要介绍 T-SQL 及其语句类型和语法元素。

学习目标：

（1）了解 T-SQL 编程语言的基本常识。

（2）理解 T-SQL 所提供的系统数据类型。

（3）掌握 T-SQL 所提供的运算符及表达式的用法。

（4）掌握变量的声明、赋值及输出方法。

（5）掌握基本的流程控制语句的用法。

（6）了解 SQL Server 提供的函数的分类。

（7）掌握常用函数的用法。

任务导航：

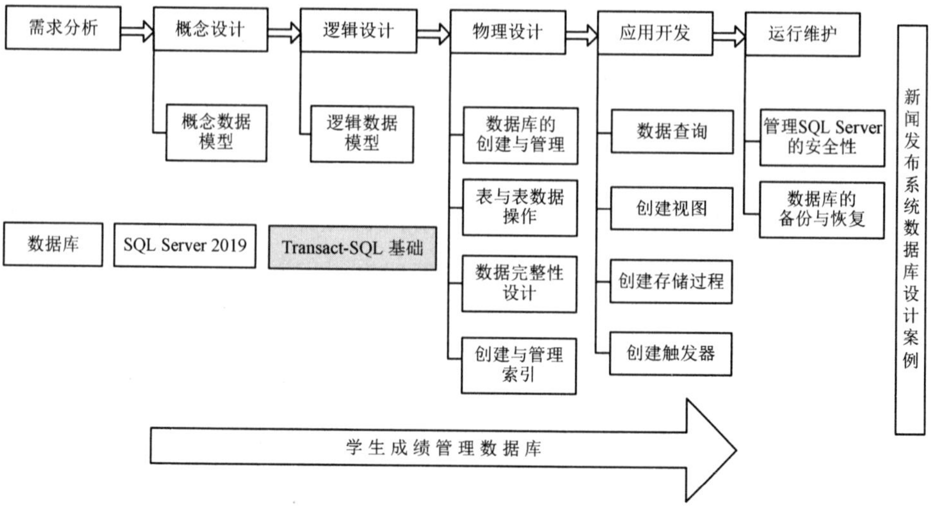

3.1 T-SQL 简介

T-SQL 语言简介

SQL 全称是“结构化查询语言（Structured Query Language）”，最早是 IBM 的圣约瑟研究试验室为其关系数据库管理系统 SYSTEM R 开发的一种查询语言，其前身是 SQUARE 语言。SQL 结构简洁，功能强大，简单易学，目前已被确定为关系数据库系统的国际标准（ANSI-SQL），被绝大多数商品化关系数据库系统采用，如 Oracle、Sybase、DB2、Informix、SQL Server，这些数据库管理系统都支持以 SQL 为查询语言。SQL 是一种介于关系代数与关系演算之间的语言，其功能包括查询、操纵、定义和控制四个方面，是一个通用的功能极强的关系数据库标准语言。

T-SQL 是 Microsoft 公司对 ANSI-SQL 功能的增强和扩展，是应用程序与 SQL Server 沟通的主要语言，利用 T-SQL 可以完成对数据库的各种管理操作，而且可以编制复杂的程序。

T-SQL 主要包括以下三种功能：

（1）数据定义语言（Data Definition Language，DDL）：主要用来定义数据库及数据库对象的结构，包括 CREATE、ALTER、DROP。

（2）数据控制语言（Data Control Language，DCL）：用来控制数据库的存取许可、存取权限等的命令，包括 GRANT、REVOKE、DENY。

（3）数据操纵语言（Data Manipulation Language，DML）：用来操纵数据库中的数据的命令，包括 SELECT、INSERT、UPDATE、DELETE。

3.2 SQL Server 的数据类型

计算机中的数据有两种特征：类型和长度。所谓数据类型就是以数据的表现方式和存储方式来划分的数据的种类，在 SQL Server 中，每个列、局部变量、表达式和参数都有其各自的数据类型。在定义对象的同时指定数据类型相当于定义了该对象的四个特性：

（1）对象所含的数据类型，如字符、整数或二进制数。

（2）所存储值的长度或它的大小。

（3）数字精度（仅用于数字数据类型）。

（4）小数位数（仅用于数字数据类型）。

SQL Server 提供系统数据类型集，定义了可与 SQL Server 一起使用的所有数据类型，包括字符类型、数值类型及日期类型等。在 SQL Server 中，每种数据类型都有取值范围的限制，即使是字符类型，也有个数的限制。此外，SQL Server 的每个数据表在定义的时候也受到数据类型的限制，如每个表最多只允许定义 250 个字段（列），除文本和图像数据类型外，每个记录（行）的最大长度限制为 8060 个字节。

SQL Server 的数据类型

3.2.1 SQL Server 系统提供的数据类型

SQL Server 中的每个变量、参数、表达式等都有其数据类型，如表 3-1 所列。

表 3-1　数据类型分类

分类	数据类型
精确数字	INT、SMALLINT、TINYINT、BIGINT、DECIMAL、NUMERIC、BIT、MONEY、SMALLMONEY
近似数字	REAL、FLOAT
日期和时间	DATE、TIME、DATETIME、SMALLDATETIME、DATETIMEOFFSET
字符串	CHAR、VARCHAR、TEXT
Unicode 字符串	NCHAR、NVARCHAR、NTEXT
二进制字符串	BINARY、VARBINARY、IMAGE
其他数据类型	CURSOR、ROWVERSION、HIERARCHYID、SQL_VARIANT、UNIQUEIDENTIFIER、XML、TABLE、空间几何类型等

数据类型作为一种属性，用于指定对象可以保存的数据的类型。常用的数据类型有：整数数据、浮点数据、货币数据、字符数据、日期和时间数据、二进制数据等。此外，还有一些其他数据类型，此处不作介绍。

1. 整数数据

整数数据是最常用的数据类型之一，其具体类型名称、表示范围和有效存储空间如表 3-2 所列。

表 3-2　整数数据

类型名称	表示范围	有效存储空间
BIGINT	长整数-2^{63}～$2^{63}-1$	8 字节
INT	整数-2^{31}～$2^{31}-1$	4 字节
SMALLINT	短整数-2^{15}～$2^{15}-1$	2 字节
TINYINT	更小的整数 0～255	1 字节
BIT	0、1 或 NULL	1 字节

2. 浮点数据

浮点数据用于存储十进制小数，包括精确的小数数据和近似的小数数据。精确的小数数据包括 DECIMAL 和 NUMERIC，近似的小数数据包括 FLOAT 和 REAL。浮点数据的具体类型名称、应用说明和有效存储空间如表 3-3 所列。

表 3-3　浮点数据

类型名称	应用说明	有效存储空间
DECIMAL [(p[,s])]	p 为精度，最大为 38；s 为小数位数，0≤s≤p	2～17 个字节
NUMERIC [(p[,s])]	等价于 decimal	2～17 个字节
FLOAT [(n)]	表示范围为-1.79E+308～1.79E+308；n 为用于存储尾数的位数，1≤n≤53	4 字节
REAL	表示范围为-3.40E+38～3.40E+38	4 字节

3. 货币数据

货币数据专门用于存储货币值，包括 MONEY 和 SMALLMONEY，它们是简化的精确浮点数据。货币数据的具体类型名称、表示范围和有效存储空间如表 3-4 所列。

表 3-4　货币数据

类型名称	表示范围	有效存储空间
MONEY	−922337203685477.5808～+922337203685477.5807	8 字节
SMALLMONEY	−214748.3648～214748.3647	4 字节

4. 字符数据

字符数据是使用最多的数据类型，它可以用来存储各种字母、数字符号、特殊符号。一般情况下，使用字符数据时须在其前后加上单引号“'”。在 SQL Server 中，支持两种编码形式的字符串，即 ANSI 编码的字符串和 UNICODE 编码的字符串。ANSI 编码的字符串单个英文字符或符号仅占用 1 字节，中文字符等会被拆分到 2 个字节中，而 UNICODE 编码的字符串单个字符都占用 2 字节。字符数据的具体类型名称、应用说明和备注如表 3-5 所列。

表 3-5　字符数据

类型名称	应用说明	备注
CHAR [(n)]	存储字符个数为 0～8 000	ANSI 字符串
VARCHAR [(n)]	存储字符个数为 0～8 000	
TEXT	存储字符个数为 $0 \sim 2^{31}-1$	
NCHAR [(n)]	存储字符个数为 0～4 000	UNICODE 字符串
NVARCHAR[(n)]	存储字符个数为 0～4 000	
NTEXT	存储字符个数为 $0 \sim 2^{30}-1$	

下面以 ANSI 字符为例介绍几种字符数据的特点，UNICODE 字符与此相似。

（1）CHAR：定义形式为 CHAR [(n)]。以 CHAR 类型存储的每个字符和符号占一个字节的存储空间，n 表示所有字符所占的存储空间，其取值范围为 1～8000，即可容纳 8000 个 ANSI 字符。若输入数据的字符数小于 n，则系统自动在其后添加空格来填满剩余空间；若输入的数据大于 n，将会截掉其超出部分。

（2）VARCHAR：定义形式为 VARCHAR [(n)]，n 的取值范围也为 1～8000，其占据存储空间的数量是根据文本的长度而定的。若输入的数据过长，将会截掉其超出部分。

（3）TEXT：用于存储大量文本数据，其容量理论上为 $1 \sim 2^{31}-1$ 个字节，在实际应用时需要视硬盘的存储空间而定。

5. 日期和时间数据

日期和时间数据包括 DATETIME 和 SMALLDATETIME，其具体类型名笱、表示范围和精确度如表 3-6 所列。

表 3-6　日期和时间数据

类型名称	表示范围	精确度
DATETIME	占 8 个字节，表示从 1753 年 1 月 1 日到 9999 年 12 月 31 日的日期	3.33 毫秒（1/300 秒）
SMALLDATETIME	占 4 个字节，表示从 1900 年 1 月 1 日至 2079 年 6 月 6 日的日期	1 分钟

6. 二进制数据

二进制数据包括 BINARY、VARBINARY 和 IMAGE。

（1）BINARY：用于存储二进制数据。其定义形式为 BINARY(n)，n 表示数据的长度，取值范围为 1～8000。

（2）VARBINARY：定义形式为 VARBINARY(n)。它与 BINARY 类型相似，n 的取值范围也为 1～8000，若输入的数据过长，将会截掉其超出部分。不同的是 VARBINARY 数据具有长度不确定的特性，因为其存储长度为实际数值长度+4 个字节。此外，当 BINARY 数据允许 NULL 值时，将被视为 VARBINARY 数据。

（3）IMAGE：用于存储照片或者动画，其理论容量为 $2^{31}-1$ 个字节。

7. 其他数据类型

除了上述的数据类型外，SQL Server 还包括一些特殊的数据类型，如 CUSOR、SQL_VARIANT、TABLE、XML 等，用户在使用时可以参阅相关帮助文档。

3.2.2　用户自定义数据类型

SQL Server 允许用户自定义数据类型，用户自定义数据类型是建立在 SQL Server 系统数据类型基础上的。

1. 创建用户自定义数据类型

用户自定义数据类型基于单一的系统数据类型，但它提供了一种对数据类型应用更具描述性名称的机制，并可以进一步优化系统数据类型，以确保不同表使用公共数据元素时的一致性。

在创建用户自定义数据类型时，必须提供数据类型名称、所基于的系统数据类型，以及是否允许为 NULL。创建别名数据类型的基本语法如下：

```
CREATE TYPE 数据类型名称  FROM 基类型描述 [ NULL | NOT NULL]
```

例如，为学生成绩管理系统创建一个 student_number 别名数据类型：

```
CREATE TYPE student_number FROM varchar(12) NULL
GO
```

在创建完成后，该数据类型将可以直接用于声明字段数据类型等，但是其作用范围仅在当前数据库系统中。

2. 删除用户定义数据类型

如果该数据类型已不再使用，可以使用 DROP TYPE 语句将其删除。DROP TYPE 语句不可以用来删除系统数据类型，只能删除别名数据类型，其基本语法如下：

```
DROP TYPE [ schema_name. ] type_name
```

3.3 变量、运算符与表达式

变量、运算符与表达式

3.3.1 变量

T-SQL 中有两种形式的变量，一种是用户自定义的局部变量，另外一种是系统提供的全局变量。

1. 局部变量

局部变量的作用范围被限制在程序内部。引用局部变量时要在其名称前加上标志“@”，而且必须先用 DECLARE 命令定义后才可以使用。

（1）局部变量的声明。定义局部变量的语法格式如下：

```
DECLAER {@local_variable data_type} [,…n]
```

其中，参数@local_variable 用于指定局部变量的名称，参数 data_type 用于设置局部变量的数据类型及其大小。data_type 可以是任何由系统提供或用户自定义的数据类型，但不能是 TEXT、NTEXT 或 IMAGE 数据类型。

（2）局部变量的赋值。使用 DECLARE 命令声明并创建局部变量之后，其初始值为 NULL，如果想修改局部变量的值，需要使用 SELECT 命令或者 SET 命令，其语法格式如下：

```
SET    { @local_variable = expression }
```

或者

```
SELECT { @local_variable = expression } [ ,...n ]
```

（3）局部变量及表达式的输出。在进行程序调试时往往需要将变量的值输出，可以使用 PRINT 命令或 SELECT 命令来完成，其语法格式如下：

```
PRINT expression
```

或者

```
SELECT expression    [ ,...n ]
```

两种输出结果的显示形式是不一样的，PRINT 命令将以文本形式输出，而 SELECT 命令将以表格的形式输出。

【任务 3-1】定义两个整型变量 a 和 b，对其进行赋值并输出两者的和与差。

【代码实现】实现本任务的脚本如下：

```
DECLARE @a int, @b int
SET @a = 1
SELECT @b = 2
PRINT @a + @b           --在消息窗格显示结果
SELECT @a - @b          --在结果窗格显示结果
```

注意：PRINT 和 SELECT 输出结果的位置是不一样的，需要切换结果窗口才能看到。

2. 全局变量

除了局部变量之外，SQL Server 系统本身还提供了一些全局变量。全局变量是 SQL Server 系统内部使用的变量，其作用范围并不仅仅局限于某一程序，而是任何程序均可以随时调用。全局变量通常存储一些 SQL Server 的配置设定值和统计数据。用户可以在程序中用全局变量来测试系统的设定值或 T-SQL 命令执行后的状态值。所有的全局变量都以标记符“@@”开头。SQL Server 提供的全局变量共有 33 个，常用的全局变量及其含义如表 3-7 所列。

表 3-7　常用的全局变量及其含义

全局变量名	含义
@@ERROR	最后一个 T-SQL 错误的错误号
@@IDENTITY	最后一次插入的标识值
@@LANGUAGE	当前使用的语言的名称
@@MAX_CONNECTIONS	可以创建的同时连接的最大数目
@@ROWCOUNT	受上一个 SQL 语句影响的行数
@@SERVERNAME	本地服务器的名称
@@TRANSCOUNT	当前连接打开的事务数
@@VERSION	SQL Server 的版本信息

3.3.2　运算符与表达式

运算符是一种符号，用来指定要在一个或多个表达式中执行的操作。SQL Server 中常用的运算符有：算术运算符、赋值运算符、位运算符、比较运算符、逻辑运算符、字符串连接运算符。此外，还有复合运算符、作用域解析运算符、集运算符、一元运算符等，此处不作介绍。

1. 算术运算符

算术运算符用来在两个表达式上执行数学运算，这两个表达式可以是任意两个数字数据类型的表达式。算术运算符包括“+”（加）、“-”（减）、“*”（乘）、“/”（除）、“%”（模）五个。

在 T-SQL 中，“+”除了表示加运算符外，还包括另外两方面的意义：

（1）表示正号，即在数值前添加“+”号表示该数值是一个正数。

（2）连接两个字符型或 BINARY 型的数据，这时的“+”号叫作字符串连接运算符。

2. 赋值运算符

T-SQL 有一个赋值运算符，即“=”，用于将数据值指派给特定的对象。另外，还可以使用赋值运算符在列标题和为列定义值的表达式之间建立关系。

3. 比较运算符

比较运算符用来测试两个表达式是否相同。除了 TEXT、NTEXT 或 IMAGE 数据类型的表达式外，比较运算符可以用于比较包括日期和时间、字符数据在内的表达式。比较运算符及其含义如表 3-8 所列。

表 3-8　比较运算符及其含义

比较运算符	含义
=	等于
>	大于
<	小于
>=	大于等于
<=	小于等于
<>	不等于

比较运算符的运算结果是布尔数据，即 TRUE（表示表达式的结果为真）、FALSE（表示

表达式的结果为假）及 UNKNOWN。仅当比较表达式中出现 NULL 值时，表达式会返回 UNKNOWN。

在 WHERE 子句中使用带有布尔数据的表达式，可以筛选出符合搜索条件的行，也可以在流程控制语句（如 IF 和 WHILE）中使用这种表达式。

4. 逻辑运算符

逻辑运算符用来对某个条件进行测试，以获得其真实情况。逻辑运算符和比较运算符一样，返回带有 TRUE 或 FALSE 值的布尔数据。逻辑运算符及其含义如表 3-9 所列。

表 3-9　逻辑运算符及其含义

逻辑运算符	含义
AND	如果两个布尔表达式都为 TRUE，那么就为 TRUE
OR	如果两个布尔表达式中的一个为 TRUE，那么就为 TRUE
NOT	对任何其他布尔运算符的值取反
BETWEEN	如果操作数在某个范围之内，那么就为 TRUE
LIKE	如果操作数与一种模式相匹配，那么就为 TRUE
IN	如果操作数等于表达式列表中的一个，那么就为 TRUE
ALL	如果一组的比较都为 TRUE，那么就为 TRUE
ANY	如果一组的比较中任何一个为 TRUE，那么就为 TRUE
EXISTS	如果子查询包含一些行，那么就为 TRUE
SOME	如果在一组比较中，有些为 TRUE，那么就为 TRUE

5. 字符串连接运算符

字符串允许通过“+”进行字符串串联，此时“+”被称为字符串连接运算符。例如，对于语句 SELECT 'abc' + 'def'，其运算结果为'abcdef'。

当一个复杂的表达式有多个运算符时，需要根据运算符优先级决定执行运算的先后次序，执行的顺序可能严重地影响所得到的值。运算符的优先级如表 3-10 所列，系统优先对较高级别的运算符进行求值。

表 3-10　运算符的优先级

<table>
<tr><th>级别</th><th>运算符</th></tr>
<tr><td>1</td><td>()（括号）</td></tr>
<tr><td>2</td><td>*（乘）、/（除）、%（取模）</td></tr>
<tr><td>3</td><td>+（正）、-（负）、+（加）、+（连接）、-（减）、&（位与）、∧（位异或）、|（位或）</td></tr>
<tr><td>4</td><td>=、>、<、>=、<=、<>、!=、!>、!<（比较运算符）</td></tr>
<tr><td>5</td><td>NOT</td></tr>
<tr><td>6</td><td>AND</td></tr>
<tr><td>7</td><td>ALL、ANY、BETWEEN…AND…、IN、LIKE、OR、SOME</td></tr>
<tr><td>8</td><td>=（赋值）</td></tr>
</table>

当一个表达式中的两个运算符有相同的运算符优先级别时，将按照它们在表达式中的位置对其从左到右进行求值。

3.4　批处理与流程控制

流程控制语句是指那些用来控制程序执行和流程分支的语句，主要包括顺序、选择、循环等流程结构。T-SQL 中流程控制语句主要用来控制 T-SQL 语句、语句块或存储过程的执行流程。

3.4.1　BEGIN…END 语句

BEGIN…END 语句用于将多条 T-SQL 语句封装起来，构成一个语句块，该语句块用在 IF…ELSE 及 WHILE 等语句中，使其内部的所有语句作为一个整体被依次执行，类似于其他语言中用到的一对大括号。BEGIN…END 语句可以嵌套使用，其基本语法格式如下：

```
BEGIN
    {SQL 语句|SQL 语句块}
END
```

3.4.2　IF…ELSE…语句

IF…ELSE…语句是条件判断语句，其中的 ELSE 子句是可选的，最简单的 IF 语句没有 ELSE 子句部分。IF…ELSE…语句用来判断当某一条件成立时执行某段程序，条件不成立时执行另一段程序。SQL Server 允许嵌套使用 IF…ELSE…语句，而嵌套级数的限制取决于 SQL Server 服务器的可用内存。

IF…ELSE…语句的语法格式为

```
IF <布尔表达式>
        { SQL 语句|SQL 语句块 }
[ELSE
        { SQL 语句|SQL 语句块 } ]
```

【任务 3-2】在学生成绩管理系统中查看张然的成绩。如果张然的平均成绩为 75 分以上，显示其成绩情况，否则显示文本“成绩不理想”。

【代码实现】实现本任务的脚本如下：

```
DECLARE @avgs int
SELECT @avgs = AVG(score) FROM Student as s , Grade as g
WHERE s.studentID = g.studentID AND studentName = '张然'
IF(@avgs >= 75)
BEGIN
    SELECT s.studentID, studentName, courseID, score
    FROM Student as s , Grade as g
    WHERE s. studentID = g. studentID AND studentName = '张然'
END
ELSE
BEGIN
    PRINT '成绩不理想'
END
```

3.4.3 WHILE…CONTINUE…BREAK 语句

WHILE…CONTINUE…BREAK 语句用于设置重复执行 SQL 语句或语句块的条件，只要指定的条件为真，就重复执行语句。其中，CONTINUE 语句可以使程序跳过 CONTINUE 后面的语句，回到 WHILE 循环的第一行命令；BREAK 语句则使程序完全跳出循环，结束 WHILE 语句的执行。

WHILE…CONTINUE…BREAK 的语法格式为

```
WHILE <布尔表达式>
      { SQL 语句 | SQL 语句块 | [ BREAK ] | [ CONTINUE ]
```

【任务 3-3】计算 1 到 10 之间的奇数之和。

【代码实现】实现本任务的脚本如下：

```
DECLARE @i tinyint,@sum int
SET @sum = 0
SET @i = 0
WHILE @i >= 0
BEGIN
    IF @i >= 10
        BREAK
    SET @i = @i + 1
    IF (@i % 2) = 0
        CONTINUE
    ELSE
        SET @sum = @sum + @i
END
SELECT '总和' = @sum
```

3.4.4 CASE 语句

CASE 语句可以计算多个条件式，并将其中一个符合条件的结果表达式返回。CASE 语句按照使用形式的不同，可以分为简单 CASE 语句和搜索 CASE 语句。

简单 CASE 语句的语法格式为

```
CASE 表达式
    WHEN 表达式 THEN 表达式
    WHEN 表达式 THEN 表达式 [ ...n ]
    [ELSE 表达式]
END
```

搜索 CASE 语句的语法格式为

```
CASE
    WHEN 布尔表达式 THEN 表达式
    WHEN 布尔表达式 THEN 表达式 [ ...n ]
    [ELSE 表达式]
END
```

【任务 3-4】根据学生的成绩显示学生成绩的等级，将 90～100 分的显示为“优秀”，80～90 的显示为“良好”，70～80 的显示为“中等”，60～70 的显示为“及格”，其他为“不及格”。

【代码实现】实现本任务的脚本如下：

```
SELECT studentID, courseID, term, score,
```

```
        'rank'= CASE score%10
            WHEN 10 THEN '优秀'
            WHEN 9 THEN '优秀'
            WHEN 8 THEN '良好'
            WHEN 7 THEN '中等'
            WHEN 6 THEN '及格'
            ELSE '不及格'
            END
    FROM Grade
```

上述语句可以改写为搜索 CASE 语句，改写后的脚本如下：

```
SELECT studentID, courseID, term, score,
    'rank'=CASE
            WHEN score>=90 and score<=100 THEN '优秀'
            WHEN score>=80 and score<90 THEN '良好'
            WHEN score>=70 and score<80 THEN '中等'
            WHEN score>=60 and score<70 THEN '及格'
            ELSE '不及格'
        END
FROM Grade
```

3.4.5 其他控制语句

1. GOTO 语句

GOTO 语句可以使程序直接跳到指定的标有标识符的位置处继续执行，而位于 GOTO 语句和标识符之间的程序将不会被执行。GOTO 语句和标识符可以用在语句块、批处理和存储过程中，标识符可以为数字与字符的组合，但必须以“:”结尾，如“a1:”。在 GOTO 语句行，标识符后面不用跟“:”。

GOTO 语句的语法格式为

```
GOTO 标签
……
标签:
……
```

2. WAITFOR 语句

WAITFOR 语句用于暂时停止执行 SQL 语句、语句块或者存储过程等，直到所设定的时间已过或所设定的时间已到才继续执行。WAITFOR 语句的语法格式为

```
WAITFOR { DELAY 'time' | TIME 'time' }
```

其中，DELAY 用于指定时间间隔，TIME 用于指定某一时刻，其数据类型为 datetime，格式为“hh:mm:ss”。

【任务 3-5】使用 WAITFOR 语句，以便在晚上 10:20 执行存储过程 update_all_stats。

【代码实现】实现本任务的脚本如下：

```
BEGIN
    WAITFOR TIME '22:20'
    EXECUTE update_all_stats
END
```

3. RETURN 语句

RETURN 语句用于将值返回调用该段程序的位置，且无条件地终止一个查询、存储过程

或批处理，此时位于 RETURN 语句之后的程序将不会被执行。

RETURN 语句的语法格式为

```
RETURN [ 整型表达式 ]
```

其中，RETURN 的参数“整型表达式”为返回的整型值。存储过程可以为调用过程或应用程序返回整型值。

3.5 常用的函数

在 T-SQL 中，函数被用来执行一些特殊的运算以支持 SQL Server 的标准命令。SQL Server 包含多种不同的函数用以完成各种工作，每一个函数都有一个名称，在名称之后有一对小括号，如 GETTIME( )。大部分的函数在小括号中需要一个或多个参数。

3.5.1 字符串函数

字符串函数可以对二进制数据、字符串和表达式执行不同的运算，通常用于 SELECT…WHERE…语句的 SELECT 和 WHERE 子句，以及表达式中。常用的字符串函数如下所述。

（1）ASCII：用于返回字符串表达式最左端字符的 ASCII 代码值。语法格式：

```
ASCII (字符串表达式)
```

（2）CHAR：用于将 INT 类型的 ASCII 代码转换为字符串函数。语法格式：

```
CHAR (整型表达式)
```

（3）CHARINDEX：用于返回子字符串在某个特定字符串中的起始位置。如果没有发现子字符串，则返回 0。语法格式：

```
CHARINDEX (子字符串,字符串表达式)
```

（4）LEFT：用于返回从字符串左边开始指定个数的字符。语法格式：

```
LEFT (字符串表达式, 返回个数)
```

（5）LEN：用于返回给定字符串表达式的字符（不是字节）个数，其中不包含尾随空格。语法格式：

```
LEN (字符串表达式)
```

（6）LOWER：用于将大写字符数据转换为小写字符数据后返回字符串表达式。语法格式：

```
LOWER (字符串表达式)
```

（7）LTRIM：用于删除起始空格后返回字符串表达式。类似地，还有 RTRIM()函数用于删除字符串尾部的空格。语法格式：

```
LTRIM (字符串表达式)
```

（8）PATINDEX：用于返回指定表达式中某模式子字符串第一次出现的起始位置，如果在全部有效的文本和字符数据类型中没有找到该模式，则返回 0。语法格式：

```
PATINDEX ( '%模式子串%', 字符串表达式)
```

（9）REPLACE：用于用第三个字符串表达式替换第一个字符串表达式中出现的所有第二个给定字符串表达式。语法格式：

```
REPLACE (字符串表达式 1,字符串表达式 2, 字符串表达式 3)
```

（10）RIGHT：用于返回字符串中从右边开始指定个数的字符。语法格式：

```
RIGHT (字符串表达式, 返回个数)
```

（11）STUFF：用于删除指定长度的字符并在指定的起始点插入另一组字符，即从第一个字符串的起始位置删除指定长度字符，然后将替换字符串插入到第一个字符串的开始位置。语法格式：

```
STUFF (字符串表达式, 起始位置, 指定长度, 替换字符串)
```

（12）SUBSTRING：用于返回字符串表达式中从开始位置开始指定长度的子字符串。语法格式：

```
SUBSTRING (字符串表达式, 开始位置, 指定长度)
```

3.5.2 日期和时间函数

日期和时间函数用于对日期和时间数据进行各种不同的处理和运算，并返回一个字符串、数字值或日期和时间值。与字符串函数一样，通常用于 SELECT...WHERE...语句的 SELECT 和 WHERE 子句，以及表达式中。

（1）DATEADD：用于在向指定日期加上一段时间的基础上，返回新的 DATETIME 类型值。语法格式：

```
DATEADD (日期部分, 所加数字, 日期)
```

（2）DATEDIFF：用于返回开始日期与结束日期之间指定部分的差。语法格式：

```
DATEDIFF (日期部分, 开始日期, 结束日期)
```

（3）GETDATE：用于返回当前系统日期和时间，格式为 SQL Server 内部的格式。语法格式：

```
GETDATE()
```

（4）MONTH：用于返回代表指定日期的月份的整数。语法格式：

```
MONTH (日期)
```

（5）DAY：用于返回代表指定日期的天的整数。语法格式：

```
DAY (日期)
```

（6）YEAR：用于返回代表指定日期的年份的整数。语法格式：

```
YEAR (日期)
```

3.5.3 数学函数

数学函数用于对数字表达式进行数学运算并返回运算结果。

（1）ABS：绝对值函数，用于返回给定数字表达式的绝对值。语法格式：

```
ABS (数字表达式)
```

（2）RAND：随机数函数，用于返回 0 到 1 之间的随机 FLOAT 值。语法格式：

```
RAND ( [ 种子 ])
```

（3）ROUND：四舍五入函数，用于返回数字表达式并四舍五入为指定的长度或精度。语法格式：

```
ROUND (数字表达式, 长度)
```

（4）FLOOR：向下取整函数，用于返回小于或等于所给数（数字表达式）的最大整数。语法格式：

```
FLOOR (数字表达式)
```

（5）SQUARE：用于返回给定数字表达式的平方。语法格式：

```
SQUARE (数字表达式)
```

（6）POWER：用于返回给定数字表达式的 N 次方。语法格式：

```
POWER (数字表达式 ,N)
```

3.5.4 聚合函数

聚合函数用于计算一组值并返回单个值。

（1）AVG：用于返回组中值的平均值。空值将被忽略。语法格式：

```
AVG ( [ ALL | DISTINCT ] 表达式)
```

（2）MAX：用于返回表达式的最大值。语法格式：

```
MAX ( [ ALL | DISTINCT ] 表达式)
```

（3）MIN：用于返回表达式的最小值。语法格式：

```
MIN ( [ ALL | DISTINCT ] 表达式)
```

（4）SUM：用于返回表达式中所有值的和。空值将被忽略。语法格式：

```
SUM ( [ ALL | DISTINCT ] 表达式)
```

（5）COUNT：用于返回组中项目的数量。语法格式：

```
COUNT ( { [ ALL | DISTINCT ] 表达式] | * })
```

3.5.5 系统函数

系统函数用于返回有关 SQL Server 系统、用户、数据库和数据库对象的信息，可以让用户在得到信息后，使用条件语句，根据返回的信息进行不同的操作。

（1）CAST 和 CONVERT：用于将某种数据类型的表达式转换为另一种数据类型的表达式。CAST 和 CONVERT 提供相似的功能，但是调用方法不一样，使用时要加以区分。语法格式：

```
CAST (表达式 AS 数据类型)
CONVERT (数据类型[(长度)], 表达式 [, 格式])
```

（2）DATALENGTH：用于返回任何表达式所占用的字节数。语法格式：

```
DATALENGTH (表达式)
```

（3）ISDATE：用于确定输入表达式是否为有效的日期。语法格式：

```
ISDATE (表达式)
```

（4）ISNULL：用于使用指定的替换值替换 NULL。语法格式：

```
ISNULL (表达式 , 替换值)
```

（5）NULLIF：用于当两个指定的表达式相等时返回空值。语法格式：

```
NULLIF (表达式 1, 表达式 2)
```

小结

本章主要讲解数据库开发的语言基础入门知识，主要介绍了 SQL 的基本知识及其分类，重点介绍了 T-SQL 的基本语法要素，包括数据类型、变量、运算符及表达式等，并结合数据库开发的需要简单介绍了 T-SQL 中常用的批处理和流程控制语句，最后给出了在数据库编程中经常用到的系统函数及其用法。

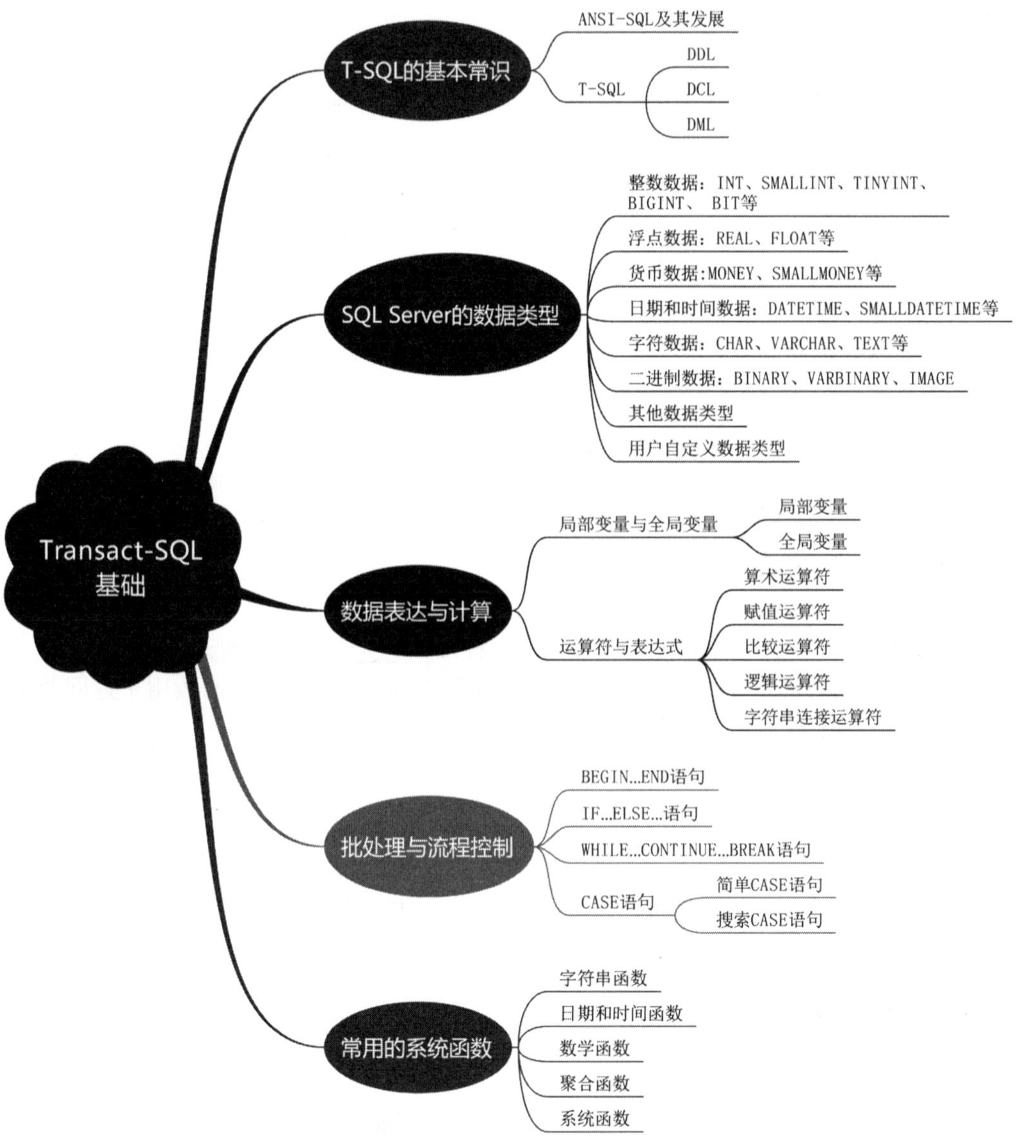

思考与练习

一、选择题

1．SQL Server 中使用的 SQL 是（　　）。

A．ANSI-SQL　　B．PL/SQL

C．T-SQL　　D．MYSQL

2．字符（　　）可以用于 T-SQL 的注释。

A．--　　B．//

C．/* */　　D．@@

3. T-SQL 分为三类，不包括（　　）。

A. 数据定义语言　　B. 数据操纵语言

C. 数据控制语言　　D. 数据传输语言

4. 下列数据类型中，（　　）所占字节最少。

A. TINYINT　　B. FLOAT

C. LONG　　D. DATETIME

5. （　　）函数可以用来使用指定字符串替换原字符串中指定长度的字符串。

A. STUFF()　　B. REPLACE()

C. SUBSTRING()　　D. PATINDEX()

二、填空题

1. 运算符是一种符号，用来指定要在一个或多个表达式中执行的操作，SQL Server 常使用________、________、________、________、________和字符串连接运算符六类。

2. T-SQL 提供的控制流语句包括________、________、________、________、________、________。

3. 在 SQL Server 中，变量共分为两种：一种是________，另一种是________。

4. ________函数用于在指定日期的基础上加上一部分，________函数用于返回两个日期之间指定部分的差值。

三、简答题

1. 简述 T-SQL 的功能。

2. 简述 CHAR 类型与 VARCHAR 类型之间的区别、CHAR 类型与 NCHAR 类型之间的区别。

3. 如何定义局部变量？如何给局部变量赋值？

上机实验

实验指导书

一、实验目的和要求

1. 会使用 SQL Server 编写 T-SQL 语句。
2. 熟悉 T-SQL 的基本语法。
3. 掌握变量的定义方法和表达式的写法。
4. 能编写基本的选择结构和循环程序。
5. 熟悉常用系统函数的功能和用法。

二、实验内容

1. 编写程序，计算 1+2+…+1000。
2. 编写程序，计算 n!（n=20）。

3．尝试求解所有的水仙花数。水仙花数是三位数，它的各位数字的立方和等于这个三位数本身。

4．使用系统函数实现下列任务：

（1）将你的身份证号的出生日期提取出来，例如 20020913。

（2）将你的手机号码中间第 4 至 7 位号码隐藏为****，例如 189****9008。

（3）获取 1～10 之间的随机整数。

（4）从你的身份证号中获取出生日期，并计算年龄。

第二部分　应用篇

第4章 数据库的创建与管理

任务背景：

SQL Server 是一个关系数据库管理系统，它提供了多种工具供用户管理数据库。前面已经介绍了 SQL Server 2019 的安装方法以及管理工具 SSMS 的使用方法。本章主要讲如何使用数据库管理系统创建相应的数据库，有了数据库，我们才可以在其中创建表、视图、存储过程等各种对象，以对学生、课程等信息进行管理。

本章任务是使用 SQL Server 2019 创建一个“学生成绩管理”数据库。

学习目标：

（1）理解数据库的存储结构。

（2）了解数据库的分类。

（3）了解文件组的类型及其作用。

（4）掌握创建、修改、删除数据库的语法。

（5）会使用可视化界面和 T-SQL 语句创建、管理、删除数据库。

（6）会使用文件组对数据文件进行管理。

任务导航：

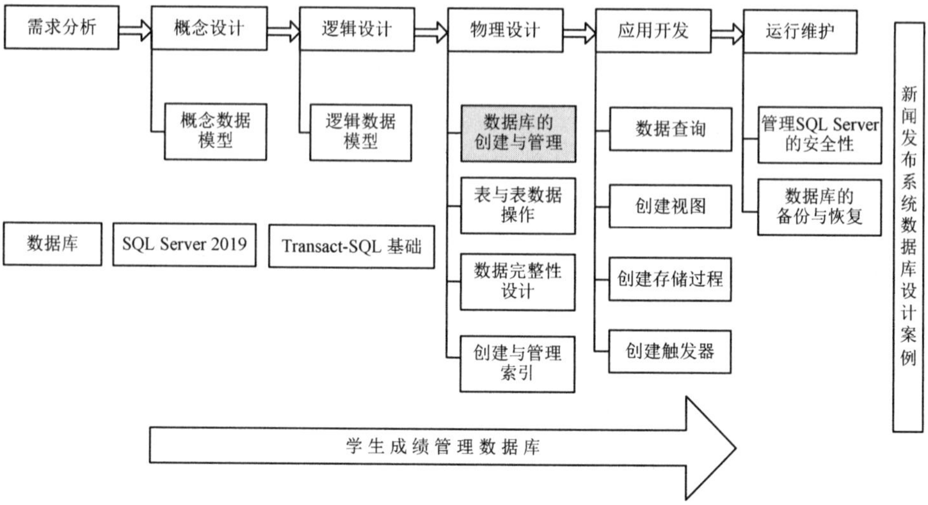

4.1 数据库简介

4.1.1 数据库分类

数据库概述

SQL Server 数据库分为系统数据库和用户数据库。

1. 系统数据库

在 SQL Server 中，系统运行时会用到的相关信息，如系统对象和组态设置等，这些信息都是以数据库的形式存在的，而存放这些系统信息的数据库称为系统数据库。在 SSMS 的对象资源浏览器中，可以看到 master、tempdb、model、msdb、resource 五个系统数据库。

（1）master 数据库。master 数据库记录了 SQL Server 系统的所有系统级信息，包括实例范围内的元数据（如登录账户）、端点、链接服务器、系统配置数据设置和其他所有数据库是否存在及其数据库文件的位置。另外，master 数据库还记录了 SQL Server 的初始化信息，如果 master 数据库不可用，则 SQL Server 将无法启动。

（2）tempdb 数据库。tempdb 数据库是连接到 SQL Server 实例的所有用户都可用的全局资源，它保存了所有临时表和临时存储过程。另外，它还用来满足其他所有临时存储的要求，如存储 SQL Server 生成的临时工作表。每次启动 SQL Server 时，都要重新创建 tempdb，以保证系统启动时，该数据库总是空的。在断开连接时，系统会自动删除临时表和存储过程，并且在系统关闭后没有活动链接。因此，tempdb 中不会有任何内容从一个 SQL Server 会话保存到另一个会话。

（3）model 数据库。model 数据库是在 SQL Server 实例上创建数据库的模板，它相当于一个模子，所有在系统中创建的数据库的内容，在刚创建时都和 model 数据库完全一样。因此，如果在 model 数据库中创建表或其他数据库对象，则这些对象在以后新建的数据库中都将存在。

（4）msdb 数据库。msdb 是“SQL Server 代理服务”调度警报、作业及记录操作员时使用的系统数据库，其保存了警报、作业、操作员的定义数据，以及调度的计划、执行记录等。

（5）resource 数据库。resource 数据库是只读数据库，包含了 SQL Server 中的所有系统对象，如 sys.object 对象。SQL Server 系统对象在物理上持续存在于 resource 数据库中，但在逻辑上，它们出现在每个数据库的 sys 架构中。

2. 用户数据库

用户数据库是用户根据需要而设计创建的数据库，一般用来解决某一具体实际问题，如学生成绩管理数据库（SGMS）、教务管理数据库（EDUC）等。

4.1.2 数据库文件

SQL Server 用文件来存放数据库，即数据库会映射到操作系统的文件上。数据库的文件有如下三类：

（1）主数据文件（也称主文件）：主数据文件主要用来存储数据库的启动信息、部分或全部数据，它是数据库的起点，包含了指向数据库中其他文件的指针，其推荐扩展名为“*.mdf”。每个数据库都有一个主数据文件。

（2）次要数据文件（也称辅助数据文件）：次要数据文件是指除主数据文件以外的所有

其他数据文件，它用于存储主数据文件中未存储的剩余数据和数据库对象，其推荐扩展名为“*.ndf”。一个数据库可以没有，也可以有多个次要数据文件。

（3）事务日志文件（简称日志文件）：事务日志文件主要用来存放恢复数据库所需的事务日志信息，其推荐扩展名为“*.ldf”。每个数据库必须有一个或多个事务日志文件。

一般情况下，一个数据库可以只由一个主数据库文件和一个事务日志文件组成，如果数据库很大，数据修改操作频繁，则可以设置多个次要数据文件和多个事务日志文件，并将它们放在不同的磁盘上，以便提高数据存取和处理的效率。

4.1.3 数据库文件组

SQL Server 中提供了主文件组和用户自定义文件组两种类型的文件组。

（1）主文件组包括主数据文件和任何没有明确分配给其他文件组的数据文件。

（2）用户自定义文件组是用户根据需要在 CREATE DATABASE 或 ALTER DATABASE 语句中使用 FILEGROUP 关键字指定的任何文件组。

一个文件组可以包含多个文件，但是一个文件只能属于一个文件组。每个数据库中均有一个文件组被指定为默认文件组，如果创建表或索引时未指定文件组，则将其分配到默认文件组。一个数据库只能有一个文件组作为默认文件组，db_owner 固定数据库角色成员可以将默认文件组从一个文件组切换到另一个文件组。如果没有指定默认文件组，则将主文件组作为默认文件组。

在 SQL Server 中，一个文件和文件组只能被一个数据库所使用。此外，数据库的数据和日志原则上应该分散存储，因此日志文件不能属于任何文件组。

4.1.4 数据库对象的引用

SQL Server 数据库中的数据在逻辑上被组织成一系列对象，当一个用户连接到数据库后，就能看到这些逻辑对象，而不是物理的数据库文件。

SQL Server 中数据库对象有表、视图、存储过程、触发器、用户自定义数据类型、用户自定义函数、索引、规则、默认值等。

在 SQL Server 中创建每个对象都必须有唯一的完全限定对象名，即对象的全名，它由服务器名、数据库名、架构名和对象名四部分组成，各部分之间用“.”连接，格式为

```
server.database.schema.object
```

使用当前数据库内的对象可以省略完全限定对象名的某部分，省略的部分系统将使用默认值或当前值，如：

```
server.database..object
server..schema.object
database.schema.object
server...object
schema.object
object
```

4.2 创建数据库

使用可视化界面
创建数据库

4.2.1 使用可视化界面创建数据库

创建数据库的过程是为数据库指定名称、大小、存放位置、文件名的过程，每个数据库至少含有一个主数据文件和一个日志文件。

【任务 4-1】创建学生成绩管理数据库 SGMS。

【操作步骤】完成本任务的步骤如下：

Step 1 启动 SSMS 并连接到服务器，在“对象资源管理器”中依次展开“服务器”→“数据库”，右击“数据库”，选择“新建数据库”命令，如图 4-1 所示。

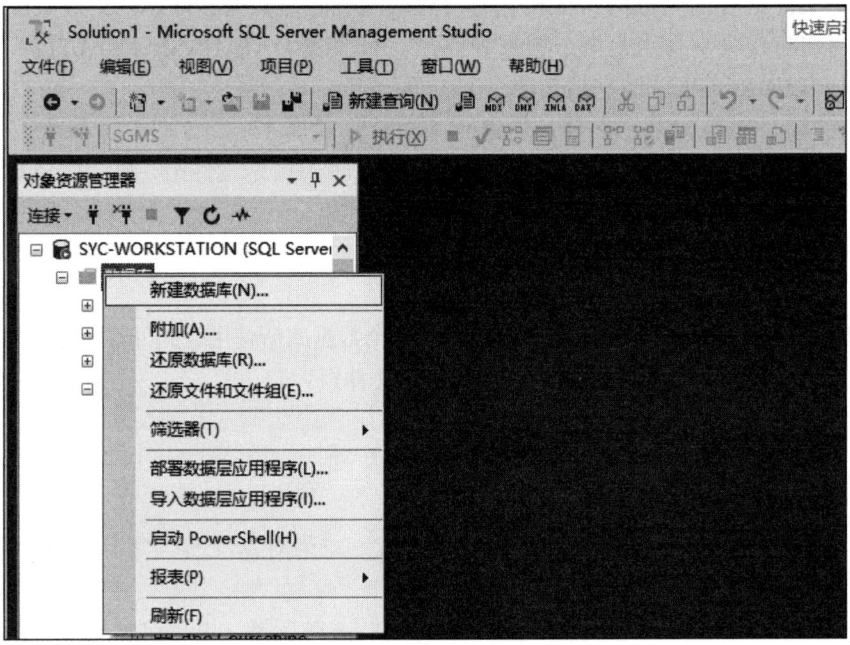

图 4-1　使用可视化界面新建数据库

Step 2 在弹出的“新建数据库”窗口中，左侧“选择页”中包括“常规”、“选项”和“文件组”三项，默认显示的是“常规”选项。在“常规”选项卡中，可以设置新建数据库的名称、数据库的所有者、数据文件、事务日志文件等。由于本例中要建立 SGMS 数据库，因此在“数据库名称”文本框中输入“SGMS”，如图 4-2 所示。此时，系统为数据库设置了两个必需的文件。

Step 3 可以对主文件和事务日志文件的属性进行修改。例如，要修改主数据文件的“自动增长/最大大小”选项，可以单击其后的按钮，系统将弹出“更改 SGMS 的自动增长设置”对话框，如图 4-3 所示。在对话框中可以设置“文件增长”方式以及每次增长的幅度，利用“最大文件大小”可以设置文件的最大大小或不限制文件增长。设置完成后，单击“确定”按钮，返回“新建数据库”窗口。

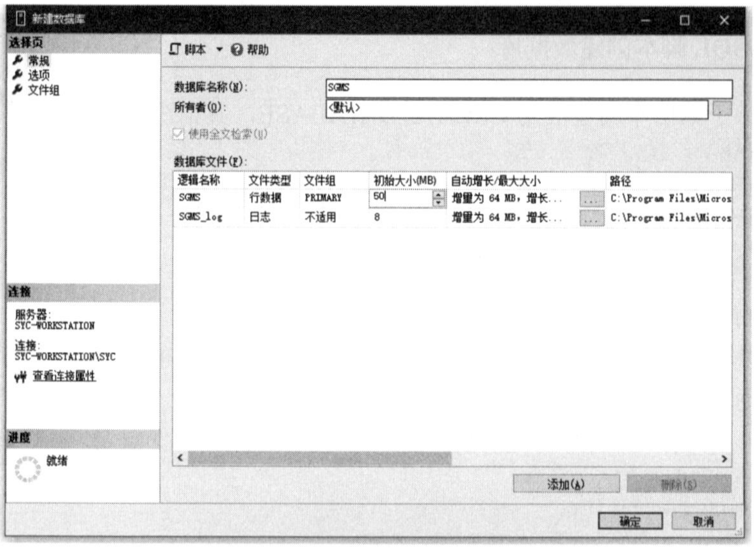

图 4-2　“新建数据库”窗口

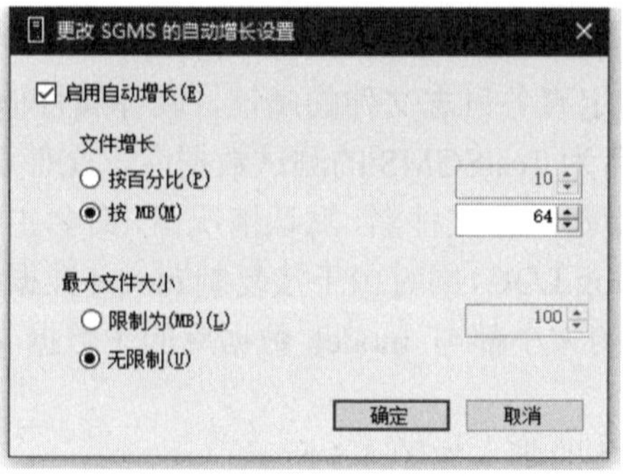

图 4-3　“更改 SGMS 的自动增长设置”对话框

Step 4　最后单击“新建数据库”窗口的“确定”按钮，系统会根据用户设置的信息完成数据库的创建。在 SSMS 的“对象资源管理器”中，会显示新建的数据库 SGMS，如图 4-4 所示。

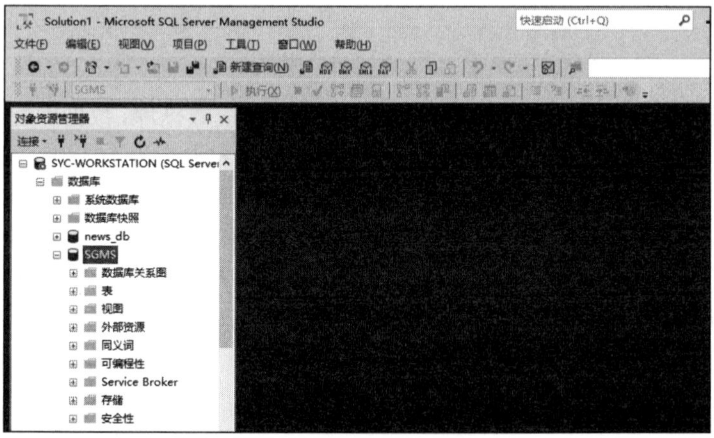

图 4-4　查看新建的数据库

4.2.2 使用 T-SQL 脚本创建数据库

使用 T-SQL 脚本
创建数据库

T-SQL 提供了数据库创建语句 CREATE DATABASE，其语法格式为

```
CREATE DATABASE 数据库名
    {[ON [PRIMARY]
     [<文件定义> [,…n]
     [,<文件组>[,…n]]]
     [LOG ON {< 文件定义 >} [,…n]]}
```

其中，各参数的含义如下所述。

（1）数据库名：所创建数据库的逻辑名称。数据库名在当前服务器中必须唯一且符合标识符的命名规则，最多可以包含 128 个字符。

（2）ON：用于指定数据文件及文件组属性，属性值在<文件定义>中指定：

```
<文件定义>：：=[PRIMARY]
          (NAME='逻辑文件名',
          FILENAME='存放数据库的物理路径和文件名'
          [,SIZE=数据文件的初始大小]
          [,MAXSIZE=指定文件的最大大小]
          [,FILEGROWTH=指定文件每次的增量])
```

（3）LOG ON：用于指定事务日志文件的属性，具体属性值在<文件定义>中指定。

【任务 4-2】创建一个名为 TestSGMS 的测试数据库，文件及其他选项均为默认。

【任务分析】由于没有指定数据文件名，默认情况下，命名主数据文件为 TestSGMS.MDF，事务日志文件为 TestSGMS_log.LOG，同时由于按复制 model 数据库的方式来创建新的数据库，主数据文件和事务日志文件的大小都与 model 数据库的主数据文件和事务日志文件的大小一致，并且可以自由增长。

【代码实现】实现本任务的脚本如图 4-5 所示。

图 4-5　任务 4-2 脚本图

【任务 4-3】创建一个名为 SGMS 的学生成绩管理系统数据库，数据库包含 2 个数据文件，1 个日志文件。其中，主数据文件初始大小为 10MB，最大大小为 50MB，每次增长 20%；辅助数据文件属于文件组 fgroup，初始大小为 10MB，大小不受限制，每次增长 10%；事务日志文件大小为 20MB，最大大小为 100MB，每次增长 10MB。文件存储在 C:\db 路径下。

【任务分析】本任务中，要求创建的数据库是 SGMS，数据库中有 3 个文件，分别是主数据文件、辅助数据文件和事务日志文件，创建时每个文件都要给出逻辑文件和物理文件名称，文件的大小、最大大小、增长方式等详细信息。

【代码实现】实现体任务的脚本如图 4-6 所示。

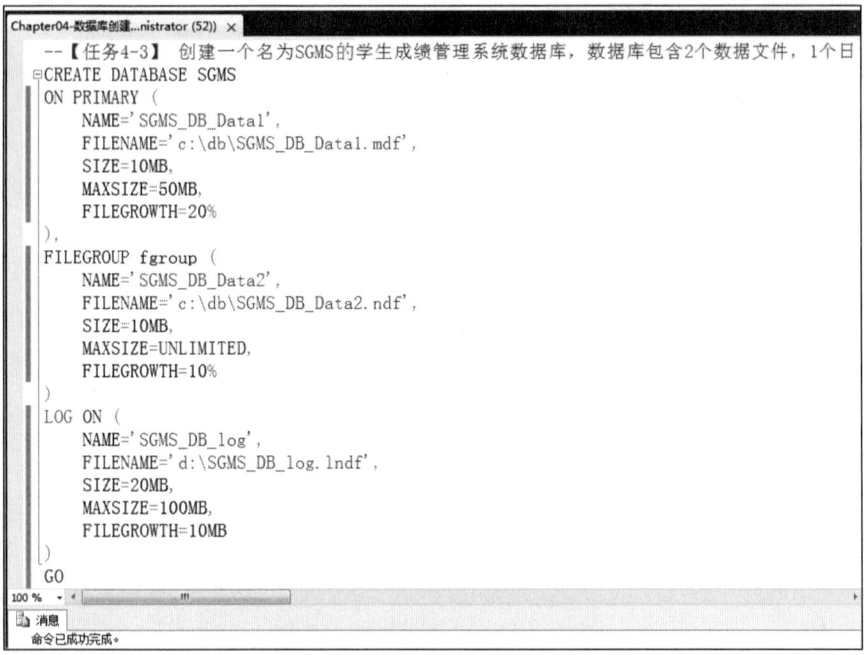

```
Chapter04-数据库创建...nistrator (52)) ×
--【任务4-3】 创建一个名为SGMS的学生成绩管理系统数据库，数据库包含2个数据文件，1个日
CREATE DATABASE SGMS
ON PRIMARY (
    NAME='SGMS_DB_Data1',
    FILENAME='c:\db\SGMS_DB_Data1.mdf',
    SIZE=10MB,
    MAXSIZE=50MB,
    FILEGROWTH=20%
),
FILEGROUP fgroup (
    NAME='SGMS_DB_Data2',
    FILENAME='c:\db\SGMS_DB_Data2.ndf',
    SIZE=10MB,
    MAXSIZE=UNLIMITED,
    FILEGROWTH=10%
)
LOG ON (
    NAME='SGMS_DB_log',
    FILENAME='d:\SGMS_DB_log.lndf',
    SIZE=20MB,
    MAXSIZE=100MB,
    FILEGROWTH=10MB
)
GO
100 %
消息
命令已成功完成。
```

图 4-6　任务 4-3 脚本图

注意：

（1）服务器中不能存在同名的数据库名，所以 CREATE DATABASE 语句只能正确执行一次，下一次执行时，将提示该对象已存在。

（2）创建数据库之前，文件存储路径 C:\db 必须存在。

修改、删除数据库

4.3　管理数据库

数据库在运行过程中会随着时间的变化而发生变化，如文件增长等。因此，数据库管理员要经常对数据库进行管理和维护，管理数据库的方法主要有使用可视化界面管理数据库和使用 T-SQL 脚本管理数据库。

4.3.1　使用可视化界面管理数据库

管理数据库包括查看数据库信息和修改数据库等操作。

1．查看数据库信息

【任务 4-4】查看 SGMS 数据库信息。

【操作步骤】实现体任务的步骤如下：

Step 1　在“对象资源管理器”中，展开“服务器”→“数据库”，右击 SGMS，在弹出的快捷菜单中选择“属性”命令，系统将弹出“数据库属性-SGMS”窗口，如图 4-7 所示。

Step 2　“数据库属性-SGMS”窗口包含“常规”“文件”“文件组”“选项”“更改跟踪”“权限”“扩展属性”“镜像”“事务日志传送”“查询存储”10 个选择页，可以通过它们来查看数据库的基本属性。

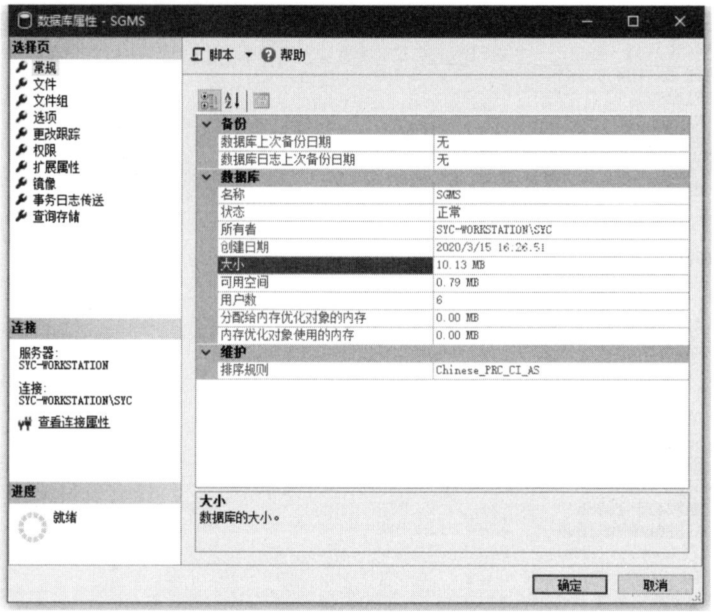

图 4-7 “数据库属性-SGMS”窗口

2. 修改数据库

修改数据库包括增减数据库文件和文件组、修改文件和文件组属性、修改数据库选项等操作。

在“对象资源管理器”中，展开“服务器”→“数据库”，右击“SGMS”，选择“属性”命令，系统弹出“数据库属性-SGMS”窗口，管理员可以在这里修改数据库的属性。

（1）增减数据库文件和文件组。管理员可以在“文件”选择页增减数据库文件或修改数据库文件属性，或在“文件组”选择页增加或删除一个文件组，修改现有文件组的属性。

（2）修改数据库选项。在“选项”选择页可以修改数据库的选项，管理员只需要单击要修改的属性值后的下拉列表按钮，选择 TRUE 或 FALSE 就可以了。

比较常用的数据库选项有：

- 限制访问：即限制访问数据库的用户。包括 MULTI_USER（多用户）、SINGLE_USER（单用户）和 RESTRICTED_USER（受限用户）三种。
- 只读：即数据库中的数据只能读取，不能修改。
- 自动关闭：用于指定数据库在没有用户访问并且所有进程结束时自动关闭，释放所有资源，当又有新的用户要求连接时，数据库自动打开。数据库自动关闭后，数据库文件可以像普通文件一样处理。对于网络应用数据库，则最好不要设置这个选项。
- 自动增减：当数据或日志量较少时自动缩小数据库文件的大小。

4.3.2 使用 T-SQL 脚本管理数据库

1. 使用 T-SQL 脚本查看数据库信息

（1）使用系统存储过程 sp_helpdb 查看数据库信息。其语法格式为

```
sp_helpdb  [数据库名]
```

若不指定参数数据库名，将显示服务器中所有数据库的信息，如图 4-8 所示。

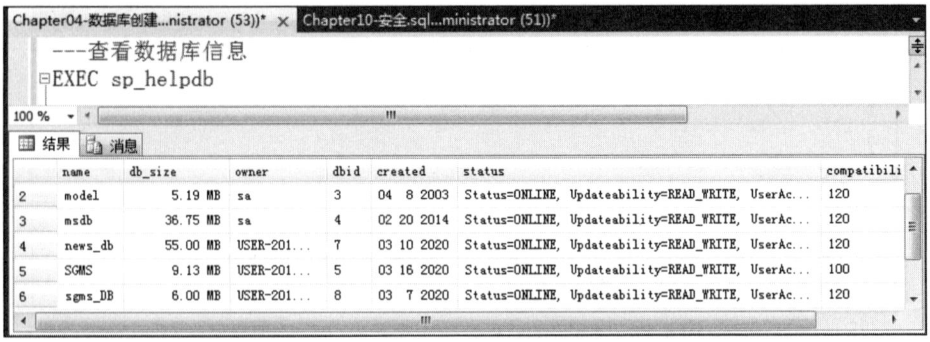

```
---查看数据库信息
EXEC sp_helpdb
```

	name	db_size	owner	dbid	created	status	compatibili
2	model	5.19 MB	sa	3	04 8 2003	Status=ONLINE, Updateability=READ_WRITE, UserAc...	120
3	msdb	36.75 MB	sa	4	02 20 2014	Status=ONLINE, Updateability=READ_WRITE, UserAc...	120
4	news_db	55.00 MB	USER-201...	7	03 10 2020	Status=ONLINE, Updateability=READ_WRITE, UserAc...	120
5	SGMS	9.13 MB	USER-201...	5	03 16 2020	Status=ONLINE, Updateability=READ_WRITE, UserAc...	100
6	sgms_DB	6.00 MB	USER-201...	8	03 7 2020	Status=ONLINE, Updateability=READ_WRITE, UserAc...	120

图 4-8　查看服务器中所有数据库的信息

若指定参数数据库名，将显示服务器中所指定数据库的信息，如图 4-9 所示。

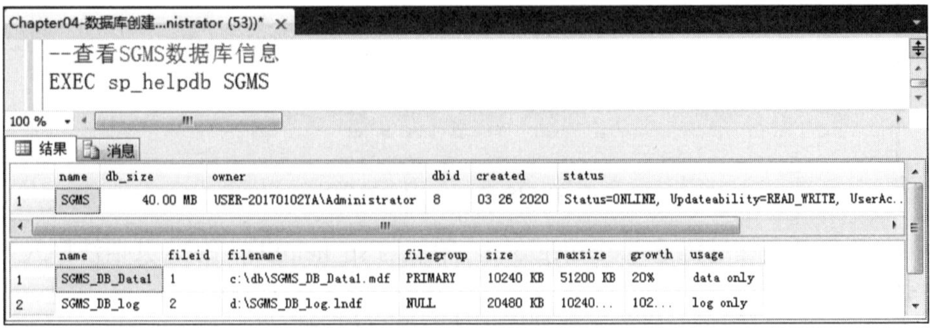

```
--查看SGMS数据库信息
EXEC sp_helpdb SGMS
```

	name	db_size	owner	dbid	created	status
1	SGMS	40.00 MB	USER-20170102YA\Administrator	8	03 26 2020	Status=ONLINE, Updateability=READ_WRITE, UserAc..

	name	fileid	filename	filegroup	size	maxsize	growth	usage
1	SGMS_DB_Data1	1	c:\db\SGMS_DB_Data1.mdf	PRIMARY	10240 KB	51200 KB	20%	data only
2	SGMS_DB_log	2	d:\SGMS_DB_log.1ndf	NULL	20480 KB	10240...	102...	log only

图 4-9　查看 SGMS 数据库的信息

（2）使用系统存储过程 sp_databases 查看数据库信息，其语法格式为

sp_databases

此命令用来显示服务器中所有可以使用的数据库的信息，如图 4-10 所示。

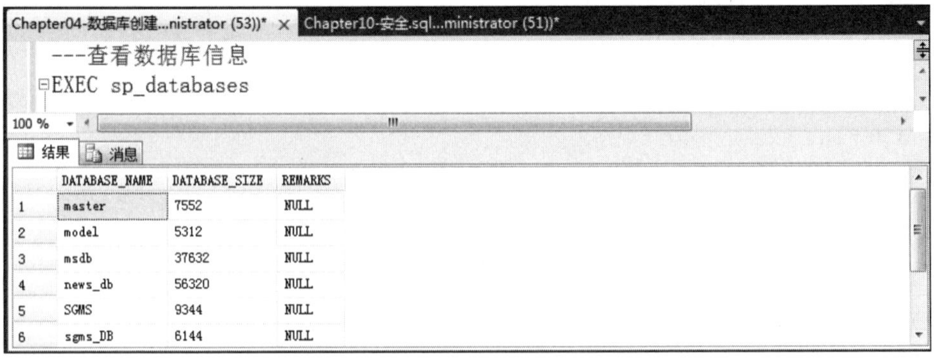

```
---查看数据库信息
EXEC sp_databases
```

	DATABASE_NAME	DATABASE_SIZE	REMARKS
1	master	7552	NULL
2	model	5312	NULL
3	msdb	37632	NULL
4	news_db	56320	NULL
5	SGMS	9344	NULL
6	sgms_DB	6144	NULL

图 4-10　查看服务器中所有可以使用的数据库的信息

（3）使用系统存储过程 sp_helpfile 查看数据库中文件的信息。其语法格式为

sp_helpfile　[文件名]

若不指定参数文件名，将显示当前数据库中所有文件的信息，如图 4-11 所示。

若指定参数文件名，将显示数据库中指定文件的信息，如图 4-12 所示。

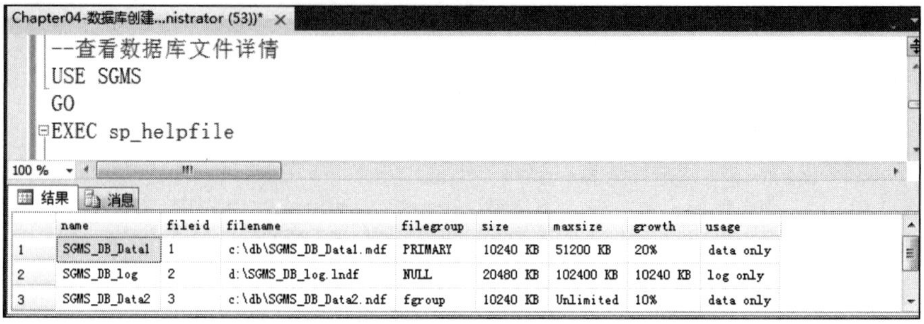

图 4-11　查看 SGMS 数据库中所有文件的信息

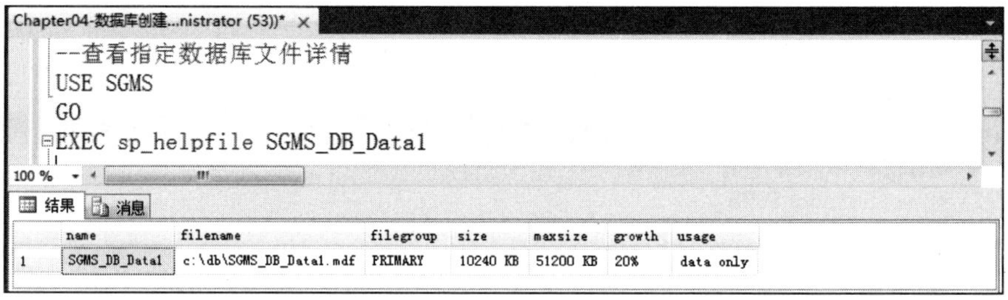

图 4-12　查看 SGMS 数据库中主数据文件的信息

（4）使用系统存储过程 sp_helpfilegroup，用法与 sp_helpfile 相似。其语法格式为：

```
sp_helpfilegroup [文件组名]
```

若不指定参数文件组名，将显示数据库中所有文件组的信息。

若指定参数文件组名，将显示数据库中指定文件组的信息。

2. 使用 T-SQL 脚本修改数据库

T-SQL 提供了数据库修改语句 ALTER DATABASE，其语法格式为

```
ALTER DATABASE 数据库名
    {ADD FILE <文件定义>[,…n] [TO FILEGROUP 文件组名]
    |ADD LOG FILE<文件定义> [,…n]
    |REMOVE FILE 逻辑文件名
    |ADD FILEGROUP 文件组名
    |REMOVE FILEGROUP 文件组名
    |MODIFY FILE <文件定义>
    |MODIFY NAME=新文件名
    }
```

其中，各子句的作用如下所述。

（1）ADD FILE：在文件组中增加数据文件。

（2）ADD LOG：增加事务日志文件。

（3）REMOVE FILE：删除数据文件。

（4）ADD FILEGROUP：增加文件组。

（5）REMOVE FILEGROUP：删除文件组。

（6）MODIFY FILE：修改文件属性。

（7）MODIFY NAME：更改数据库的名称。

【任务 4-5】为 SGMS 增加一个数据文件 SGMS_DB_Data3，物理名称为 SGMS_DB_Data3.ndf，

初始大小为 5MB，最大大小为 50MB，每次扩展 1MB。

【任务分析】本任务要增加数据文件，可通过 ADD FILE 子句来实现。增加时要给出数据文件的物理文件名、逻辑文件名、文件的初始大小、最大文件大小和增长方式。

【代码实现】实现本任务的脚本如图 4-13 所示。

```
Chapter04-数据库创建...nistrator (53))*
--【任务4-5】 为SGMS增加一个数据文件SGMS_DB_Data3，物理名称为SGMS_DB_Data3
ALTER DATABASE SGMS
ADD FILE(
    NAME='SGMS_DB_Data3',
    FILENAME='C:\db\SGMS_DB_Data3.ndf',
    SIZE=5MB,
    MAXSIZE=50MB,
    FILEGROWTH=1MB
)
GO

消息
命令已成功完成。
```

图 4-13　任务 4-5 脚本图

【任务 4-6】将数据库 SGMS 的第二个数据文件 SGMS_DB_data2 的初始大小修改为 40MB。

【任务分析】修改数据文件要用 MODIFY FILE 子句来实现，指定需要修改的数据文件名和具体需要修改的文件属性，本任务只需要修改数据文件初始大小，其他的属性不变。

【代码实现】实现本任务的脚本如图 4-14 所示。

```
Chapter04-数据库创建...nistrator (53))*
--【任务4-6】将数据库SGMS的第二个数据文件SGMS_DB_data2的初始大小修改为40MB
ALTER DATABASE SGMS
MODIFY FILE (
    NAME='SGMS_DB_data2',
    SIZE=40MB
)
GO

消息
命令已成功完成。
```

图 4-14　任务 4-6 脚本图

【任务 4-7】删除 SGMS 的数据文件 SGMS_DB_Data3。

【任务分析】删除数据文件用 REMOVE FILE 子句实现，指定文件的逻辑名称即可。

【代码实现】实现本任务的脚本如图 4-15 所示。

```
Chapter04-数据库创建...nistrator (53))*
--【任务4-7】 删除SGMS的数据文件SGMS_DB_Data3。
ALTER DATABASE SGMS
REMOVE FILE SGMS_DB_Data3
GO

消息
文件'SGMS_DB_Data3' 已删除。
```

图 4-15　任务 4-7 脚本图

4.4 删除数据库

4.4.1 使用可视化界面删除数据库

在“对象资源管理器”中右击要删除的数据库，在弹出菜单中选择“删除”命令即可删除数据库。如果有用户正好连接到这个数据库，删除将受到限制。

4.4.2 使用 T-SQL 脚本删除数据库

SQL 中提供的 DROP DATABASE 语句可以删除数据库，并且一次可以删除多个数据库，其语法格式为

```
DROP DATABASE database [,...n]
```

【任务 4-8】删除测试数据库 TestSGMS。

【任务分析】当数据库不再使用，或者已将其移到其他数据库服务器上时，可以删除该数据库。删除数据库后，文件及其数据都从服务器的外存储器中被删除，一旦删除将无法恢复，除非已经对数据库做了备份，因此删除数据库之前一定要格外小心。此外，不管数据库处于何种状态（脱机、只读和可疑），都可以将其删除。

【代码实现】实现体任务的脚本如图 4-16 所示。

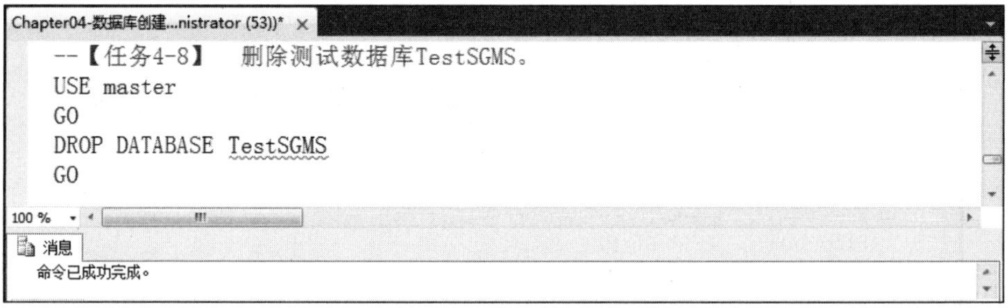

图 4-16 任务 4-8 脚本图

注意：

（1）系统数据库是 DBMS 运行所需的核心数据库，不能删除。

（2）删除数据库后，因为 master 数据库中的信息将会更新，所以建议备份 master 数据库。

（3）如果数据库已经损坏，不能删除，可以首先使用 ALTER DATABASE 语句将数据库设置为脱机，然后再删除数据库。

（4）如果数据库涉及日志传送操作，应在删除数据库之前取消日志传送操作。

4.5 任务拓展

SQL Server 允许分离数据库的数据和事务日志文件，然后将其重新附加到另一台服务器。分离数据库后，SQL Server 将删除数据库，但是保持在组成该数据库的数据和事务日志文件中的数据库完好无损。然后这些数据和事务日志文件可以用来将数据库附加到任何 SQL Server

实例上，包括从中分离该数据库的服务器。分离和附加数据库功能的作用如下：

（1）将数据库移动到其他计算机的 SQL Server 中使用。

（2）改变存放数据库数据文件和日志文件的物理位置。

4.5.1 分离数据库

分离数据库使用系统存储过程 sp_detach_db 来实现，其语法格式为

```
EXEC sp_detach_db 数据库名
```

【任务 4-9】将 SGMS 数据库从当前计算机中分离。

【任务分析】分离数据库是指将数据库文件与服务器脱离（将数据库从计算机上移走）。

【代码实现】实现本任务的脚本如图 4-17 所示。

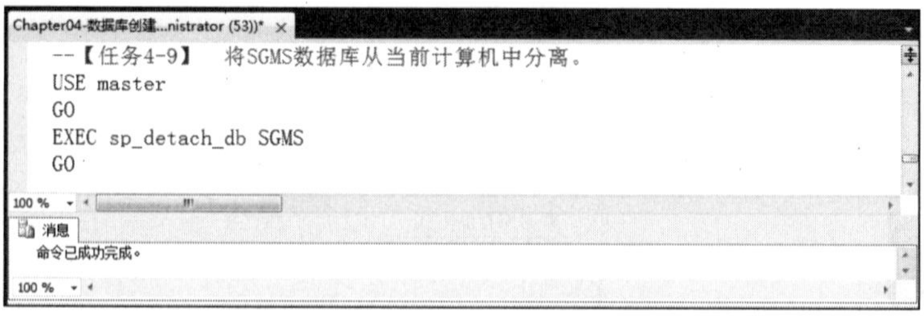

图 4-17 任务 4-9 脚本图

4.5.2 附加数据库

在数据库分离后，该数据库的日志文件和数据文件是可以被任意复制和移动的，并且可以被附加到其他的 SQL Server 服务器上。附加数据库可以用带 FOR ATTACH 的 CREATE DATABASE 语句来实现，其语法格式为

```
CREATE DATABASE 数据库名
    ON(FILENAME=物理文件名)[,…n]
    FOR  ATTACH
```

【任务 4-10】附加 SGMS 数据库。

【任务分析】附加数据库是将数据库附加到其他实例，即将数据库实例移动到另一个数据库实例。

【代码实现】实现本任务的脚本如图 4-18 所示。

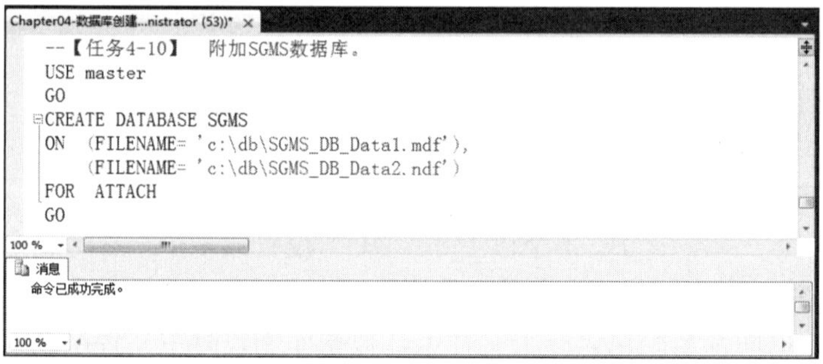

图 4-18 任务 4-10 脚本图

小结

要实现一个数据库系统，首先要设计和建立数据库。本章在介绍数据库的存储结构、数据库的分类、数据库文件和文件组概念的基础上，通过学生成绩管理系统数据库的创建，介绍使用 T-SQL 脚本和使用可视化界面创建、管理、删除数据库的方法，并介绍了分离和附加数据库的方法。

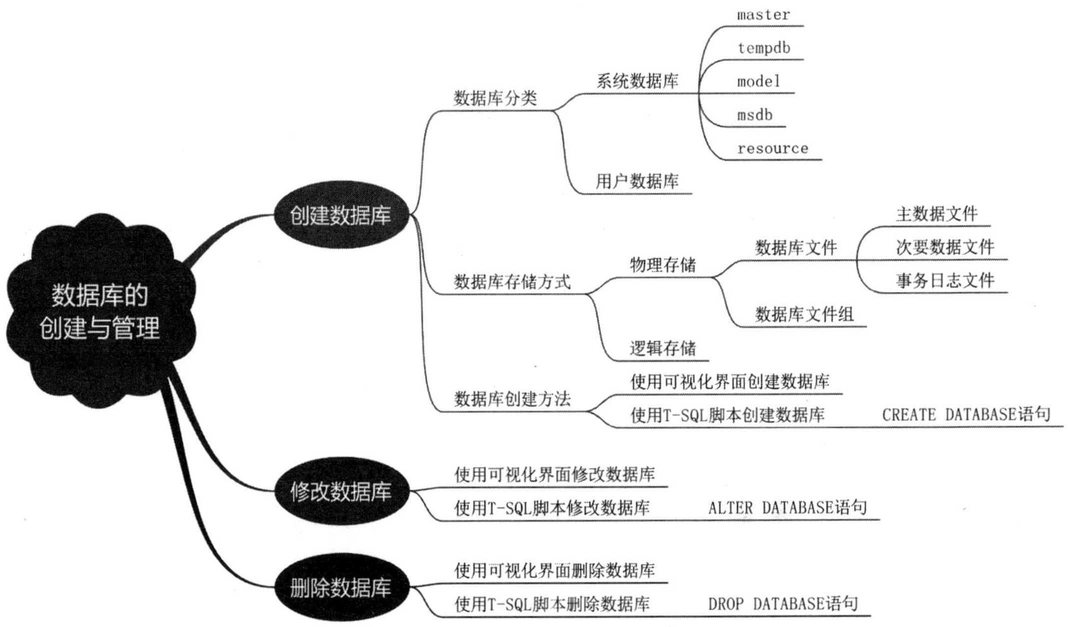

思考与练习

一、选择题

1．（　　）不能放在任何文件组中。

A．主数据文件　　B．次要数据文件

C．事务日志文件　　D．操作系统文件

2．每个数据库至少包含（　　）个文件。

A．1　　B．2　　C．3　　D．4

3．每个数据库可以有（　　）个文件组。

A．1 个　　B．1 个以上　　C．没有或多个　　D．2 个

4．关于数据库文件组，下列说法不正确的是（　　）。

A．所有数据库都至少包含一个文件组，数据库创建时主文件组是默认的文件组

B．文件或文件组只能由一个数据库使用，不能属于不同的数据库

C．一个文件只能属于一个文件组，不能属于不同的文件组

D．事务日志文件必须存放在主文件组中

5．在 SQL Server 中创建数据库时，至少需要明确（　　）。

A．存储路径　　B．逻辑名　　C．数据文件名　　D．数据库名

6．删除数据库的命令是（　　）。

A．DELETE DATABASE　　B．CREATE DATABASE

C．DROP DATABASE　　D．ALTER DATABASE

7．有关修改数据库，下列说法不正确的是（　　）。

A．数据库名可以直接修改

B．一次可以修改数据文件多个属性

C．不能修改文件组属性

D．修改数据库时，必须断开服务器连接

8．数据库属性窗口中包含的选择页有（　　）。

A．常规　　B．选项　　C．文件组　　D．文件夹

二、填空题

1．SQL Server 中系统数据库有________、________、________、________、________。

2．用 CREATE DATEBASE STU 创建数据库时，数据库文件逻辑名自动为________。

3．数据库从一台计算机移动到另一台计算机，可以通过分离和________实现。

4．修改数据库的 T-SQL 脚本为________，删除数据库的 T-SQL 脚本为________。

5．数据库建立时，________是默认文件组，但用户可以通过命令将用户定义的文件组指定为默认文件组。

三、简答题

1．简述 SQL Server 数据库的文件类型。

2．SQL Server 中系统数据库有哪些？简述其作用。

3．简述 SQL Server 数据库对象有哪些，数据库对象完全限定对象名由哪几部分组成？

上机实验

实验指导书

一、实验目的和要求

1．熟悉数据库的存储结构。

2．会使用 SSMS 创建数据库和管理数据库。

3．会使用 T- SQL 语句创建数据库和管理数据库。

4．会利用 SSMS 和 T-SQL 语句对数据库进行分离和附加。

二、实验内容

1．利用 SSMS 和 T-SQL 脚本创建名为“JWGL”的数据库，相关属性为默认值。

2．使用 SSMS 和 T-SQL 脚本查看 JWGL 数据库的属性，如当前数据库文件、文件组及数

据库大小等信息。

3．在 D 盘 student 目录下新建一个名为 LIBRARY 数据库，其中：

（1）主数据文件逻辑名为“LIBRARY_DATA”，物理文件名为“LIBRARY_DATA.mdf”，初始大小为 5MB，最大大小为 10MB，增长方式为 1MB。

（2）事务日志文件逻辑名为“LIBRARY_LOG”，物理文件名为“LIBRARY_LOG.ldf”，初始大小为 2MB，最大大小为 10MB，增长方式为 5%。

4．修改 LIBRARY 数据库，修改要求如下：

（1）为其增加一个文件组 DY，其中包含两个数据文件，逻辑名分别为“DYA”和“DYB”其他属性采用默认值。

（2）为其增加一个事务日志文件，其中逻辑名为“DY_LOG”，物理文件名为“DY_LOG.ldf”，初始大小为 1MB，最大大小为不限制，增长方式为 1MB。

（3）修改数据文件“LIBRARY_DATA”，将其最大大小修改为不限制（UNLIMITED）。

5．将“LIBRARY”数据库分离出来后，尝试删除其中的事务日志文件，然后附加到当前计算机 SQL Server 服务器上，检查事务日志文件相关属性的前后变化情况。

第5章 表与表数据操作

任务背景：

当数据库创建好以后，其中除基本的系统信息之外，用户定义的数据库对象并未创建。数据库中最重要的一个对象就是关系表，关系表是数据库存储数据的主要容器，其他有关数据库对象的操作基本上都是基于关系表进行的。因此，关系表是数据库中最基本的数据对象。在建立基于 SQL Server 2019 的数据库应用系统时，创建、管理数据表是重要的基础工作，它直接关系到数据库其他对象的操作。

本章任务是使用 SQL Server 2019 创建学生成绩管理系统数据库的关系表，使用这些表格存储数据，并保证这些数据的完整性。

学习目标：

（1）了解关系表的分类。

（2）会使用可视化界面和 T-SQL 脚本创建、修改、删除关系表。

（3）掌握数据的插入、更新、删除方法。

（4）理解数据完整性的概念。

（5）理解约束的分类以及作用。

（6）会使用约束保证数据的完整性。

任务导航：

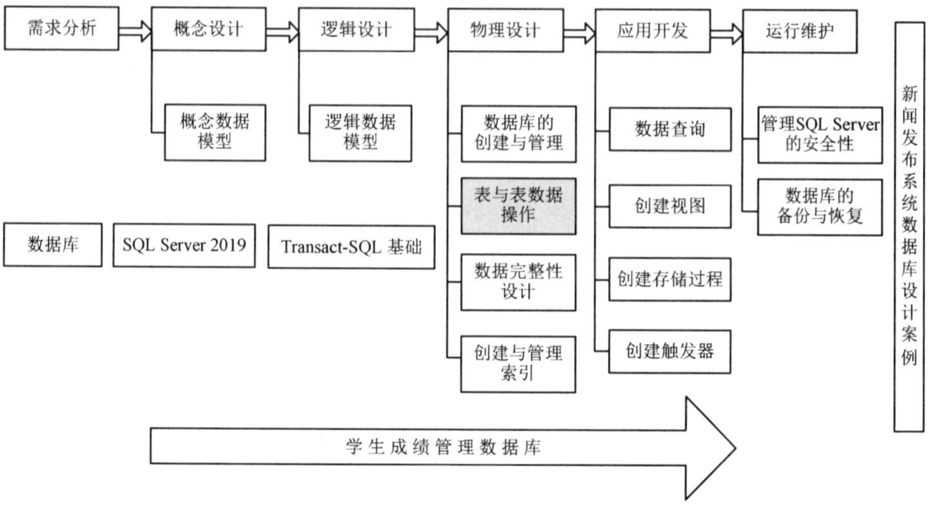

5.1 关系表的分类

关系表是数据库最核心的对象，SQL Server 2019 中的关系表分为系统表和用户表两类。

5.1.1 系统表

默认情况下，每个数据库都有一组系统表，系统表主要记录所有服务器活动的信息，这些信息组成了系统使用的数据字典。大多数系统表的表名以“sys”开头。任何用户都不能直接修改系统表，也不允许直接访问系统表中的信息，如要访问其中的内容，最好通过系统存储过程或系统函数来访问。

5.1.2 用户表

用户表是由用户建立的表，用来存储用户特定的数据，可分为永久表和临时表两种。

（1）永久表。永久表存储在用户数据库中，用户数据通常存储在永久表中，如果用户没有删除永久表，永久表及其存储过程将永久存在。

（2）临时表。临时表存储在 tempdb 数据库中，当不再使用时，系统会自动删除。临时表又可分为本地临时表和全局临时表两种。

- 本地临时表：表名以“#”开头，仅对当前连接数据库的用户有效，当用户断开连接时，本地临时表自动删除。
- 全局临时表：表名以“##”开头，对所有连接数据库的用户有效，当所有用户断开连接时，全局临时表才自动删除。

5.2 表的设计与创建

关系表的创建

5.2.1 表的设计

设计表时，要事先确定需要什么样的表，表中有哪些字段，表中各字段的数据类型及其属性等。创建表一般需要经过定义表结构、设置约束、输入记录等步骤，其中设置约束既可以在定义表结构时进行，也可以在定义表结构完成之后进行。

1. 定义表结构

定义表结构实际上就是数据结构的设计，其核心工作是确定表的各列列名及其数据类型、数据长度、是否允许为空等。定义表结构时要注意以下几点。

（1）允许空：决定某列是否允许为空值。

（2）默认值：当在表中插入该列为空值的行时，用此默认值。设置默认值能够起到默认输入的作用，减少输入数据的工作量，如设置性别列的默认值为“男”。

（3）标识列：设置为标识的列，可以由系统自动操作计数（自动编号），不用用户输入，对于一些具有递增或递减自动编号性质的列，如订单号、发票号等可以设置为标识列。标识列的数据类型必须是以下类型之一：INT、BIGINT、SMALLINT、TINYINT 或小数位数为 0 的 DECIMAL、NUMERIC 字段。标识列不允许为空，且不能有默认值。

（4）计算列：计算字段是一个虚拟的字段，它并未将计算结果实际存储在表中，而只是在运行时才计算出结果。在设计计算列时，不需要指定该字段的数据类型。

2. 设置约束

约束定义了数据进入数据库的规则，是分配给表或表中某列的一个属性，其主要目的在于防止列中出现非法数据，可以自动维护数据库中的数据完整性。数据完整性是指数据的正确性、完备性和一致性，是衡量数据库质量好坏的重要标准。使用 INSERT、DELETE、UPDATE 语句修改数据时，数据的完整性可能会遭到破坏，也可能会将无效的数据添加到表中。为了解决类似的问题，数据库管理系统提供了对数据库中表、列实施数据完整性约束的方法。本章第5节将会具体介绍数据完整性。

3. 输入记录

设计好表结构之后，就可以向表中输入数据了。输入数据时，必须遵循所设置的约束条件，否则服务器将拒绝接受不满足约束规定的数据。

5.2.2 使用可视化界面创建表

创建表就是定义表结构以及约束等属性，在创建表之前，要先设计表，并确定表名、所包含的字段名、字段数据类型及长度、是否为空、约束等。

【任务 5-1】使用可视化界面创建 Course 表（表结构参考附录）。

【操作步骤】实现本任务的步骤如下：

Step 1 在“对象资源管理器”中，展开 SGMS 数据库节点，选中“表”，右击，弹出快捷菜单，如图 5-1 所示。

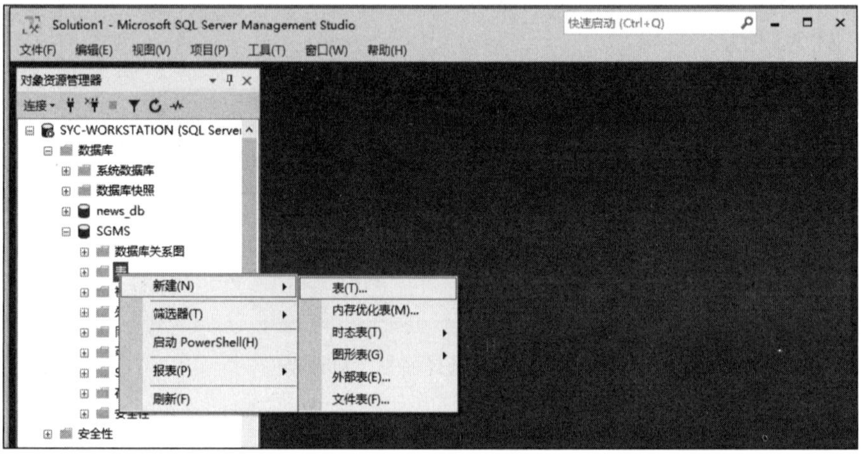

图 5-1　右击“表”后的快捷菜单

Step 2 在弹出的快捷菜单中选择“表”命令，打开表设计器，如图 5-2 所示。

Step 3 表设计器的上半部分有一个表格，在这个表格中输入列的属性，表格的每一行对应一列，对每一列都需要进行如下设置：

- 列名：为每一列设定一个列名。
- 数据类型：数据类型是一个下拉列表框，其中包含了所有的系统数据类型和用户自定义的数据类型，用户可根据需要自行选择。

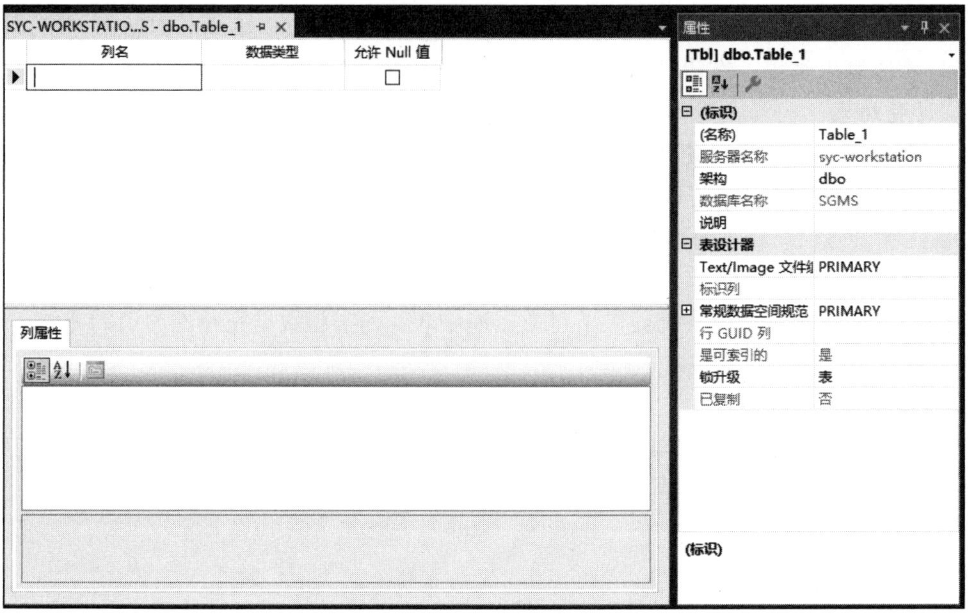

图 5-2　表设计器

- 允许空：单击该行的复选框，勾选表示允许为空值，默认状态下是允许为空值的。

表设计器下半部分是特定列的详细属性，包括是否是 INDENTITY 列、是否使用默认值等，表设计器右半部分是表的详细属性，在这里可以设置表的名称、表所在的文件组等。

Step 4 逐个定义好表中的列，单击“保存”按钮。若没有在表设计器中给出表名称，会出现“选择名称”对话框，此时输入表的名称并单击“确定”按钮即可完成表格创建，如图 5-3 所示。

图 5-3　“选择名称”对话框

5.2.3　使用 T-SQL 脚本创建表

用 T-SQL 脚本创建表比使用可视化界面创建表更加直接、有效，在实际的应用系统中，通常用 CREATE TABLE 语句创建表，其基本语法格式为

```
CREATE TABLE 表名
    ({列名 数据类型 NOT NULL|NULL})
```

其中，各参数的含义如下所述。

（1）表名：将要创建的表的名称，在数据库里表名必须唯一，而且需符合命名规则。

（2）列名：列名在一个表内必须唯一，且需符合标识符命名规则。

（3）数据类型：可以使用系统数据类型，也可以使用用户定义的数据类型。对于需要给定数据最大长度的类型，在定义时要给出长度。

（4）NOT NULL|NULL：指定该列是否允许空值。

【任务 5-2】在 SGMS 数据库中创建 Student 表（表结构参考附录）。

【任务分析】创建表时，要给出表的名称、字段名、字段数据类型等有关信息。在 T-SQL 中，可以用 CREATE TABLE 语句来创建表，一个表中最多可以包含 1024 列。本任务可以按照 Student 表结构，依次定义字段的名称、数据类型及是否允许为空。

【代码实现】实现本任务的脚本如图 5-4 所示。

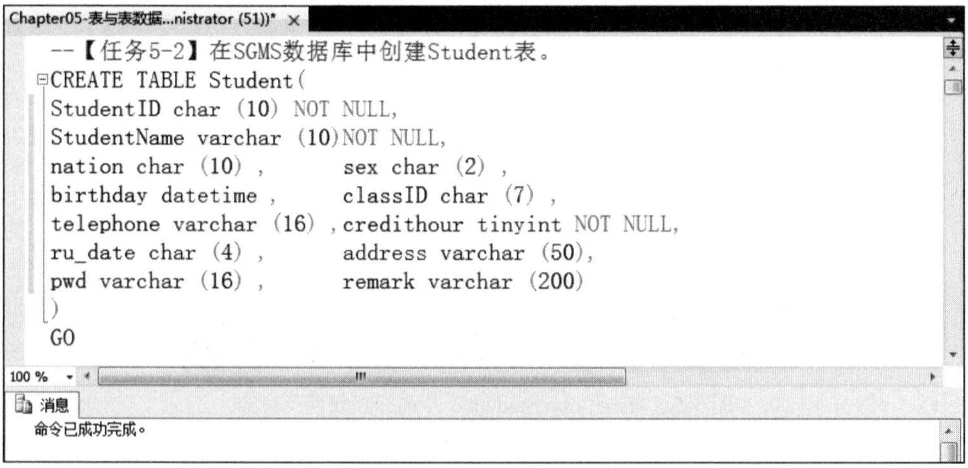

图 5-4　任务 5-2 脚本图

5.3 管理表

在表结构创建完成以后，根据实际的需要，有可能会对表的原有设计做相应的修改，如增加一列、删除一列，或者对相应的某一列的数据类型、约束进行修改等。表的修改与表的创建一样，可以通过可视化界面和 T-SQL 脚本两种方法实现。

5.3.1 使用可视化界面管理表

关系表的查看、修改、删除

1. 使用可视化界面查看表属性

【任务 5-3】查看 Student 表属性。

【操作步骤】实现本任务的步骤如下：

Step 1 在“对象资源管理器”中，展开 SGMS 数据库的“表”节点，右击“dbo.Student”并选择“属性”命令，如图 5-5 所示。

Step 2 在如图 5-6 所示的“表属性-Student”窗口可以查看、修改表的属性、权限等。

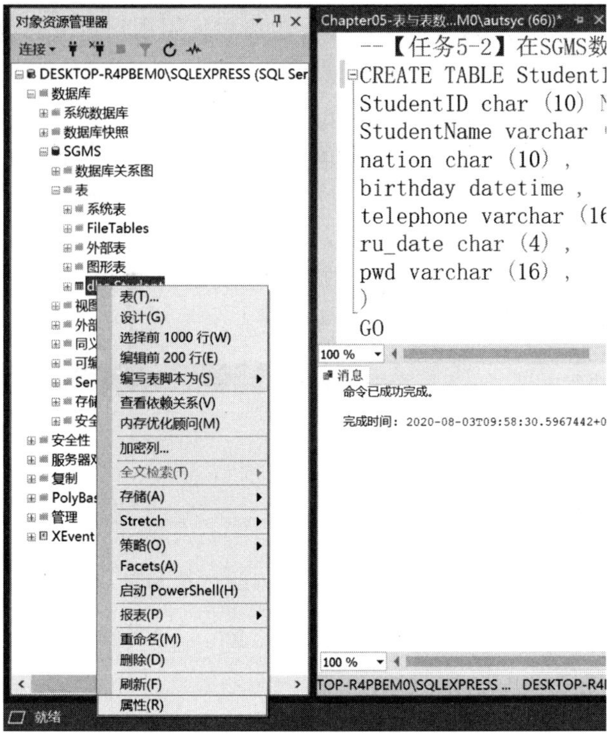

图 5-5　右击“dbo.Student”并选择“属性”命令

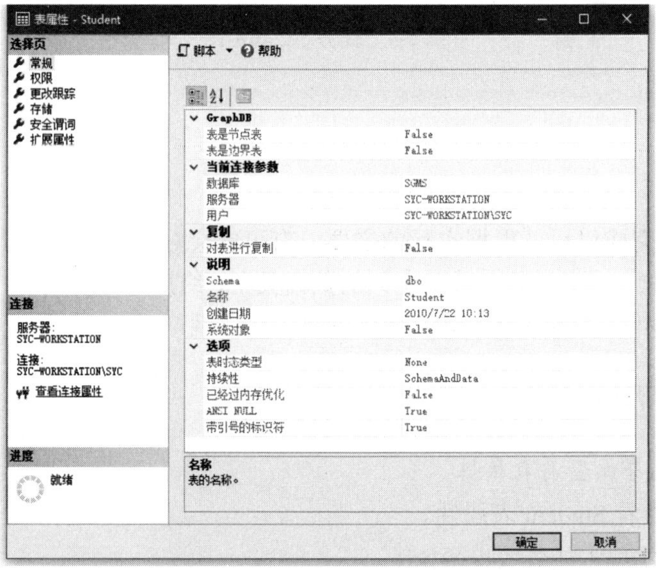

图 5-6　“表属性-Student”窗口

2．使用可视化界面修改表结构

【任务 5-4】修改 Student 表结构，添加 Email 字段。

【操作步骤】实现本任务的步骤如下：

Step 1 在“对象资源管理器”中展开 SGMS 数据库的“表”节点，右击“dbo.Student”并选择“设计”命令，如图 5-7 所示。

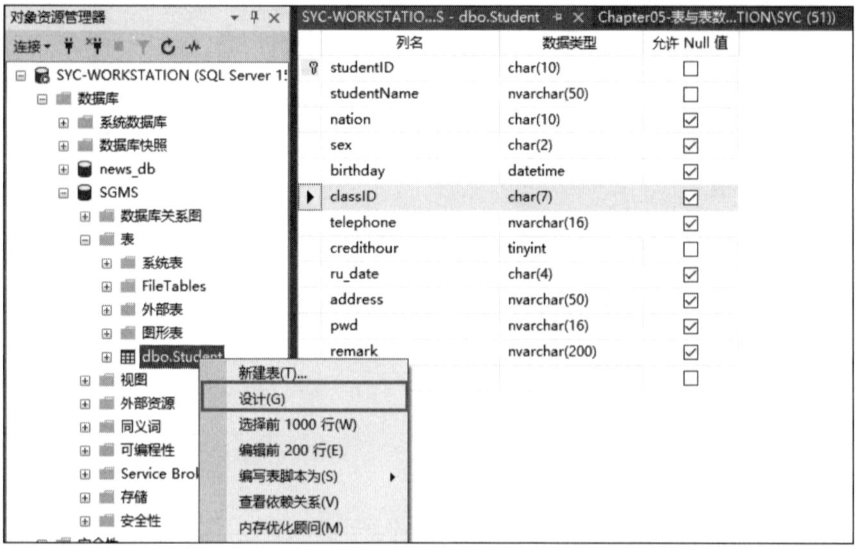

图 5-7 右击“dbo.Student”并选择“设计”命令

Step 2 在弹出的如图 5-8 所示的 Student 表设计器中，可以像新建表一样，向表中增加列、从表中删除已有列或修改列的属性，修改完毕后单击“保存”按钮即可。

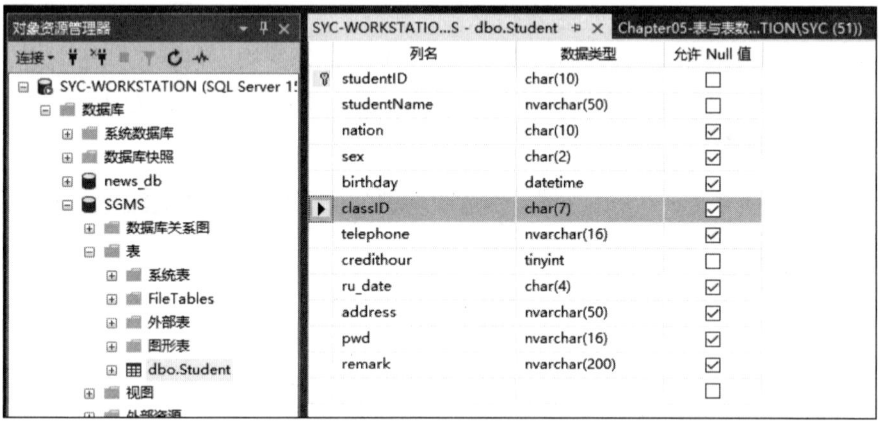

图 5-8 Student 表设计器

3. 使用可视化界面删除表

【任务 5-5】删除 SGMS 数据库中的 Student 表。

【任务分析】这里可以复制一个 Student 表，在副本上执行删除的操作。

【操作步骤】实现本任务的步骤如下：

Step 1 在“对象资源管理器”中展开 SGMS 数据库的“表”节点，右击“dbo.Student”并选择“删除”命令，如图 5-9 所示。

Step 2 在弹出的“删除对象”窗口中单击“确定”按钮即可。

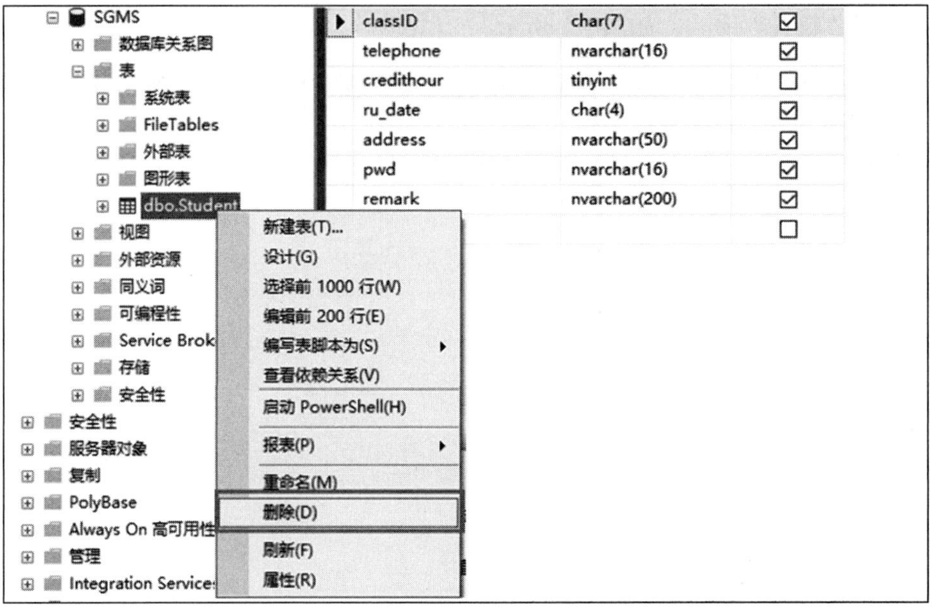

图 5-9　右击“dbo.Student”并选择“删除”命令

5.3.2　使用 T-SQL 脚本管理表

1．使用 T-SQL 脚本显示表信息

【任务 5-6】查看表 Student 的基本信息。

【任务分析】可以使用系统存储过程 sp_help 来查看表结构，包括表的所有者、类型（系统表还是用户表）、创建时间、表上每一列的名称、数据类型、表上定义的索引及约束等。

【代码实现】实现本任务的脚本和结果如图 5-10 所示。

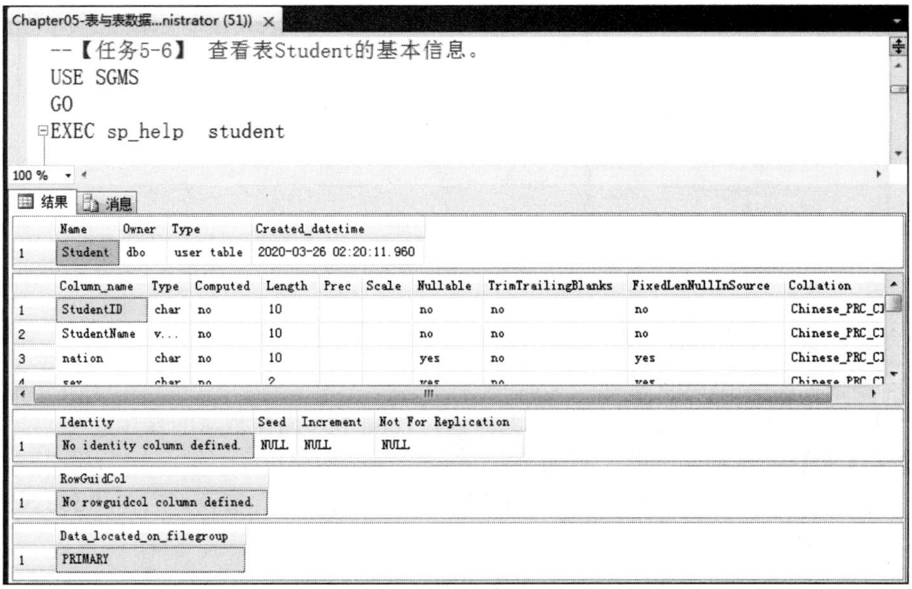

图 5-10　任务 5-6 脚本和结果图

2. 使用 T-SQL 脚本修改表结构

使用 ATLER TABLE 语句可以修改表结构，修改操作包括增加列、删除列及修改列定义。

（1）增加列。即向表中增加列，可通过 ADD 子句实现，其基本语法格式为

```
ATLER TABLE 表名
ADD 列名 列的描述
```

【任务 5-7】 向 Student 表中增加 photoUrl 列（表示照片 URL 地址）。

【任务分析】如果表中已经存在数据，向表中增加一列时，应使新增加的列有默认值或允许为空值，SQL Server 将向表中已经存在的行填充新增加列的默认值或空值。如果既没有提供默认值也不允许为空值，那么新增加列的操作将会出错。

【代码实现】实现本任务的脚本如图 5-11 所示。

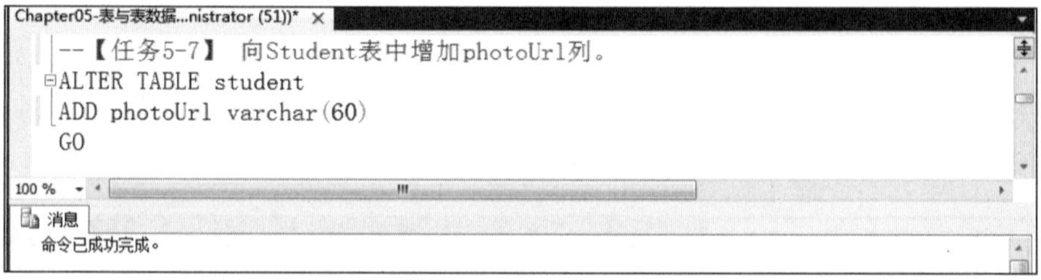

图 5-11　任务 5-7 脚本图

（2）删除列。要删除一张表中的某列可以用 DROP COLUMN 子句实现，其基本语法格式为

```
ATLER TABLE 表名
DROP COLUMN 列名
```

【任务 5-8】 删除 Student 表中的 Email 列

【代码实现】实现本任务的脚本如图 5-12 所示。

图 5-12　任务 5-8 脚本图

（3）修改列定义。修改列定义可以用 ALTER COLUMN 子句实现，其基本语句格式为

```
ALTER TABLE 表名
ALTER COLUMN 列名 列的描述
```

【任务 5-9】 将 Student 表 studentName 列类型修改为 varchar(60)，且不允许为空值。

【任务分析】列的定义，包括数据类型、数据长度等可以在表创建好以后修改。

【代码实现】实现本任务的脚本如图 5-13 所示。

注意：列在定义时默认允许为空值，将一个原来允许为空值的列修改为不允许为空值的列时有可能会失败，如表格中已经有空值数据时。

图 5-13　任务 5-9 脚本图

3. 使用 T-SQL 脚本删除表结构

使用 DROP TABLE 语句可以删除表，其基本语法格式为

```
DROP TABLE 表名
```

【任务 5-10】删除 SGMS 数据库中的 Course 表。

【任务分析】删除表之前一定要确定该表是不再需要的表。一旦一个表被删除，那么它的数据、结构定义、约束、索引等都将被永久删除。

【代码实现】实现本任务的脚本如图 5-14 所示。

图 5-14　任务 5-10 脚本图

5.4　数据的插入、更新和删除

表结构创建完成以后，下一步就是在表中进行数据操作，对表的数据操作包括表记录的插入、修改和删除。表数据操作也可以通过可视化界面和 T-SQL 脚本两种方式实现。

5.4.1　使用可视化界面插入、更新、删除数据

数据的插入（1）

【任务 5-11】使用 SSMS 操纵 Course 表中的数据。

【操作步骤】实现本任务的步骤如下：

Step 1　在“对象资源管理器”中展开 SGMS 数据库的“表”节点。

Step 2　右击“dbo.Course”，选择“编辑前 200 行”命令，如图 5-15 所示。

Step 3　打开 Course 表数据窗口。在此窗口中可以实现对 Course 表中的数据进行的添加、修改和删除等操作，如图 5-16 所示。

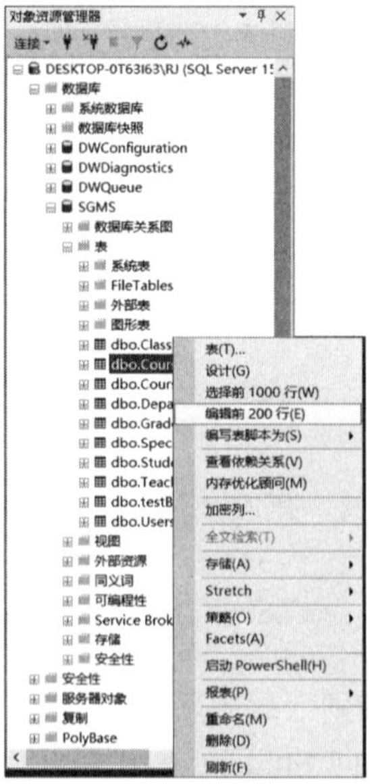

图 5-15　选择“编辑前 200 行”命令

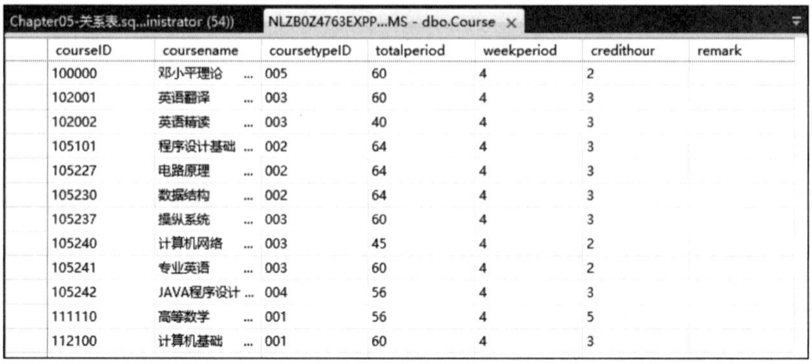

courseID	coursename	coursetypeID	totalperiod	weekperiod	credithour	remark
100000	邓小平理论 ...	005	60	4	2	
102001	英语翻译 ...	003	60	4	3	
102002	英语精读 ...	003	40	4	3	
105101	程序设计基础 ...	002	64	4	3	
105227	电路原理 ...	002	64	4	3	
105230	数据结构 ...	002	64	4	3	
105237	操纵系统 ...	003	60	4	3	
105240	计算机网络 ...	003	45	4	2	
105241	专业英语 ...	003	60	4	2	
105242	JAVA程序设计 ...	004	56	4	3	
111110	高等数学 ...	001	56	4	5	
112100	计算机基础 ...	001	60	4	3	

图 5-16　Course 表数据窗口

5.4.2　使用 T-SQL 脚本插入、更新、删除数据

1．使用 INSERT 语句添加数据

使用 INSERT 语句可以实现数据的插入操作，其基本语法格式为

```
INSERT [INTO] 表名 [(列名)]
VALUES(表达式)
```

（1）添加数据到一行中的所有列。当将数据添加到一行中的所有列时，使用 VALUES 关键字来给出要添加的数据。

【任务 5-12】向 Course 表中添加一条记录[信息为：('101010', '数据库技术与应用', '002', 64,4,3, '数据库技术类课程')]。

【任务分析】当向表中所有列添加数据时，INSERT 语句中无须给出表中的列名，只要在 VALUES 中给出所有的数据就可以了。但给出的数据要与用 CREATE TABLE 定义表时给定的列名顺序、数据类型和个数相同。

【代码实现】实现本任务的脚本如图 5-17 所示。

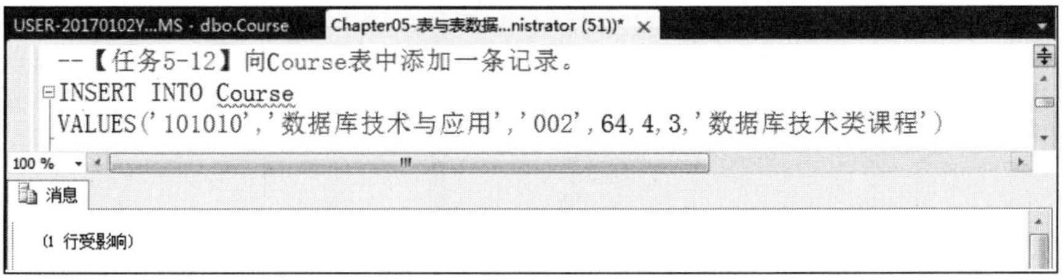

图 5-17　任务 5-12 脚本图

注意：若对表中列的顺序不明确，则要在表名后给出具体的列名，而且列名顺序、类型和数量也要与 VALUES 中给出的数据一一对应。如上面的语句也可以写为

```
INSERT INTO Course(courseID,courseName,courseTypeID,totalPeriod,weekperiod,creditHour,remark)
VALUES('101010', '数据库技术与应用', '002',64,4,3, '数据库技术类课程')
```

数据的插入（2）

（2）添加数据到一行中部分列。

【任务 5-13】向 Student 表中添加一条记录（插入记录为“Student 表中的 StudentID、StudentName、sex、birthday、credithour”；列的数据分别为“'1811003','张红','女','2001-8-8',34”）。

【任务分析】要将数据添加到一行中部分列，则必须同时指定列名以及要赋给这些列的数据。Student 表中 StudentID、StudentName 和 credithour 三列均为非空，在插入记录时必须给出具体的值。

【代码实现】实现本任务的脚本如图 5-18 所示。

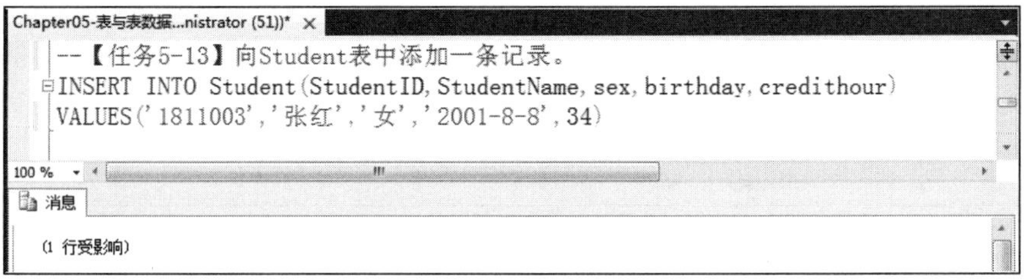

图 5-18　任务 5-13 脚本图

注意：使用 INSERT 语句的时候应该注意以下问题：

- 输入数据的顺序和数据类型必须与表中列的顺序和数据类型一致。
- 列名与数据必须一一对应，当每列都有数据输入时，列名可以省略，但输入数据的顺序必须与表中列的定义顺序相一致。
- 插入字符型和日期型数据时要用单引号括起来。

（3）添加多行数据。向表中添加多条记录，可以通过在 INSERT 语句中嵌套子查询实现，将子查询的结果作为批量数据，一次向表中添加多行数据。

【任务 5-14】将 Student 表中的女生信息插入到 stu_girl 表中。

【任务分析】先建立一个 stu_girl 表，表中包含 StudentID、StudentName、nation 列。然后查询 Student 表中的女生数据，插入到新表 stu_girl 中。

【代码实现】实现本任务的脚本如图 5-19 所示。

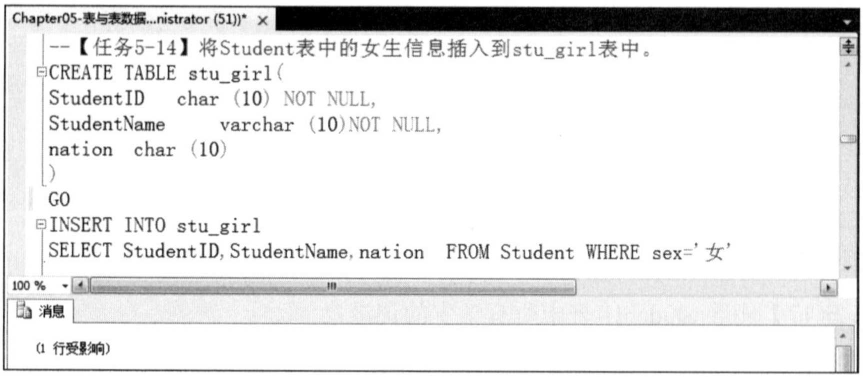

图 5-19　任务 5-14 脚本图

2. 使用 UPDATE 语句修改数据

数据的更新、删除

使用 UPDATE 语句可对表中数据进行修改，其基本语法格式为

```
UPDATE 表名
SET 列名=表达式
[WHERE 条件]
```

【任务 5-15】将 Student 表中学号为“1811003”的学生的家庭住址列修改为“马鞍山”。

【代码实现】实现本任务的脚本如图 5-20 所示。

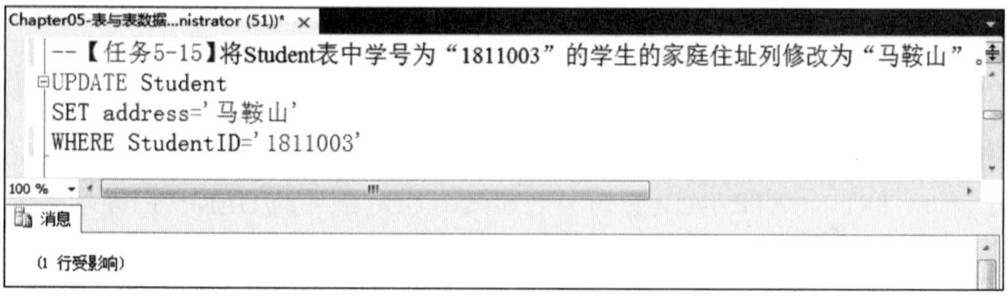

图 5-20　任务 5-15 脚本图

3. 使用 DELETE 语句删除数据

当数据的添加工作完成后，随着关系表中数据的使用和操作，表中存在一些无用的数据，这些无用数据会占用空间，将影响修改和查询数据的速度，所以应及时对无用的数据进行删除。

（1）使用 DELETE 语句删除数据。使用 DELETE 语句可以删除关系表中的一行或多行记录，其语法格式为

```
DELETE 表名 [WHERE 条件]
```

【任务 5-16】删除 Student 表中学号为“1811003”的学生的记录。

【任务分析】这里要删除 Student 表中 StudentID 为“1811003”的同学的记录，需要用 WHERE 子句来指定删除条件。

【代码实现】实现本任务的脚本如图 5-21 所示。

（2）使用 TRUNCATE TABLE 语句删除表中所有行记录。其基本语法格式为

```
TRUNCATE TABLE 表名
```

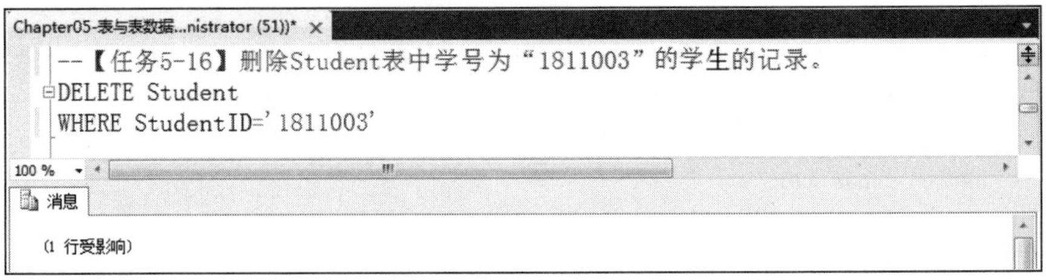

图 5-21　任务 5-16 脚本图

【任务 5-17】删除 Student1 表中所有学生的记录。

【任务分析】可以先将 Student 表复制一份副本，命名为“Student1”，然后对副本使用 TRUNCATE TABLE 语句实现数据清空的操作。

【代码实现】实现本任务的脚本如图 5-22 所示。

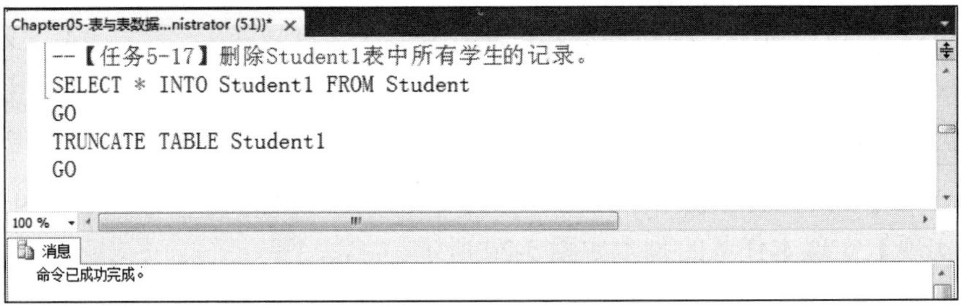

图 5-22　任务 5-17 脚本图

注意：使用 TRUNCATE TABLE 语句删除表中记录是一种快捷的方法。因为 TRUNCATE TABLE 语句不记录日志，只记录整个数据页的释放操作，而 DELETE 语句对每一行数据修改都记录日志，所以 TRUNCATE TABLE 语句总比没有指定条件的 DELETE 语句删除记录要快。

5.5　数据完整性

在表中输入数据时，由于种种原因，有时会输入无效或者错误的信息，如在 Student 表中对不同的学生输入了相同的学号或在性别字段输入了非法数据等。用户可以通过实施数据完整性来避免此类情况的发生。

5.5.1　数据完整性的概念及分类

数据完整性概念

数据完整性就是用于保证数据库中的数据在逻辑上的一致性、正确性和可靠性，强制数据完整性的机制可确保数据库的数据质量。数据完整性一般包括域完整性、实体完整性、参照完整性三种类型，如表 5-1 所列。

表 5-1　数据完整性分类

完整性类型	约束类型	描述
域完整性	DEFAULT	默认值约束，如果在 INSERT 语句中未提供值，系统将自动用默认值代替
	CHECK	检查约束，检查指定列中可接受的数据值

续表

完整性类型	约束类型	描述
实体完整性	PRIMARY KEY	主键约束，唯一标识每一列，确保用户没有输入重复的值。该约束不允许主键列有空值，同时创建一个索引以增强性能
	UNIQUE	唯一约束，确保在非主键列中无重复值，唯一约束的列允许为空值，并创建索引以增强性能
参照完整性	FOREIGN KEY	外键约束，定义一列或多列的值与同表或其他表中主键的值匹配
	CHECK	检查约束，基于同表中其他列的值，指定列中可接受的数据值

（1）域完整性。域完整性又称列完整性，指的是给定列的输入有效性。域完整性可以通过 DEFAULT 约束和 CHECK 约束来实现，其中 DEFAULT 约束可以在插入语句未显式提供值时，将其指定为列提供的默认值，如 Student 表的性别字段设置默认值是“男”，当插入学生记录时，若不输入性别值，则默认为“男”；CHECK 约束可以指定列中可接受的数据值，如 Student 表的学分字段值应该在 0～140 之间，为了对学分这一字段输入的数据范围进行限制，可以通过为学分定义 CHECK 约束来实现。

（2）实体完整性。实体完整性又称行完整性，用来保证关系表中的每一个实体的记录都是唯一的，可以通过 PRIMARY KEY 约束、UNIQUE 约束来实现。PRIMARY KEY 约束能够唯一标识每一列，确保用户没有输入重复的值和空值，如 Student 表中，学号作为主键，每一个学生的学号都能唯一标识该学生对应的行记录信息，那么在输入学号值时，就不能输入重复的值，也不能输入空值。因为每个表只能有一个主键，其他的非主键列如果要保证无重复值可以使用 UNIQUE 约束。

（3）参照完整性。参照完整性用来保证数据库中相关联的表之间数据的一致性，可以通过 FOREIGN KEY 约束和 CHECK 约束来实现。FOREIGN KEY 约束定义一列或多列的值与同表或其他表中主键的值匹配，如对于 Student 表中的每个学生学号，在 Grade 表中都有相关的课程成绩记录，此时 Student 表作为主表，学号字段定义为主键，Grade 表作为从表，表中的学号字段定义为外键，从而建立 Student 表和 Grade 表之间的联系，保证 Grade 表中的学号与 Student 表中的学号一致。当同表中的列之间存在参照关系时，也可以使用 CHECK 约束指定列中可接受的数据值。

约束的创建始终和表的创建、修改分不开，因为约束是关联在表的某一列或几列的组合上的，所以可以通过 CREATE TABLE 语句在建表的时候添加约束，也可以使用 ALTER TABLE 语句为已经存在的表添加约束。下面分别介绍使用可视化界面与 T-SQL 脚本创建约束的方法。

5.5.2 使用可视化界面创建约束

1. 使用可视化界面创建 PRIMARY KEY 约束

【任务 5-18】为 Student 表的 StudentID 字段创建 PRIMARY KEY 约束。

【操作步骤】实现本任务的步骤如下：

Step 1 在“对象资源管理器”中展开 SGMS 数据库的“表”节点，右击“dbo.Student”并选择“设计”命令，打开表设计器。

Step 2　在表设计器中，右击 StudentID 字段，从弹出的快捷菜单中选择“设置主键”命令，如图 5-23 所示。

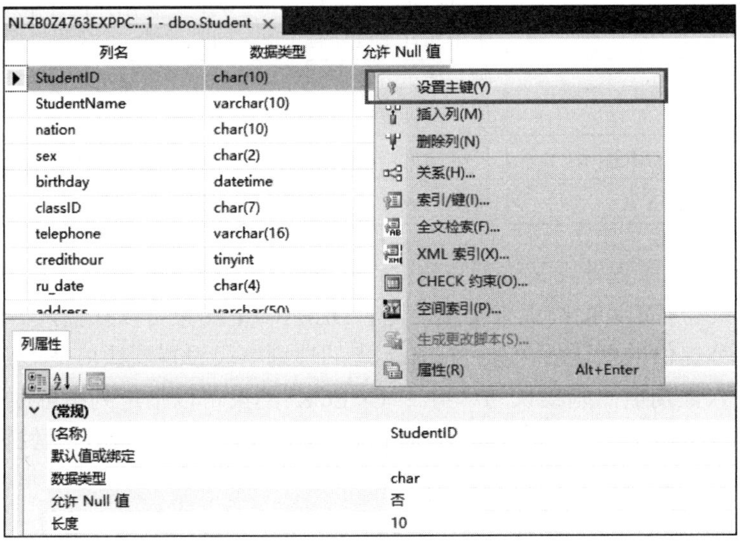

图 5-23　选择“设置主键”命令

Step 3　单击工具栏“保存”按钮，完成主键约束的创建。

2. 使用可视化界面创建 UNIQUE 约束

【任务 5-19】为 Course 表的 courseName 列创建 UNIQUE 约束。

【操作步骤】实现本任务的步骤如下：

Step 1　在“对象资源管理器”中展开 SGMS 数据库的“表”节点，右击“dbo.Course”并选择“设计”命令，打开表设计器。

Step 2　在表设计器中，右击 courseName 字段，从弹出的快捷菜单中选择“索引/键”命令，如图 5-24 所示。

图 5-24　选择“索引/键”命令

Step 3　打开“索引/键”对话框，单击“添加”按钮，并单击“索引”列对应的省略号按钮，弹出如图 5-25 所示的“索引列”对话框，在“列名”列表框中选择 coursename 列，再选择排序顺序，然后单击“确定”按钮，最后将标识中的名称修改为“UK_Course”。

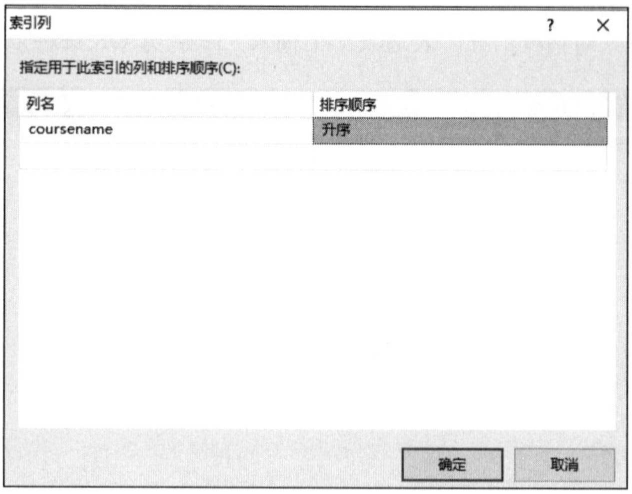

图 5-25　“索引列”对话框

Step 4　单击工具栏“保存”按钮，完成 UNIQUE 约束的创建。

3. 使用可视化界面创建 DEFAULT 约束

【任务 5-20】为 Student 表 sex 字段添加默认值“男”。

【操作步骤】实现本任务的步骤如下：

Step 1　在“对象资源管理器”中展开 SGMS 数据库的“表”节点，右击“dbo.Student”，打开快捷菜单，选择“设计”命令，打开表设计器。

Step 2　在表设计器中，选择 sex 字段，在设计器的下半部分“常规”项目中选择“默认值或绑定”，在右侧输入默认值“(N'男')”，如图 5-26 所示。

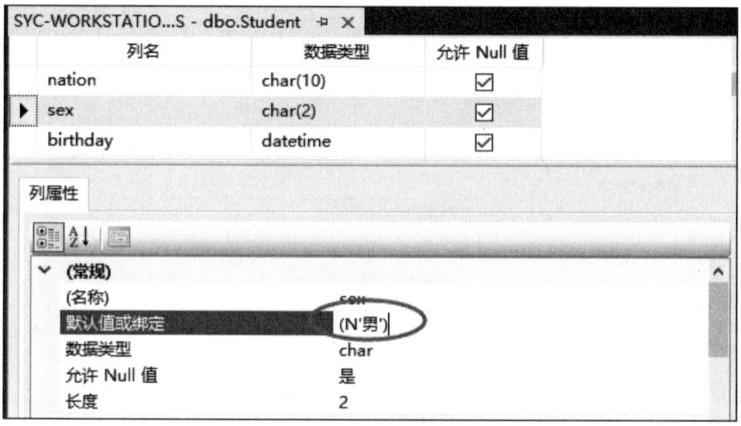

图 5-26　设置默认值

4. 使用可视化界面创建 CHECK 约束

【任务 5-21】为 Student 表中 sex 字段创建 CHECK 约束，性别只允许为“男”“女”。

【操作步骤】实现本任务的步骤如下：

Step 1　在“对象资源管理器”中展开 SGMS 数据库的“表”节点，右击“dbo.Student”并选择“设计”命令，打开表设计器。

Step 2 在表设计器中，右击 sex 字段，从弹出的快捷菜单中选择“CHECK 约束”命令，打开“检查约束”对话框，在“表达式”中输入“sex='男' OR sex='女'”，如图 5-27 所示。

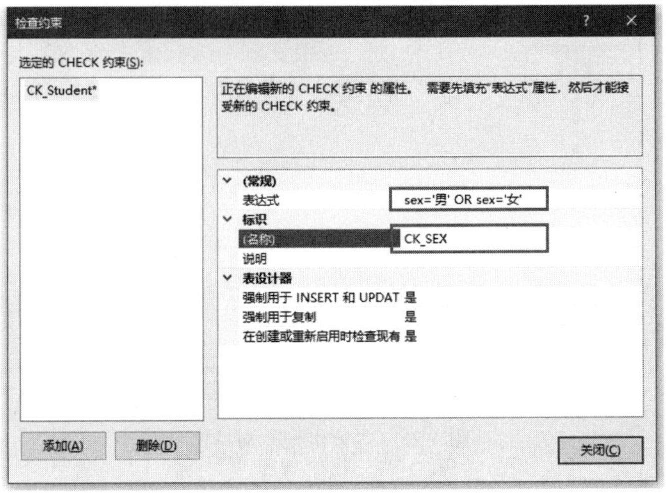

图 5-27　“检查约束”对话框

Step 3 输入约束名称，单击“关闭”按钮，并单击工具栏“保存”按钮，完成 CHECK 约束的创建。

5. 使用可视化界面创建 FOREIGN KEY 约束

【任务 5-22】为 Course 表的 courseTypeID 列创建 FOREIGN KEY 约束，引用 CourseType 表的主键。

【操作步骤】实现本任务的步骤如下：

Step 1 按照任务 5-1 的步骤创建 CourseType 表，并指定 courseTypeID 为主键。

Step 2 在 Course 表的“表设计器”中，右击 courseTypeID 字段，从弹出的快捷菜单中选择“关系”命令，弹出“外键关系”对话框，如图 5-28 所示。

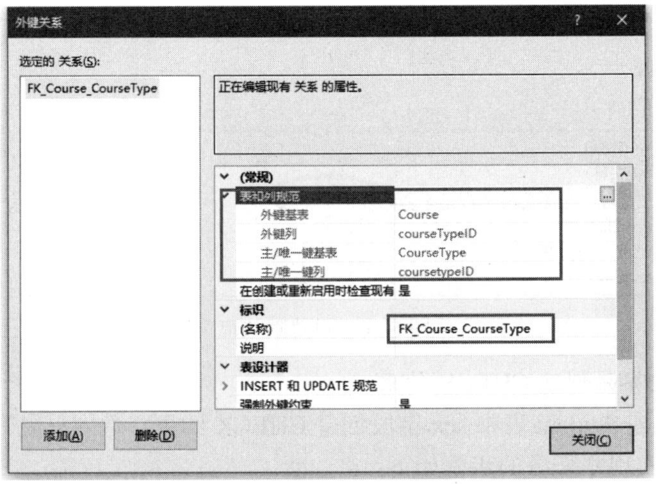

图 5-28　“外键关系”对话框

Step 2 单击“添加”按钮以新建一个外键，展开“表和列规范”项目，单击右侧省略号按钮打开“表和列”对话框，设置外键引用关系，如图 5-29 所示。修改名称后关闭对话框即可完成 FOREIGN KEY 约束的创建。

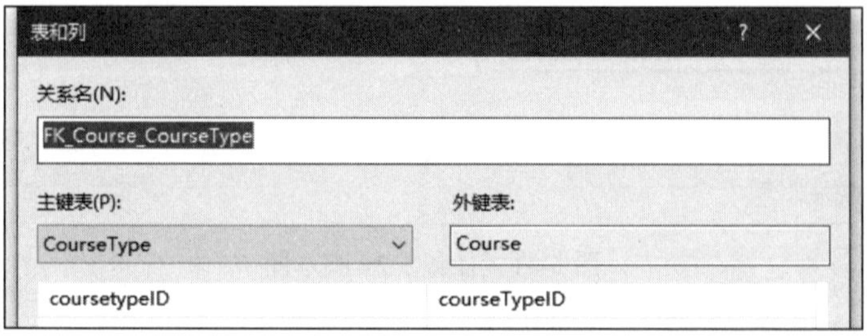

图 5-29 设置外键引用关系

5.5.3 使用 T-SQL 脚本创建约束

实体完整性

1. 使用 T-SQL 脚本创建 PRIMARY KEY 约束

创建 PRIMARY KEY 约束有两种方法：

（1）在使用 CREATE TABLE 语句创建表时创建 PRIMARY KEY 约束。

【任务 5-23】在创建 Class 表时，为 classID 创建 PRIMARY KEY 约束。

【任务分析】PRIMARY KEY 约束标识列或列集，使这些列或列集的值唯一标识表中的行。Class 表主键是 classID，对于单个字段所建立的 PRIMARY KEY 约束称为列级主键。

【代码实现】实现本任务的脚本如图 5-30 所示。

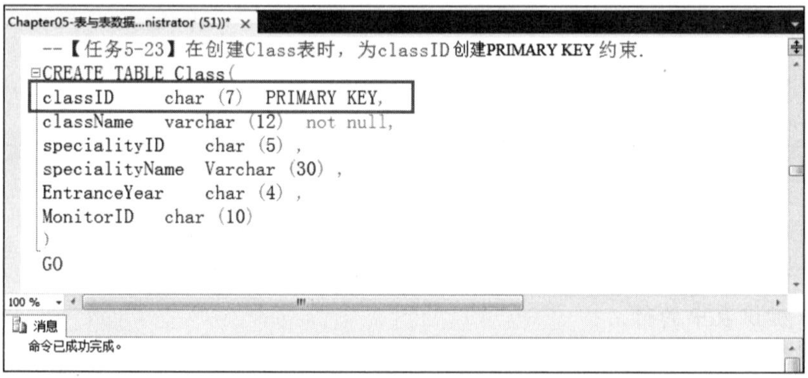

图 5-30 任务 5-23 脚本图

【任务 5-24】在创建 Grade 表时，为 Grade 表创建 PRIMARY KEY 约束。

【任务分析】Grade 表的主键是 StudentID 和 courseID 两列组合。以组合关键字段建立的主键称为表级主键，这种多字段组合的约束需要在 CREATE TABLE 语句的最后定义。

【代码实现】实现本任务的脚本如图 5-31 所示。

（2）使用 ALTER TABLE 语句向现有表创建 PRIMARY KEY 约束。当创建好表之后，可以通过 ALTER TABLE 命令来实现对表结构的修改，其基本语法格式为

```
ALTER TABLE 表名 ADD [CONSTRAINT 约束名]
    PRIMARY KEY ［CLUSTERED | NONCLUSTERED］(列名[,...])
```

```
Chapter05-表与表数据...nistrator (51))*
--【任务5-24】 在创建Grade表时，为Grade表创建 PRIMARY KEY 约束。
CREATE TABLE Grade(
studentID   char (10),
courseID    char (8),
Term    nvarchar(20),
score   tinyint,
PRIMARY KEY(studentID,courseID)
)
GO
```

消息
命令已成功完成。

图 5-31　任务 5-24 脚本图

各参数含义如下所述。

- 约束名：为约束指定的名称。
- CLUSTERED | NONCLUSTERED：索引选项，CLUSTERED 表示会在主键列创建聚集索引，NONCLUSTERED 表示会在主键列创建非聚集索引，默认为聚集索引。
- 列名：表示创建 PRIMARY KEY 约束所依据的列。

【任务 5-25】为任务 5-1 创建的 Course 表创建 PRIMARY KEY 约束。

【任务分析】利用 ALTER TABLE 语句修改表结构，通过 ADD CONSTRAINT 子句来添加主键。

【代码实现】实现本任务的脚本如图 5-32 所示。

```
Chapter05-表与表数据...nistrator (51))*
--【任务5-25】为任务5-1创建的Course表创建 PRIMARY KEY 约束。
ALTER TABLE Course
ADD CONSTRAINT PK_Course PRIMARY KEY(courseID)
GO
```

消息
命令已成功完成。

图 5-32　任务 5-25 脚本图

注意：在一个表中，主键值必须是唯一的，即不能有两行是同一个主键值，也不能存在 NULL 值。每一个表都应该有且只有一个主键，可以有一个以上的列组合作为主键，这些列的组合值能唯一标识表中的行。

2. 使用 T-SQL 语句创建 UNIQUE 约束

UNIQUE 约束强制检查特定列值的唯一性。对于已创建 UNIQUE 约束的列，不允许出现相同的值，这一点与主键约束类似，而与主键约束不同的是，已创建 UNIQUE 约束的列允许为空值。

（1）在使用 CREATE TABLE 语句创建表时创建 UNIQUE 约束。

【任务 5-26】创建 Speciality 表，为 specialityName 列创建 UNIQUE 约束（保证专业名不重复）。

【任务分析】可以在 CREATE TABLE 语句中直接用 UNIQUE 关键字来标识这个列，这样就说明这个列的值是唯一的。

【代码实现】实现本任务的脚本如图 5-33 所示。

```sql
--【任务5-26】创建Speciality表，为specialityName列创建UNIQUE约束。
CREATE TABLE Speciality (
specialityID    char (5) PRIMARY KEY,
specialityName  varchar (30) NOT NULL UNIQUE,
departmentID    char (3)
)
GO
```

消息
命令已成功完成。

图 5-33　任务 5-26 脚本图

（2）使用 ALTER TABLE 语句为现有表创建 UNIQUE 约束，其基本语法格式为

```
ALTER TABLE 表名
ADD [CONSTRAINT 约束名] UNIQUE (列名)
```

【任务 5-27】为 Class 表（在任务 5-23 中创建的）创建 UNIQUE 约束，约束班级名称不能重复。

【代码实现】实现本任务的脚本如图 5-34 所示。

```sql
--【任务5-27】为Class表创建UNIQUE约束，约束班级名称不能重复。
ALTER TABLE Class
ADD CONSTRAINT UK_className UNIQUE(className)
GO
```

消息
命令已成功完成。

图 5-34　任务 5-27 脚本图

3. 使用 T-SQL 脚本创建 DEFAULT 约束

DEFAULT 约束能够为表中的列定义默认值，即当执行数据插入操作而又没有为该列提供数据时，系统将自动以默认值填充该列。

域完整性

（1）在使用 CREATE TABLE 语句创建表时创建 DEFAULT 约束。

【任务 5-28】创建 Teacher 表，为 sex 列创建 DEFAULT 约束，默认值为“男”。

【任务分析】在创建表时创建 DEFAULT 约束，只需要指定某列的默认值就可以了。

【代码实现】实现本任务的脚本如图 5-35 所示。

```sql
--【任务5-28】创建Teacher表，为sex列创建DEFAULT约束，默认值为“男”。
CREATE TABLE Teacher(
TeacherID char(8) PRIMARY KEY,
teacherName varchar(10) NOT NULL,
departmentID char (3) ,
sex char(2) DEFAULT '男',
technicalPost char (16),telephone char(16),
homeAddr varchar (50),pwd  varchar (16),
remark  nvarchar (200)
)
GO
```

消息
命令已成功完成。

图 5-35　任务 5-28 脚本图

（2）使用 ALTER TABLE 语句为现有表创建 DEFAULT 约束，其基本语法格式为

```
ALTER TABLE 表名
ADD [CONSTRAINT] [约束名] [DEFAULT] 表达式 FOR 列名
```

【任务 5-29】为 Teacher 表的密码列创建 DEFAULT 约束，默认值为“123456”。

【任务分析】由于 Teacher 表已经存在，因此可以通过使用 ALTER TABLE 语句修改表结构来创建 DEFAULT 约束。

【代码实现】实现本任务的脚本如图 5-36 所示。

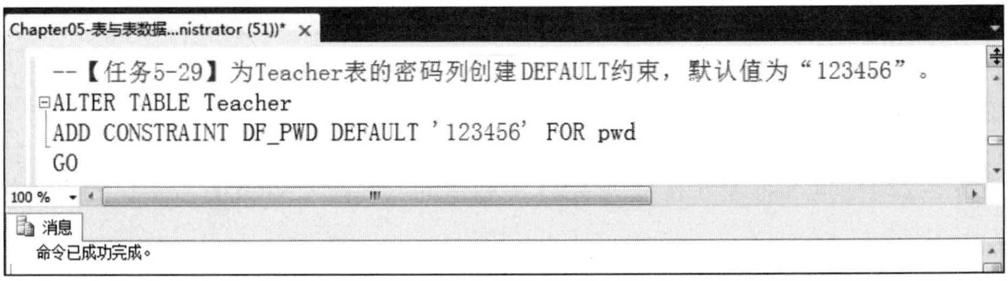

图 5-36　任务 5-29 脚本图

4. 使用 T-SQL 脚本创建 CHECK 约束

CHECK 约束可以确保输入数据的正确性，并支持使用比较运算符、逻辑运算符、范围运算符及 LIKE 运算符来指定其约束条件。

（1）在使用 CREATE TABLE 语句创建表时创建 CHECK 约束。

【任务 5-30】创建 Users 表时为 userType 列创建 CHECK 约束。

【任务分析】userType 的取值范围仅为“一般管理员”和“超级管理员”两种，需要用 CHECK 约束来实现。

【代码实现】实现本任务的脚本如图 5-37 所示。

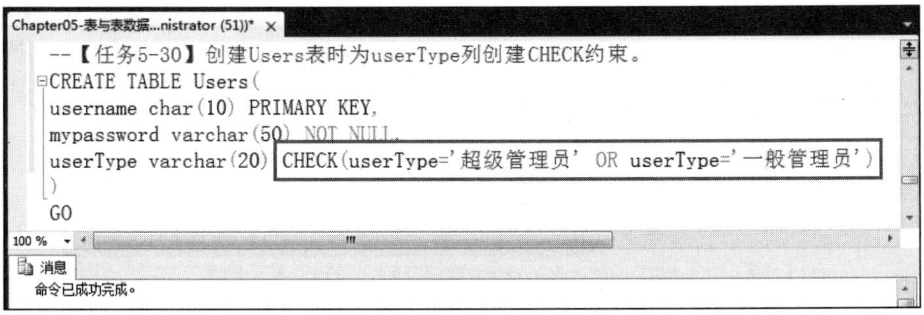

图 5-37　任务 5-30 脚本图

（2）使用 ALTER TABLE 语句为现有表创建 CHECK 约束，其语法格式为

```
ALTER TABLE 表名
ADD CONSTRAINT 约束名 CHECK(表达式)
```

【任务 5-31】为 Student 表的 telephone 列创建 CHECK 约束。该约束限制 telephone 列中只允许出现 1 开头的 11 位数字。

【任务分析】CHECK 约束可以对放入列中的值进行限制，以强制执行域的完整性。本任务可以使用 like 关键字来限制 telephone 列值的格式。

【代码实现】实现本任务的脚本如图 5-38 所示。

```
--【任务5-31】为Student表的telephone列创建CHECK约束。
--该约束限制telephone列中只允许出现1开头的11位数字。
ALTER TABLE Student
ADD CONSTRAINT ck_tel CHECK(telephone LIKE '1[0-9][0-9][0-9][0-9][0-9][0-9][0-9][0-9][0-9][0-9]')
GO
```

```
消息
命令已成功完成。
```

图 5-38　任务 5-31 脚本图

5. 使用 T-SQL 脚本创建 FOREIGN KEY 约束

FOREIGN KEY 约束用来标识表之间的关系，建立两个表之间的联系。

参照完整性

（1）在使用 CREATE TABLE 语句创建表时创建 FOREIGN KEY 约束。

【任务 5-32】创建 Department 表，为 DepartmentHead 列创建 FOREIGN KEY 约束（引用 Teacher 表的主键列）。

【任务分析】部门的领导一定是职工的一员，因此需要约束数据引用的合法性。这就要建立 Department 对 Teacher 表的引用联系，表之间的引用可以通过 FOREIGN KEY 约束实现。

【代码实现】实现本任务的脚本如图 5-39 所示。

```
--【任务5-32】创建Department表，为DepartmentHead列创建FOREIGN KEY约束。
CREATE TABLE Department(
 departmentID CHAR(3) PRIMARY KEY,
 departmentName VARCHAR(30) NOT NULL,
 departmentHead CHAR(8) FOREIGN KEY REFERENCES Teacher(teacherID)
)
GO
```

```
消息
命令已成功完成。
```

图 5-39　任务 5-32 脚本图

（2）使用 ALTER TABLE 语句为现有表创建 FOREIGN KEY 约束，其基本语法格式为

```
ALTER TABLE 表名1 ADD [CONSTRAINT 约束名]
FOREGIN KEY (列名1) REFERENCES 表名2 (列名2)
```

各参数的含义如下所述。

- 表名 1：要设置外键的表的名称。
- 列名 1：外键列。
- 表名 2：主键表（外建表所参照的表）的名称。
- 列名 2：主键列。

【任务 5-33】为 Grade 表的 courseID 列和 StudentID 列创建 FOREIGN KEY 约束（分别引用 Course 表和 Student 表）。

【代码实现】实现本任务的脚本如图 5-40 所示。

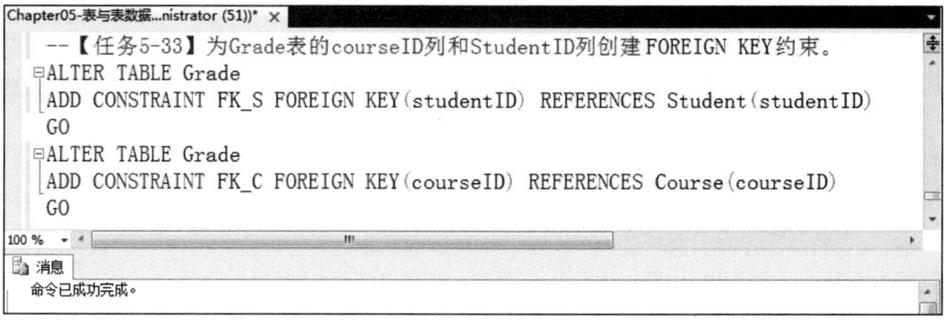

图 5-40　任务 5-33 脚本图

5.5.4　约束的查看和删除

1. 约束的查看

创建好约束之后，可以在“对象资源管理器”树状目录中依次单击“表”，再单击“表”中的“键”节点或“约束”节点，即可查看所有已经建立的约束。

2. 约束的删除

约束可以用可视化界面来删除，也可以使用 DROP CONSTRAINT 子句来删除，其基本语法格式为

```
ALTER TABLE 表名
DROP CONSTRAINT 约束名
```

【任务 5-34】删除 Student 表对电话号码的约束 CK_TEL。

【代码实现】实现本任务的脚本如图 5-41 示。

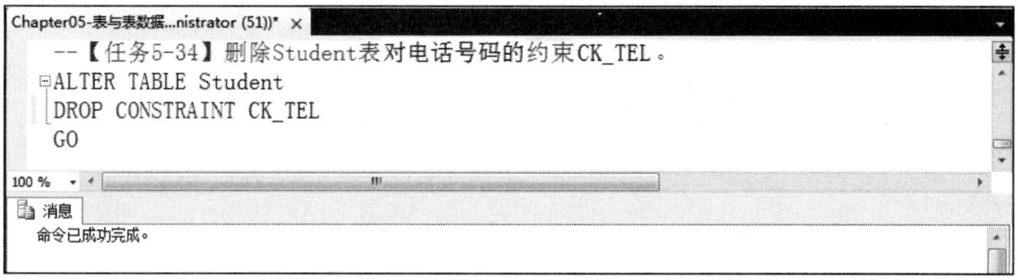

图 5-41　任务 5-34 脚本图

小结

当数据库创建好以后，它只有一些系统信息，并没有用户定义的有关数据库对象。而数据库中最重要的一个对象就是关系表，关系表是数据库存储数据的主要容器，其他有关数据库对象的操作基本上都是基于关系表进行的。因此，关系表是数据库中最基本的数据对象。本章主要介绍关系表的基本概念和分类，利用 T-SQL 脚本和可视化界面创建、修改、删除关系表的基本方法，以及表创建好之后，如何添加、修改和删除关系表数据等。最后，为保证输入数据的合法性，本章还介绍了通过约束机制来对表及表中有关字段输入值进行限制的方法。

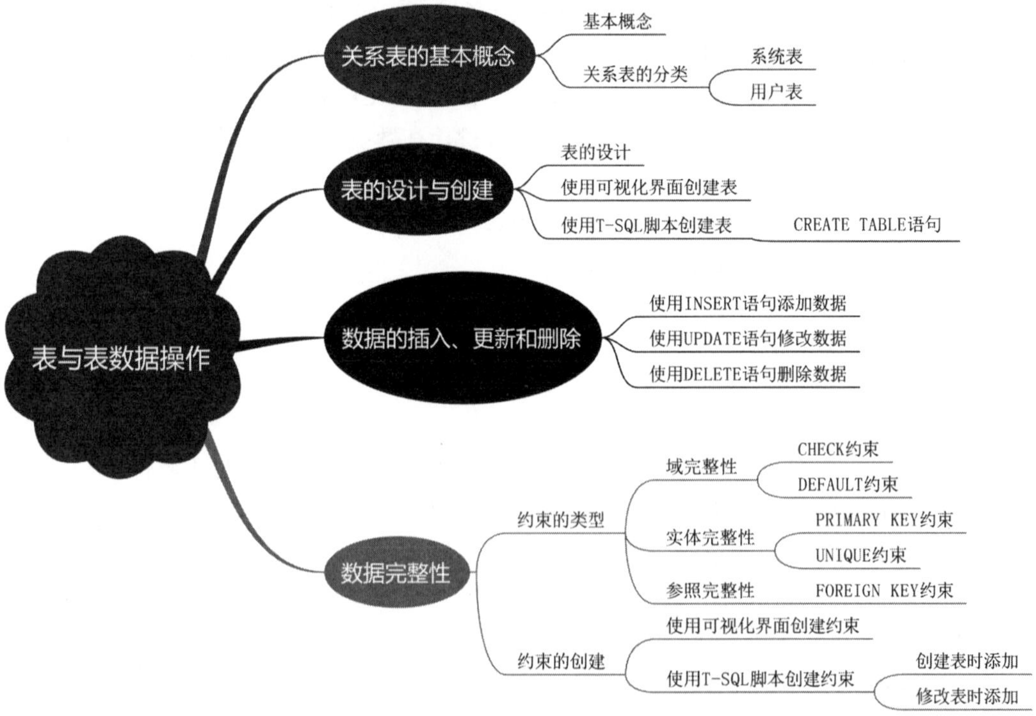

思考与练习

一、选择题

1．用 ALTER TABLE 语句不可以完成（　　）操作。

A．创建表　　B．增加列

C．删除列　　D．添加列约束

2．创建表结构用（　　）语句实现。

A．CREATE TABLE　　B．CREATE DATABASE

C．ALTER TABLE　　D．ALTER DATABASE

3．ALTER COLUMN 子句实现的功能是（　　）。

A．修改列名　　B．设置默认值或删除默认值

C．增加列　　D．改变列的属性

4．如果要防止插入空值，应使用（　　）。

A．UNIQUE 约束　　B．NOT NULL 约束

C．PRIMARY KEY 约束　　D．CHECK 约束

5．增加约束用（　　）语句实现。

A．ADD COLUMN　　B．ADD CONSTRAINT

C．ADD FILE　　D．ADD TABLE

6. 某个字段最多输入 80 个字符，最少输入 1 个字符，应设置该字段的数据类型为（　　）。

A．CHAR(8) NOT NULL　　B．VARCHAR(80) NULL

C．CHAR(80) NOT NULL　　D．VARCHAR(80) NOT NULL

7．表 table1 中有一列被表 table2 引用作为外键，在数据库定义这两个表时，正确的顺序是（　　）。

A．先定义表 table1，然后再定义表 table2

B．可以先定义表 table2

C．与定义的先后顺序无关

D．以上说法不正确

二、填空题

1．SQL Server 中提供了________约束和唯一性约束共同来维护实体完整性。

2．SQL Server 中提供了主键约束和外键约束共同维护________完整性。

3．限制输入到列的值的范围，应使用________约束。

4．更新表中某列数据应用________关键字，插入记录到表中用________关键字，删除表中某条记录用________关键字。

三、简答题

1．数据完整性分为哪几类？

2．什么是主键？如何为一个表创建主键？

3．修改表中数据与修改表结构有何不同？

4．如何在表中插入数据？

上机实验

实验指导书

一、实验目的和要求

1．学会使用 SSMS 创建表结构，并输入数据。

2．会使用 CREATE TABLE 语句定义表结构。

3．会使用 ALTER TABLE 语句修改表结构。

4．进一步理解数据完整性的基本概念和约束机制。

5．会使用 T-SQL 脚本实现数据表的有关约束。

二、实验内容

1．使用 SQL Server 中 SSMS 创建 LIBRARY 数据库，在此数据库中创建“图书”表和“出版社”表。表结构定义分别如表 5-2 和表 5-3 所列。

2．使用 T-SQL 脚本在 LIBRARY 数据库中创建“学生”表和“借阅”表，表结构定义分别如表 5-4 和表 5-5 所列。

表 5-2 “图书”表结构定义

列名	数据类型	是否为空	约束
书号	CHAR(6)	否	主键
书名	VARCHAR(20)	否	
数量	INT		大于 0
位置	VARCHAR(20)		
出版社编号	CHAR(6)		外键

表 5-3 “出版社”表结构定义

列名	数据类型	是否为空	约束
出版社编号	CHAR(6)	否	主键
出版社名称	VARCHAR(30)	否	唯一约束
电话	CHAR(13)		
邮编	CHAR(6)		六位数字
地址	VARCHAR(30)		

表 5-4 “学生”表结构定义

列名	数据类型	是否为空
学号	CHAR(8)	否
姓名	VARCHAR(20)	否
性别	CHAR(2)	
院系	CHAR(20)	

表 5-5 “借阅”表结构定义

列名	数据类型	是否为空
学号	CHAR(8)	否
书号	CHAR(6)	否
借书日期	DATETIME	
还书日期	DATETIME	

3．使用 T-SQL 脚本在 LIBRARY 数据库中进行以下修改。

（1）利用 T-SQL 脚本在“学生”表中增加列“民族”，数据类型为 VARCHAR(6)，默认值为“汉”。

（2）在“学生”表中修改列“姓名”的数据类型为 CHAR(20)。

（3）在“借阅”表中增加列“到期日期”，数据类型为 DATETIME。

4．使用 T-SQL 脚本在 LIBRARY 数据库中添加以下约束。

（1）为“学生”表定义主键列，主键列为“学号”。

（2）在“借阅”表中添加 DEFAULT 约束，借书日期默认值为 GETDATE()。

（3）为“借阅”表的“学号”列设置 FOREIGN KEY 约束，使“学号”列外键约束于“学生”表中的“学号”列。

（4）为“学生”表中“学号”列设置 CHECK 约束，检查输入的学号是否是数字形式。

5．利用 T-SQL 脚本在 LIBRARY 数据库中进行以下一些数据操作。

（1）在“学生”表中插入一条记录，记录信息为“18010110”“章敏”“女”“计算机系”。

（2）将学号为“18021102”的同学的“院系”更新为“电子系”。

第6章 数据查询

任务背景：

数据库的核心任务是组织和管理数据，并方便用户快速地对数据进行查询和操作。在数据库系统的开发和运行过程中，最为频繁的操作就是数据的查询，如在学生成绩管理系统中，按照用户的需求来查找成绩、统计每位学生已经取得的学分等。这就是本章所要学习的内容，即数据的查询、统计方法。

本章的任务是使用 SELECT 语句实现对学生成绩信息的查询、统计。

学习目标：

（1）理解 SELECT 语句的语法并掌握基本查询的用法。

（2）会进行数据筛选并设置返回的结果集格式。

（3）了解常见的聚合函数并运用这些函数实现数据分组与汇总。

（4）理解多表连接的概念和类型，熟练运用内连接实现多表查询。

（5）会使用联合查询实现数据集合的操作。

（6）掌握常见的嵌套子查询，并理解相关子查询的用法。

（7）会使用图形用户界面实现数据查询。

任务导航：

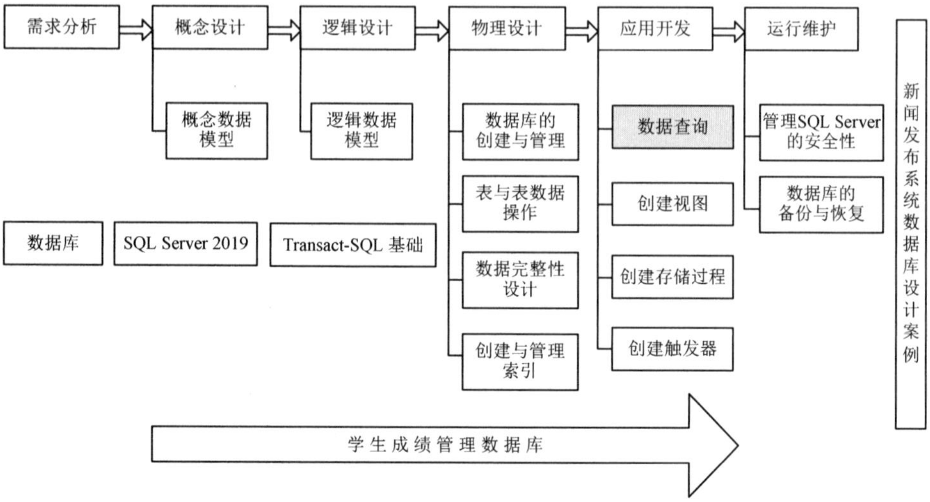

6.1 基本查询

数据库的主要作用就是组织大量的数据，以方便用户快速地获取数据和处理数据。“查询”是指如何从数据库中获取特定条件的数据，它通过 SELECT 语句来实现。SELECT 语句的作用是让数据库服务器根据客户端的要求搜寻用户所需要的信息资料，并按用户规定的格式进行整理后返回给客户端。查询的操作不会改变数据库中的数据，只是将数据按照 SELECT 语句的要求呈现出来。

6.1.1 查询语句的基本格式

基本查询语句

SELECT 语句的基本语法格式为

```
SELECT [ALL | DISTINCT][TOP n] <目标列的列表 | * >
[FROM] {<表或视图名>} [,…n]
[WHERE] <搜索条件>
[GROUP BY] {<分组表达式>}[,…n]
[HAVING] <搜索条件>
[ORDER BY] {<字段名[ASC|DESC]>} [,…n]
```

在上面的语法描述中，其包含的语义如下：

（1）用[ ]括起来的是可选项，SELECT 子句是不可省略的。

（2）DISTINCT 选项用来从结果集中消除重复的数据行。

（3）TOP n 选项用于限定要返回的结果集行数。

（4）目标列的列表用于指定要返回的数据列名称，如果要返回所有列的数据，则可以使用“*”代替。

（5）FROM 子句可以限定从哪些表或者视图返回数据。

（6）WHERE 子句用来引入查询的条件，查询仅返回满足条件的数据。在查询条件中，可以使用比较操作符、字符串、逻辑操作符来限制返回的数据。

（7）GROUP BY 子句用于对结果集进行分组，在分组的基础上实现数据的汇总。

（8）HAVING 子句用于在分组的时候，对字段或表达式指定筛选条件。

（9）ORDER BY 子句对结果集按照某种条件进行排序，返回有序的结果集。

在实际的应用中，不是每个子句都是必要的，用户可以根据需要选择相应的子句来完成相应的功能。

1．全表查询

【任务 6-1】学生成绩管理人员需要查看所有学生的详细信息。

【任务分析】从表中查询数据首先需要从表中选择指定的列，选择列表当中可以包含列、表达式、要选的关键字或需要赋值的局部变量。除此之外，还可以使用“*”代替表中所有的列名，这样的查询也被称为全表查询。在实际应用中，一般不建议使用全表查询。本任务需要查看所有学生的详细信息，所以可以用“*”代替目标列列表。

【代码实现】实现本任务的脚本和结果如图 6-1 所示。

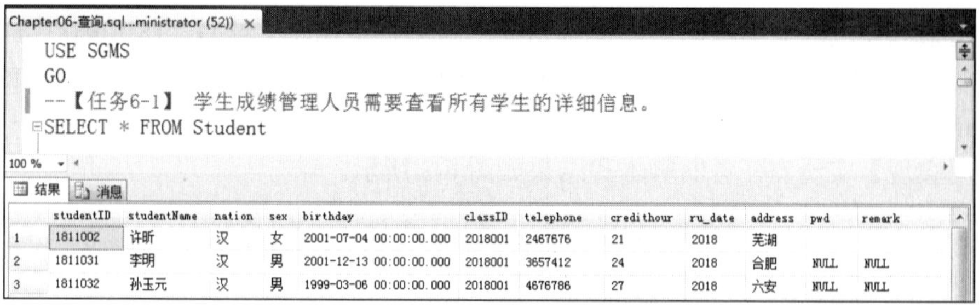

图 6-1　任务 6-1 脚本和结果图

2. 查询指定列的数据

【任务 6-2】仅向普通用户返回学生学号与姓名两列数据。

【任务分析】在学生成绩管理系统中，普通用户是不可以查看所有学生的详细资料的，这时需要使用<目标列的列表>来指定返回的数据。在<目标列的列表>中可以指定多个列名，列名之间用逗号分隔。本任务需要返回学号和姓名两列数据，只需在 SELECT 关键字的后面指定“studentID”和“studentName”两列即可。

【代码实现】实现本任务的脚本和结果如图 6-2 所示。

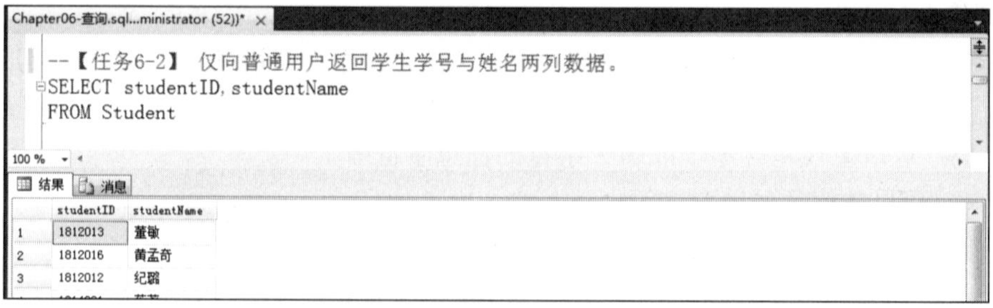

图 6-2　任务 6-2 脚本和结果图

注意：在<目标列的列表>中，除列名之外，还可以包含表达式、关键字或需要赋值的变量等。各个列名及表达式的顺序可以与表格定义的顺序不一致，结果集将按照用户在<目标列的列表>中指定的顺序显示。特别要注意的是，查询的操作不影响源表中的数据。

6.1.2 数据筛选

数据筛选

一般的查询只需要从表中查询少数行的数据，而不是所有的记录，因此在查询的时候就会引入查询的条件。在 SELECT 语句中，可以通过 WHERE 子句引入查询条件来限定查询只返回表中部分行的数据。WHERE 子句中常见的查询条件都是返回布尔值的表达式，包括数值比较表达式（=、>、<、>=、<=和<>）、字符串比较表达式(LIKE 和 NOT LIKE)、逻辑表达式(AND、OR 和 NOT)、范围判断(BETWEEN…AND…和 NOT BETWEEN…AND…)、列表判断（IN 和 NOT IN)、未知值比较（IS NULL 和 IS NOT NULL）等。

1. 简单的条件查询

【任务 6-3】学生成绩管理人员需要查看学号为“1811080”的学生的信息。

【任务分析】查看学号为“1811080”的学生的信息可以使用比较运算符来实现。比较运算符可以用来判断值的大小或两个值是否相等。本任务要查询学号为“1811080”的学生的信息，就是要在 Student 表中查找“studentID='1811080'”的学生，因此直接在 WHERE 子句中加入“studentID='1811080'”条件即可。

【代码实现】实现本任务的脚本和结果如图 6-3 所示。

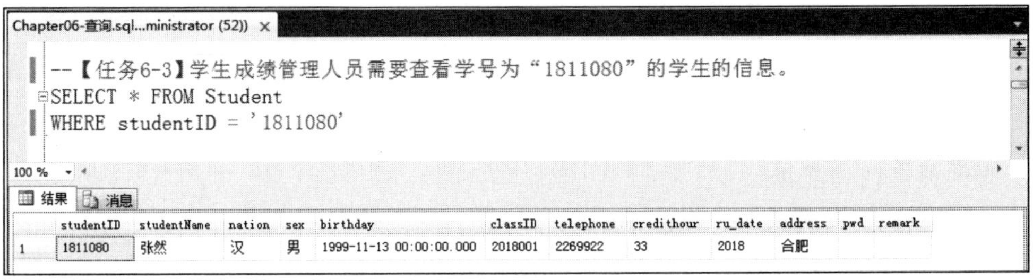

图 6-3　任务 6-3 脚本和结果图

注意：在 T-SQL 脚本中，字符串常量、日期时间常量的两端都需要加单引号“''”，与数值类型加以区别。此外，判断是否相等的比较运算符与赋值运算符一样，都是“=”，而不是“==”。

2. 字符串的模糊查询

在查询条件不具体的情况下，可以使用 LIKE 表达式作为查询条件。在 LIKE 引导的条件中需要一个匹配字符串，该匹配字符串中可以使用通配符。常用的通配符包括以下几种。

（1）%：可以替代包含零个或多个字符的任意字符串。

（2）_：可以替代任何单个字符。

（3）[ ]：可以替代指定的范围或集合内的任何单个字符。

（4）[^]：可以替代不再指定范围或集合内的任何单个字符。

使用与通配符结合的 LIKE 表达式可以实现较为复杂的字符串模糊匹配查询，常见的通配符应用示例如表 6-1 所列。

表 6-1　常见的通配符应用示例

表达式	返回值
LIKE '张%'	匹配以“张”开头的字符串
LIKE '%花'	匹配以“花”结尾的字符串
LIKE '%中国%'	匹配包含“中国”的字符串
LIKE '_人民'	匹配以“人民”结尾，仅包含三个字符的字符串
LIKE '[AB]%'	匹配以字母“A”或“B”开头的字符串
LIKE '[C-K]ING'	匹配以“ING”结尾并且以“C”到“K”中任意字符开头的四字符字符串
LIKE 'M[^C]%'	匹配以字母“M”开头、第二个字符不是字母“C”的字符串

【任务 6-4】教学管理人员需要查找所有姓李的学生的信息。

【任务分析】要查询姓“李”的学生的信息，只需在 WHERE 语句中使用 LIKE 运算符即可。姓“李”的学生的姓名一定是以“李”开头的，因此可以用“LIKE'李%'”进行查询。

【代码实现】实现本任务的脚本和结果如图 6-4 所示。

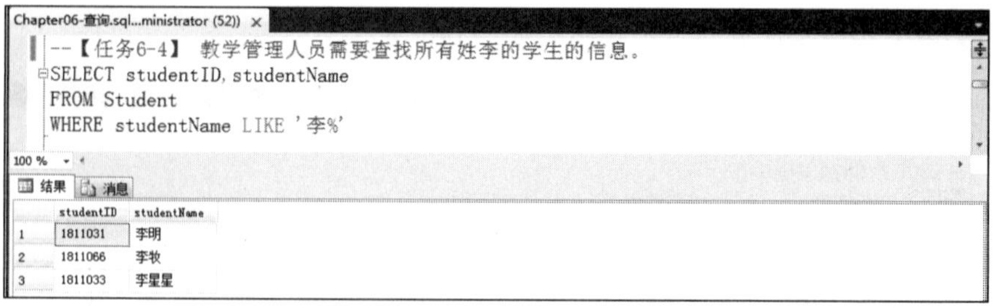

```
--【任务6-4】 教学管理人员需要查找所有姓李的学生的信息。
SELECT studentID, studentName
FROM Student
WHERE studentName LIKE '李%'
```

	studentID	studentName
1	1811031	李明
2	1811066	李牧
3	1811033	李星星

图 6-4　任务 6-4 脚本和结果图

注意：LIKE 运算符一般只适用于 CHAR、NCHAR、VARCHAR、NVARCHAR、SMALLDATETIME、DATETIME 等数据类型，不可与其他数据类型匹配。

3. 多条件组合查询

对于复杂查询，可以使用逻辑运算符 AND、OR 和 NOT 连接多个表达式，来表示复杂的查询条件。查询结果将因表达式的分组情况和查询条件的顺序的不同而有所不同。逻辑运算符的含义如下所述。

（1）AND 运算符：逻辑与，运算符两侧连接的查询条件都为真时返回真，否则返回假。

（2）OR 运算符：逻辑或，运算符两侧连接的任一查询条件为真时返回真，否则返回假。

（3）NOT 运算符：逻辑非，当运算符连接的条件为真时返回假，否则返回真。

【任务 6-5】学生管理人员需要查询所有 2001 年出生的所有男生的详细信息。

【任务分析】本任务的查询条件包括“2001 年出生”和“男生”两个条件，而这两个条件需要同时满足，因此需要使用 AND 运算符来连接它们。

【代码实现】实现本任务的脚本和结果如图 6-5 所示。

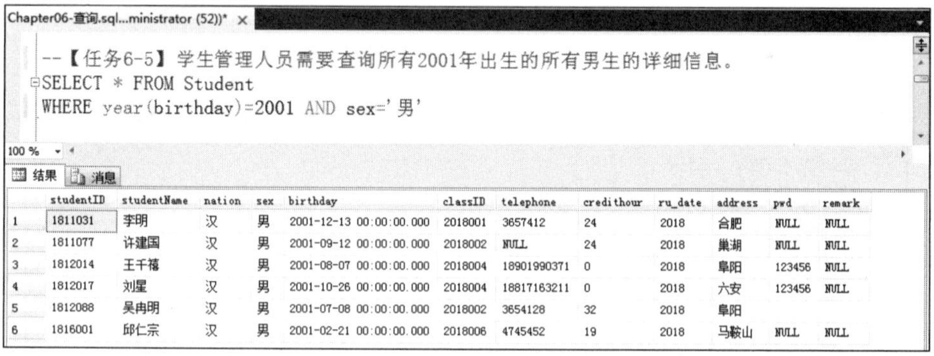

```
--【任务6-5】学生管理人员需要查询所有2001年出生的所有男生的详细信息。
SELECT * FROM Student
WHERE year(birthday)=2001 AND sex='男'
```

	studentID	studentName	nation	sex	birthday	classID	telephone	credithour	ru_date	address	pwd	remark
1	1811031	李明	汉	男	2001-12-13 00:00:00.000	2018001	3657412	24	2018	合肥	NULL	NULL
2	1811077	许建国	汉	男	2001-09-12 00:00:00.000	2018002	NULL	24	2018	巢湖	NULL	NULL
3	1812014	王千禧	汉	男	2001-08-07 00:00:00.000	2018004	18901990371	0	2018	阜阳	123456	NULL
4	1812017	刘星	汉	男	2001-10-26 00:00:00.000	2018004	18817163211	0	2018	六安	123456	NULL
5	1812088	吴冉明	汉	男	2001-07-08 00:00:00.000	2018002	3654128	32	2018	阜阳		
6	1816001	邱仁宗	汉	男	2001-02-21 00:00:00.000	2018006	4745452	19	2018	马鞍山	NULL	NULL

图 6-5　任务 6-5 脚本和结果图

注意：在本任务中，year 函数用来获取指定日期的年份部分，并返回一个整数数据。在逻辑表达式中三个运算符的优先顺序是：NOT > AND > OR。当有多个表达式作为查询条件时，一般用括号来限定求值顺序，以增加程序的可读性。

4. 范围查询

在 SQL Server 中，数据的范围查询有两种方式：一种是使用 AND 运算符连接两个比较表达式；另一种是使用 BETWEEN...AND...来指定查询范围。

【任务 6-6】学生管理人员需要查询 1999 年到 2001 年之间出生的学生的详细信息。

【任务分析】在一定的范围之间，可以使用 BETWEEN...AND...来指定查询条件。

【代码实现】实现本任务的脚本和结果如图 6-6 所示。

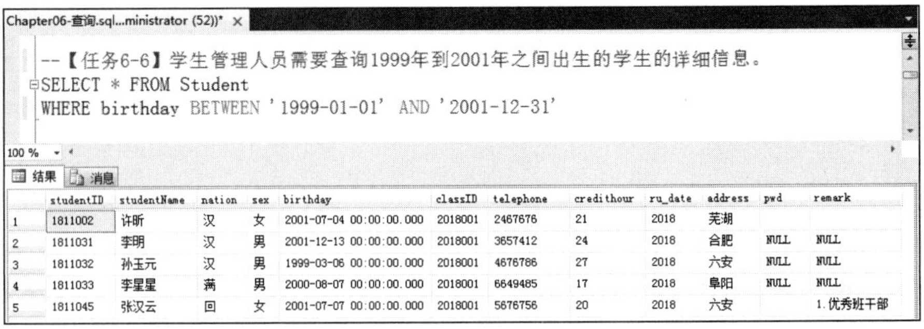

Chapter06-查询.sql...ministrator (52))* ×

```
--【任务6-6】学生管理人员需要查询1999年到2001年之间出生的学生的详细信息。
SELECT * FROM Student
WHERE birthday BETWEEN '1999-01-01' AND '2001-12-31'
```

100 %

结果 消息

	studentID	studentName	nation	sex	birthday	classID	telephone	credithour	ru_date	address	pwd	remark
1	1811002	许昕	汉	女	2001-07-04 00:00:00.000	2018001	2467676	21	2018	芜湖		
2	1811031	李明	汉	男	2001-12-13 00:00:00.000	2018001	3657412	24	2018	合肥	NULL	NULL
3	1811032	孙玉元	汉	男	1999-03-06 00:00:00.000	2018001	4676786	27	2018	六安	NULL	NULL
4	1811033	李星星	满	男	2000-08-07 00:00:00.000	2018001	6649485	17	2018	阜阳	NULL	NULL
5	1811045	张汉云	回	女	2001-07-07 00:00:00.000	2018001	5676756	20	2018	六安		1.优秀班干部

图 6-6　任务 6-6 脚本和结果图

注意：BETWEEN…AND…运算符包含范围内的边缘值，相当于>='x' AND <='y'。如果要使结果集不包含边缘值，应该使用>'x' AND <'y'。所以上面的查询语句仅和如下的语句等价：

```
SELECT * FROM Student
WHERE birthday >= '1999-1-1' AND birthday <= '2001-12-31'
```

如果要返回不在指定区域的行时，可以使用 NOT BETWEEN…AND…。

5. 使用值的列表作为查询条件

在 WHERE 子句中可以使用 IN 运算符查询与指定值列表相匹配的行，它相当于使用 OR 运算符连接多个条件，但如果搜索条件的值数量较多，使用 IN 运算符显然更加简洁。

【任务 6-7】学生管理人员需要查询来自合肥和芜湖的学生的详细信息。

【任务分析】查询来自芜湖和合肥的学生的信息的方式有两种：一种是使用 OR 运算符连接两个比较表达式；另一种是使用 IN 运算符来指定查询范围。很显然，在列表中数据较多时，IN 运算符更好用。

【代码实现】实现本任务的脚本和结果如图 6-7 所示。

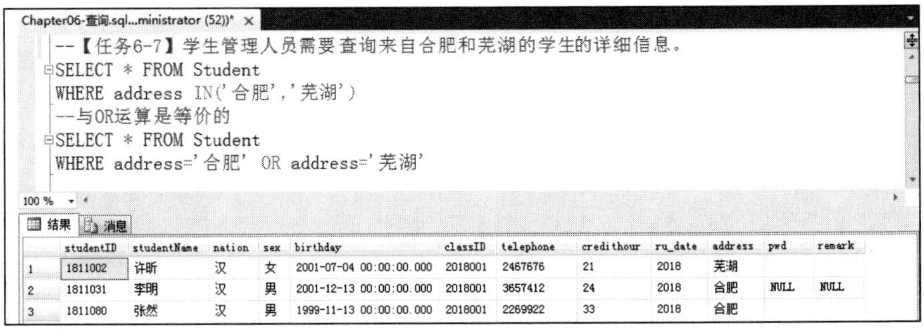

Chapter06-查询.sql...ministrator (52))* ×

```
--【任务6-7】学生管理人员需要查询来自合肥和芜湖的学生的详细信息。
SELECT * FROM Student
WHERE address IN('合肥','芜湖')
--与OR运算是等价的
SELECT * FROM Student
WHERE address='合肥' OR address='芜湖'
```

100 %

结果 消息

	studentID	studentName	nation	sex	birthday	classID	telephone	credithour	ru_date	address	pwd	remark
1	1811002	许昕	汉	女	2001-07-04 00:00:00.000	2018001	2467676	21	2018	芜湖		
2	1811031	李明	汉	男	2001-12-13 00:00:00.000	2018001	3657412	24	2018	合肥	NULL	NULL
3	1811080	张然	汉	男	1999-11-13 00:00:00.000	2018001	2269922	33	2018	合肥		

图 6-7　任务 6-7 脚本和结果图

6. 未知值查询

如果在输入数据的过程中未给某允许为空值的列输入值时，那么该列就会存在一个空值（NULL）。空值代表未知，不同于数值 0 或空字符串，也不能与其他任何值做比较或者计算。将 NULL 与任何值比较都将返回假，所以不能使用比较运算符来判断某列是否为空。在 SQL 脚本中，使用 IS NULL 来判断空值，用 IS NOT NULL 来判断非空值。

【任务 6-8】学生管理人员需要查询未登记电话的学生的信息。

【任务分析】在学生表中，电话（telephone）列是允许为空值的，如果在登记学生信息时未登记，将会以空值（NULL）显示。在查询时如果使用比较运算符“telephone = NULL”，将不会返回任何结果，只能使用“IS NULL”来进行判断。

【代码实现】实现本任务的脚本和结果如图 6-8 所示。

Chapter06-查询.sql...ministrator (52))

```
--【任务6-8】学生管理人员需要查询未登记电话的学生的信息。
SELECT * FROM Student
WHERE telephone IS NULL
```

	studentID	studentName	nation	sex	birthday	classID	telephone	credithour	ru_date	address	pwd	remark
1	1811077	许建国	汉	男	2001-09-12 00:00:00.000	2018002	NULL	24	2018	巢湖	NULL	NULL

图 6-8　任务 6-8 脚本和结果图

6.1.3　设置结果集的显示格式

查询结果的显示格式设置

在查询时通常还需要对结果集进行排序、消除重复等设置，从而改善结果集的可读性。这些格式选项并不改变源表数据，只是改变了查询结果的显示方式。

1. 将查询结果排序

在 SQL Server 中进行查询时，如果没有指定查询结果的显示顺序，SQL Server 将按照其最方便的顺序（通常是记录的物理顺序）输出查询结果。要想改变数据的显示顺序，需要使用 ORDER BY 子句指定要排序的列。

【任务 6-9】学生管理人员需要按年龄升序显示所有学生的信息。

【任务分析】在学生表中没有年龄列，但是年龄可以由出生日期（birthday 列）计算得到，所以可以按照 birthday 列升序排列。升序是 SQL Server 的默认排序方式，可以使用 ASC 关键字说明，可以省略。降序则使用 DESC 关键字说明，不可以省略。

【代码实现】实现本任务的脚本和结果如图 6-9 所示。

Chapter06-查询.sql...ministrator (52))*

```
--【任务6-9】学生管理人员需要按年龄升序显示所有学生的信息。
SELECT * FROM Student
ORDER BY birthday ASC --等价于 ORDER BY birthday
```

	studentID	studentName	nation	sex	birthday	classID	telephone	credithour	ru_date	address	pwd	remark
1	1814001	蒋莉	汉	女	1998-04-07 00:00:00.000	2018004	5648924	19	2018	苏州	NULL	1、三号学生
2	1811044	吴林	汉	男	1998-07-05 00:00:00.000	2018001	7654123	17	2018	阜阳		
3	1811032	孙玉元	汉	男	1999-03-06 00:00:00.000	2018001	4676786	27	2018	六安	NULL	NULL
4	1811080	张然	汉	男	1999-11-13 00:00:00.000	2018001	2269922	33	2018	合肥		

图 6-9　任务 6-9 脚本和结果图

【任务 6-10】学生管理人员需要先按照班级升序、再按照出生日期降序显示所有学生的信息。

【任务分析】在 SELECT 语句中可以按多列排序，即在 ORDER BY 子句中可以出现多个字段，这时 SELECT 语句会先按照第一个字段排序，当第一个字段中有相同的值时，会再按照第二个字段排序，以此类推。

【代码实现】实现本任务的脚本和结果如图 6-10 所示。

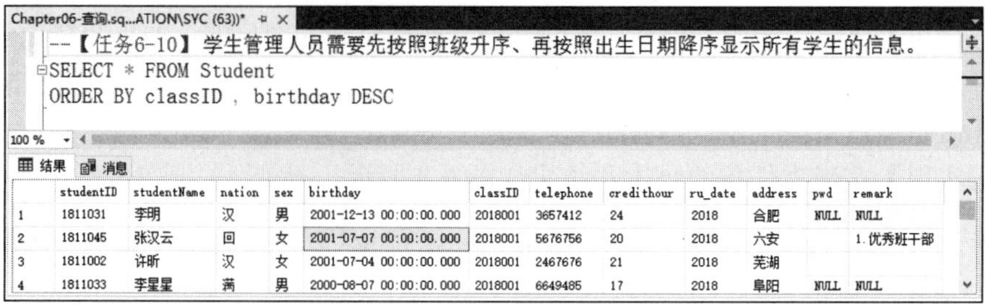

图 6-10　任务 6-10 脚本和结果图

注意：

（1）除了使用字段排序外，还可以通过列名、计算的值或表达式进行排序。

（2）可以使用字段在选择列表中的位置序号代替列名进行排序，例如下面的脚本就是将结果集按照 ClassID 列排序：

```
SELECT studentID,studentName,classID FROM Student
ORDER BY 3
```

（3）如果某排序的列出现了空值，则这条记录将会出现在结果集的最后。

（4）如果没有 ORDER BY 子句，则查询结果的顺序是不确定的。SQL Server 会根据实际情况以成本最小的方式输出结果。

2. 使用 TOP n 关键字返回前 n 条记录

很多时候，我们需要在查询时仅返回部分数据，如查询本学期成绩为前 5 名的学生的信息，此时可以使用 TOP n 关键字进行操作。使用 TOP n 关键字将返回符合查询条件的前 n 条记录，一般情况下需要配合 ORDER BY 子句使用，返回的将是排序后的前 n 条记录。

【任务 6-11】学生管理人员需要查看年龄最大的三个学生的详细信息。

【任务分析】要查看年龄最大的学生的信息，首先需要使结果集按照年龄降序排列，然后再取结果集的前 3 行。本任务采用了 DATEDIFF()函数来计算出生日期与当前日期的天数之差，并以此作为排序依据。

【代码实现】实现本任务的脚本和结果如图 6-11 所示。

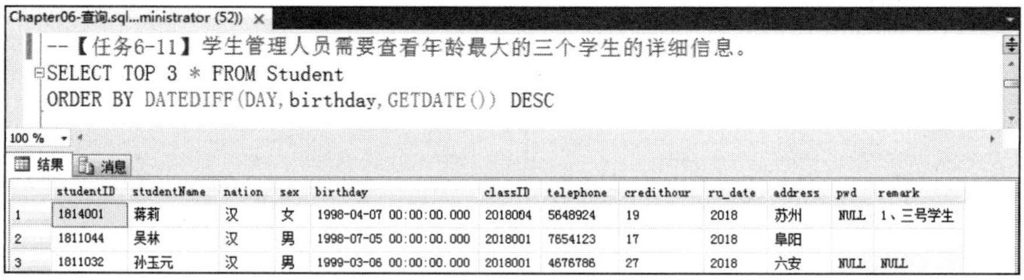

图 6-11　任务 6-11 脚本和结果图

【任务 6-12】教务人员需要查看学分最高的前 10%的学生的信息。

【任务分析】要查询前 10%的记录，需要在 TOP n 后加上 PERCENT。

【代码实现】实现本任务的脚本和结果如图 6-12 所示。

注意：

（1）TOP n 关键字不符合 ANSI 标准，并非所有的数据库管理系统都支持。

（2）TOP n 一般需要与 ORDER BY 子句配合使用才能使得返回结果有意义。

（3）使用 TOP n PERCENT 语句计算得到的如果是小数，SQL Server 将按照向上取整方法返回结果。

（4）在排序后的结果集中可能存在两个或多个记录相等，如果该重复值恰好出现在第 n 行位置，系统将忽略掉第 n 行以后的数据。如果需要考虑并列的情况，可以在 TOP n 后面使用 WITH TIES 关键字来返回并列值。

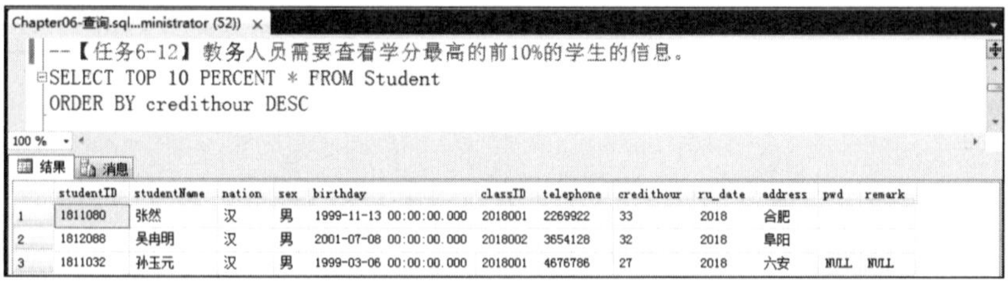

图 6-12　任务 6-12 脚本和结果图

3. 消除重复行

用户在查询部分数据时，可能会出现大量的重复数据，比如产品的供货商、客户所在的地区等。如果希望结果集中没有重复数据，可以使用 DISTINCT 关键字消除完全重复的行。

【任务 6-13】学校招生工作人员需要查看学生生源地情况。

【任务分析】学生的生源地信息中每个地名会重复出现多次，查询时就需要使用 DISTINCT 关键字来消除重复。

【代码实现】实现本任务的脚本和结果如图 6-13 所示。

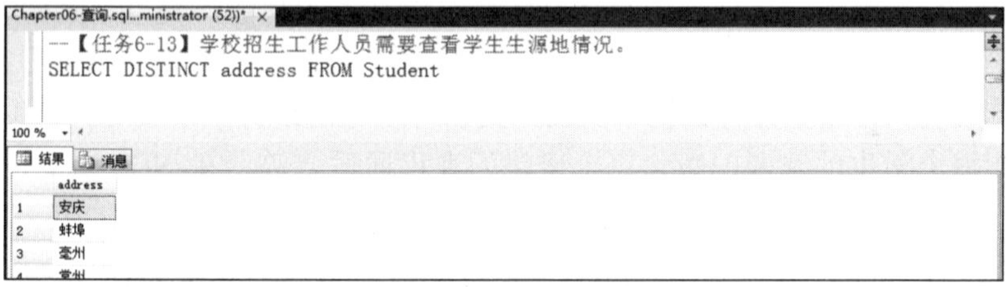

图 6-13　任务 6-13 脚本和结果图

注意：

（1）DISTINCT 只能消除所有列值都完全重复的行，如果结果集有多个字段，DISTINCT 关键字将会按照所有列值的唯一性来消除重复。

（2）DISTINCT 关键字将按随机的顺序显示结果集中的行，如果要实现结果集有序，可以配合 ORDER BY 子句实现。

4. 改变显示的列名

数据库程序员在设计数据库时由于关键字和命名规则等限制，列名通常使用字母和数字来表示，有时候还会用到缩写，可读性不强。在查询过程中，往往还需要进行一些计算，计算得到的数据在显示的时候没有列名，因此也会带来可读性问题。SELECT 子句中支持使用 AS 关键字来修改结果集以别名形式显示数据，方便用户理解。

【任务 6-14】查询学生学号、姓名及性别三列数据，并优化结果集的显示。

【代码实现】实现本任务的脚本和结果如图 6-14 所示。

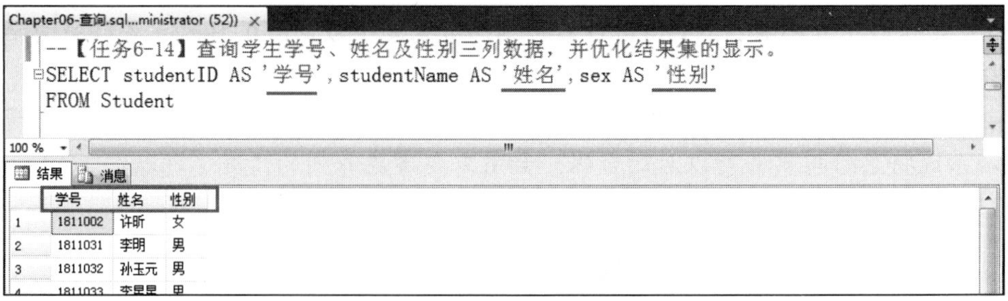

图 6-14　任务 6-14 脚本和结果图

注意：

（1）默认情况下，结果集显示的列名是在创建表格时指定的。

（2）某些包含函数的列、常量值或计算列在结果集中将以“无列名”显示，此时可以使用 AS 关键字定义其列名。

（3）除了使用 AS 关键字外，还可以直接使用字符串赋值的方法来改变列名，如上述任务的语句还可以写为

```
SELECT '学号'=studentID, '姓名'=studentName, '性别'=sex FROM Student
```

（4）实际应用中也可以省略 AS 关键字，将列名与别名之间用空格分隔即可，例如：

```
SELECT studentID '学号', studentName '姓名', sex '性别' FROM Student
```

6.2　数据分组与汇总

对数据进行分组和汇总是任何一个计算机系统都必备的功能。分组是数据以某一列或几列的值为依据进行排序、聚合的操作；汇总是指在分组的基础上运用聚合函数，计算或统计出如平均值、最大值、方差等聚合数据。例如，我们可以分组统计单个或所有学生的平均成绩，或者可以统计每个学生的选课门数、每个班级的课程通过率等。在 SQL Server 中，可通过 GROUP BY 子句与聚合函数的配合使用来实现对数据的分组与汇总。

6.2.1　聚合函数

聚合函数与分组汇总

在实际应用过程中，如果我们要从数据表中求解在校生总数、某门课程平均分、平均工资这样的统计数据，就需要用到聚合函数。执行聚合函数时，SQL Server 将对整个表或表里某个组中的字段进行汇总，然后计算得到单个值。聚合函数可以单独使用，也可以与语句 GROUP BY 配合使用来实现分组后的汇总。常用聚合函数及其描述如表 6-2 所列。

表 6-2　常用聚合函数及其描述

聚合函数	描述
AVG(expr)	返回表达式中所有值的平均值，该列只能包含数字数据，NULL 值会被忽略
COUNT(expr)	返回表达式中所有非空值的计数，该列只能包含数字数据和字符数据
COUNT(*)	返回表达式中所有行的计数，包括含有空值的行
MAX(expr)	返回表达式中最大的值（文本类型中按字母顺序排在最后的值），忽略空值

续表

聚合函数	描述
MIN(expr)	返回表达式中最小的值（文本类型中按字母顺序排在最前的值），忽略空值
SUM(expr)	返回表达式中值的总和，该列只能包含数字数据

【任务 6-15】从学生表统计学生的人数、平均年龄。

【任务分析】学生人数可以使用 COUNT()函数来统计。表中没有直接存储学生年龄，需要通过调用 DATEDIFF()函数来计算得到，再用 AVG()函数来统计。

【代码实现】实现本任务的脚本和结果如图 6-15 所示。

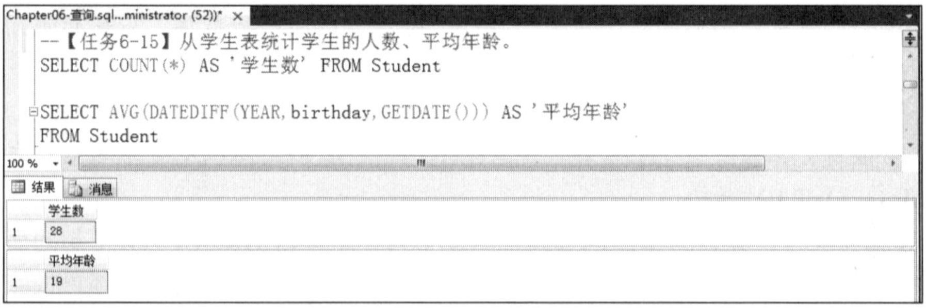

图 6-15 任务 6-15 脚本和结果图

在上面的实现方法中，用到了两个 SELECT 语句，所以会出现两个结果集。也可以在一个 SELECT 语句中使用多个聚合函数，这样结果集将只返回一行，这一行中包含两列数据，分别是两个聚合函数的返回值，如：

```
SELECT COUNT(*) AS '学生数',AVG(DATEDIFF(year,birthday,getdate())) AS '平均年龄'
FROM Student
```


6.2.2 分组和汇总

如果未对查询结果分组，聚合函数将作用于整个查询结果，即整个结果集会产生一个聚合值。如果需要按某一字段数据值进行分组，在分组的基础上再进行统计计算，就需要使用 GROUP BY 子句。对某列或某些列使用 GROUP BY 子句，可以把表中数据分组，聚合函数将作用于每一组，即每一组产生一个聚合值。例如，按照部门统计每个部门的平均工资、统计每个学生的平均成绩等。

1. 使用 GROUP BY 子句分组与汇总

【任务 6-16】学生管理人员需要统计每个班级学生的数量和平均年龄。

【任务分析】要想汇总计算学生的数量，需要使用聚合函数 COUNT()。要汇总计算学生的平均年龄，需要用到 AVG()函数。仅使用聚合函数，只能得到一个汇总值，如果需要统计每个班级的学生数量就需要首先使用 GROUP BY 子句对数据按照班级分组，即首先将 Student 表中所有数据按照 classID 分组聚集，然后对每一个班级分组，汇总学生数量和平均年龄，每一组生成一个汇总值。如果在结果集中只显示汇总结果，则会使结果集不能被理解，所以应该将分组字段加入到结果集中。

【代码实现】实现本任务的脚本和结果如图 6-16 所示。

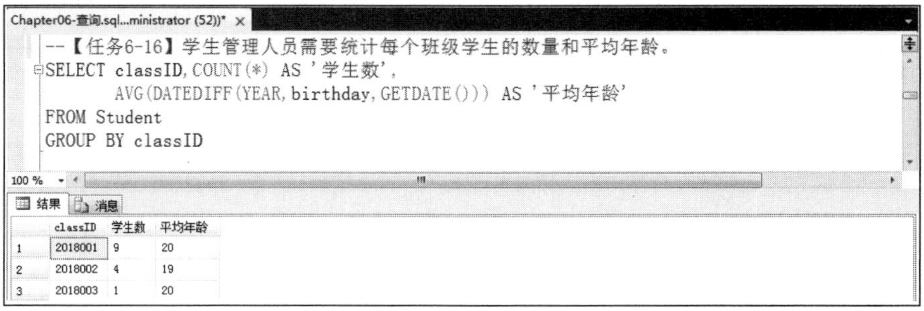

图 6-16　任务 6-16 脚本和结果图

注意：

（1）聚合函数对表格中的数据做聚合操作，每组只返回一行数据，原始的明细数据并不会出现在结果集中。

（2）在 SELECT 的字段列表中只能出现聚合函数和分组依据的列名，不能出现其他字段。

（3）空值将会作为一个组来处理，同样会返回一行数据，所以尽量不要在存在多个空值的列上使用 GROUP BY 子句。

与排序功能类似，分组的操作也可以按照多个列分组。在 GROUP BY 子句的后面可以出现多个列名，在查询语句执行时，会先按照第一个列分组，在第一个组的内部再按照第二个列分组，以此类推完成全部的分组后再使用聚合函数汇总。

【任务 6-17】学生管理人员需要分别统计每个班级男、女生的数量。

【任务分析】本任务要求按照班级和性别统计学生数量，因此除了聚合函数之外要明确分组的依据。本任务的分组依据是班级和性别，因此在 GROUP BY 子句后面要分别加上 classID 和 sex，并且在 SELECT 子句后面除了聚合函数外，最多也只能包含这两个字段。

【代码实现】实现本任务的脚本和结果如图 6-17 所示。

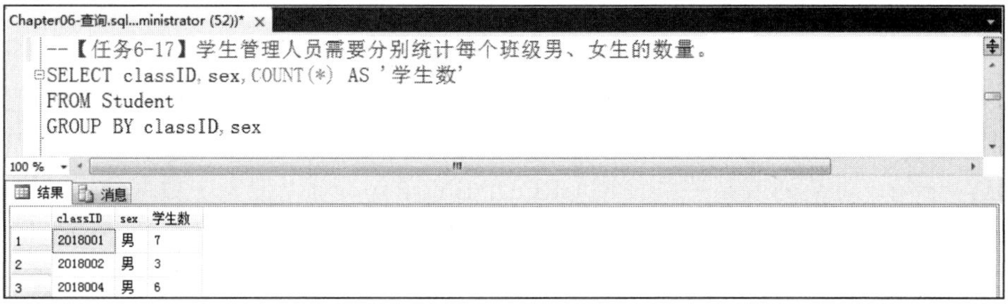

图 6-17　任务 6-17 脚本和结果图

2. 分组后使用 HAVING 子句筛选

如果分组后还要求按照一定条件对结果集进行筛选，只返回满足条件的记录，这时可以使用 HAVING 子句来指定筛选条件。

【任务 6-18】统计每个班级学生的数量和平均年龄，只返回人数少于 10 人的班级。

【任务分析】要想汇总学生数量，需要使用聚合函数；要统计每个班级的学生数量，需要首先使用 GROUP BY 子句进行分组。人数是统计后才有的数据，要返回人数少于 10 人的班级，则需要使用 HAVING 子句来实现数据筛选。

【代码实现】实现本任务的脚本和结果如图 6-18 所示。

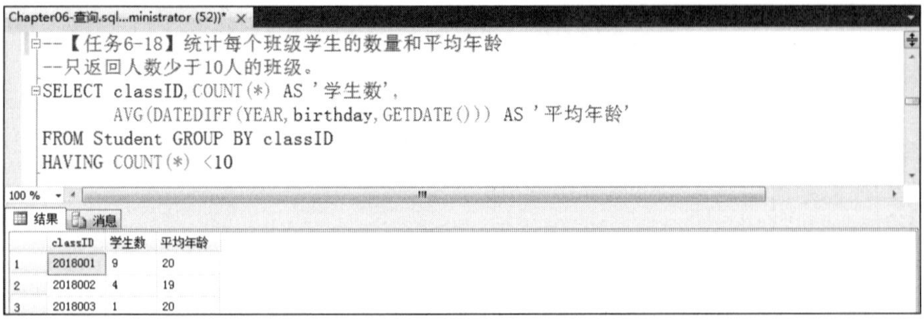

图 6-18　任务 6-18 脚本和结果图

注意：HAVING 子句的作用同 WHERE 子句相似，都是结果集的筛选条件。有所不同的是，WHERE 子句是在数据分组汇总前检查每条记录是否满足筛选条件，而 HAVING 子句是检查分组汇总之后的各组汇总数据是否满足筛选条件。WHERE 子句中不能使用聚合函数作为筛选条件，但HAVING子句的筛选条件中可以引用聚合函数。HAVING子句是专门配合GROUP BY 子句使用的，因此没有 GROUP BY 子句时使用 HAVING 子句是没有意义的。

6.2.3　SQL Server 的高级分组

高级分组操作

GROUP BY 子句有个缺点，就是返回的结果集中只有统计数据，而没有原始的详细记录。在 SQL Server 中可通过 CUBE 运算符、GROUPING()函数和 ROLLUP 运算符来实现更高级的分组和汇总功能。

1. 使用 CUBE 运算符汇总数据

CUBE 运算符生成的结果集是多维数据集，其中包含了各维度的所有可能组合的交叉表格。多维数据集是事实数据的扩展，事实数据即记录个别事件的数据。扩展建立在用户指定分组的列上，这些列被称为维。

CUBE 运算符在 GROUP BY 子句中用 WITH CUBE 关键字指定。在 SELECT 子句的选择列表中应该包含需要分组的维度列和聚合函数表达式，GROUP BY 子句中应该包含分组的维度列和 WITH CUBE 关键字。结果集将在返回原始数据的同时返回包含维度列中各值的所有可能组合，以及与这些维度值组合相匹配的基础行中的聚合值。

【任务 6-19】使用 CUBE 运算符统计各班级男、女生人数。

【任务分析】本任务需要按照班级、性别来进行分组统计，因此维度列包括 classID 和 sex 两列，统计人数应该使用 COUNT()函数。因此在 SELECT 子句后，应该包含两个维度列和一个聚合函数，在 GROUP BY 子句后应该有两个维度列和 WITH CUBE 关键字。

【代码实现】实现本任务的脚本和结果如图 6-19 所示。

2. 使用 GROUPING()函数区分 NULL 值

CUBE 运算符所生成的NULL 值带来一个问题：如何区分 CUBE 运算符所生成的 NULL 值和从实际数据中返回的 NULL 值？这个问题可用 GROUPING()函数解决，如果列中的值来自原始数据，则 GROUPING()函数返回 0；如果列中的值是 CUBE 运算符所生成的，则返回 1。CUBE 运算符所生成的 NULL 代表全体值。可将 SELECT 语句写成使用 GROUPING()函数将所生成的 NULL 替换为有含义的字符串（如“'人数小计'”）的语句。

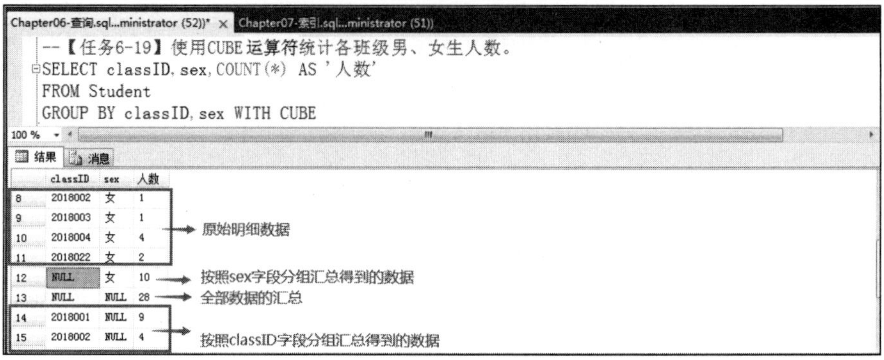

图 6-19　任务 6-19 脚本和结果图

在了解 GROUPING()函数的功能后，可将任务 6-19 的脚本用 CASE 语句改写为如图 6-20 所示的脚本，其返回值及其含义如图 6-21 所示。

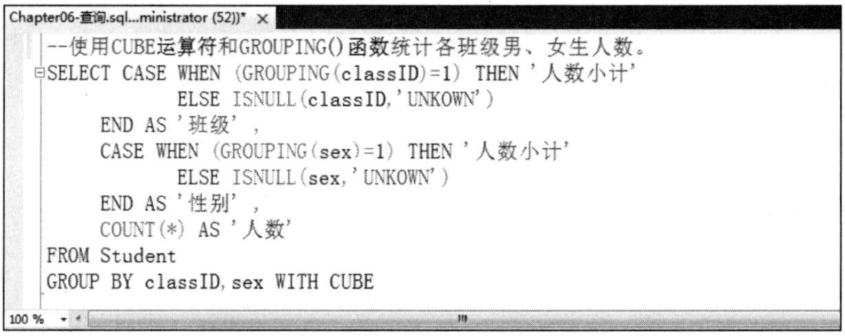

图 6-20　使用 CUBE 运算符和 GROUPING()函数统计各班级男、女生人数

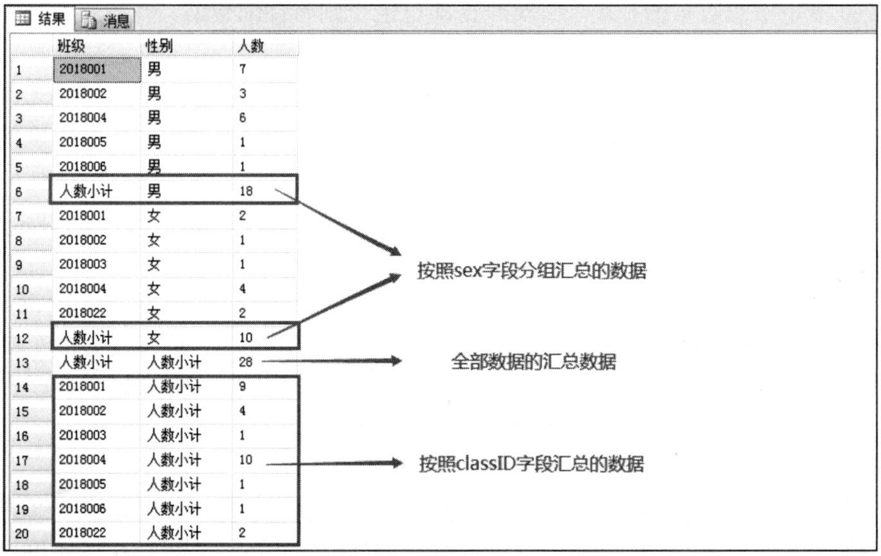

图 6-21　使用 CUBE 运算符和 GROUPING()函数统计各班级男、女生人数的返回值及其含义

3．使用 ROLLUP 运算符汇总数据

在对统计报表进行某一个维度小计和合计时，ROLLUP 运算符会比 CUBE 运算符更有用。

ROLLUP 运算符生成的结果集类似于 CUBE 运算符所生成的结果集，但是它并不计算所有维度的聚合值，仅在某一个层次上进行聚合计算。

CUBE 和 ROLLUP 都是高级分组运算符，功能非常相似。一般情况下，ROLLUP 运算符的执行效率要高于 CUBE 运算符。因为在汇总过程中，CUBE 运算符生成的结果集显示了所选列中值的所有组合的聚合，而 ROLLUP 运算符生成的结果集只显示所选列中值的某一层次结构的聚合。默认情况下，ROLLUP 运算符只返回 GROUP BY 子句中第一个分组条件指定的列的统计数据。

【任务 6-20】使用 ROLLUP 运算符统计各班级男、女生人数。

【任务分析】使用 ROLLUP 运算符实现汇总与使用 CUBE 运算符相比，虽仅仅相差一个运算符，但是结果却有很大区别。

【代码实现】实现本任务的脚本和结果如图 6-22 所示。

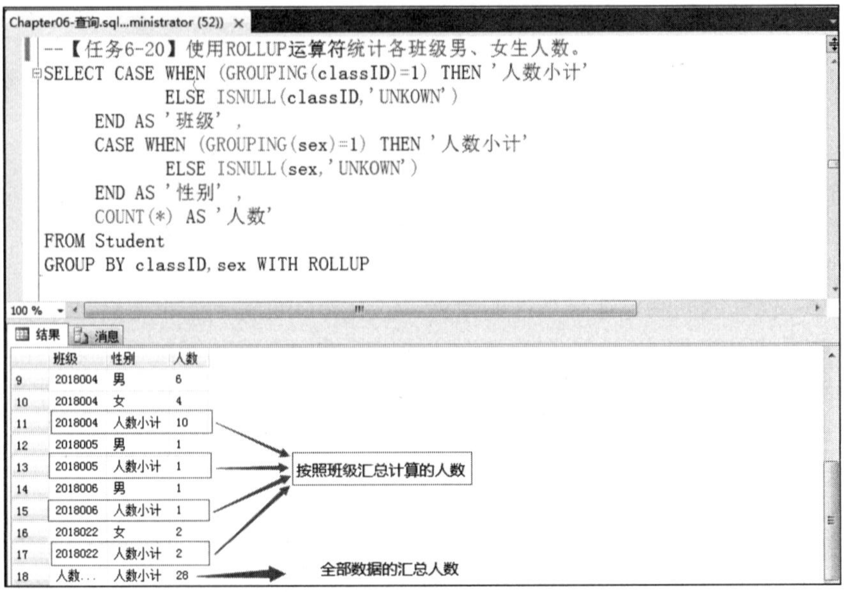

图 6-22　任务 6-20 脚本和结果图

6.3　多表连接查询

在进行数据库设计的时候有一个重要原则：减少数据冗余。为了达到这个目标，数据通常会被拆分，并通过互相引用减少冗余。规范化程度越高，数据的拆分和引用就越多。在数据查询时又要将这些被拆分的数据重新组合起来，这就需要在查询时组合多张表的数据。

多表连接查询是指将多个数据表按照一定的条件连接起来，根据一定的查询条件获得数据信息。在 T-SQL 中，有两种方式实现多表连接查询。一种是使用前面介绍的 FROM 子句，在 FROM 子句中直接指定需要查询的多张表，并在 WHERE 子句中指定表之间的关系。另一种是使用 ANSI-SQL 提供的连接语句：使用 JOIN 关键字连接表，使用 ON 关键字指定表之间的连接条件。SQL Server 推荐使用 ANSI 形式的连接，ANSI 连接的部分语法格式为

```
FROM 表 A [ INNER | LEFT | RIGHT | CROSS ] JOIN 表 B  [ON 连接条件]
```

6.3.1 连接概述

内连接

表与表之间的连接类型有内连接、外连接和交叉连接三种，其中外连接又包括左外连接、右外连接和全外连接三种。

1. 内连接

内连接的语法格式为

```
FROM 表 A [ INNER ] JOIN 表 B  ON 连接条件
```

内连接是通过比较两个被连接表所共同拥有的字段来把两个表连接起来，只返回满足连接条件的数据，忽略不符合连接条件的数据。内连接可以理解为等值连接。可以使用 INNER JOIN 关键字来表示。内连接是 SELECT 语句默认的连接方式，所以 INNER JOIN 可简写为 JOIN。

2. 外连接

（1）左外连接。左外连接的语法格式为

```
FROM 表 A  LEFT  [ OUTER ]  JOIN 表 B  ON 连接条件
```

左外连接不仅仅返回满足连接条件的数据，还返回 JOIN 左侧表中不满足连接条件的数据。换句话说，它将保留其左侧表中所有的数据，如果其左侧表的某行在其右侧表中没有匹配行，则右侧表所有字段将显示为空值。左外连接使用 LEFT OUTER JOIN 关键字来表示，可以简写为 LEFT JOIN。

（2）右外连接。右外连接的语法格式为

```
FROM 表 A  RIGHT  [ OUTER ]  JOIN 表 B  ON 连接条件
```

右外连接不仅仅返回满足连接条件的数据，还返回 JOIN 右侧表中不满足连接条件的数据。换句话说，它将保留其右侧表中所有的数据，如果其右侧表的某行在其左侧表中没有匹配行，则左侧表的所有字段将显示为空值。右外连接使用 RIGHT OUTER JOIN 关键字来表示，可以简写为 RIGHT JOIN。

（3）全外连接。全外连接的语法格式为

```
FROM 表 A  FULL  [ OUTER ]  JOIN 表 B  ON 连接条件
```

全外连接不仅仅返回满足连接条件的数据，还同时返回 JOIN 两侧表中不满足连接条件的数据。全外连接使用 FULL OUTER JOIN 关键字来表示，可以简写为 FULL JOIN。

4. 交叉连接

交叉连接的语法格式为

```
FROM 表 A  CROSS  JOIN 表 B
```

不指定连接条件的连接称为交叉连接，它将返回两张表指定列数据的笛卡尔积。笛卡尔积是指两个集合数据的任意组合，返回结果集的行数等于第一个表中符合条件的数据行数乘以第二个表中符合条件的数据行数。交叉连接使用 CROSS JOIN 关键字来表示。

6.3.2 内连接

内连接通常使用比较运算符，根据每个表共有的列的值匹配两个表中的行。表的连接条件经常采用“主表.主键=从表.外键”的格式。内连接通过 INNER JOIN 关键字来实现。

1. 等值连接

【任务 6-21】学生管理人员要查看每个学生的学号、姓名及其所在的班级名称。

【任务分析】Student 表中存储有每个学生的班级编号，而没有班级的名称，而班级的名称在 Class 表中有。这时我们需要将 Student 表与 Class 表连接起来，并指定两张表的连接关系。

【代码实现】实现本任务的脚本和结果如图 6-23 所示。

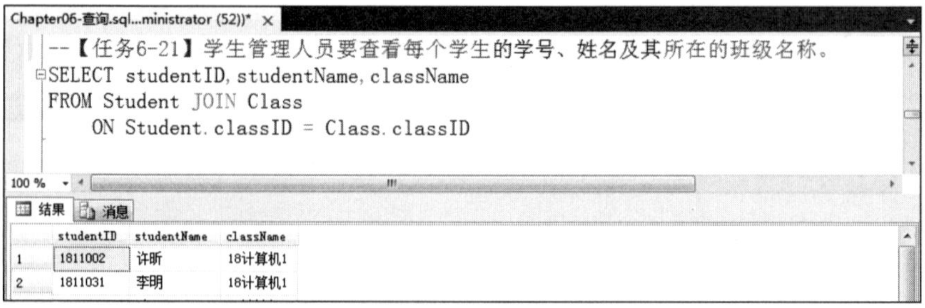

图 6-23　任务 6-21 脚本和结果图

注意：

（1）如果在两张表中存在同名的字段，在引用时必须指定需要查询的字段来自哪一张表，即在字段名前面加上表名，中间用“.”连接。

（2）内连接是默认的连接方式，所以 INNER JOIN 可以简写为 JOIN。

（3）可以通过为表起别名的方式简化程序。如上述的程序可写成如下更加简洁的形式：

```
SELECT studentID, studentName, className
FROM Student AS s INNER JOIN Class AS c
ON s.classID = c.classID
```

【任务 6-22】查看每个班级的编号、名称及其所在专业的名称。

【任务分析】Class 表中没有存储专业名称，只有专业编号，此时需要用连接才可以查询到专业信息。

【代码实现】实现本任务的脚本和结果如图 6-24 所示。

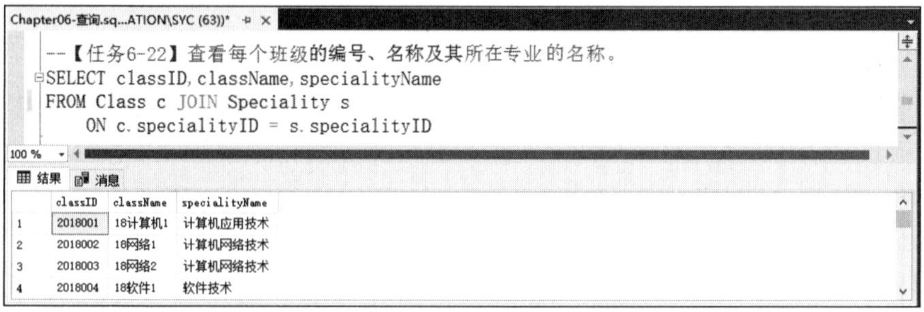

图 6-24　任务 6-22 脚本和结果图

2. 自连接

连接不仅可以在不同的表上进行，而且在同一张表内也可以进行自连接，即将同一个表的不同行连接起来。自连接可看作一张表的两个副本之间进行的连接，其核心是将一张表虚拟为两张不同名称的表，再找到关联的共性字段，在使用的时候应该注意，必须为表格分别指定别名，使之在逻辑上成为两张表。在生成自连接时，表中每一行都会和自身比较一次并产生重复的记录，因此需要消除这些重复记录。

【任务 6-23】从 Student 表中查询与“木子”这个学生同班的其他学生的信息。

【任务分析】要查询与“木子”同班级的学生，首先得从 Student 表查询出“木子”的班级号，然后据此再次连接 Student 表，查询与“木子”班级号相同的学生。这里需要 Student 表连接 Student 表，即是自连接。要注意的是，查询与“木子”同班的其他学生还需要排除“木子”本人。

【代码实现】实现本任务的脚本和结果如图 6-25 所示。

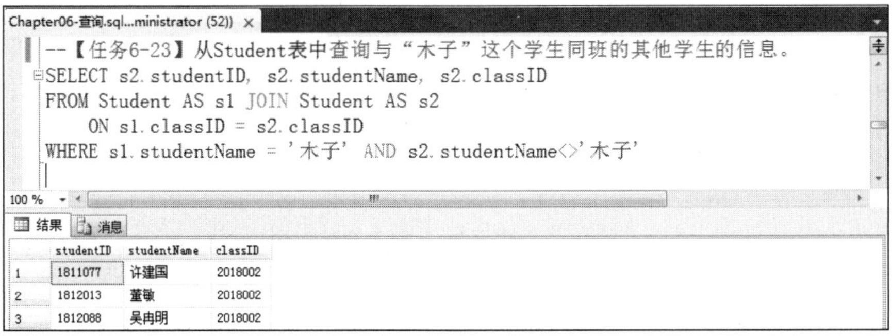

图 6-25 任务 6-23 脚本和结果图

3. 多表连接

在关系型数据库中，数据的规范化程度越高，拆分的次数就越多。因此，用户在查询需要的数据时，往往需要两次甚至更多次的连接。多张表连接与单次连接的基本原理是一样的，只需要先明确需要连接哪些表，再明确表之间的联系即可。

【任务 6-24】教务人员需要查询每个学生各门课程的成绩。

【任务分析】学生成绩信息存储在 Grade 表中，而直接从 Grade 表中查询到的数据是无法被普通用户理解的，因为只有学号和课程号的信息，没有具体的课程名称和学生姓名。此时就需要连接 Student 表以获得学生姓名等信息，连接 Class 表以获取课程名称等信息，因此需要进行两次连接。

【代码实现】实现本任务的脚本和结果如图 6-26 所示。

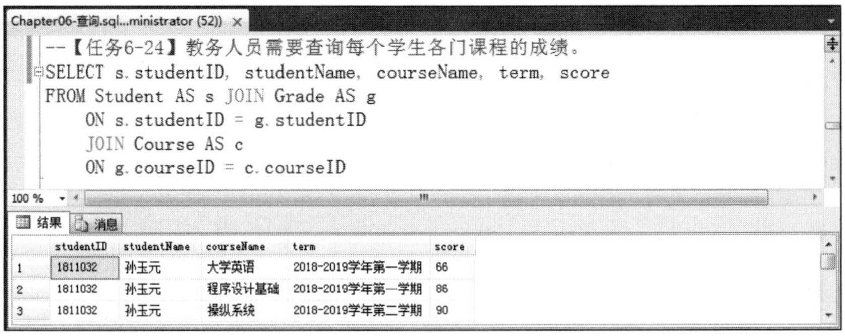

图 6-26 任务 6-24 脚本和结果图

【任务 6-25】查询每个学生的姓名、班级和所在专业及系的名称。

【任务分析】学生姓名存储在 Student 表中，班级信息存储在 Class 表中，专业名称存储在 Speciality 表中，系名称存储在 Department 表中。如果需要查询这些数据，就需要将四张表通过外键连接起来。

【代码实现】实现本任务的脚本和结果如图 6-27 所示。

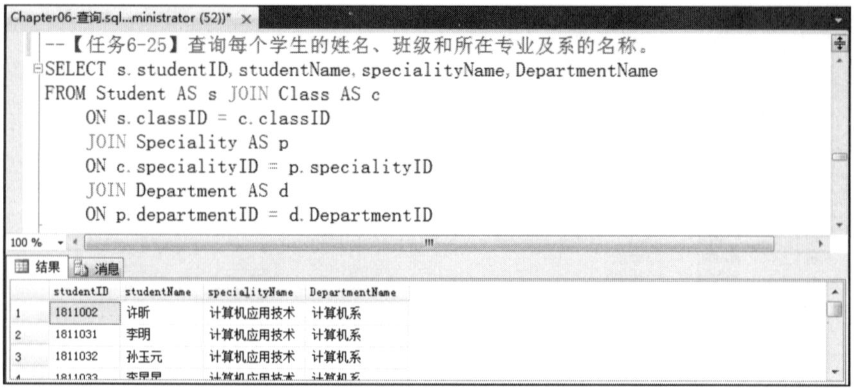

图 6-27　任务 6-25 脚本和结果图

6.3.3　外连接

外连接与交叉连接

在内连接中，SELECT 语句只会返回两张表中满足连接条件的数据，若其中某一张表中存在不满足连接条件的数据，将会被忽略。假如在查询某个班级的学生成绩表时有些学生还没有选修任何课程，或者因为特殊情况缺考所以没有成绩，如果用默认的内连接方式查询，这些没有成绩的数据将会被忽略，此时可使用外连接将这些数据返回。

左外连接与右外连接是相对 JOIN 关键字而言的，JOIN 关键字左侧的表为左表，右侧的为右表。左外连接时，不符合连接条件的数据将被列在结果集的最后，右表相关字段的数据将以 NULL 填充。同理，右外连接时，左表相关字段的数据将以 NULL 填充。

1. *左外连接*

【任务 6-26】学生管理人员需要查询班级学生信息，还没有学生的班级也要将其列出。

【任务分析】需要将 Student 表和 Class 表连接起来才能获取学生所在班级信息。如果需要返回没有学生的班级，则要求我们将所有 Class 表的数据返回，不管其是否满足连接条件。

【代码实现】实现本任务的脚本和结果如图 6-28 所示。

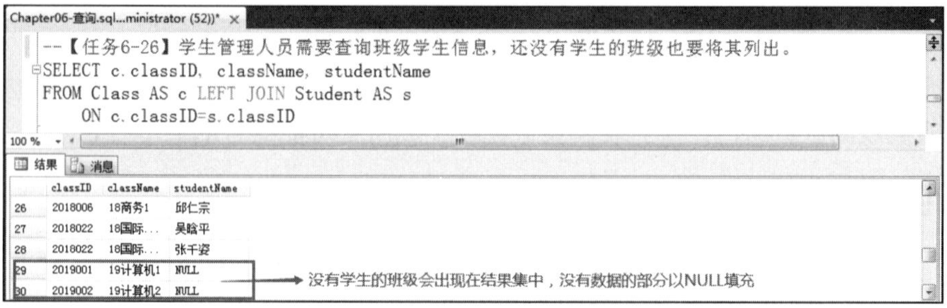

图 6-28　任务 6-26 脚本和结果图

2. *右外连接*

【任务 6-27】查询所有班级所在的专业，如果有的专业还没有班级，也要将其列出。

【任务分析】查询班级所在专业需要将 Class 表和 Speciality 表连接起来，如果需要列出暂时还没有班级的专业，需要用到外连接。

【代码实现】实现本任务的脚本和结果如图 6-29 所示。

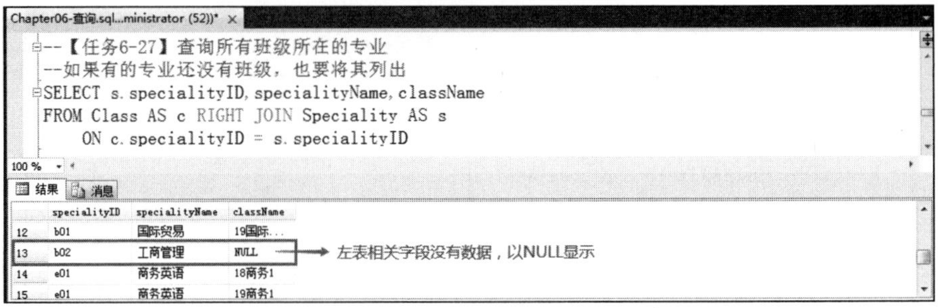

图 6-29　任务 6-27 脚本和结果图

6.3.4　交叉连接

交叉连接是不需要连接条件的连接，可以返回两个表中数据的任意组合，即两张表指定列数据的笛卡尔积，交叉连接后得到的结果集的行数是两个被连接表的行数的乘积。通过在 FROM 子句引入 CROSS JOIN 关键字，可以实现两个表之间的交叉连接。

【任务 6-28】程序员想测试所有学生选课的可能情况。

【任务分析】要想获得所有学生的所有选课可能，需要将学生和课程的信息做笛卡尔积运算。

【代码实现】实现本任务的脚本和结果如图 6-30 所示。

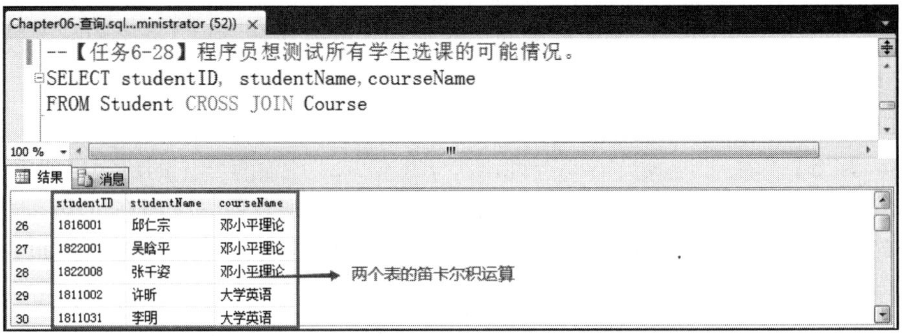

图 6-30　任务 6-28 脚本和结果图

在一个规范化的数据库中很少会使用交叉连接，原则上也应避免使用，但它也有一些特殊用途，如生成测试数据、为核对表及业务模板生成所有可能组合的清单等。

6.3.5　SQL Server 中的集合操作

集合操作

在实际的应用过程中，除了使用连接来组合多张表的数据外，还可以直接将两个返回结果集结构一致的 SELECT 语句当作集合进行并、交、差操作，达到组合多表数据的目的。T-SQL 通过 UNION、INTERSECT、EXCEPT 运算符分别实现并、交、差的计算。

1. UNION 运算符

当查询的数据在不同的地方，并且不能用单独的一个查询语句得到时，可以使用 UNION 运算符来进行结果集的合并操作，也就是“并集”。UNION 运算符的语法格式为

```
SELECT_语句 1
```

```
UNION [ALL]
SELECT_语句 2
```

【任务 6-29】人事部门想查询全校所有师生的信息。

【任务分析】教师的信息存储在 Teacher 表，学生的信息存储在 Student 表，要想返回所有的师生信息，必须将两张表的数据合并，可用 UNION 运算符来实现。

【代码实现】实现本任务的脚本和结果如图 6-31 所示。

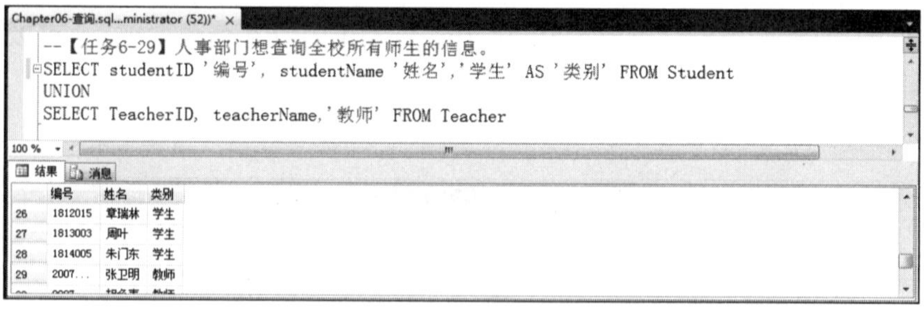

图 6-31　任务 6-29 脚本和结果图

注意：

（1）UNION 连接的查询必须有类似的数据类型、相同的字段数，并且顺序相同。

（2）默认情况下，SQL Server 将自动删除结果集中重复的记录。如果想要返回所有的数据，可以在 UNION 后增加 ALL 关键字。

（3）第一个 SELECT 语句的字段名决定了整个结果集的字段名，如果想要改变结果集的显示，就需要在第一个 SELECT 语句中指定字段名。

2. INTERSECT 运算符

INTERSECT 运算符可以对两个或多个结果集进行比较，并返回 INTERSECT 左边和右边结果集中共同的记录，也就是“交集”。INTERSECT 的语法格式为

```
SELECT_语句 1
INTERSECT
SELECT_语句 2
```

【任务 6-30】查询既选修了“程序设计基础”课程，又选修了“JAVA 程序设计”课程的学生。

【任务分析】本任务可以用简单的连接查询实现，也可以用 INTERSECT 运算符来实现。

【代码实现】实现本任务的脚本和结果如图 6-32 所示。

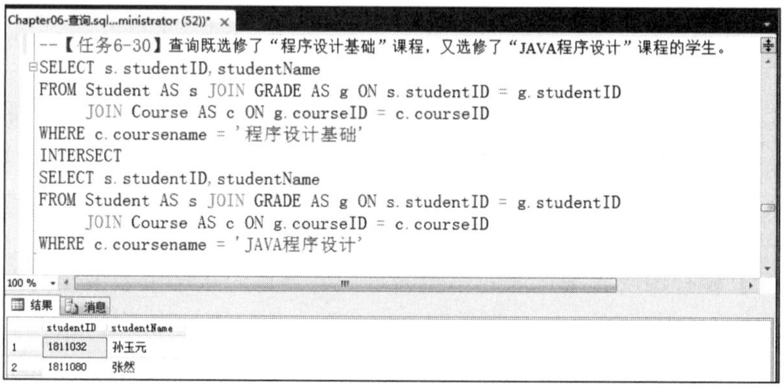

图 6-32　任务 6-30 脚本和结果图

3．EXCEPT 运算符

EXCEPT 运算符对两个输入查询的结果集进行差操作，返回出现在第一个结果集中，但不出现在第二个结果集中的所有行，也就是“差集”。EXCEPT 的语法格式为

```
SELECT_语句 1
EXCEPT
SELECT_语句 2
```

【任务 6-31】查询选修“程序设计基础”课程，未选修“数据结构”课程的学生。

【任务分析】这样的查询可以用简单的连接查询和 WHERE 条件实现，也可以用 EXCEPT 运算符来实现。

【代码实现】实现本任务的脚本和结果如图 6-33 所示。

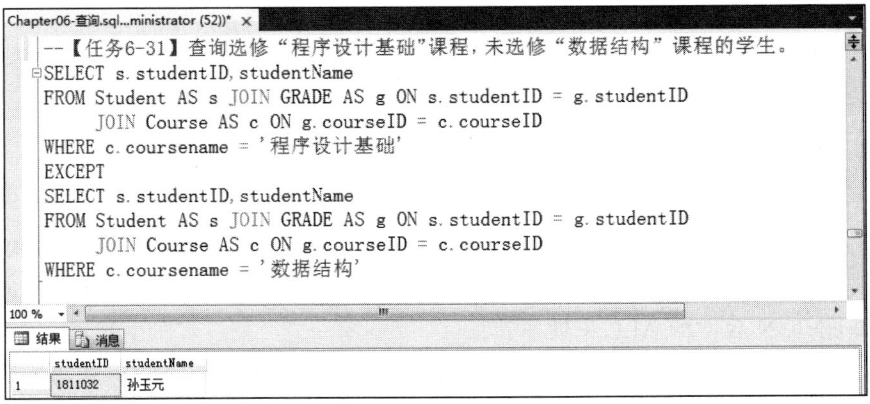

图 6-33　任务 6-31 脚本和结果图

6.4　子查询

所谓子查询，是指包含在某一个 SELECT、INSERT、UPDATE 或 DELETE 命令中的 SELECT 语句。子查询也称为内部查询，而包含子查询的语句称为外部查询，也称为主查询。当从表中选取数据行的条件依赖于该表本身或其他表的联合信息时，可以使用子查询来实现。

子查询可以把一个复杂的查询分解成一系列的逻辑步骤，使用若干个简单的 SELECT 语句就可以实现一个复杂的查询。

6.4.1　[NOT] IN 子查询

子查询

带有 IN 谓词的子查询是指主查询与子查询之间用 IN 进行关联，判断某个列值是否在子查询的结果集中。一般查询通常返回一个集合，所以 IN 是子查询中最常用的谓词之一。

【任务 6-32】查询没有选过课的所有学生的名单。

【任务分析】要查询所有未选课的学生名单，需要首先从学生表中查询出所有已选课的学生学号，再从学生表中将不在这个学号列表中的学生信息查询出来即可。

【代码实现】实现本任务的脚本和结果如图 6-34 所示。

从上面的例子可以看出，子查询的思想实际上是把一个比较复杂的查询分成若干个简单

步骤来编写，先查出一部分数据，然后在这个基础上继续进行查询或连接操作。

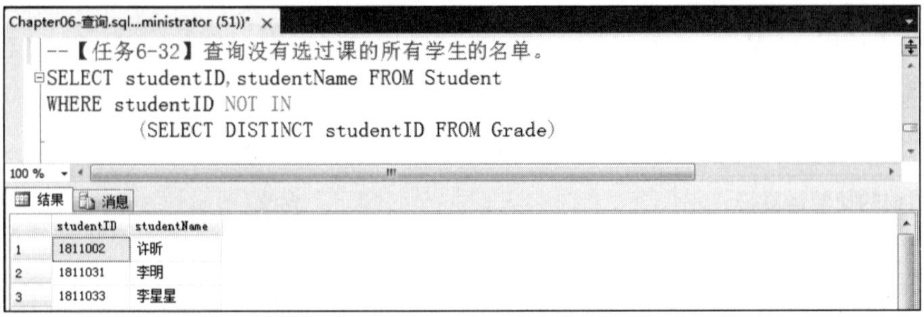

图 6-34　任务 6-32 脚本和结果图

【任务 6-33】从学生表中查询与“木子”这个学生同班的学生的信息。

【任务分析】在前面的介绍中，本任务可以通过自连接来实现。而学习了子查询后，我们同样可以通过子查询来分步骤实现。即先在学生表中找出“木子”的班级号，然后再从学生表中查询此班级号的学生的信息即可。

【代码实现】实现本任务的脚本和结果如图 6-35 所示。

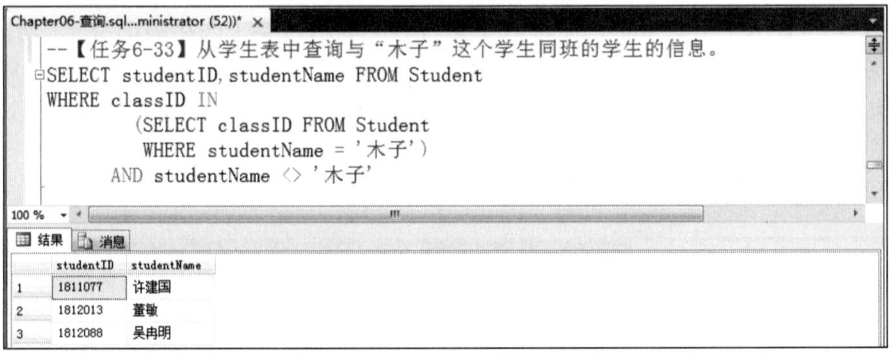

图 6-35　任务 6-33 脚本和结果图

由于上述子查询的结果集只有一个值，而不是一个列表，因此可以直接使用比较运算符“=”来判断，即

```
SELECT studentID, studentName FROM Student
WHERE classID = (SELECT classID FROM Student
    WHERE studentName = '木子')
```

注意：

（1）子查询部分应该用括号将其限定，否则程序会报错。

（2）连接查询基本上都可以通过子查询实现，而子查询的功能有些不能通过连接实现。

（3）一般情况下，连接的性能略高于子查询，所以能使用连接时一般不使用子查询。

6.4.2　比较子查询

比较子查询是指主查询与子查询之间用比较运算符连接，当用户确切知道内层查询返回的是单个值时，就可以将其用于比较。如在任务 6-33 中，子查询只返回单值，所以就可以直接使用比较运算符“=”来判断，而不必使用 IN 谓词。

是不是子查询中返回了多个值就一定不能使用普通比较运算符了呢？不是。例如，查询某个班级中年龄大于平均年龄的学生的信息、某类商品中价格大于平均价格的商品的信息等，此时我们需要使用 ANY 或 ALL 谓词来修改普通的比较子查询。带有 ANY 和 ALL 谓词的比较运算符含义如表 6-3 所列。

表 6-3　带有 ANY 和 ALL 谓词的比较运算符含义

带有谓词的比较运算符	含义
>ANY	大于子查询结果中的某个值（大于最小值）
<ANY	小于子查询结果中的某个值（小于最大值）
=ANY	等于子查询结果中的某个值（相当于 IN）
<>ANY	不等于子查询结果中的某个值
>ALL	大于子查询结果中的所有值（大于最大值）
< ALL	小于子查询结果中的所有值（小于最小值）
<>ALL	不等于子查询中的任何一个值

1. 带有 ALL 谓词的子查询

【任务 6-34】从学生表中查询年龄大于来自合肥的所有学生的年龄的学生的信息。

【任务分析】查询年龄大于来自合肥的所有学生的年龄的学生的信息，即查询比年龄最大的学生还要大的学生的信息。学生的年龄可以根据出生日期计算出来，注意年龄和出生日期是成反比的。

【代码实现】实现本任务的脚本和结果如图 6-36 所示。

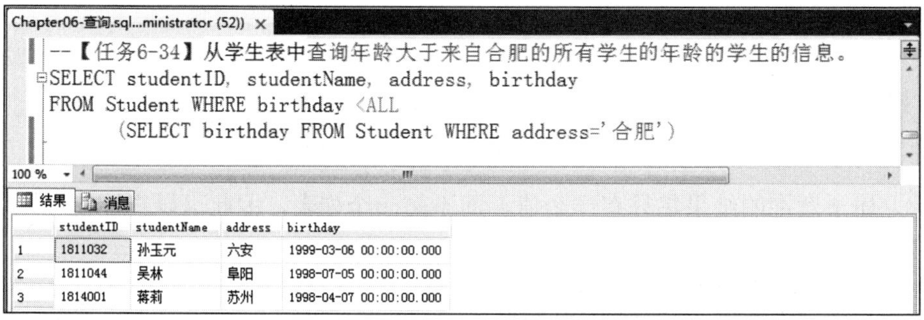

图 6-36　任务 6-34 脚本和结果图

上述查询中，年龄最大的学生可以直接使用 MIN(birthday)函数计算得到，所以本任务也可以使用以下脚本实现：

```
SELECT studentID,studentName,birthday FROM Student
   WHERE birthday< (SELECT MIN(birthday) FROM Student WHERE address='合肥')
```

2. 带有 ANY 谓词的子查询

【任务 6-35】教务人员需要查询选修过英语类课程的学生的信息。

【任务分析】英语类课程可在 Course 表中查询到，而且有多门类似课程。选修过此类课程的学生的信息需要通过连接 Course 表、Grade 表和 Student 表才能得到。

【代码实现】实现本任务的脚本和结果如图 6-37 所示。

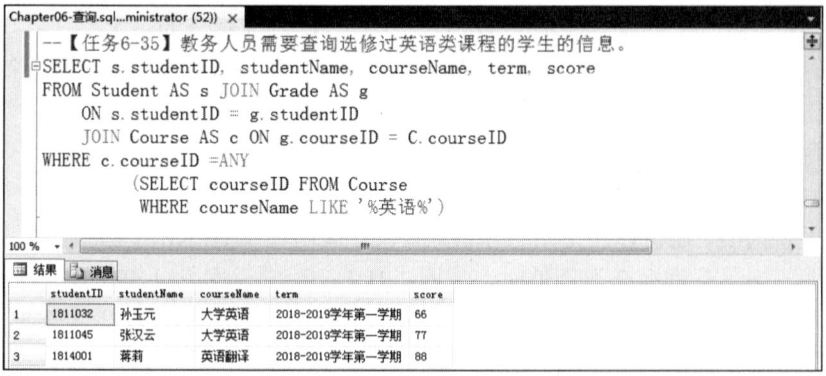
Chapter06-查询.sql...ministrator (52)) ×

```
--【任务6-35】教务人员需要查询选修过英语类课程的学生的信息。
SELECT s.studentID, studentName, courseName, term, score
FROM Student AS s JOIN Grade AS g
    ON s.studentID = g.studentID
    JOIN Course AS c ON g.courseID = C.courseID
WHERE c.courseID =ANY
        (SELECT courseID FROM Course
         WHERE courseName LIKE '%英语%')
```

	studentID	studentName	courseName	term	score
1	1811032	孙玉元	大学英语	2018-2019学年第一学期	66
2	1811045	张汉云	大学英语	2018-2019学年第一学期	77
3	1814001	蒋莉	英语翻译	2018-2019学年第一学期	88

图 6-37　任务 6-35 脚本和结果图

在常见的比较子查询中，大多都是使用基本的比较运算符，比较谓词用得较少。因为很多情况下，ANY 和 ALL 谓词连接的子查询通常可以使用聚合函数替代。实际上，ANY 和 ALL 谓词也可以相互替换，具体如何替换，读者们可自行分析。

6.4.3 相关子查询

相关子查询

与经典子查询不同，相关子查询的执行依赖于外部查询，多数情况下是在相关子查询的 WHERE 子句中引用了外部查询，且经典子查询在整个查询过程中仅执行一次，而相关子查询会被重复执行。相关子查询的执行过程是：外部查询时每一行数据的判断都会执行一次子查询，此时外部查询将子查询引用的外部字段的值传给子查询，进行子查询操作；外部查询根据子查询得到的结果或结果集判断是否返回该行数据结果行。

1. 一般相关子查询

【任务 6-36】教务管理人员需要查询每个班级学分最高的学生的信息。

【任务分析】学生的学分可以直接在 Student 表中查询，而每个班级的最高学分也可以通过分组汇总来查询得到，但是想要返回学分最高的学生的信息就必须用到子查询。

【代码实现】实现本任务的脚本和结果如图 6-38 所示。

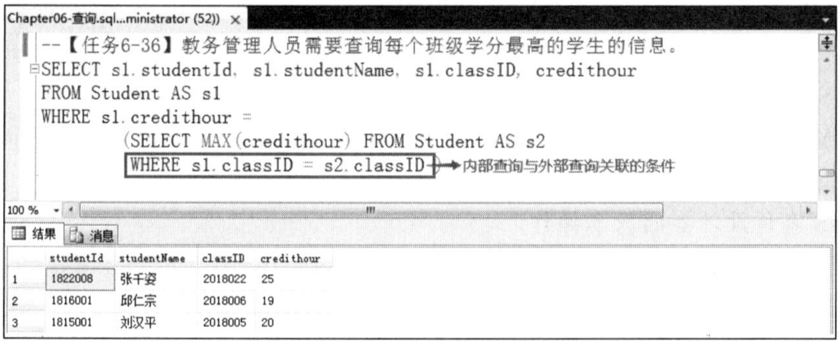
Chapter06-查询.sql...ministrator (52)) ×

```
--【任务6-36】教务管理人员需要查询每个班级学分最高的学生的信息。
SELECT s1.studentId, s1.studentName, s1.classID, credithour
FROM Student AS s1
WHERE s1.credithour =
        (SELECT MAX(credithour) FROM Student AS s2
         WHERE s1.classID = s2.classID)
```


	studentId	studentName	classID	credithour
1	1822008	张千姿	2018022	25
2	1816001	邱仁宗	2018006	19
3	1815001	刘汉平	2018005	20

图 6-38　任务 6-36 脚本和结果图

本任务的查询与一般的子查询明显不同，子查询条件 WHERE s1.classID = s2.classID 使得子查询和外部查询关联在一起。子查询无法独立于外部查询运行，其执行步骤如下：

（1）对于每一个学生（记录），主查询（外部查询）将班级号传递给子查询（内部查询）。

（2）子查询根据主查询传递来的班级号，计算出该班级学分的最大值。

（3）子查询将查询后得到的结果返回给主查询，主查询判断查询条件是否符合。如果符合，则返回该记录，否则不返回。

（4）对主查询的下一条记录重复步骤（1）～（3）。

2. 使用 EXISTS 谓词的相关子查询

在相关子查询中，还可以用 EXISTS 谓词。它一般用在 WHERE 子句中，配合子查询语句形成一个条件。当子查询存在返回值时，返回 TRUE，否则返回 FALSE。其部分语法格式为

```
WHERE [NOT] EXISTS (子查询)
```

【任务 6-37】教务人员需要查询从未选修过任何课程的学生的信息。

【任务分析】学生选修课程情况登记在 Grade 表中，只要某学生选修了课程，在 Grade 表中就会有记录。所以，要查询从未选修过任何课程的学生的信息，只要查询没有出现在 Grade 表中的记录即可，可以通过 NOT EXISTS 谓词来实现。

【代码实现】实现本任务的脚本和结果如图 6-39 所示。

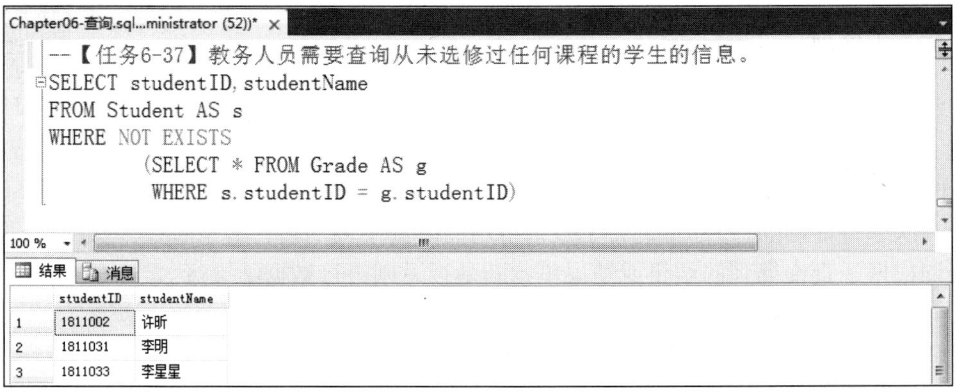

图 6-39　任务 6-37 脚本和结果图

6.5　使用可视化界面实现简单数据查询

使用可视化界面实现数据查询

在 SQL Server 中，基本的查询也可以通过图形用户界面的管理工具 SSMS 来实现。SSMS 为用户提供了图形化的查询设计器，只需要进行简单的设置和选择即可完成一些基本的查询操作。下面简要地介绍其使用方法。

1. SSMS 查询设计器的基本操作

打开 SSMS 查询设计器的步骤如下：

Step 1 启动 SSMS，在“对象资源管理器”中依次展开“数据库”→SGMS 节点，单击工具栏中的“新建查询”按钮，打开空白的代码编辑器。

Step 2 在 SSMS 的主菜单中选择“查询”→“在编辑器中设计查询”命令，如图 6-40 所示。

Step 3 在弹出的“添加表”对话框中选择需要查询的表，单击“添加”按钮将其加入到设计器中，以便进行查询、分组汇总、连接等操作，如图 6-41 所示。

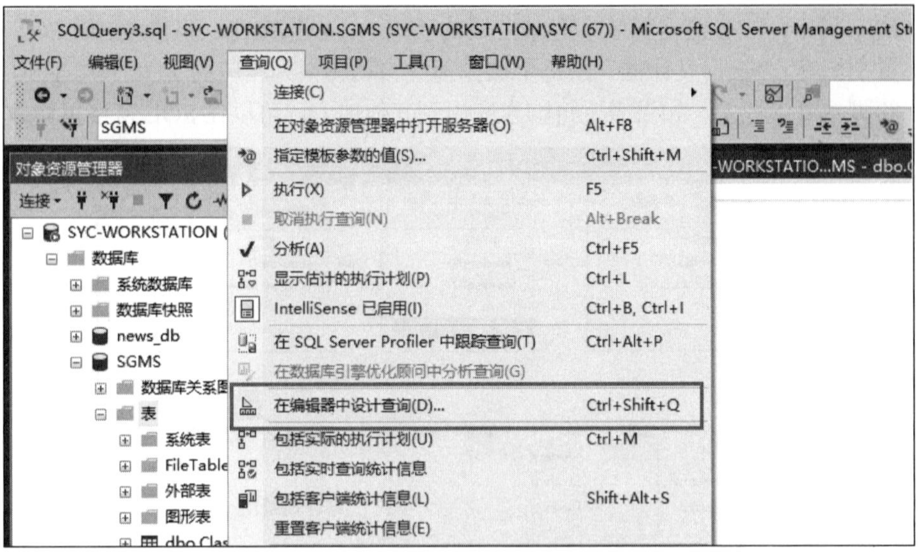

图 6-40 选择“查询”→“在编辑器中设计查询”命令

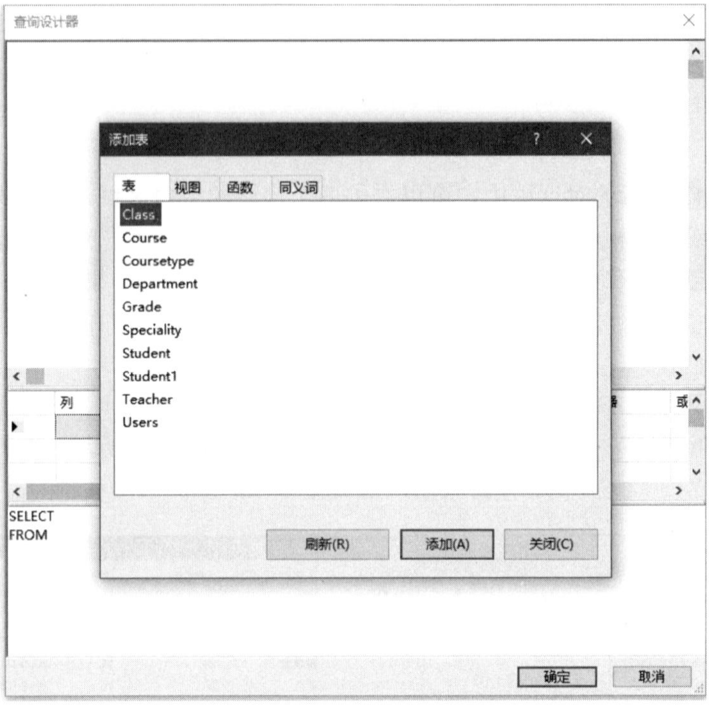

图 6-41 “添加表”对话框

如图 6-42 所示，“查询设计器”由关系图窗格、条件窗格和 SQL 窗格三个部分组成。三个部分的主要作用分别如下：

- 关系图窗格：在关系图窗格中可以设置多表连接的条件，也可用于选择需要显示的目标字段。关系图窗格支持通过拖拽的方式指定连接条件，也支持选择排序字段。
- 条件窗格：在条件窗格中可以设置查询的条件、分组和汇总等，以及选择排序类型或者分组依据。

- SQL 窗格：SQL 窗格显示了自动生成的代码，可以直接在这里修改 SELECT 语句、设置别名等。“查询设计器”的每个操作都会自动转换为相应的 SQL 脚本，但自动生成的脚本可读性差，如果需要将脚本应用到其他地方，可以在 SQL 窗格里修改。

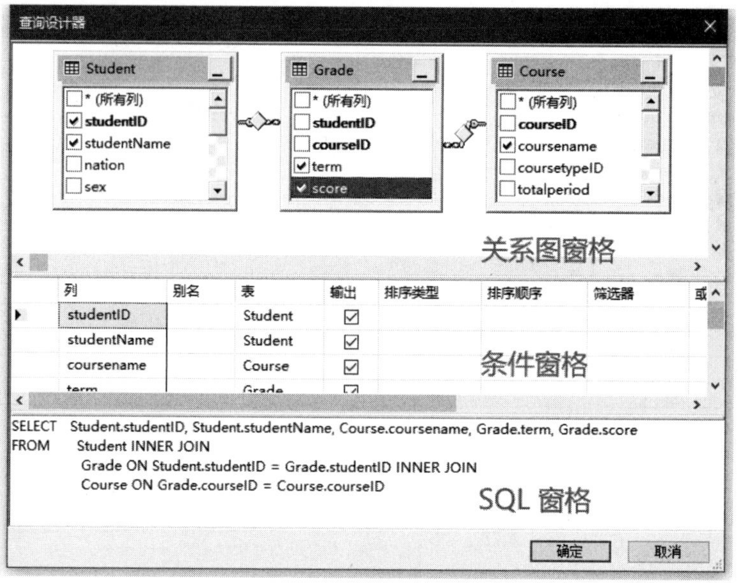

图 6-42　“查询设计器”对话框

Step 4　在图 6-42 所示的对话框中，可以右击各个窗格的空白区域，然后选择快捷菜单命令以打开或关闭相应的窗格。设计完成之后，单击“确定”按钮，自动生成的 SELECT 语句就会出现在查询代码编辑区中，执行即可得到查询结果。

除了上述的方法之外，还可以通过选择快捷菜单命令的方式打开“查询设计器”对话框，具体的操作步骤如下：

Step 1　启动 SSMS，在“对象资源管理器”中依次展开“数据库”→SGMS 节点。右击“dbo.Student”，选择“编辑前 200 行”命令，如图 6-43 所示。在打开的结果代码窗口中，返回的是前 200 行的数据，且数据可以添加、修改和删除。

图 6-43　选择“编辑前 200 行”命令

Step 2 右击工具栏空白区域，在弹出的快捷菜单中选择“查询设计器”命令，这样工具栏中就会多出一排工具栏，如图 6-44 所示。

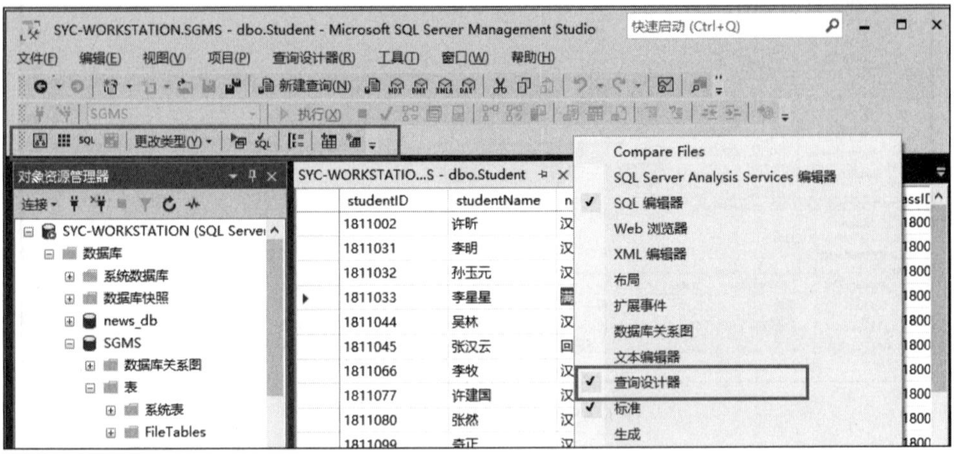

图 6-44 选择“查询设计器”命令

“查询设计器”的工具栏中提供了多个按钮，常用按钮的功能如下所述。

- ：“显示关系图”按钮，用于打开或隐藏关系图窗格。
- ：“显示条件窗格”按钮，用于显示或隐藏条件窗格。
- ：“显示 SQL 窗格”按钮，用于显示或隐藏 SQL 窗格。
- ：“显示结果窗格”按钮，用于显示或隐藏查询结果窗格。
- ：“执行 SQL”按钮，用于执行查询操作，在结果窗格中显示查询结果。
- ：“验证 SQL 语法”按钮，用于验证自动生成 SELECT 语句的语法正确性。
- ：“添加分组依据”按钮，用于分组汇总，也可以在条件窗格中完成。
- ：“添加表”按钮，用于多表连接查询时添加表，也可以在关系图窗格中完成。

2. 使用可视化界面实现基本查询

【任务 6-38】查询班级号为“2018001”的学生的学号、姓名信息，并按照学号排序。

【操作步骤】实现本任务的步骤如下：

Step 1 在“对象资源管理器”中依次展开“数据库”→SGMS→“表”节点，右击“dbo.Student”，选择“编辑前 200 行”命令。

Step 2 单击“查询设计器”工具栏中“显示关系图”、“显示条件窗格”和“显示结果窗格”按钮，打开关系图窗格、条件窗格和结果窗格。

Step 3 在关系图窗格中勾选需要显示的“studentID”“studentName”两列，其他不需要的列名需要取消勾选。勾选后在条件窗口中将出现这两列。

Step 4 在条件窗口中设置 studentID 列的排序类型为“升序”，完成排序规则设置。

Step 5 在条件窗口中的空白行选择“classID”，并取消勾选“输出”复选框，在筛选器单元格输入“2018001”，完成筛选条件的设置。

Step 6 设置好的对话框如图 6-45 所示。设置结束后结果窗格的左上角出现“查询已更改”的标志，但数据仍未变化。单击“执行 SQL”按钮，查询结果将出现在结果窗格中。

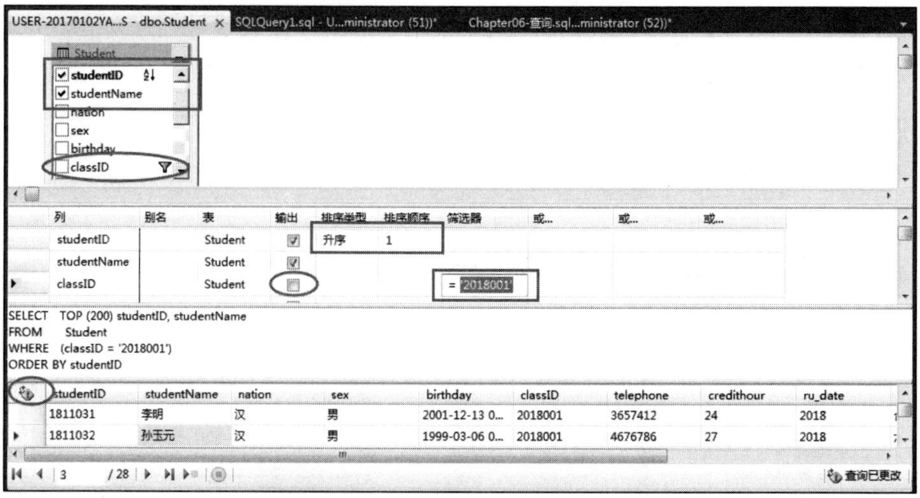

图 6-45 “查询设计器”对话框

3. 使用可视化界面实现分组与汇总

【任务 6-39】查询各班级学生人数，返回班级号和人数两列。

【操作步骤】实现本任务的步骤如下：

Step 1 按照前述方法打开“查询设计器”的关系图窗格、条件窗格和结果窗格（见图 6-45）。

Step 2 取消除了“classID”列之外所有列的勾选。在条件窗格中第一行选择“classID”列，右击，选择“添加分组依据”命令，如图 6-46 所示。此时条件窗格会出现分组依据列。

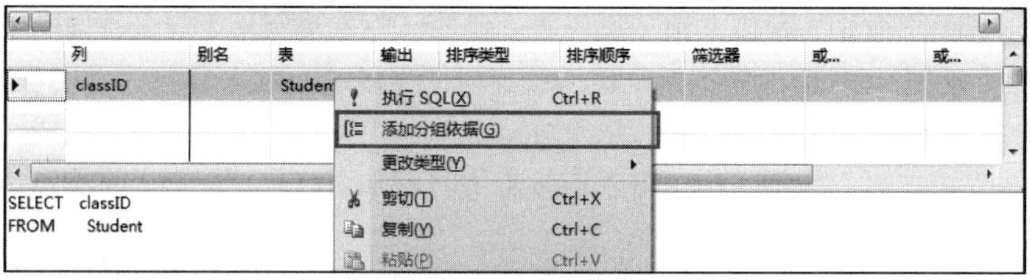

图 6-46 选择“添加分组依据”命令

Step 3 从条件窗格中第二行开始选择所需汇总的列，如统计学生人数，即计算 COUNT(*)，在列处输入“*”，分组依据选择“Count”，别名输入“人数”，结果如图 6-47 所示。

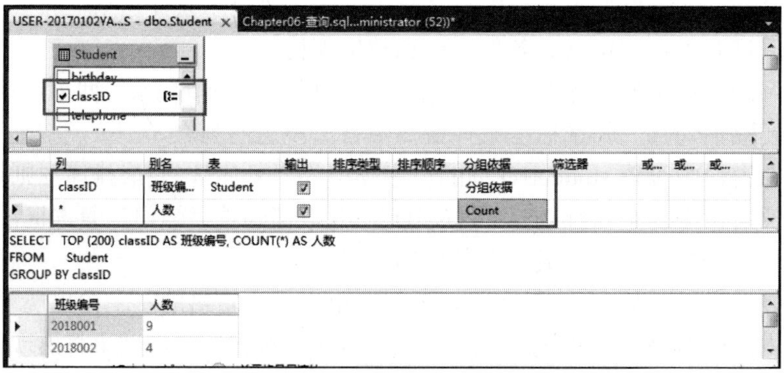

图 6-47 分组汇总后的结果

Step 4　单击工具栏“执行 SQL”按钮，结果窗格中将显示查询结果。

4. 使用可视化界面实现连接查询

【任务 6-40】查询每个学生的学号姓名及所在班级。

【操作步骤】实现本任务的步骤如下：

Step 1　按照前述方法打开“查询设计器”的关系图窗格、条件窗格和结果窗格（见图 6-45）。

Step 2　右击关系图窗格的空白处并选择“添加表”命令，在弹出的对话框中选择“Class”并添加。关闭对话框，如图 6-48 所示。

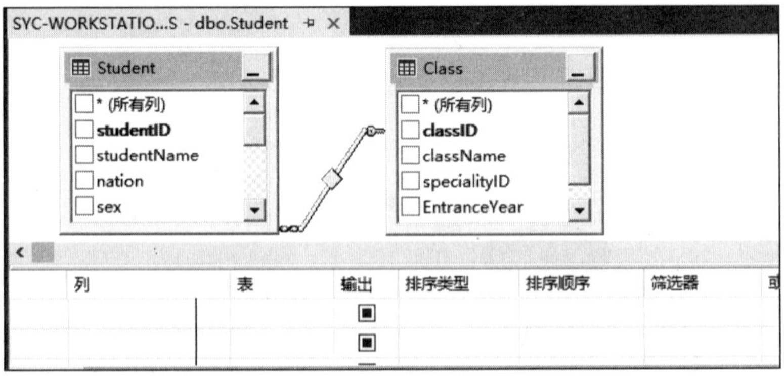

图 6-48　在关系图窗格中添加 Class 表

Step 3　在条件窗格中，删除第一行的“*”，然后在关系图窗格中分别选择“studentID”“studentName”“className”。

Step 4　在 SQL 窗格中检查 SELECT 语句的正确性，尤其是检查连接的条件。在对存在主外键关系的表格进行连接查询时，“查询设计器”会自动添加内连接的条件。

Step 5　单击“执行 SQL”按钮，结果窗格中将显示查询结果，如图 6-49 所示。

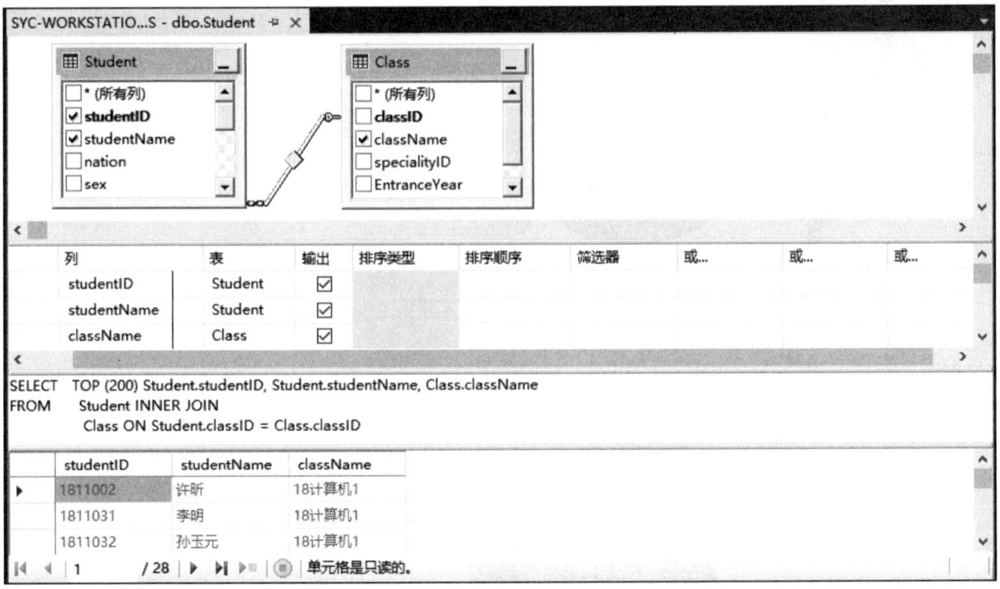

图 6-49　连接查询的结果

小结

不管是数据库的设计者、管理者，还是程序开发人员，对数据的查询操作都是其最常见的工作。本章系统地介绍了使用 SELECT 语句实现数据查询的方法，主要包括基本查询和数据筛选的方法、分组和汇总的方法、多表连接查询的方法、子查询实现复杂查询的方法等，重点是结合学生成绩管理系统的案例讲解了具体查询语句的编写和调试方法。此外，本章还简单介绍了以可视化界面实现数据查询的方法。

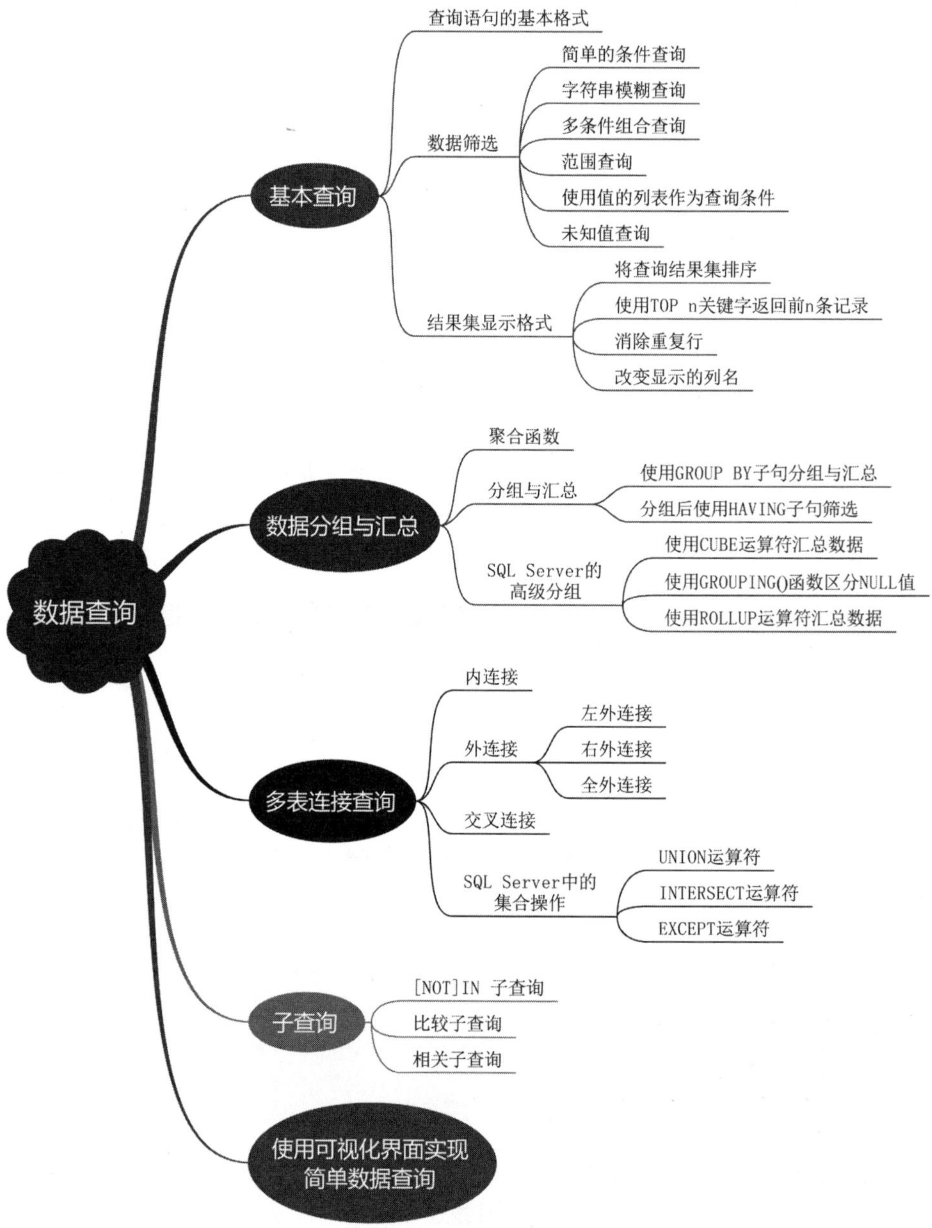

思考与练习

一、选择题

1. 下列语句中（　　）能够查询所有英语类课程的信息。

   A．SELECT * FROM Course WHERE cname LIKE'*英语*'

   B．SELECT * FROM Course WHERE cname LIKE'%英语%'

   C．SELECT * FROM Course WHERE cname LIKE'_英语_'

   D．SELECT * FROM Course WHERE cname ='*英语*'

2. 如果需要返回不重复的结果集，需要使用（　　）关键字。

   A．DISTINCT　　B．ALL　　C．UNION　　D．TOP n

3. 下面关于查询语句中 ORDER BY 子句的使用，正确的是（　　）。

   A．如果未指定排序列，则默认按递增排序

   B．数据表的列都可以用于排序

   C．如果在 SELECT 子句中使用了 DISTINCT 关键字，则排序列必须出现在查询结果中

   D．联合查询不允许使用 ORDER BY 子句

4. 在表 A 和表 B 连接时，要求仅返回两张表中匹配连接条件的数据，应使用（　　）。

   A．左外连接　　B．右外连接　　C．内连接　　D．自连接

5. 下面对 UNION 的描述，正确的是（　　）。

   A．任何查询语句都可以用 UNION 来连接

   B．UNION 只连接结果集完全一样的查询语句

   C．UNION 是筛选关键词，对结果集再进行操作

   D．UNION 可以连接结果集中数据类型个数相同的多个结果集。

6.（多项选择）关于子查询，以下说法正确的有（　　）。

   A．一般来说，表连接都可以用子查询替换

   B．一般来说，子查询都可以用表连接替换

   C．相对于表连接，子查询适合作为查询的筛选条件

   D．相对于表连接，子查询适合于查看多表的数据

7. 如果要判断某一值不在某一查询结果中，可以使用（　　）关键字。

   A．NOT IN　　B．<>ANY　　C．<>ALL　　D．NOT EXISTS

8. 在贸易管理系统中，客户信息存储在 Customers 表中。企划部门要查找出客户比较集中的地区，即客户数量超过 10 个的国家（Country）。下列语句（　　）能实现此要求。

   A．SELECT Country FROM Customers
      GROUP BY Country HAVING COUNT (Country)>10

   B．SELECT TOP 10 Country FROM Customers

   C．SELECT TOP 10 Country FROM Customers
      FROM (SELECT DISTINCT Country FROM Customers) AS X
      GROUP BY Country HAVING COUNT(*)> 10

D．SELECT Country, COUNT (*) as 'NumCountries' FROM Customers
GROUP BY Country ORDER BY NumCountries, Desc

9．在销控系统中有一个订单表，其设计如图 6-50 所示。你需要查询订单信息列表，包括雇员代号、销售金额和订单日期。你想按日期降序排列显示，并且对于同一天的订单，按销售金额降序排序。下面语句中（　）能够准确地完成该任务。

列名	数据类型	允许空
订单代号	int	☐
客户代号	int	☐
雇员代号	int	☐
订单日期	datetime	☐
销售金额	money	☐
备注	varchar(200)	☑

图 6-50　订单表设计

A．SELECT 雇员代号, 销售金额, 订单日期
FROM 订单表 ORDER BY 销售金额, 订单日期 DESC

B．SELECT 雇员代号, 销售金额, 订单日期
FROM 订单表 ORDER BY 订单日期, 销售金额 DESC

C．SELECT 雇员代号, 销售金额, 订单日期
FROM 订单表 ORDER BY 订单日期 DESC, 销售金额 DESC

D．SELECT 雇员代号, 销售金额, 订单日期
FROM 订单表 ORDER BY 销售金额 DESC, 订单日期 DESC

二、填空题

1．查询时可以使用“*”代替________，使用 DISTINCT 关键字来________，使用 TOP n 关键字来________。

2．在 LIKE 运算符连接的通配符中，________可以通配多个字符，________可以通配一个字符，________可以代表一个范围内的一个字符。

3．在 SELECT 语句中，HAVING 子句必须和________一起使用。

4．如果要想汇总某列数据的平均值，可以使用________函数；如果要想统计某列数据的和，可以使用________函数。

5．连接查询时，内连接使用________关键字，左外连接使用________关键字，右外连接使用________关键字，全外连接使用________关键字。

三、简答题

1．简述 SELECT 语句中几个常用子句的功能。

2．字符串通配符有几类？其含义分别是什么？

3．SQL Server 中常用的聚合函数有哪些？它们都用来实现什么功能？

4．什么是连接查询？连接查询有哪几种方式？

5．什么是子查询？在 T-SQL 中有哪几种子查询方式？

上机实验

实验指导书

一、实验目的和要求

1. 熟悉基本查询的编写方法。
2. 会使用 WHERE 子句筛选满足条件的数据。
3. 会使用 GROUP BY 与聚合函数分组汇总数据。
4. 会使用连接组合多张表的数据。
5. 什么是子查询？请简述子查询的相关工作原理。

二、实验内容

利用 SQL Server 示例数据库 Northwind 实现如下操作：

1. 查询产品表中价格大于 18 元的产品的编号、名称、单价等信息。
2. 查询产品名称中包含“Sir”字样的产品编号、名称、单价等信息。
3. 查询 1992 年到 1993 年期间雇佣的员工的编号、姓名及雇佣日期。
4. 查询分类号为 1、2、3、8 这四类产品的编号、名称、单价及分类编号。
5. 从供货商信息表（Suppliers 表）中查询未登记网址的供应商的编号、公司名称及电话。
6. 按客户所在城市排序查看客户的编号、公司名称、所在城市及联系电话。
7. 查询产品表中价格最高的 10 件商品的编号、名称及单价，考虑并列的情况。
8. 按照产品分类查询每个产品类别的产品数量、平均价格及最高价格。
9. 按照供货商分类查询每个供货商供应的产品数量、平均价格及最高价格，仅返回平均价格大于 30 元的记录。
10. 查询每个产品的编号、名称及分类名称。
11. 查询所有来自美国的供货商供应的产品的编号、名称及其供货商的公司名称。
12. 查询每张订单的编号、客户公司名称及订货时间。假如有客户没有订货也要将其列出。
13. 查询每个商品的编号、名称、单价、分类名称及供货商公司名称。
14. 使用子查询从产品表检索每类商品价格最高的商品的编号、名称及单价。
15. 使用子查询查询由美国供货商供应的商品的编号、名称及单价。
16. 选作：查询员工表每个员工的编号、姓名、职位及其下属个数。
17. 选作：查询每个员工的直接领导者的信息。

第7章 索引

任务背景：

数据库系统在日常运行中需要面临艰巨的查询任务，随着时间的推移，系统会产生一些性能问题，如查询效率低下等。因此在设计查询时，除了要编写正确的语句返回用户所需要的数据之外，我们还要考虑查询的性能。如果用户提交了一个查询请求，但迟迟得不到结果，那么这个查询就是一个性能低下的查询。如何才能提高查询的性能呢？最常用的解决方案就是创建索引。索引是一个能提高查询性能的数据库对象，有效地设计索引可以大大提高查询的性能。

本章的任务是通过设计合理的索引，实现对查询的优化。

学习目标：

（1）理解索引的概念、结构和分类。

（2）掌握创建索引的方法及创建索引时的选项。

（3）了解使用 SSMS 创建和管理索引的方法。

（4）会使用多种方法分析索引、整理碎片。

（5）理解统计信息的概念。

任务导航：

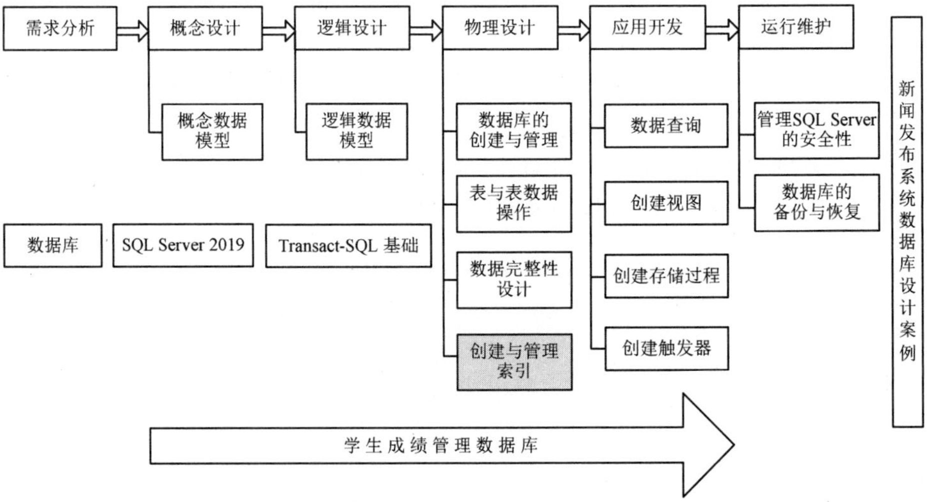

7.1 索引概述

索引的概念和结构

7.1.1 索引的概念

SQL Server 中的索引类似于图书的目录，表中的数据类似于书中的内容。我们在看书的时候总是通过目录中的页码来快速查询图书的内容，这样就不必翻遍书中的每一页来找这一部分的内容。与之类似，索引记录了数据的关键值（位置信息），提供了指向数据位置的指针，使得 SQL Server 不需要扫描整个表就能够快速找到所需的数据。因此，索引被定义成一种为了加速对表中数据行的检索而创建的分散存储结构。

索引是基于表格的数据创建的，它由数据页面以外的索引页面构成。每个索引页面中的行都含有逻辑指针，指向具体的物理数据，以便加快对数据的检索速度。对未创建索引的列，SQL Server 要一行一行地去查询，这种操作称为“表扫描”。表扫描所耗费的时间将随着表中数据量的增加而呈数量级地增加。因此，表中的列是否创建了索引以及创建了什么样的索引，对于查询的响应速度会有很大的影响。若创建了合适的索引，查询几乎是立即响应；若不创建索引，相对来说就需一定的等待时间。

7.1.2 索引的优点与缺点

1．索引的优点

索引可以大大提高系统的性能，为系统带来更高效的运行效率，因此规划和设计索引是物理设计阶段的一项重要任务。具体来说，索引有以下优点：

（1）索引可以加速查询。索引最大的一个优点就是能够加速数据检索。如果一张表上创建了索引，在查询数据时，SQL Server 会首先扫描索引，找到需要查询的数据对应的索引值，然后按照索引值对应的位置信息确定数据所在位置。类似于图书的目录，索引数据量小，而且进行了分类、排序，所以对索引的搜索会很快，进而能够快速查找到想要的数据，缩短整个查询时间。同样的道理，通过索引来删除数据时，性能也将大大地提升。

（2）加快表与表之间的连接。在进行连接查询时，需要匹配两张表相关联的字段，如 A 表的主键和 B 表的外键，主键列上默认建立了索引，这时如果在外键列上也创建了索引，两张表的数据都已经按一定顺序排列，就可以大大地减少连接查询时间。

（3）在包含分组和排序的查询中，可以减少分组和排序的时间。建立索引后，索引列的数据将顺序存储在索引页面中。排序和分组查询就是要将这些数据按顺序查询出来，所以在包含分组和排序的查询中，索引可以减少重新排序的时间，从而大大提升查询速度。

（4）有利于 SQL Server 进行查询优化。建立索引后，可以在查询的过程中进行执行计划监控，对查询语句进行优化，以确定系统使用哪个索引性能更高，从而提高系统的性能。

（5）可以协助实施唯一性约束。索引可以约束相应字段的唯一性，实现与 UNIQUE 约束相同的功能。

2．索引的缺点

既然索引有很多的优点，那么是不是可以在表格的每个列上都创建索引呢？这种想法是片面的。虽然索引有许多优点，但是任何事物都是有两面性的，索引在加速查询、提升系统性能的同时必然也会牺牲某些其他方面的性能。具体来说，索引具有以下缺点：

（1）创建索引和维护索引要耗费时间。创建索引过程中会将指定列的数据排序，毫无疑问，排序将占用大量的系统资源，尤其是在数据量大的情况下。数据量越大，创建索引就越耗费时间，在后期维护中也需要占用大量的系统资源。如果在某个列上创建了索引，而这列的数据频繁地变化，那么索引也就需要不停地被重新维护以维持其正常工作，从而影响系统的性能，得不偿失。

（2）索引占物理空间。除了数据表占数据空间之外，每一个索引还要占一定的物理空间，如果建立聚集索引，那么需要的空间就会更大。在创建索引时，需要占用 1.2 倍于表的空间，创建完成后，一般也需要占据相当于表格大小 5%左右的空间。

（3）索引会降低数据修改的性能。当对表中的数据进行增加和修改时，数据不能像没有索引的表格那样随便“堆”了，必须首先确定其存储的位置并构建索引项，这个是需要时间成本的。同时，增加和修改数据时索引需要被动态地维护，也会降低修改操作的性能。此外，删除会为数据页和索引页带来大量的空白，也就是“碎片”。大量的碎片会影响索引的运行效率，降低查询的性能。

7.1.3 索引的结构与分类

1. 索引的结构

默认情况下，数据是没有索引的，并按照物理磁盘的空间状况随机地申请空间并随机地存储。这种无序的状态非常不利于数据的查询，所以才会需要索引。

在 SQL Server 中，索引是一个 B 树结构，如图 7-1 所示。B 树结构以一个根节点开始，这个根节点是索引的起始点。其中，根节点只有一个索引行（索引数据行），该索引行含有索引键值的范围（A～H）和指向下一个索引节点——分支节点（A～D，E～H）的指针；分支节点不是只有一个索引行，它们带有指向其他分支节点的更细化的值（A～B，…，G～H），每级分支节点被称为一个索引级别；叶子节点在 B 树最底层，它含有索引键数据（A，…，H）以及被引用数据位置或数据自身的信息。到达一个叶子节点必须经过的索引级数，决定了找到需要的数据行所必需的 I/O 数量，很显然索引级数越小，B 树结构越矮，I/O 量越小。

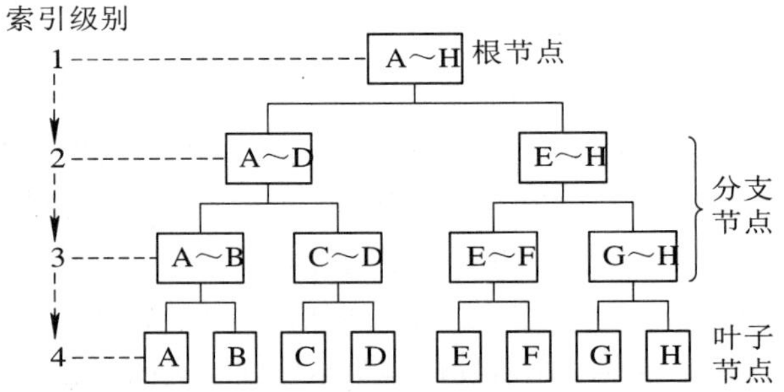

图 7-1　B 树结构

2. 索引的分类

根据索引的顺序与数据表的物理顺序是否相同，可以将索引分为聚集索引（CLUSTERED INDEX）和非聚集索引（NONCLUSTERED INDEX）两类。数据表的物理顺序与索引顺序相同的称为聚集索引，数据表的物理顺序与索引顺序不相同的称为非聚集索引。

（1）聚集索引。聚集索引确定了表中数据的物理顺序，其索引页和数据页是一个整体。在聚集索引中，数据页就是聚集索引树的叶级页，行的物理存储顺序和索引的逻辑顺序完全相同。因为所有数据行需要经过排序，所以每个表只能有一个聚集索引，单个聚集索引的结构如图 7-2 所示。

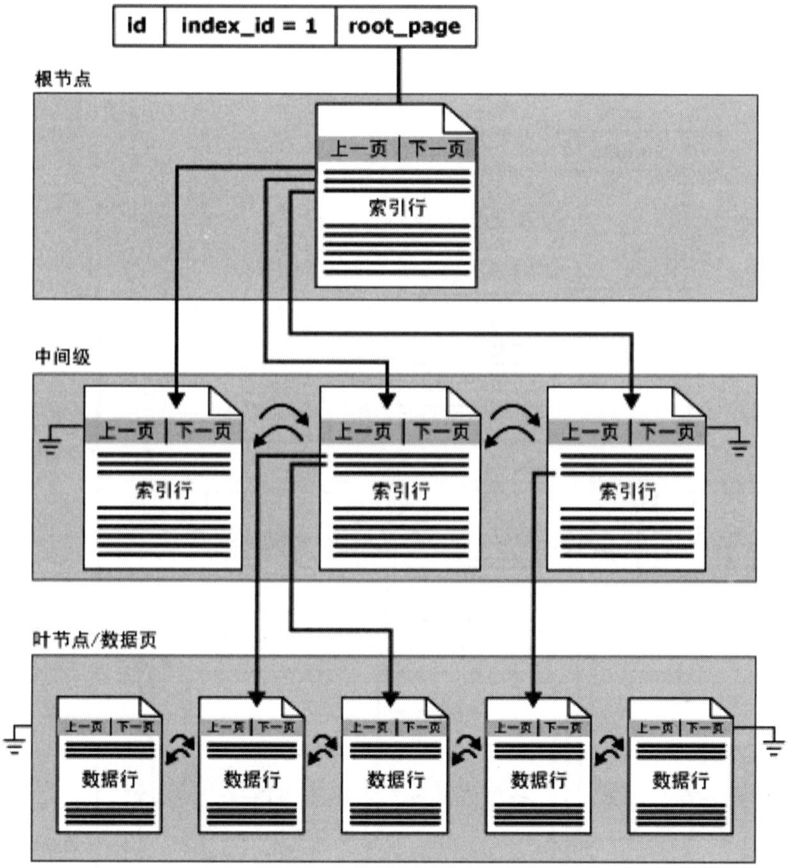

图 7-2　单个聚集索引的结构

虽然一个表只能包含一个聚集索引，但是索引可以包含多个列（即组合索引），就像电话簿按姓氏和名字进行组织一样。汉语字典也是聚集索引的典型应用，在汉语字典里，索引项是拼音（字母）和声调，字典正文也是按照先拼音再声调的顺序排列。

聚集索引对于那些经常要搜索范围值的列特别有效，因为使用聚集索引找到包含第一个值的行后，便可以确保包含后续索引值的行在物理上是相邻的。例如，如果应用程序执行的一个查询经常检索某一编号范围内的商品，则可以使用聚集索引迅速找到包含起始编号的行，然后检索表中所有相邻的行，直到到达结束编号。同样，如果绝大部分情况下都需要按照某个列的特定顺序来检索表中的数据，则可以在该列上创建聚集索引，改变该表的物理顺序，从而避免每次查询时都进行排序，提升了检索的效率。

由于聚集索引会改变表中数据的物理顺序，所以应该先创建聚集索引，后建立非聚集索引。此外，不能在频繁修改的列上创建聚集索引，这样会增加维护索引的成本。

在 SQL Server 中，表上如果存在主键，主键列默认会自动创建聚集索引。仅在特殊情况下，才考虑删除主键后在其他列上建立聚集索引。

（2）非聚集索引。当用户需要频繁地按照其他条件进行查询操作，就需要创建单独存储的索引——非聚集索引。在 SQL Server 中一个表可以有多个非聚集索引，且在非聚集索引中，数据行的物理顺序与逻辑顺序没有必然的联系。非聚集索引的叶级页中记录了指向物理数据位置的信息，也可以快速定位到指定数据。非聚集索引很像汉语字典的笔画检索表和部首检索表，索引页中的记录顺序与实际的页码顺序并不一致。单个非聚集索引的结构如图 7-3 所示。

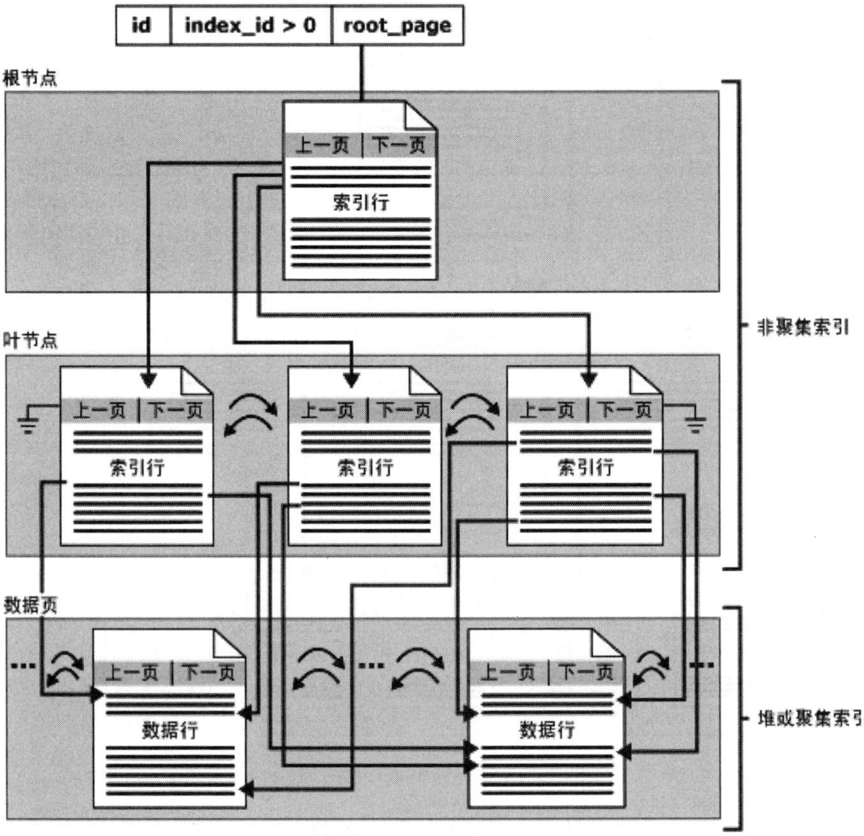

图 7-3　单个非聚集索引的结构

非聚集索引依赖于表中数据的原始顺序，如果表中没有聚集索引，则非聚集索引建立在原始无序的数据上；而当表上已经有了聚集索引时，非聚集索引将建立在聚集索引上。在只包含非聚集索引的表中，叶节点包含了具有指针的行标识符，定位到包含键值的数据行，每个行标识符（RID 或 Row ID）由文件 ID、页码行页上的行数构成。当表格已经有聚集索引时，在建立非聚集索引时，每个非聚集索引的行指示器引用行的聚集索引键值。

创建非聚集索引需要考虑以下一些事项：

- 在 SQL Server 中创建索引时，默认就是非聚集索引。
- 非聚集索引和聚集索引一样，都需要占用一定的磁盘空间。

- 非聚集索引会在一定程度上降低向表中插入和更新数据的速度。
- 若表上的聚集索引发生改变（新建或删除），表上现有的非聚集索引都会随之重建。

7.1.4 设计数据表的索引

索引有很多优点，但不能在表的每一列上创建索引，需要综合考量各种因素来决定需要创建索引的列。那么，具体来说应该考虑在哪些列上建立索引呢？

1. 考虑创建索引的列

一般来说，以下列可以考虑创建索引：

（1）主键列。在查询语句中最常见的常询条件就是通过主键列来进行的。在作为主键的列上创建索引可以强制该列的唯一性，组织表中数据的排列结构，加快数据查询的速度。默认情况下，在表上定义主键的时候就会自动创建聚集索引。

（2）经常用于连接的列。用于连接的列如果按顺序存放，系统可以很快地执行连接。如外键列，除了用于实现参照完整性约束外，还经常用于连接。

（3）经常需要进行范围查询的列。创建索引后，该列就具备一定顺序，其指定的范围也是连续的，可以加快查询速度。

（4）经常需要排序的列。因为索引已经排序，因此查询时可以利用索引已有的顺序，从而加快排序的速度。

2. 不考虑创建索引的列

建立索引需要占用系统资源，在进行插入和更新数据的操作时，索引也要花费时间。因此，在没有足够必要的情况下，就不考虑创建索引，如以下几种情况：

（1）很少或从来不在查询中引用的列。因为系统很少或从来不根据这个列的值去查找数据，所以不考虑建立索引。

（2）只有两个或若干个值的列（如性别列），在这样的列上建立索引是没有意义的。

（3）小表（记录数很少的表）一般也没有必要创建索引。

（4）更新操作比较频繁的列。更新操作会导致索引发生变化，需要花费代价来进行索引的维护，所以当更新操作的性能比查询性能更重要时不应创建索引。

【任务 7-1】设计学生成绩管理系统 Student 表的索引。

【任务分析】Student 表的结构参考附录。在 Student 表中经常查询的字段包括学生编号、学生姓名、性别、班级编号、地址等，其中学生编号是主键列，班级编号是外键列，经常用于连接到 Class 表的主键班级编号。常用列中的性别列唯一性差、地址列字段较长，均不适合创建索引。所以，可以在 Student 表上创建如下索引：

（1）聚集索引：在 Student 表的学生编号列上创建主键，并且在创建主键时默认创建聚集索引。

（2）非聚集索引：可以在 Student 表的姓名、班级编号两列上分别建立非聚集索引。

【任务 7-2】设计学生成绩管理系统中 Class 表的索引。

【任务分析】Class 表的结构参见附录。Class 表中经常查询的字段包括班级编号、班级名称、专业编号、班长编号等，其中班级编号是主键列，专业编号和班长编号是外键列，经常用于连接。所以，可以在 Class 表上创建如下索引：

（1）聚集索引：在 Class 表的班级编号列上创建主键，同时默认会创建聚集索引。

（2）非聚集索引：在 Class 表的班级名称、专业编号、班长编号三列分别创建非聚集索引。

7.2 创建和管理索引

创建和管理索引

在 SQL Server 中有两种创建和管理索引的方法：

（1）使用 T-SQL 脚本创建和管理索引。

（2）使用可视化界面创建和管理索引。

7.2.1 使用 T-SQL 脚本创建索引

使用 T-SQL 脚本创建索引的语法格式为

```
CREATE [UNIQUE] [CLUSTERED | NONCLUSTERED] INDEX  索引名
ON  {表名|视图名}  (索引列名 [ ASC | DESC ] [ ,...n ] )
[WITH [PAD_INDEX] ,FILLFACTOR=填充因子值][,DROP_EXISTING]
```

其中，各关键字、选项的作用如下：

（1）UNIQUE 关键字用于创建唯一索引，若不指定，则索引允许重复值。

（2）CLUSTERED 关键字用于创建聚集索引，NONCLUSTERED 关键字用于创建非聚集索引。默认情况下，创建的是非聚集索引。

（3）[ASC|DESC]用来确定索引列的排序规则，ASC 为升序，DESC 为降序。默认是 ASC。

（4）,…n 用来指明加到索引关键字中的多个列。

（5）FILLFACTOR 选项用来指定索引页面的页级填充度，可以在 1%～100%之间指定一个值，一般不能指定 100%，除非不再对表进行 INSERT 操作或 UPDATE 操作。

（6）PAD_INDEX 选项用于指定每个索引页的填充程度，仅当指定 FILLFACTOR 时，该参数才能设置。默认情况下，SQL Server 将会在每一页上留有足够插入一行的空间。

（7）DROP_EXISTING 选项用来删除已存在的同名索引，起到重建索引的作用。

1．创建聚集索引

【任务 7-3】在 Student 表的学号列上创建聚集索引。

【任务分析】默认情况下，主键列上会默认创建聚集索引。以下两种情况还可以创建聚集索引：一是表上没有主键时；二是在创建主键时指定了非聚集索引，而不是聚集索引。本任务仅为举例说明，而不是实际情况。

【代码实现】实现本任务的脚本如下：

```
CREATE  CLUSTERED INDEX IX_Student_ID
ON Student (studentID )
GO
```

实际执行上述脚本时，如果表格已经在 StudentID 字段上创建了主键，将会出现如图 7-4 所示的错误。

图 7-4 无法创建索引的错误示例

注意：

（1）索引的名称应该遵循一定的规则。如使用 IX 表示索引，那么 Student 是表名，ID 是列名。

（2）一般情况下，聚集索引都创建在主键列上。如果需要创建在其他列上，应在创建主键时指定主键列为非聚集索引，或者删除主键。

2. 创建非聚集索引

因为非聚集索引是默认选项，所以 NONCLUSTERED 关键字可以省略。带有唯一选项 UNIQUE 的索引与唯一约束的功能是一样的，如果创建了唯一约束，就不必再创建唯一索引，反之亦然。

【任务 7-4】在 Class 表的 ClassName 列上创建唯一的非聚集索引。

【任务分析】聚集索引一般只能有一个，所以就要在查询中常用到的列上创建非聚集索引，而唯一选项一般用于强制数据的唯一性。

【代码实现】实现本任务的脚本如图 7-5 所示。

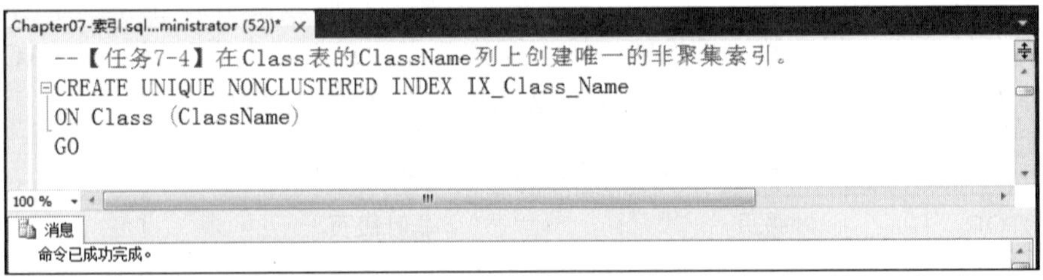

图 7-5　在 Class 表的 ClassName 列上创建唯一的非聚集索引

3. 创建组合索引

组合索引是指在一个索引中同时包含了多个列。如果一个查询中经常会同时用到两个字段进行数据筛选，或者一个主键包含两个字段，这时就需要创建组合索引。组合索引的列必须来自同一个表，且最多只能组合 16 个列。在创建索引时多个列的先后顺序不一样将直接影响索引的性能，因此应该将唯一性高的列放在前面，称为最高顺序。为了让查询优化器使用到组合索引，在设计查询语句的时候也应尽量在 WHERE 子句中引用组合索引的第一列。实际应用中，组合索引的情况比较少见。

【任务 7-5】在 Student 表的 ru_date 和 address 列上创建组合的非聚集索引。

【任务分析】如果两个字段在查询或者排序时需要经常组合出现，而且两列数据的唯一性都比较高，则可以将两列组合创建索引。

【代码实现】实现本任务的脚本如图 7-6 所示，

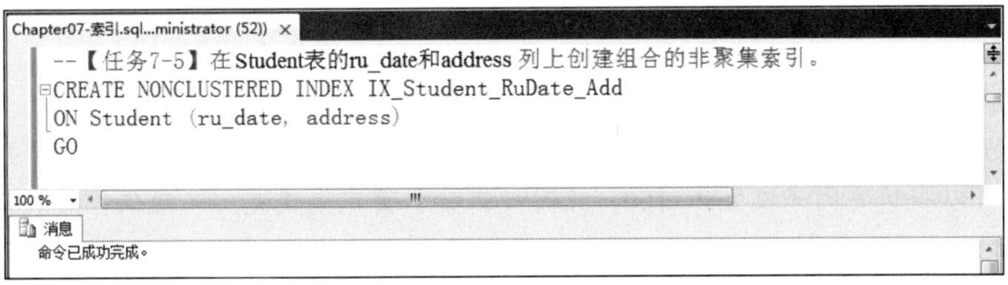

图 7-6　在 Student 表的 ru_date 和 address 列上创建组合的非聚集索引

7.2.2 创建索引时的选项

在创建索引时，可以通过设置索引页或数据页的填满程度选项，改善索引的性能，提高索引的工作效率。

1．FILLFACTOR 选项

FILLFACTOR 选项用于设置填充因子的值，所谓填充因子是指叶级索引页的填满程度，如设置“FILLFACTOR=90”表示在叶级索引页上预留出 10%的空间。预留的这些空间可以用来优化包含索引的表中的 INSERT 和 UPDATE 语句的性能。

如果 SQL Server 数据库需要频繁地添加数据，那么数据库管理员必须进行提前规划，以便在索引页和数据页上预留并维持一定量的空闲空间，防止出现大面积的页面拆分。当某个索引页或数据页不能再容纳任何新的行，但由于该页中所定义的数据的逻辑顺序需要插入一行新数据时，便会发生页的拆分。此时，SQL Server 将大约一半的数据移动到新的页，以使这两页均有一些空余的空间用来接纳新的数据，这个操作会消耗一些系统资源和时间，大量数据页拆分操作必然会导致性能的下降。因此，在一开始的时候就在叶级索引页适当留出空间，可以减少索引页拆分的频率，提高数据库性能，这个操作就需要在创建索引时用 FILLFACTOR 选项指定叶级索引页的填满程度。FILLFACTOR 选项的常见数值说明如表 7-1 所列。

表 7-1　FILLFACTOR 选项的常见数值说明

FILLFACTOR	叶级页	非叶级页	表的操作
0（默认）	完全填充	留出部分空间以容纳更新操作	轻微修改
1～99	填充到指定百分比	填充到指定百分比	一定程度的修改
100	完全填充	完全填充	无修改

【任务 7-6】在 Student 表的 classID 列上创建索引，指定其填充程度为 80%。

【代码实现】实现本任务的脚本如图 7-7 所示。

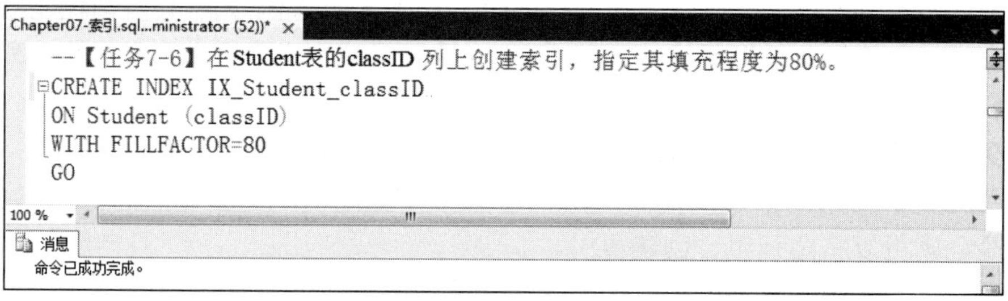

图 7-7　任务 7-6 脚本图

注意：

（1）FILLFACTOR 选项仅在创建和重建索引时才应用。

（2）默认情况下填充因子为 0，但不能使用 WITH FILLFACTOR 选项指定填充因子为 0。

（3）可以将填充因子设置为 100，此时叶级索引页完全填充。一般仅当该表为只读表时才可以这样做，否则会影响数据写入和修改。

（4）设置填充因子可以提高数据写入和更新的效率，但是也在一定程度上影响了读的效率，所以应该提前规划，谨慎操作。

2. PAD_INDEX 选项

PAD_INDEX 选项指定非叶级索引页的填满程度，它必须和 FILLFACTOR 选项配合使用，只有在指定了 FILLFACTOR 选项时才可以使用，而且只能和 FILLFACTOR 选项的值保持一致。

【任务 7-7】在 Class 表的 specialityID 列上创建索引，指定其叶级页和非叶级页的填充程度为 80%。

【代码实现】实现本任务的脚本如图 7-8 所示。

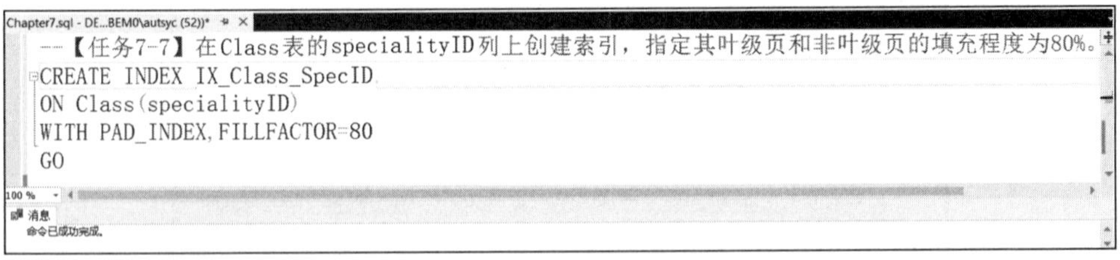


```
--【任务7-7】在Class表的specialityID列上创建索引，指定其叶级页和非叶级页的填充程度为80%。
CREATE INDEX IX_Class_SpecID
ON Class(specialityID)
WITH PAD_INDEX,FILLFACTOR=80
GO
```

图 7-8　任务 7-7 脚本图

7.2.3　使用 T-SQL 脚本管理索引

1. 查看索引信息

在创建、修改和删除索引之前，经常会需要查看现有索引的信息。用户可以通过系统提供的存储过程和 SSMS 来查看表上现有索引的信息，此外，也可以利用下面几个存储过程查看现有索引的信息。

（1）sp_helpindex 存储过程。可以使用 sp_helpindex 存储过程获取索引的名称、类型等信息，其语法格式为

```
sp_helpindex 表名
```

【任务 7-8】查看 Student 表上的索引信息。

【代码实现】实现本任务的脚本和结果如图 7-9 所示。

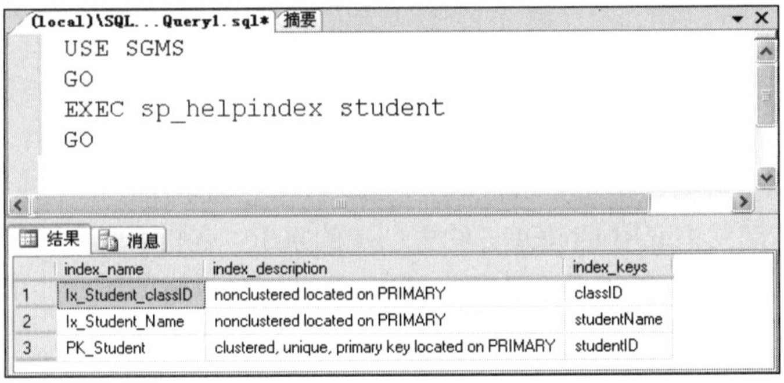


```
USE SGMS
GO
EXEC sp_helpindex student
GO
```

	index_name	index_description	index_keys
1	Ix_Student_classID	nonclustered located on PRIMARY	classID
2	Ix_Student_Name	nonclustered located on PRIMARY	studentName
3	PK_Student	clustered, unique, primary key located on PRIMARY	studentID

图 7-9　任务 7-8 脚本和结果图

（2）sp_help 存储过程。sp_help 存储过程用于查看表的基本信息，在其返回的结果集中包括表的索引信息。所以同样可以通过 sp_help 存储过程查看表的索引信息，其语法格式为

```
sp_help 表名
```

【任务 7-9】使用 sp_help 查询 Student 表的索引情况。

【代码实现】实现本任务的脚本和结果如图 7-10 所示。

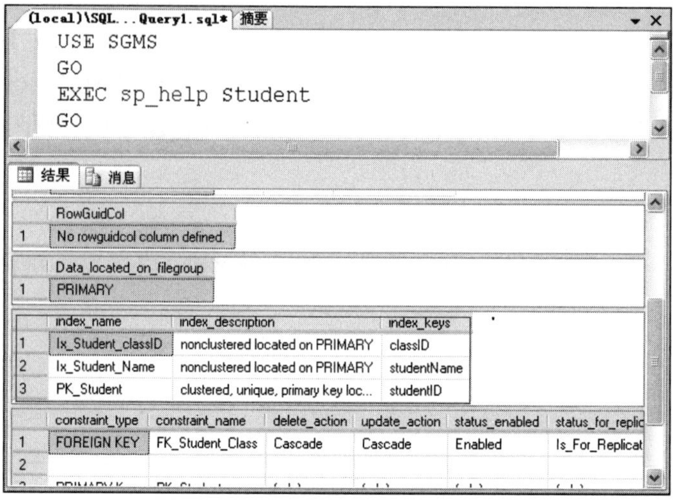

图 7-10　任务 7-9 脚本和结果图

2. 删除索引

索引虽然可以提高查询效率，但是对一个表来说，如果索引过多，不但耗费磁盘空间，而且在修改数据时会增加服务器维护索引的时间。因此，对于有些在某个阶段使用，过了这一阶段后就不再需要了的索引，可以使用 DROP INDEX 语句将其删除，语法格式为

```
DROP INDEX { 表名.索引名 | 视图名.索引名 } [, ...n]
```

【任务 7-10】删除 Student 表上的组合索引 IX_Student_RuDate_Add。

【代码实现】实现本任务的脚本如图 7-11 所示。

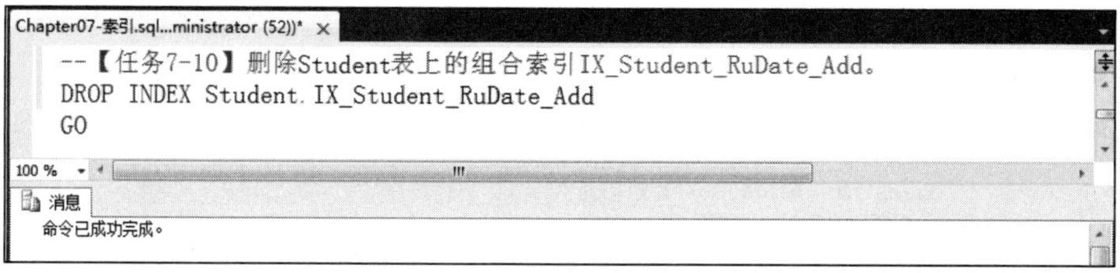

图 7-11　任务 7-10 脚本图

在删除索引的时候，必须指定索引依赖的对象名，即该索引所在的表或视图。不能用 DROP INDEX 语句删除主键约束或用 UNIQUE 约束创建的索引，这些索引会在删除约束的时候自动删除。如果在表格上删除了主键或者创建了主键，那么这个表格的所有非聚集索引都会被自动重新创建，因为主键会改变数据的物理顺序。

7.2.4　使用可视化界面创建和管理索引

在 SQL Server 中还可以通过可视化管理工具 SSMS 来创建和管理索引。

1. 创建索引

在 SSMS 中创建索引的方法不止一种，下面就其中一种加以介绍。

【任务 7-11】在 Class 表的 MonitorID 列上创建非聚集索引。

【操作步骤】实现本任务的步骤如下：

Step 1 在“对象资源管理器”中依次展开“数据库”→SGMS→“表”节点。

Step 2 右击“dbo.Class”并选择“设计”命令，打开表设计器。

Step 3 单击表设计器上方的“管理索引和键”按钮，打开“索引/键”对话框，如图7-12所示。

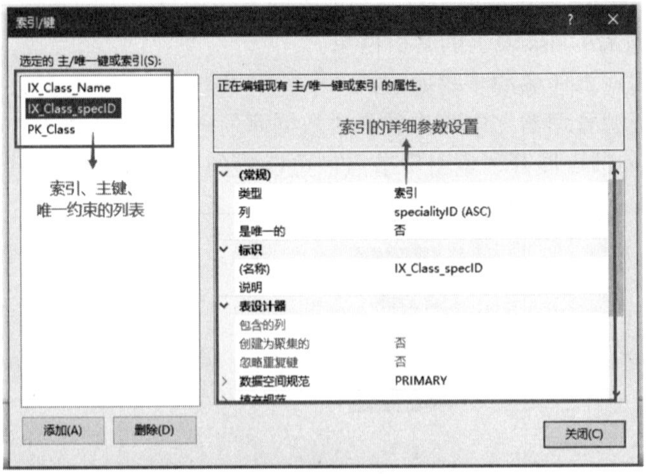

图7-12　“索引/键”对话框

Step 4 单击“索引/键”对话框中的“添加”按钮，此时会在左侧的索引列表框中出现一个新的索引名称。

Step 5 如图7-13所示，在右侧的属性框中设置新索引的属性：

- 在“列”栏输入“MonitorID(ASC)”，若是多列组合索引，可在弹出的对话框中选择多列；
- 如果是唯一索引，应设置“是唯一的”选项的值为“是”，此处为“否”；
- 在“(名称)”栏输入索引的名称；
- 在“排序顺序”中选择索引的排序顺序，默认情况是升序；
- 展开“填充规范”，可以在下方的“填充因子”和“填充索引”中设置填满程度。

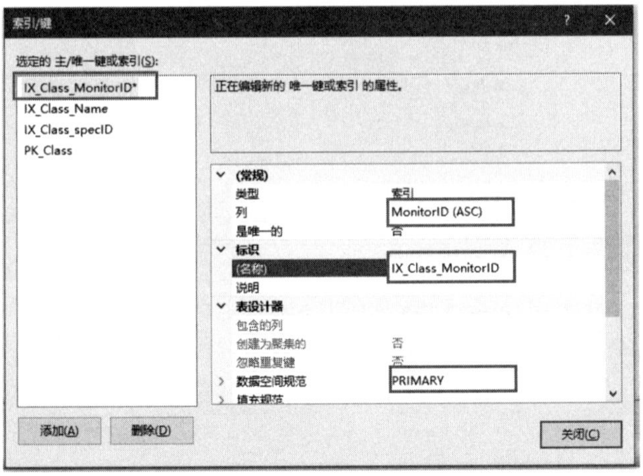

图7-13　设置MonitorID列的索引属性

Step 6 设置完成后，单击“关闭”→“保存”按钮，完成索引的创建。

2. 查看索引信息

除了使用上一小节提到的两个存储过程来查看索引信息之外，还可以使用 SSMS 来查看索引的信息。在 SSMS 中也有多种操作方法可以查看索引的信息，其中一种就是在上述创建索引的过程中的“索引/键”对话框中查看当前表的索引信息。下面我们介绍另外一种方法。

【任务 7-12】查看 Class 表上的索引信息。

【操作步骤】实现本任务的步骤如下：

Step 1 在“对象资源管理器”中依次展开“数据库”→SGMS→“表”→dbo.Class 节点。

Step 2 在 dbo.Class 节点展开“索引”节点，可以看到该表的所有索引，如图 7-14 所示。

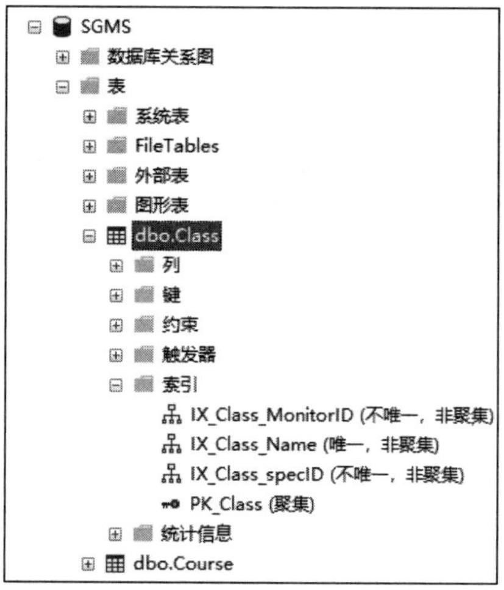

图 7-14　查看索引信息

Step 3 如果需要查看某个索引的具体信息，可以右击该索引，在弹出的快捷菜单中选择“属性”命令，弹出“索引属性-IX_Class_Name”窗口，如图 7-15 所示。

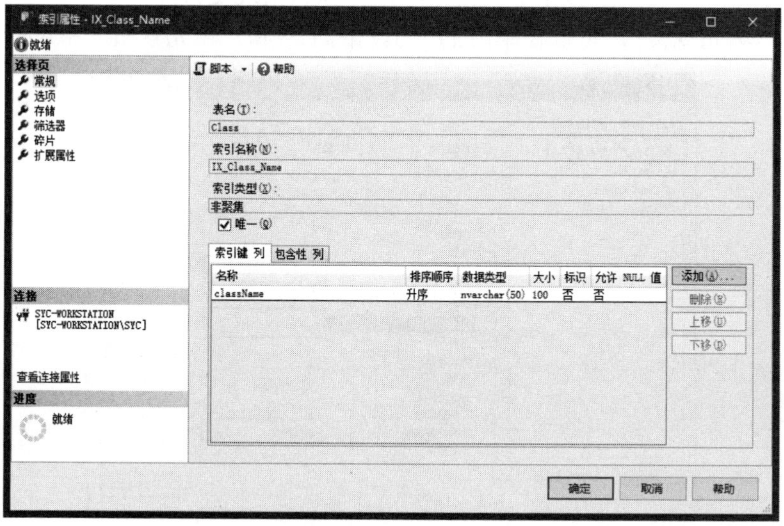

图 7-15　“索引属性-IX_Class_Name”窗口

3. 删除索引

在某个索引不再被需要时，应该把它从数据库中删除，可以使用上述 DROP INDEX 语句删除，也可以使用 SSMS 来删除。使用 SSMS 删除索引的操作步骤如下：

Step 1　在“对象资源管理器”中依次展开“数据库”→SGMS→“表”→dbo.Class 节点。

Step 2　在 dbo.Class 节点展开“索引”节点，可以看到该表的所有索引（见图 7-14）。

Step 3　右击要删除的索引，在弹出的快捷菜单中选择“删除”命令。

Step 4　在弹出的“管理索引”对话框中单击“确定”按钮，完成删除索引的操作。

索引的分析与维护

7.3　索引的分析与维护

在创建索引后，经过一段时间运行，由于数据的写入、修改和删除等操作，索引页和数据页上的数据就会变得零碎，因此必须维护索引以确保其具有最佳的性能。在 SQL Server 中，提供了多个语句来分析索引的状态和维护索引。

7.3.1　索引的分析

索引在创建之后一段时间之内能有效提升查询性能，但是随着系统的运行，数据经过修改、删除、添加等改变，数据页和索引页面的填满程度会发生变化，这就会产生“碎片”。碎片是在进行数据操作（增、删、改）过程中产生的。例如，在向表中添加数据行或删除数据行的时候或者在修改索引列数据的时候，SQL Server 经常需要拆分数据页来适应这些更改操作。在拆分过程中，增大了表的大小和处理查询的时间。经过一段时间以后，磁盘上的数据会变得零碎，并分布在大量的零散的磁盘空间上，这将大大地影响数据查询的性能。

SQL Server 提供了多种分析索引和查询性能的方法，常用的有 SHOWPLAN 选项、STATISTICS IO 选项和 DBCC SHOWCONFIG 语句。

1. SHOWPLAN 选项

SHOWPLAN 选项包括 SHOWPLAN_ALL 和 SHOWPLAN_TEXT 两个选项。打开该选项将不执行其后的 T-SQL 语句，取而代之的是 SQL Server 将返回有关语句执行方式和语句预计所需资源的详细信息。SHOWPLAN 选项以一个层次结构树的形式返回信息，用以表示 SQL Server 查询处理器在执行每个语句时所采取的步骤。其语法格式为

```
SET SHOWPLAN_ALL { ON | OFF }
SET SHOWPLAN_TEXT { ON | OFF }
```

其中，ON 为显示查询执行信息，OFF 为不显示查询执行信息。默认情况下，系统不会显示查询执行的详细信息。

【任务 7-13】用户需要查询“18 计算机 1”班学生的学号、姓名和出生日期，请首先显示查询处理过程，并查看索引的使用情况。

【任务分析】默认情况下，查询语句不显示查询处理过程，若要显示，需要首先打开 SHOWPLAN_ALL 或 SHOWPLAN_TEXT 选项。

【代码实现】实现本任务的脚本和结果如图 7-16 所示。

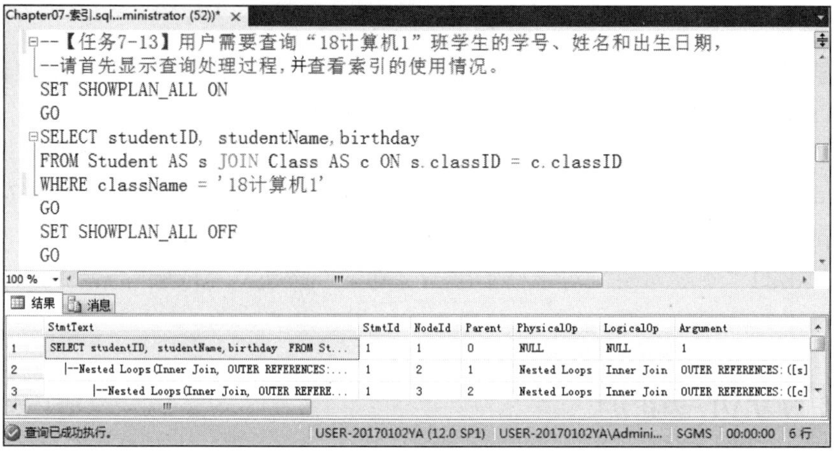

图 7-16　任务 7-13 脚本和结果图

注意：

（1）SHOWPLAN 语句只返回查询处理情况，不返回查询结果。

（2）SHOWPLAN_ALL 与 SHOWPLAN_TEXT 的功能基本一样。SHOWPLAN_TEXT 可提供更可读的格式输出，而 SHOWPLAN_ALL 的结果可用于图形化查询工具。

（3）SHOWPLAN 选项打开后必须及时关闭，否则后面所有的语句都不会返回查询结果。

2. STATISTICS IO 选项

STATISTICS IO 选项用来显示执行查询语句所花费的磁盘活动量统计，即查询过程中所产生的磁盘读写次数，用户可以利用这些信息来确定是否重新设计索引。其语法格式为

```
SET STATISTICS IO { ON | OFF }
```

其中，当 STATISTICS IO 选项设置为 ON 时，显示磁盘统计信息，默认情况下为 OFF。

【任务 7-14】用户需要查询“18 计算机 1”班学生的学号、姓名和出生日期，并查看磁盘活动情况。

【任务分析】要显示磁盘活动情况，需要首先打开 STATISTICS IO 选项。

【代码实现】实现本任务的脚本和结果如图 7-17 所示。

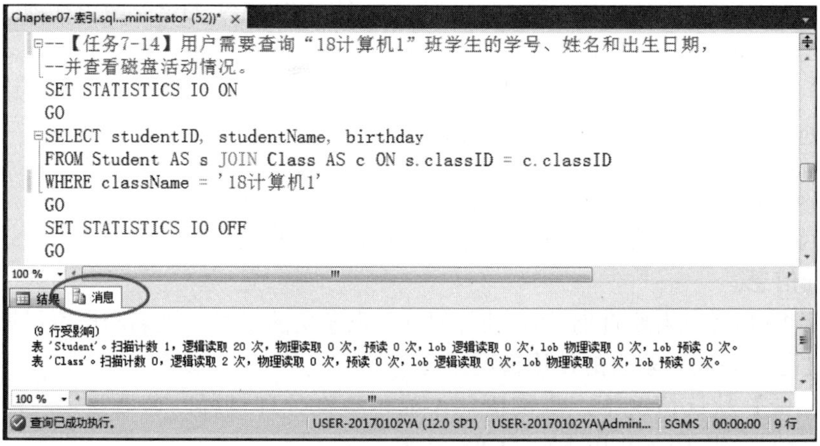

图 7-17　任务 7-14 脚本和结果图

注意：

（1）STATISTICS IO 选项在返回磁盘用量情况的同时也返回查询结果。

（2）STATISTICS IO 选项打开后要及时关闭，否则后面的语句会一直返回磁盘用量统计情况。

3. DBCC SHOWCONTIG 语句

DBCC SHOWCONTIG 语句用来显示指定表的数据和索引的碎片情况，当向表中添加或删除了大量数据的时候，应该使用该语句来查看有无数据碎片。其语法格式为

```
DBCC SHOWCONTIG [({表名 | 视图名} [, 索引名 | 索引 ID])]
```

其中，索引名、索引 ID 可以省略，此时将返回该表或视图上的聚集索引的碎片情况；如果将表名和索引名都省略，则返回当前数据库中所有表上聚集索引的碎片情况。DBCC SHOWCONTIG 语句返回的统计信息及相关描述如表 7-2 所列。

表 7-2 DBCC SHOWCONTIG 语句返回的统计信息及相关描述

统计信息	描述
扫描页数	表或索引的页数
扫描区数	表或索引中的扩展盘区数
区切换次数	遍历索引或表的页时，DBCC 语句从一个扩展盘区移动到其他扩展盘区的次数
每个区的平均页数	页链中每个扩展盘区的页数
扫描密度[最佳计数:实际计数]	最佳计数是指在一切都连续地链接的情况下，扩展盘区更改的理想数目；实际计数是指扩展盘区更改的实际次数。如果一切都连续，则扫描密度数为 100；如果小于 100，则存在碎片。扫描密度为百分比值
逻辑扫描碎片	对索引的叶级页扫描所返回的无序页的百分比。该数与堆集和文本索引无关。无序页是指在 IAM 中所指示的下一页不同于由叶级页中的下一页指针所指向的页
区扫描碎片	无序扩展盘区在扫描叶级索引页中所占的百分比。该数与堆集无关
每页的平均可用字节数	所扫描的页上的平均可用字节数。数字越大，页的填满程度越低。该数受行大小影响：行大小越大，数字就越大。数字越小越好
平均页密度（满）	平均页密度（为百分比）。该值考虑行大小，所以它是页的填满程度的更准确表示。百分比越大越好

【任务 7-15】查看 Student 表的聚集索引的碎片情况。

【任务分析】要显示索引碎片情况，需要使用 DBCC SHOWCONTIG 语句。默认情况下，该语句就返回聚集索引的碎片情况，所以索引名可以省略。

【代码实现】实现本任务的脚本和结果如图 7-18 所示。

7.3.2 索引的维护

在 SQL Server 中有三种整理碎片的方法：第一种是使用 WITH DROP EXISTING 选项删除并重建索引；第二种是使用 ALTER INDEX REORGANIZE 语句重组索引；第三种是使用 ALTER INDEX REBUILD 语句重建索引。其中，第一种方法是最彻底的方法，但是对系统的运行有一定的影响。

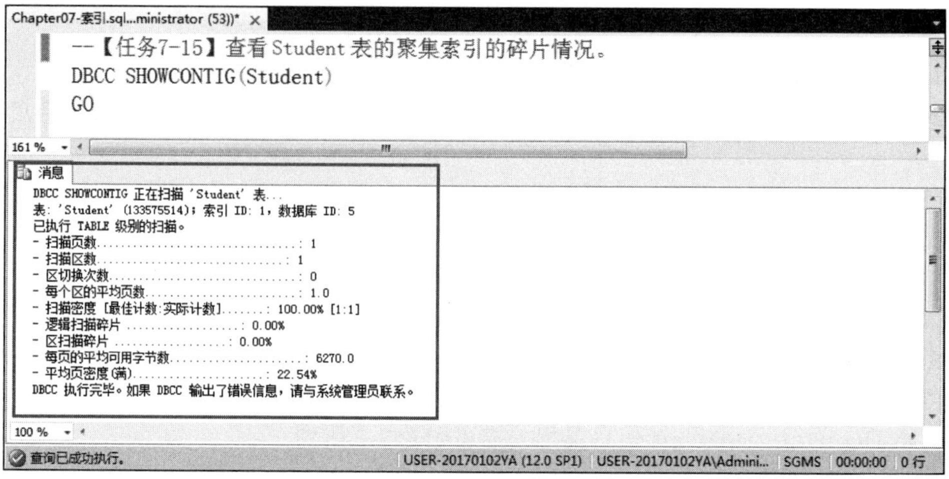

图 7-18　任务 7-15 脚本和结果图

1. 使用 WITH DROP_EXISTING 选项删除并重建索引

在存在索引碎片时，最彻底的解决方法就是删除并重新创建索引，即先使用 DROP INDEX 语句删除索引，再使用 CREATE INDEX 语句创建索引。此外，CREATE INDEX 语句提供了 WITH DROP_EXISTING 选项可以实现相同的功能。在使用 WITH DROP_EXISTING 选项重建索引时，可以重新压缩或扩展。

【任务 7-16】重建 Student 表 classID 列的非聚集索引，并修改其填充因子为 70（背景：系统运行一段时间后，用户发现当查询某个学生的信息时，需要很长时间才能得到响应）。

【任务分析】当遇到查询变慢这样的问题时，需要首先考虑查看索引的性能情况，即有无索引碎片，可以通过使用 DBCC SHOWCONTIG 语句来实现。当数据存在碎片时，在用户允许的情况下可以通过重建索引来解决这个问题。

【代码实现】实现本任务的脚本如图 7-19 所示。

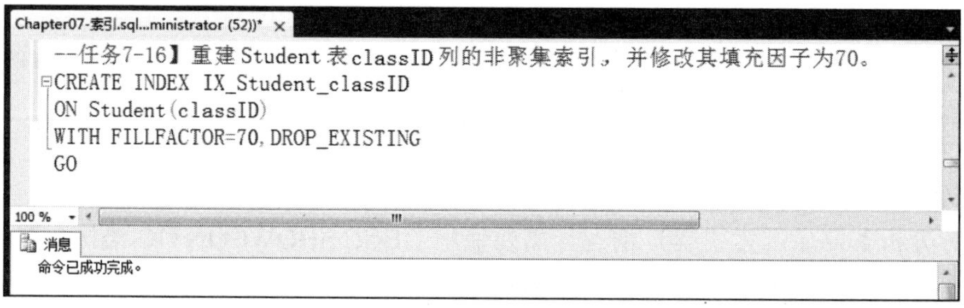

图 7-19　任务 7-16 脚本和结果图

2. 使用 ALTER INDEX REORGANIZE 语句重组索引

在 SQL Server 中，可使用 ALTER INDEX REORGANIZE 语句实现重组索引的功能，以达到整理索引碎片的目的。该语句按逻辑顺序重新排序索引的叶级页，这个操作是联机操作，因此在语句运行时仍可使用索引，且中断此操作时不会丢失已经完成的任务。此方法的缺点是在重新组织数据方面不如先删除索引再重建索引的效果好，而且不更新统计信息。语法格式为

```
ALTER INDEX { 索引名 | ALL }
ON <表名 | 视图名>
```

```
REORGANIZE
```

【任务 7-17】重组 Student 表 classID 列的非聚集索引以整理索引碎片。

【任务分析】使用 WITH DROP_EXISTING 选项重建索引可以彻底地整理索引碎片，但是删除重建的过程将直接影响用户使用，如果是实时性要求很高的系统，将会带来一定的隐患。所以很多情况下可以使用重组索引来整理碎片，以恢复索引的性能。

【代码实现】实现本任务的脚本如图 7-20 所示。

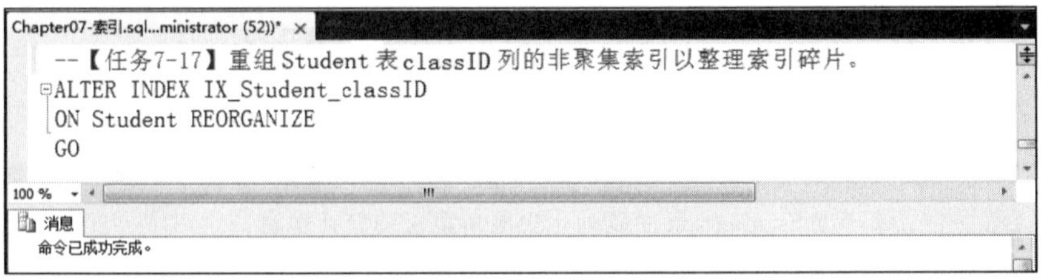

图 7-20 任务 7-17 脚本图

ALTER INDEX REORGANIZE 语句是 SQL Server 2005 及以上版本才提供的功能，该语句的最大优点是支持联机操作，不会影响用户使用，而且具备收缩大对象的作用。索引包含行锁和页锁这两个选项，如果未打开这两个选项，ALTER INDEX REORGANIZE 语句无法正常执行。

3. 使用 ALTER INDEX REBUILD 语句重建索引

前面的两种方法各有优缺点，使用 WITH DROP_EXISTING 选项重建索引会影响用户使用，且重组索引不彻底。此时可以考虑使用 ALTER INDEX REBUILD 语句重建索引，它首先不删除现有索引，而是重新申请空间建立一个新的索引，完成后删除旧索引。ALTER INDEX REBUILD 语句是一个联机操作，将不影响用户的使用。相对于 ALTER REORGANIZE 语句，ALTER INDEX REBUILD 语句将占用较多的系统资源，并且需要更多时间，但是碎片整理效果也会更好。

【任务 7-18】重建 Student 表 classID 列的索引，要求不影响用户的使用。

【任务分析】使用 WITH DROP_EXISTING 选项重建索引可以彻底地整理索引碎片，但是在重建过程中将直接影响用户使用。要求不影响用户的使用，只能使用 ALTER INDEX REBUILD 语句重建索引。

【代码实现】实现本任务的脚本如图 7-21 所示。

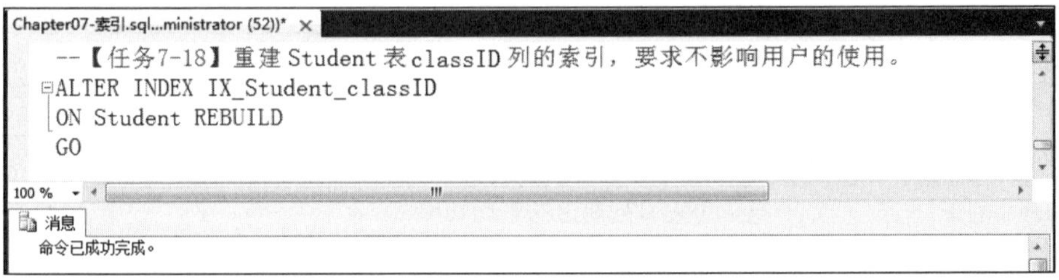

图 7-21 任务 7-18 脚本图

7.3.3 统计信息

SQL Server 的查询优化器使用统计信息来优化查询，所以我们要了解统计信息的相关概念和创建方法。统计信息是存储在 SQL Server 中的列数据的样本，查询优化器使用这些数据样本来决定是使用表扫描还是使用索引来进行数据查询。SQL Server 维护某一个索引关键值的分布统计信息，并且使用这些统计信息来确定在查询进程中哪一个索引是有用的，查询的优化依赖于这些统计信息的分布准确度。

1. 查看统计信息

可以通过执行 DBCC SHOW_STATISTICS 语句查看索引或列的统计信息，其语法格式为

```
DBCC SHOW_STATISTICS ( 表名, 索引名 )
```

【任务 7-19】查看 Student 表主键列上的聚集索引的统计信息。

【代码实现】实现本任务的脚本和结果如图 7-22 所示。

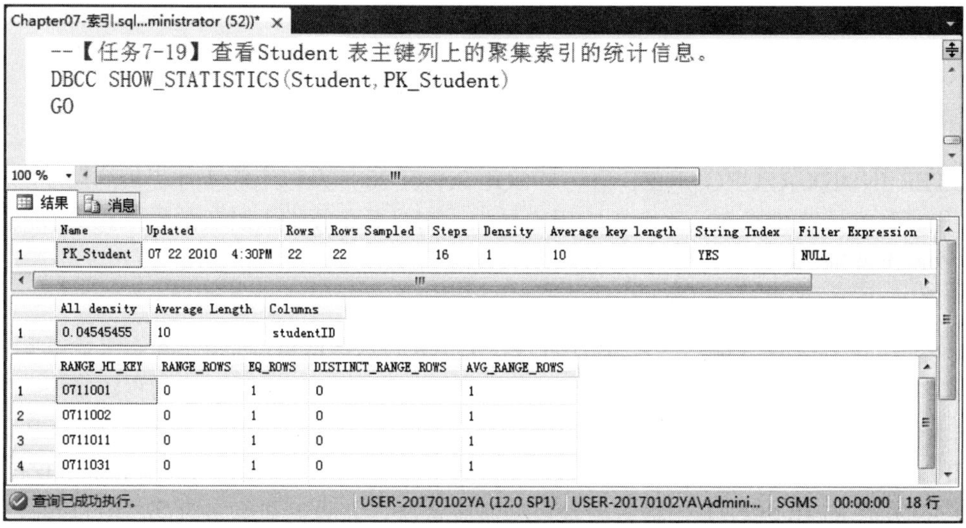

图 7-22　任务 7-19 脚本和结果图

DBCC SHOW_STATISTICS 语句的返回信息及相关描述如表 7-3 所列。

表 7-3　DBCC SHOW_STATISTICS 语句的返回信息及相关描述

返回信息	描述
Updated	上一次更新统计的日期和时间
Rows	表中的行数
Rows Sampled	统计信息的抽样行数
Steps	分发步骤数
Density	第一个索引列前缀的选择性（不频繁）
Average key length	第一个索引列前缀的平均长度
All density	索引列前缀集的选择性（频繁）
Average length	索引列前缀集的平均长度
Columns	为其显示 All density 和 Average length 的索引列前缀的名称
RANGE_HI_KEY	柱状图步骤的上部绑定值
RANGE_ROWS	位于柱状图步骤内的示例的行数，上部绑定除外

续表

返回信息	描述
EQ_ROWS	示例中值与柱状图步骤的上部绑定值相等的行的数目
DISTINCT_RANGE_ROWS	柱状图步骤内非重复值的数目，上部绑定除外
AVG_RANGE_ROWS	柱状图步骤内重复值的平均数目，上部绑定除外

2. 创建统计信息

（1）自动创建统计信息。建立索引后，就会出现一个同名的统计信息。假如一个列没有统计信息，这时如果用该列来关联表和查询数据，系统就会在评估最佳查询计划前，生成一个该列的“_WA_Sys”统计信息。例如，Class 表的统计信息状况如图 7-23 所示。

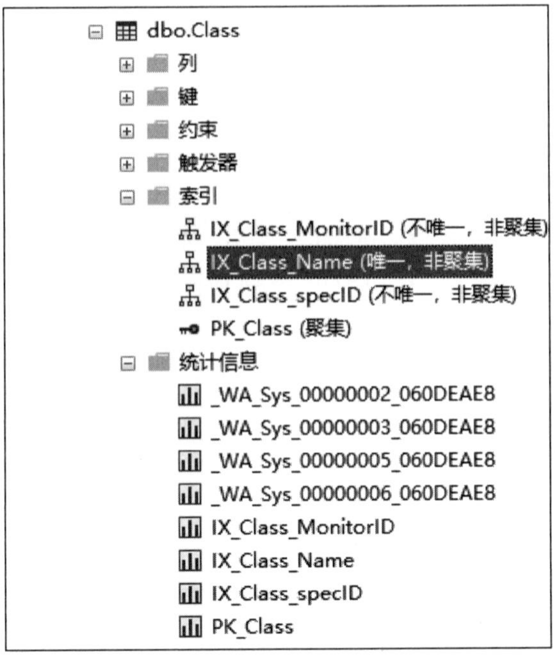

图 7-23　Class 表的统计信息状况

（2）手动更新统计信息。假如 SQL Server 中没有设置统计信息自动创建选项，这时就需要手工创建统计信息。用户可以为没有索引的列创建统计信息，手动创建统计信息的语法格式为

```
CREATE STATISTICS 统计信息名 ON { 表名 | 视图名 } ( 列 [,...n] )
```

3. 更新统计信息

经过一段时间后，统计信息可能就会过时，这将影响查询优化器的性能。因此必须及时更新统计信息，用户可设置自动更新统计信息，或手动更新统计信息。

（1）自动更新统计信息。当把 SQL Server 数据选项“自动更新统计信息”设置为打开时，SQL Server 将自动更新统计信息。统计信息的更新频率取决于列中的数据量和更改的数据量的相对值。例如，如果表中有 10000 行数据，其中 1000 行数据修改了，那么统计信息可能需要修改；然而，如果只有 50 行数据修改了，那么仍然保持当前的统计信息，并

不会更新。

（2）手动更新统计信息。当系统短时间内做了大量数据修改时，统计信息可能来不及更新，或者统计信息的自动更新选项并未打开，这时可以执行 UPDATE STATISTICS 语句或者 sp_updatestats 系统存储过程来手动更新统计信息。使用 UPDATE STATISTICS 语句既可以修改表中的全部索引，也可以修改指定的索引。其语法格式为

```
UPDATE STATISTICS 表名 | 视图名 [ 索引名|(统计信息名 [,...n])]
```

在使用 UPDATE STATISTIC 语句时如果省略索引名或统计信息名，SQL Server 将更新所有表或视图的统计信息。如果需要更新指定数据库所有对象上的统计信息，可以使用 sp_updatestats 系统存储过程。sp_updatestats 的作用是对当前数据库中所有用户定义的表运行 UPDATE STATISTICS，其语法格式为

```
EXEC sp_updatestats [[@resample =] 'resample']
```

小结

索引是为了加快数据查询而创建的一种分散存储结构。本章首先介绍了索引的概念及分类，讨论了索引的优缺点，并通过学生成绩管理系统这个案例介绍了设计索引的方法。其中，重点介绍了索引的创建方法、创建索引时的选项，以及管理索引的方法。最后，本章对索引性能下降的可能原因进行了分析，介绍了碎片以及统计信息的概念，同时给出了解决碎片和更新统计信息的方法。

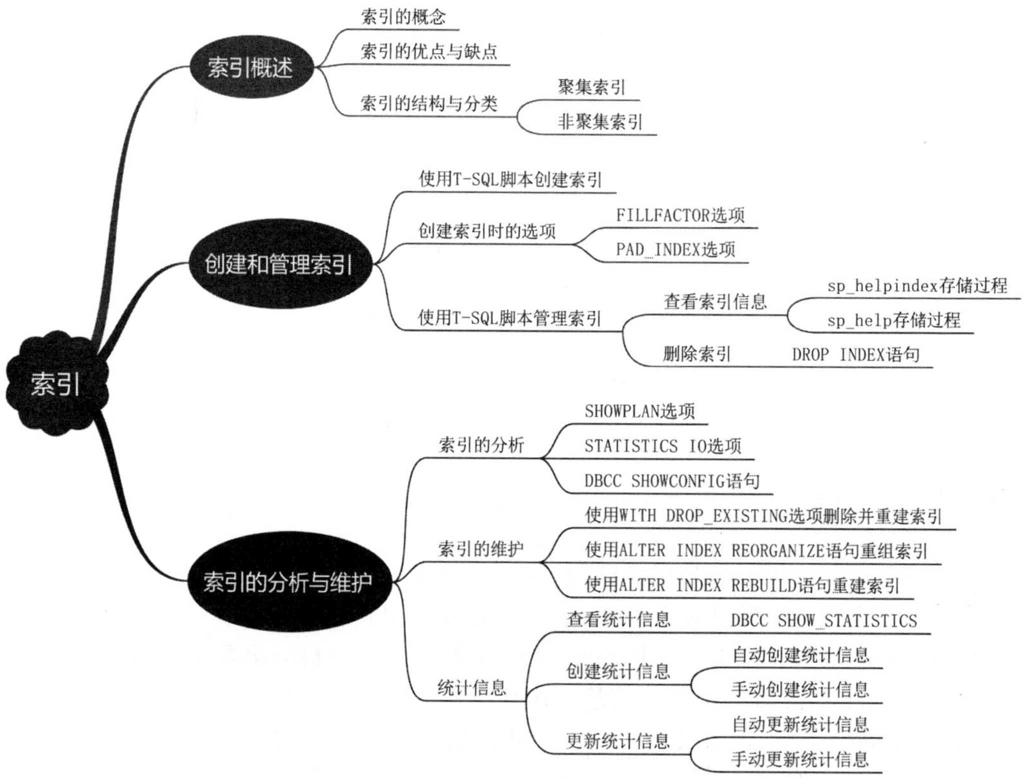

思考与练习

一、选择题

1. 关于索引，下列描述错误的是（　　）。
   A. 创建索引时，默认为聚集索引
   B. 每张表只能有一个聚集索引
   C. 应先创建聚集索引，后创建非聚集索引
   D. 一张表可创建多达 249 个非聚集索引
2. （　　）不适合创建索引。
   A. 包含太多重复值的列
   B. 是外键或主键的列
   C. 在 ORDER BY 子句中使用的列
   D. 经常在 WHERE 子句中出现的列
3. 关于聚集索引，以下说法错误的是（　　）。
   A. 一个表最多只能创建一个聚集索引
   B. 一般情况下，聚集索引比非聚集索引有更快的访问速度
   C. 主键一定是聚集索引
   D. 创建了聚集索引的列可以允许重复值

二、填空题

1. 根据存储结构的不同，索引可以被分为________和________两类。

2. 在 SQL Server 中，索引的结构是一个________，________的叶节点是数据，而________的叶节点包含了具有指针的行标识符。

3. 从理论上讲一张表上可以包含________个聚集索引，非聚集索引则可以创建________个。

4. 在表上创建主键约束时，默认将创建________；在表上创建唯一约束时默认将创建________。

5. FILLFACTOR 选项用于设置________的值。PAD_INDEX 选项指定________的百分比。

6. 使用________语句可以查看索引碎片情况，可以分别打开________选项和________选项来查看查询语句执行过程的情况。

三、简答题

1. 什么是索引？为什么要使用索引？
2. SQL Server 中索引有哪些类型？各有什么特点？
3. 应该在哪些列上创建索引？哪些列上不考虑创建索引？
4. FILLFACTOR 选项用来设置索引的何种属性？对索引结构有何影响？
5. 简述碎片产生的原因及其整理方法。
6. 简述统计信息的概念和作用。

上机实验

实验指导书

一、实验目的和要求

1．掌握创建索引的方法。

2．会在创建索引时设置其填充因子等选项。

3．掌握查看索引碎片及维护索引的方法。

4．了解统计信息的基本操作。

二、实验内容

本实验将继续完成课堂上未完成的工作，进行学生成绩管理系统数据库（SGMS）中其他对象的索引创建工作，并进行维护。具体实验内容如下：

1．完成教材任务 7-3～任务 7-18 所有的程序和操作。

2．创建 Department 表的索引：

（1）查看现有索引状况，如果无聚集索引，则创建聚集索引或建立主键。

（2）在 departmentName 列上创建非聚集索引。

3．创建 Teacher 表的索引：

（1）查看现有索引状况，如果无聚集索引，则创建聚集索引或建立主键。

（2）在 teacherName 列上创建非聚集索引。

（3）在 telephone 列上创建非聚集索引。

（4）在 departmentID 列上创建非聚集索引。

4．创建 Speciality 表的索引：

（1）查看现有索引状况，如果无聚集索引，则创建聚集索引或建立主键。

（2）在 specialityName 列上创建非聚集索引。

（3）在 departmentID 列上创建非聚集索引。

5．创建 Course 表的索引：

（1）查看现有索引状况，如果无聚集索引，则创建聚集索引或建立主键。

（2）在 courseName 列上创建非聚集索引。

（3）在 courseTypeID 列上创建非聚集索引。

6．查看索引碎片：

（1）查看 Course 表的碎片情况，如果有，请使用删除重建的方法整理这些碎片。

（2）查看 Teacher 表的碎片情况，如果有，请使用重组索引的方法整理这些碎片。

（3）查看 Grade 表的碎片情况，如果有，请使用重建索引的方法整理这些碎片。

7．碎片整理综合训练（选做）。

（1）创建一个 Student 表的副本，并使用 WHILE 循环向其中添加 100000 条记录。

（2）查看该表副本的碎片情况，并记录下来。

（3）删除其中10000条记录，再查看其碎片情况，并记录下来；使用教材中的第一种方法整理碎片，并记录整理后的效果。

（4）再删除其中10000条记录，查看碎片情况，并记录下来；再使用第二种方法整理这些碎片，并记录整理后的效果。

（5）再删除其中10000条记录，查看碎片情况，并记录下来；再使用第三种方法整理这些碎片，并记录整理后的效果。

（6）结合教材中的知识，比较这三种整理碎片的方法。

第8章

视图

任务背景：

在数据库系统中建立索引的目的就是提高查询的效率，而查询语句的好坏会影响到索引作用的发挥。查询作为最为频繁执行的任务，数据库管理员和程序员会为其编写大量的脚本，有些脚本非常复杂，有些脚本涉及安全性问题等。加之在数据库应用中，用户需求的信息有时要涉及多个基表且不同用户的数据需求及访问数据的权限也有差异，频繁地进行复杂的查询效率也不高。因此，我们将要引入一种新的数据库对象——视图，并通过视图来解决重复的复杂查询效率提升问题。

本章的任务是通过视图来保存较为复杂的查询，提高开发人员访问数据的便捷性和易用性，并提高数据库的安全性。

学习目标：

（1）了解视图的概念、优点及其与数据表之间的区别。

（2）掌握利用可视化界面和T-SQL脚本创建、修改和删除视图的方法。

（3）掌握通过视图修改基表中数据的方法。

（4）掌握查看视图信息的方法。

（5）了解如何通过视图实现数据库的安全管理。

（6）灵活运用视图以提高系统开发效率。

任务导航：

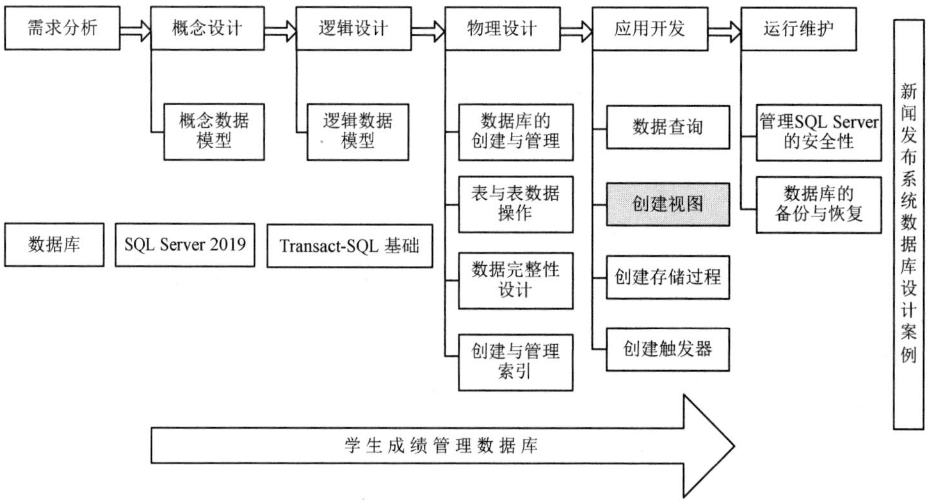

8.1 视图概述

视图概述

视图作为一种基本的数据库对象，是一个虚拟表，其内容由查询定义，即把预先定义的查询语句以数据库对象的形式存储在数据库中，然后就可以通过这个对象名在其他地方像表格一样调用它。与表不同的是，保存在视图中的数据并不是物理存储的数据，是由实际的表格派生的，这些表被称为视图的基表。视图来源于一个或多个基表的行或列的子集，或者是基表的统计汇总，也可以来源于另一个视图或基表与视图的某种组合。

在实际应用中，视图可以像表格一样进行查询，没有任何限制。但是通过视图进行数据的修改、删除等操作时有一定限制，具体的限制我们将在8.4节介绍。

8.1.1 视图的优缺点

视图被定义后，尽管存在一些使用限制，但在大多数情况下可以像表一样被查询、修改、删除和更新。与直接使用表相比，使用视图具有以下优点：

（1）为用户集中数据。视图使用户可以只关注他所负责的特定任务，不必要的数据或敏感数据可以不出现在视图中。这样既可以将用户感兴趣的数据集中起来，又隐藏了敏感数据，提高了基表中数据的安全性。

（2）简化数据库查询。数据库的设计一般比较复杂，而使用视图可以屏蔽其复杂的数据结构，并可以使用易于理解的名字来命名视图，使用户眼中的数据结构显得简单、清晰。较为复杂的查询也可以写在视图中，这样用户只需要使用视图就可以实现复杂的操作，从而避免重复编写复杂的查询语句。

（3）简化用户权限管理。数据库系统中很多用户不具备足够的操作权限，但是又需要对部分列的数据进行操作，这样的权限管理比较复杂。视图可以让用户在不具备基表的相关权限的基础上，仅查看指定的行或列的数据，进而简化用户的权限管理。此外，对不同的用户定义不同的视图，使机密数据不出现在不应看到这些数据的用户的视图上，可以简化安全管理工作。

（4）方便导出和导入数据。可使用视图将数据导出到其他应用程序或外部文件中，便于进行进一步分析。例如，用户可能希望使用SGMS数据库中的Student、Grade和Course表在Microsoft Excel中分析学生课程成绩数据。为此，可基于Student、Grade和Course表创建视图，然后使用BCP实用工具导出由该视图定义的数据。

（5）自定义数据。视图允许用户以不同方式查看数据，即使在他们同时使用相同的数据时也是如此，这在具有许多不同目的和技术水平的用户共用同一数据库时尤其有用。

视图在应用中存在如下缺点：

（1）视图的使用在一定程度上会降低数据库的性能。由于SQL Server必须将视图的查询转化成对基础表的查询，如果视图由多表查询所定义，在执行时还需要把视图重新转换为一个基于多个基础表的查询，因此会降低数据库的性能。

（2）修改数据的限制。由于视图是虚拟表，其对应的数据并不是以视图结构的形式存储在数据库中的，因此在对用户视图的数据进行修改时，系统必须将其转换为对基础表的修改。如果视图的数据来源比较复杂，修改可能会受到限制。

8.1.2 视图的类型

在 SQL Server 中，有标准视图、索引视图和分区视图三种视图。

（1）标准视图。标准视图由基本的 SELECT 语句构成，组合了一个或多个表中的数据，其主要应用是简化操作和权限管理。

（2）索引视图。如果需要提升对视图的查询性能，可以在视图上创建聚集索引，这个视图就称为索引视图。索引视图不再是虚拟化的对象，它在物理位置上建立有序的数据，是被具体化了的视图。索引视图对部分聚合和排序等操作能起到优化作用，不太适用于经常需要更新的基表。

（3）分区视图。分区视图可以在一台或多台服务器间通过集合操作组合数据，使数据看上去如同来自一个表。连接同一个服务器的成员表的视图是一个本地分区视图。在服务器间连接数据的视图是分布式分区视图，用于实现数据库服务器的联合。联合体是一组分开管理的服务器，但它们相互协作以分担系统的处理负荷，这种数据分区的机制可以向外扩展服务器，以支持大型计算机系统的业务需求。

8.2 创建视图

创建视图

视图是作为一个数据库对象来存储的。创建视图前，要保证创建视图的用户拥有 CREATE VIEW 权限，并且有权操作视图所涉及的表或其他视图。SQL Server 提供了两种创建视图的方法，一种是使用 T-SQL 脚本创建，另一种是使用可视化界面创建。本书主要介绍用这两种方法对标准视图的创建。

8.2.1 使用 T-SQL 脚本创建视图

在 T-SQL 中，CREATE VIEW 语句用于创建视图。使用时，CREATE VIEW 必须是查询批处理中的第一条语句，其语法格式为

```
CREATE VIEW [拥有者.] 视图名 [(列名 1,列名 2 [,…n] )]
[WITH ENCRYPTION | SCHEMABINDING  | VIEW_METADATA]
AS <SELECT 语句>
[WITH CHECK OPTION]
```

各关键字的用途说明如下所述。

（1）拥有者：当前数据库的拥有者，在绑定架构时不可省略。

（2）视图名：用于指定视图的名称，必须符合标识符的命名规则。

（3）列名：视图中包含的列名。若使用的列名与源表或视图中的相同，则不必给出，如果是计算得到的值则必须为之命名。

（4）WITH ENCRYPTION：用于加密包含 CREATE VIEW 的脚本。

（5）SELECT 语句：定义视图的 SELECT 语句。

（6）WITH CHECK OPTION：视图数据修改操作约束，它要求所有基于视图的数据修改都必须满足 SELECT 语句中定义的条件。

（7）SCHEMABINDING：将视图绑定到基础表的架构。如果指定了 SCHEMABINDING，视图引用的基表在修改时将受到约束。如果要修改基表，必须首先修改或删除视图定义本身，

并删除将要修改的表的依赖关系，然后才可以修改基表。

（8）VIEW_METADATA：表示如果某一查询中引用该视图且要求返回浏览模式的元数据时，那么 SQL Server 将向 DBLIB 和 OLE DB API 返回视图的元数据信息。

在创建视图时应考虑以下准则：

（1）视图名称必须遵循标识符的命名规则，且对每个用户都必须唯一。

（2）SQL Server 允许嵌套视图，也就是说可以基于已存在的视图创建视图。

（3）定义视图的脚本不能包含 ORDER BY 子句，除非在 SELECT 语句中用到 TOP 子句。

（4）不能创建临时视图，也不能对临时表创建视图。

（5）如果在定义视图时用到了表达式、内置函数或常量派生而来的列，则必须指定列名。

1. 使用 CREATE VIEW 语句创建视图

【任务 8-1】创建视图 V_Girls，包含所有女生的信息（学号、姓名、性别、出生年月、班级和专业等）。

【任务分析】将 SGMS 数据库的 Student、Class、Department 表中的相关数据集中到视图 V_Girls 中以方便用户查询，可以使用内连接或等值连接，如果字段列表中包含多个表中存在的列名，则必须给该列指定所属表名。

【代码实现】实现本任务的脚本如图 8-1 所示。

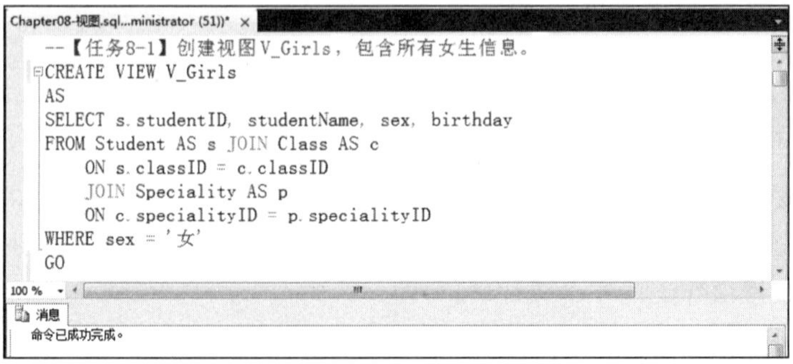

```
--【任务8-1】创建视图V_Girls，包含所有女生信息。
CREATE VIEW V_Girls
AS
SELECT s.studentID, studentName, sex, birthday
FROM Student AS s JOIN Class AS c
    ON s.classID = c.classID
    JOIN Speciality AS p
    ON c.specialityID = p.specialityID
WHERE sex = '女'
GO
```


图 8-1　任务 8-1 脚本图

2. 使用 WITH ENCRYPTION 加密视图

【任务 8-2】创建视图 V_Student，包含学生姓名、性别、出生日期等信息，同时加密其定义脚本，防止他人查看。

【代码实现】实现本任务的脚本如图 8-2 所示。

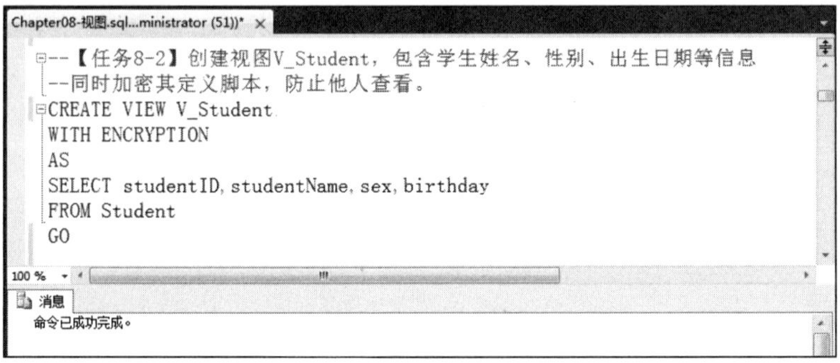

```
--【任务8-2】创建视图V_Student，包含学生姓名、性别、出生日期等信息
--同时加密其定义脚本，防止他人查看。
CREATE VIEW V_Student
WITH ENCRYPTION
AS
SELECT studentID, studentName, sex, birthday
FROM Student
GO
```


图 8-2　任务 8-2 脚本图

3. 使用 WITH CHECK OPTION 选项约束视图

【任务 8-3】创建视图 V_GradeDetails，包含所有汉族学生的姓名、民族、课程名、成绩等信息，并约束后面对该视图的修改必须满足特定的条件。

【任务分析】该任务要使用 WITH CHECK OPTION 选项，通过该选项创建的视图还可以实现约束功能，当视图中有新纪录插入或被修改时，若不符合视图的创建条件，将会被拒绝执行。此外，该视图的创建涉及 SGMS 数据库中的 Student、Course、Grade 表，因此在 SELECT 语句中要使用内连接或等值连接。

【代码实现】实现本任务的脚本如图 8-3 所示。

Chapter08-视图.sql...ministrator (51))*

```sql
--【任务8-3】创建视图V_GradeDetails，包含所有汉族学生的姓名、民族、课程
--并约束后面对该视图的修改必须满足特定的条件。
CREATE VIEW V_GradeDetails
AS
SELECT g.studentID, studentName, nation, courseName, term, score
FROM Student AS s JOIN Grade AS g
    ON s.studentID = g.studentID
    JOIN Course AS c
    ON c.courseID = g.courseID
WHERE nation = '汉'
WITH CHECK OPTION
GO
```

消息

命令已成功完成。

图 8-3　任务 8-3 脚本图

注意：在对该视图中的数据进行操作时，如果使用了 WITH CHECK OPTION 选项，但不存在创建视图时设定的条件，SQL Server 将不会执行更新操作。但是在视图所引用的基表中，原本可以执行的数据操作还是可以执行的。

4. 创建包含内置函数的视图

【任务 8-4】创建视图 V_GradeAVG，包含学生姓名、各科成绩的平均分等信息。

【任务分析】将 SGMS 数据库的 Student、Grade 表中的相关数据集中到视图 V_GradeAVG 中，需要使用系统内置函数 AVG()，生成汇总数据。因为聚合函数生成的值没有列名，所以应该用 AS 关键字指定列名。在使用视图时这样的视图数据是不允许更新的。

【代码实现】实现本任务的脚本如图 8-4 所示。

Chapter08-视图.sql...ministrator (51))*

```sql
--【任务8-4】创建视图V_GradeAVG，包含学生姓名、各科成绩的平均分等信息。
CREATE VIEW V_GradeAVG
AS
SELECT s.studentID, studentName, AVG(score) AS AvgGrade
FROM Student AS s JOIN Grade AS g
    ON s.studentID = g.studentID
GROUP BY s.studentID, studentName
GO
```

消息

命令已成功完成。

图 8-4　任务 8-4 脚本图

8 Chapter

这里因为有计算得到的列，查询的结果集中会有一列“无列名”，所以在定义视图时必须为这个列命名。除了在 SELECT 语句中起别名外，也可以在定义视图名称的同时为所有的列指定名称。任务 8-4 中的脚本还可以改写为

```
CREATE VIEW V_GradeAVG(studentID,studentName,AvgGrade)
AS
SELECT s.studentID,studentName,AVG(score)
FROM Student AS s JOIN Grade AS g ON s.studentID = g.studentID
GROUP BY s.studentID,studentName
```

8.2.2　使用可视化界面创建视图

除了使用 T-SQL 脚本创建视图外，还可以使用可视化界面创建视图。使用可视化界面创建视图的方法与创建数据表的方法不同，下面结合任务 8-5 来具体说明。

【任务 8-5】创建视图 V_StudentOfCS，查询计算机应用技术专业学生的姓名、课程名、成绩、专业、班级等信息。

【任务分析】将 SGMS 数据库的 Student、Grade、Course、Class、Speciality 表中的相关数据集中到视图 V_StudentOfCS 中，便于对数据进行查询和修改。

【操作步骤】实现本任务的步骤如下：

Step 1 启动 SSMS，连接到服务器，在“对象资源管理器”中依次展开“数据库”→SGMS→“视图”节点。

Step 2 右击“视图”并选择“新建视图”命令打开“视图设计”窗口。

Step 3 在弹出的“添加表”对话框（见图 8-5）中将需要引用的表添加到“视图设计”窗口中。在本例中，添加 Student、Course、Grade、Class 和 Speciality 五个表。添加完数据表之后，单击“关闭”按钮，返回到如图 8-6 所示的“视图设计”窗口。如果还要添加新的数据表，可以右击关系图窗格的空白处，选择“添加表”命令。如果要移除数据表或视图，可以在关系图窗格里选中对象，直接按 Delete 键移除。

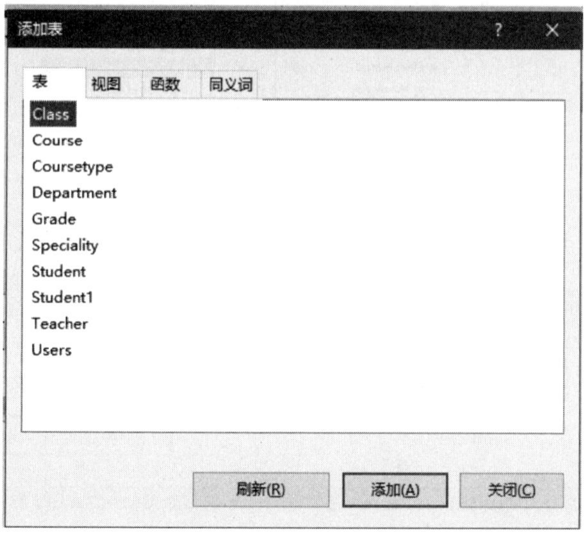

图 8-5　“添加表”对话框

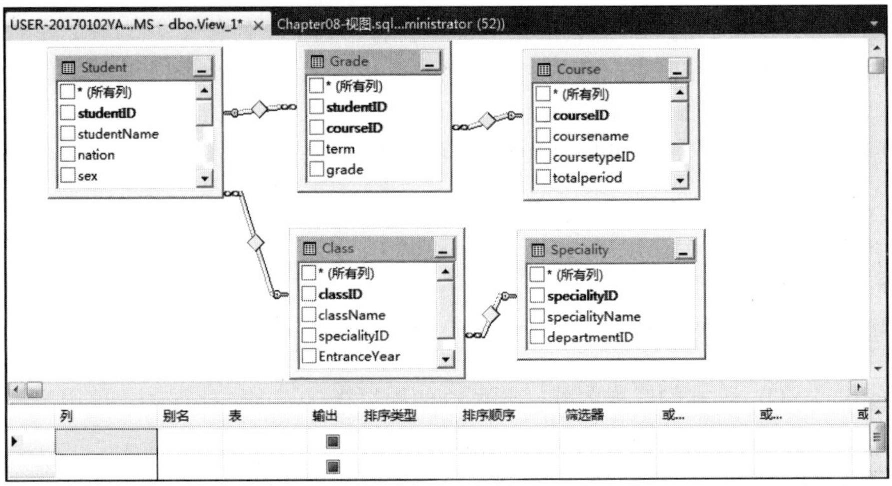

图 8-6 “视图设计”窗口

Step 4 在关系图窗格里，可以建立表与表之间的 JOIN…ON 关系，如 Student 表的 studentID 列与 Grade 表中的 studentID 列相等，那么只要将 Student 表中的 studentID 字段拖拽到 Grade 表中的 studentID 字段上即可。此时两个表之间将会有一根线相连。

Step 5 在关系图窗格里选择视图要输出的字段，即勾选该字段前的复选框，如图 8-7 所示。此外，也可以在条件窗格里通过下拉列表框选择要输出的字段。

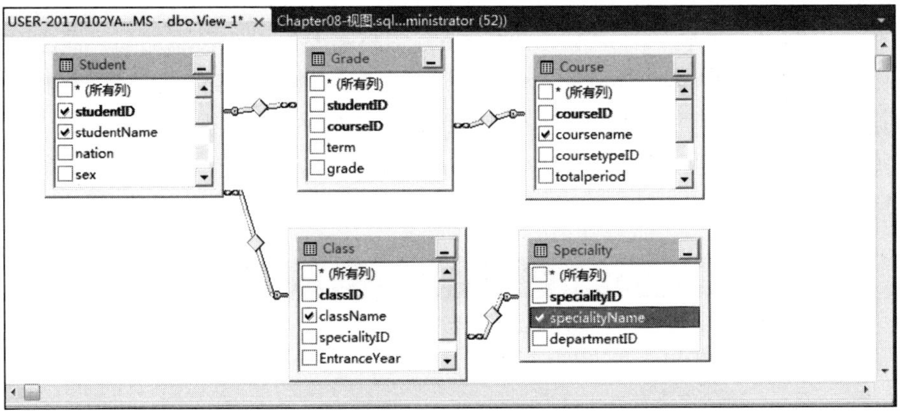

图 8-7 选择输出字段

Step 6 在条件窗格里还可以设置要过滤的查询条件，如图 8-8 所示。

图 8-8 设置要过滤的查询条件

Step 7 设置完后的 SQL 脚本，会显示在 SQL 窗格里，如图 8-9 所示。这个 SELECT 语句也就是视图所要存储的查询语句。

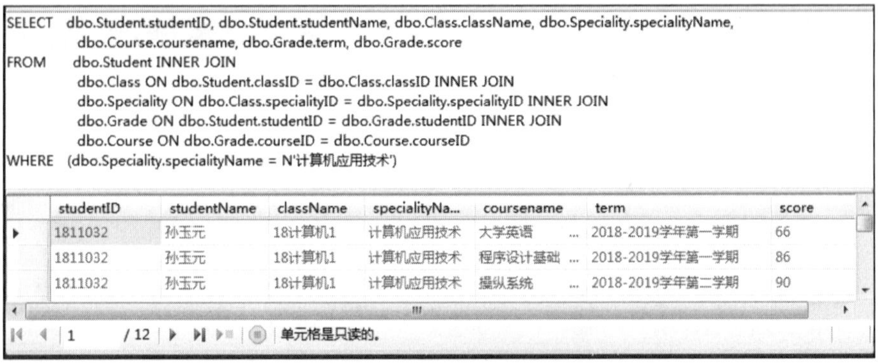

图 8-9　任务 8-5 脚本和结果图

Step 8 设置完条件后单击“执行 SQL”按钮，结果窗格将显示视图数据（见图 8-9）。

Step 9 单击“保存”按钮，在弹出的对话框里输入视图名称，完成视图的创建。

8.3 管理视图

管理视图

8.3.1 使用 T-SQL 脚本管理视图

1. 查看视图信息

在 SQL Server 中，视图的定义脚本被存储在系统表中，但是一般不建议直接查询系统表。用户可以使用系统存储过程 SP_HELPTEXT 显示视图在系统表中的定义，使用 SP_HELP 显示视图详情，使用 SP_DEPENDS 显示该视图所依赖的对象。它们的语法格式分别

```
SP_HELP　数据库对象名称
SP_HELPTEXT　视图（触发器、存储过程）名
SP_DEPENDS　数据库对象名称
```

【任务 8-6】查看视图 V_Girls 的定义信息（使用系统存储过程 SP_HELPTEXT）。

【代码实现】实现本任务的脚本和结果如图 8-10 所示。

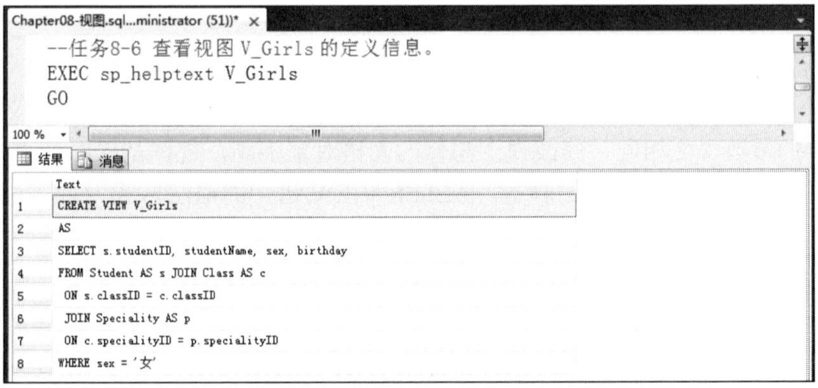

图 8-10　任务 8-6 脚本和结果图

【任务 8-7】查看视图 View_Student 的详情（使用系统存储过程 SP_HELP）。

【代码实现】实现本任务的脚本和结果如图 8-11 所示。

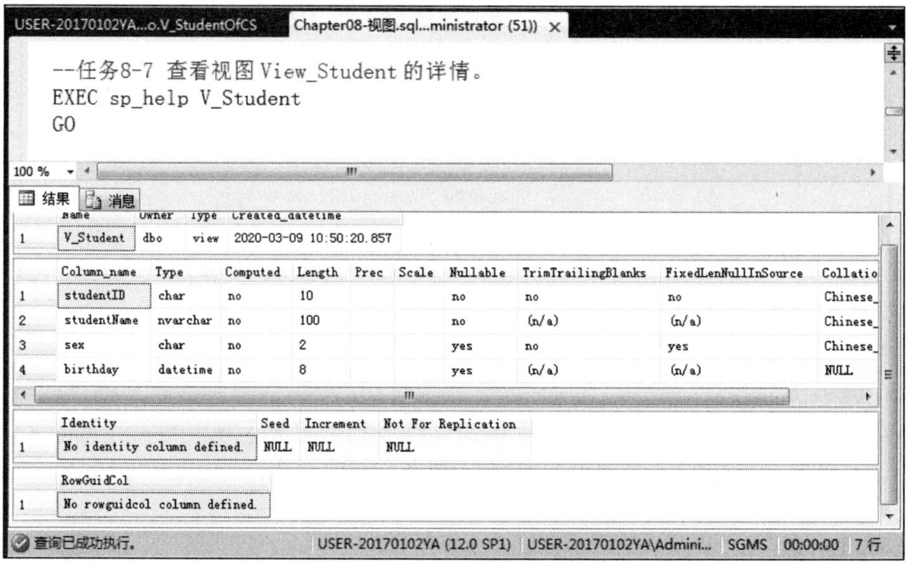

图 8-11 任务 8-7 脚本和结果图

【任务 8-8】查看视图“V_Student”所依赖的对象（使用系统存储过程 SP_DEPENDS）。

【代码实现】实现本任务的脚本和结果如图 8-12 所示。

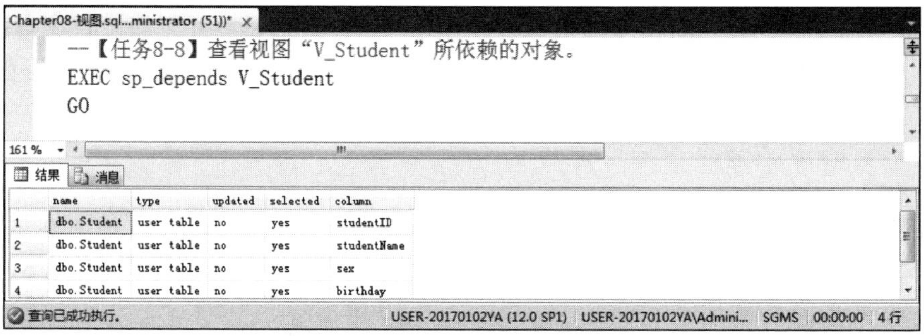

图 8-12 任务 8-8 脚本和结果图

2. 修改视图

要改变一个已经创建的视图，可以使用 ALTER VIEW 语句，其参数的含义与 CREATE VIEW 语句中的参数含义相同。修改视图与修改表格对象不同，视图是保存起来的查询脚本，因此修改视图就是修改定义视图的脚本。ALTER VIEW 语句的语法格式为

```
ALTER VIEW [所有者.]视图名 [(列名 1,列名 2 [,…n] )]
[WITH ENCRYPTION | SCHEMABINDING | VIEW_METADATA]
AS <SELECT 语句>
[WITH CHECK OPTION]
```

【任务 8-9】修改视图 V_Girls 的定义信息（将其改为所有 2000 年出生的女生的视图）。

【代码实现】实现本任务的脚本如图 8-13 所示。

8 Chapter

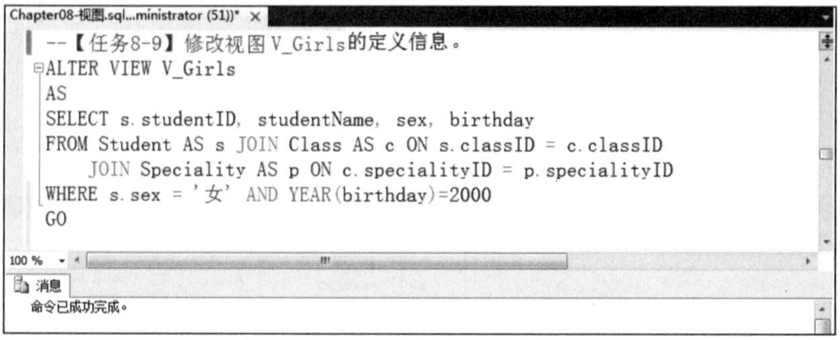

图 8-13 任务 8-8 脚本图

3. 视图更名

【任务 8-10】使用 SP_RENAME 将视图 V_Girls 改名为 V_Girl_2000。

【任务分析】可以使用系统存储过程 SP_RENAME 修改视图名称。

【代码实现】实现本任务的脚本如图 8-14 所示。

图 8-14 任务 8-10 脚本图

4. 删除视图

在视图不再使用时，可以用 DROP VIEW 语句从当前数据库中删除视图。删除视图时，将从相关的系统表中删除视图的定义信息。如果视图上创建了索引，将会被一并删除。语法格式为

```
DROP VIEW 视图名 [ , …n]
```

【任务 8-11】删除任务 8-2 创建的视图 V_Student。

【代码实现】实现本任务的脚本如图 8-15 所示。

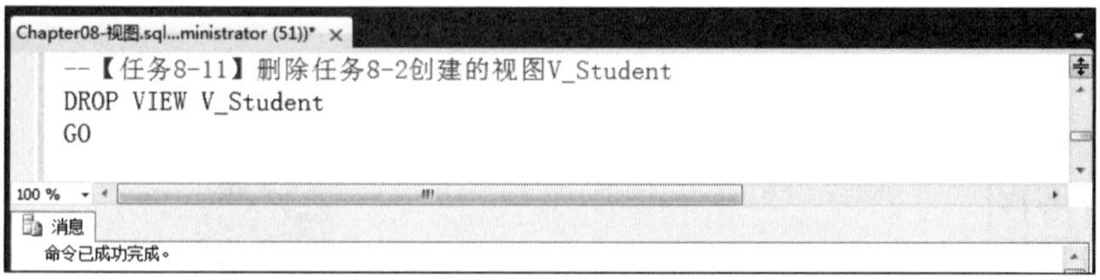

图 8-15 任务 8-11 脚本图

8.3.2 使用可视化界面管理视图

1. 使用可视化界面修改视图

【任务 8-12】修改视图 V_Girls_2000，要求显示所有女生的姓名、性别、专业、班级和所在系部。

【操作步骤】实现本任务的步骤如下：

Step 1 启动 SSMS，登录到服务器，在“对象资源管理器”依次展开“数据库”→SGMS→“视图”节点。右击“视图”中的“dbo.V_Girls_2000”，选择“设计”命令，打开“视图设计”窗口。

Step 2 右击关系图窗格空白处并选择“添加表”命令，添加 Department 表，如图 8-16 所示。

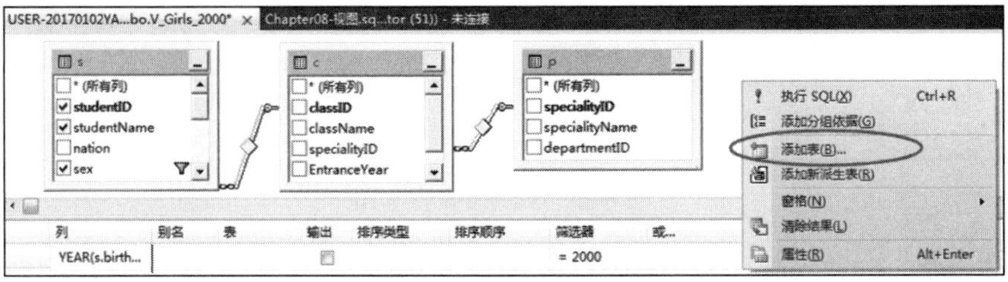

图 8-16　添加 Department 表

Step 3 添加表格后勾选 DepartmentName 复选框，如图 8-17 所示。

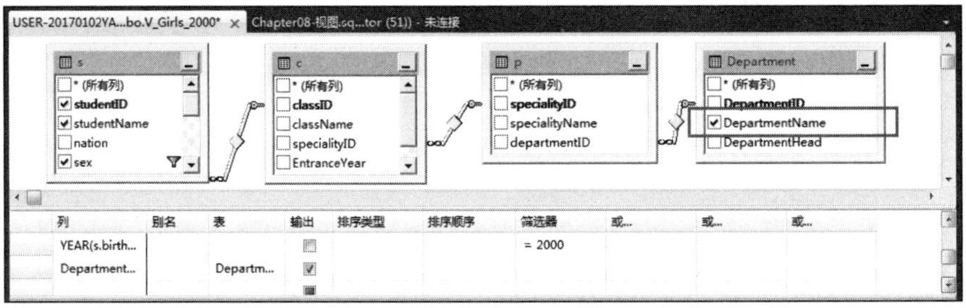

图 8-17　勾选 DepartmentName 复选框

Step 4 单击工具栏中的“保存”按钮，保存修改后的视图。

2. 使用可视化界面删除视图

【任务 8-13】删除任务 8-12 修改过的视图 V_Girls_2000。

【操作步骤】实现本任务的步骤如下：

Step 1 启动 SSMS，登录到服务器，在“对象资源管理器”依次展开“数据库”→SGMS→“视图”节点。右击“视图“中的“dbo.V_Girls_2000”，在弹出的快捷菜单中选择“删除”命令。

Step 2 在“删除对象”对话框中单击“确定”按钮，完成视图的删除操作。

8.4　使用视图

使用视图

视图与基本表的使用方法基本相同，二者的区别在于有些视图是不可更新的，只能对这些不可更新的视图进行查询操作，不能通过它们更新数据。

8.4.1　使用视图进行查询

利用视图可以大大简化查询的操作，相当于对复杂查询进行了分解，这样可以使 SQL 脚本的可读性增强，并且可以实现更加复杂的查询。

定义视图后，用户可以像对基表查询一样对视图进行查询。对视图进行查询时，首先需要进行有效性检查，检查查询涉及的表、视图等是否在数据库中存在，如果存在，则在数据字典中取出查询涉及的视图的定义，把定义中的子查询和用户对视图的查询结合起来，转换成对基本表的查询，最后再执行这个经过转换的查询。

【任务 8-14】查询视图 V_Girls_2000 中的数据。

【任务分析】对视图进行查询操作没有任何限制，和对基表的查询一致。

【代码实现】实现本任务的脚本为

```
SELECT * FROM V_Girls_2000
```

与基表的查询一样，视图也可以进行分组汇总、排序、连接等操作。例如，对视图进行排序操作的脚本为

```
SELECT * FROM V_Girls_2000
    ORDER BY birthday
```

8.4.2　使用视图更新基本表数据

视图的数据更新包括插入（INSERT）、删除（DELETE）和修改（UPDATE）三类操作。由于视图是不实际存储数据的虚拟表，因此对视图数据的更新，最终都要转换为对基表数据的更新。视图的更新有以下限制条件：

（1）任何修改操作都只能修改来自一个基表的数据，不可以同时修改多个基表数据。

（2）修改操作中引用的字段必须是基表中存在的基础数据，不能修改派生得到的数据，如通过聚合函数（AVG、COUNT、SUM 等）计算得到的数据、使用集合运算符（UNION、EXCEPT 和 INTERSECT）形成的数据等。

（3）正在修改的字段值不受 GROUP BY、HAVING 或 DISTINCT 子句的影响。

（4）如果在视图定义中使用了 WITH CHECK OPTION 子句，则所有在视图上执行的数据修改语句都必须符合定义视图的 SELECT 语句中所设置的条件。

【任务 8-15】创建一个学生基本信息视图 V_S，并向其中添加一条记录（studentID 为“1822098”，studentName 为“BenJamin”，credithour 为“25”）。

【任务分析】首先创建视图 V_S，再向 V_S 中添加一条记录。Student 表中 studentID、studentName 和 credithour 字段不能为空，因此 INSERT INTO 语句中必须包含这三个字段。

【代码实现】实现本任务的脚本和结果如图 8-18 所示。

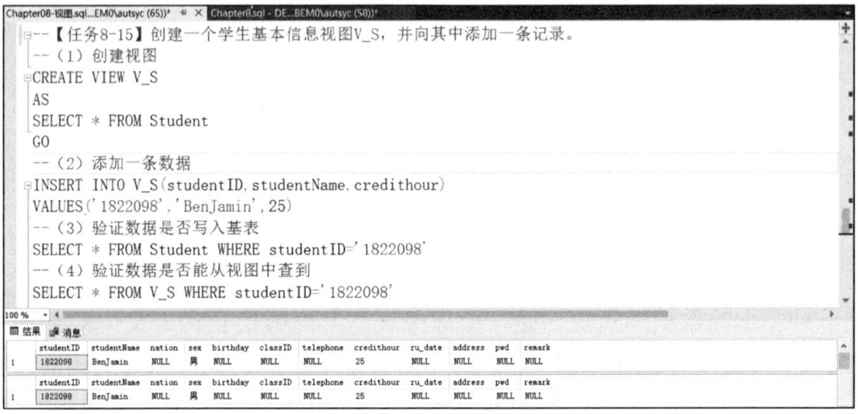

图 8-18　任务 8-15 脚本和结果图

【任务 8-16】修改视图 V_S 中的数据，将学号为“1822098”的学生的 studentName 修改为“吴一凡”。

【任务分析】可使用 UPDATE 语句修改视图数据，修改的结果最终会反映到基表中。

【代码实现】实现本任务的脚本和结果如图 8-19 所示。

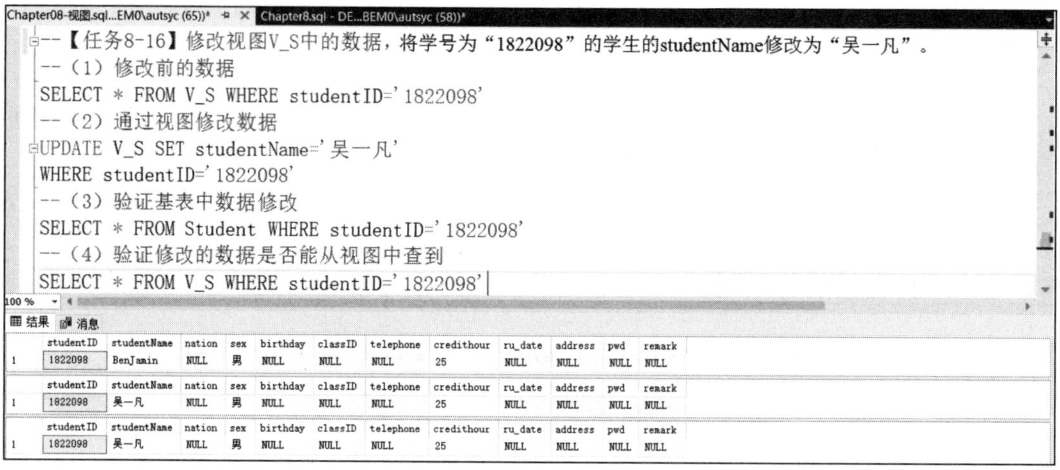

```
--【任务8-16】修改视图V_S中的数据，将学号为“1822098”的学生的studentName修改为“吴一凡”。
--（1）修改前的数据
SELECT * FROM V_S WHERE studentID='1822098'
--（2）通过视图修改数据
UPDATE V_S SET studentName='吴一凡'
WHERE studentID='1822098'
--（3）验证基表中数据修改
SELECT * FROM Student WHERE studentID='1822098'
--（4）验证修改的数据是否能从视图中查到
SELECT * FROM V_S WHERE studentID='1822098'
```

	studentID	studentName	nation	sex	birthday	classID	telephone	credithour	ru_date	address	pwd	remark
1	1822098	BenJamin	NULL	男	NULL	NULL	NULL	25	NULL	NULL	NULL	NULL

	studentID	studentName	nation	sex	birthday	classID	telephone	credithour	ru_date	address	pwd	remark
1	1822098	吴一凡	NULL	男	NULL	NULL	NULL	25	NULL	NULL	NULL	NULL

	studentID	studentName	nation	sex	birthday	classID	telephone	credithour	ru_date	address	pwd	remark
1	1822098	吴一凡	NULL	男	NULL	NULL	NULL	25	NULL	NULL	NULL	NULL

图 8-19　任务 8-16 脚本和结果图

【任务 8-17】删除视图 V_S 中学号为“1822098”的学生的信息。

【任务分析】可使用 DELETE 语句删除视图数据，同时基表中的相关记录也被删除。

【代码实现】实现本任务的脚本和结果如图 8-20 所示。

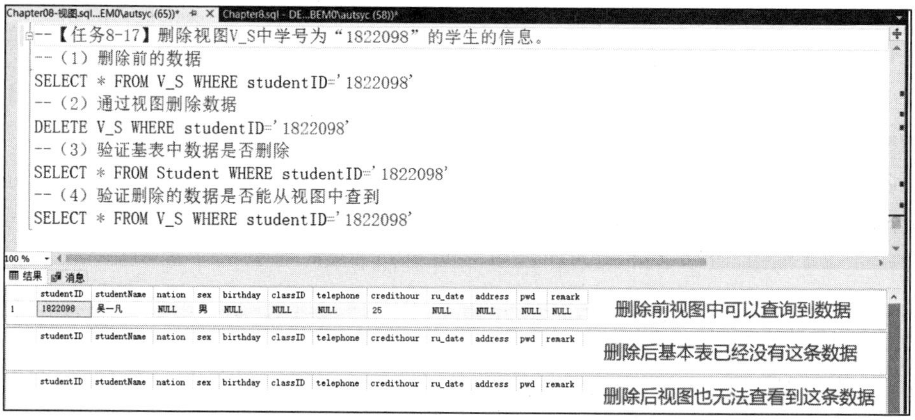

```
--【任务8-17】删除视图V_S中学号为“1822098”的学生的信息。
--（1）删除前的数据
SELECT * FROM V_S WHERE studentID='1822098'
--（2）通过视图删除数据
DELETE V_S WHERE studentID='1822098'
--（3）验证基表中数据是否删除
SELECT * FROM Student WHERE studentID='1822098'
--（4）验证删除的数据是否能从视图中查到
SELECT * FROM V_S WHERE studentID='1822098'
```

	studentID	studentName	nation	sex	birthday	classID	telephone	credithour	ru_date	address	pwd	remark
1	1822098	吴一凡	NULL	男	NULL	NULL	NULL	25	NULL	NULL	NULL	NULL

删除前视图中可以查询到数据

studentID	studentName	nation	sex	birthday	classID	telephone	credithour	ru_date	address	pwd	remark

删除后基本表已经没有这条数据

studentID	studentName	nation	sex	birthday	classID	telephone	credithour	ru_date	address	pwd	remark

删除后视图也无法查看到这条数据

图 8-20　任务 8-17 脚本和结果图

小结

视图是一种基本的数据库对象，是一个虚拟表，其内容由查询定义，即把预先定义的查询语句以数据库对象的形式存储在数据库中。本章介绍了视图的概念以及视图的创建和管理方法，讨论了视图的优缺点，并结合学生成绩管理系统应用案例重点介绍了视图的创建、修改、删除的方法及其简单的应用。

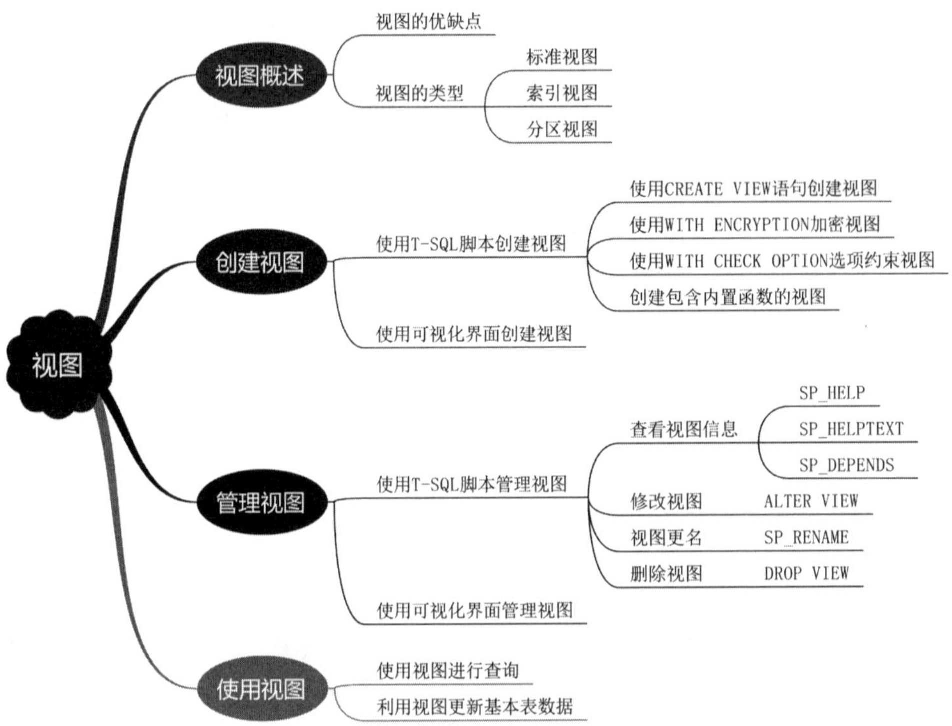

思考与练习

一、选择题

1．下列说法正确的是（　　）。

A．视图是观察数据的一种方法，只能基于基本表建立

B．视图是虚拟表，观察到的数据是实际基本表中的数据

C．索引视图是基于表上的索引建立的视图

D．视图是基于表创建的一个新的表

2．下列说法正确的是（　　）。

A．视图是一种常用的数据库对象，使用视图不可以简化数据库操作

B．使用视图可以提高数据库的安全性

C．删除视图时同时删除基表

D．视图和表一样，是由数据构成的

3．下面语句中，（　　）语句用来修改视图定义。

A．CREATE TABLE　　B．ALTER VIEW

C．DROP VIEW　　D．CREATE VIEW

4．建立视图时使用（　　）选项，可以加密 CREATE VIEW 语句的文本。

A．WITH UPDATE　　B．WITH CHECK OPTION

C．WITH SCHEMABINDING　　D．WITH ENCRIPTION

二、填空题

1．视图是从一个或多个基本表（或视图）派生出的________表。

2．在 SQL Server 中创建视图有两种方法：__________和__________。

3．可以使用系统存储过程________查看视图特征，使用________显示视图在系统表中的定义，使用________显示该视图所依赖的对象。

4．在 SQL Server 中有三种视图，分别是________、________和________。

三、简答题

1．简述视图的概念和优点。

2．创建视图时，需要注意哪些事项？

3．使用视图修改数据时，需要注意哪几点？

4．使用哪些存储过程可以查看视图的信息？

上机实验

实验指导书

一、实验目的和要求

1．了解视图的概念和优点。

2．掌握视图的创建方法。

3．会使用视图更新基表的数据。

4．会使用视图查询数据。

二、实验内容

利用本书案例数据库，即 SGMS，实现如下操作：

1．创建名为 view_men 的视图，利用该视图仅可查看 Student 表中男生的基本信息，要用到 WITH CHECK OPTION 选项。

2．创建名为 view_all 的视图，利用该视图可查看 Student、Class 表中所有学生的学号、姓名、性别、出生日期、民族、家庭住址、班级、成绩、课程信息。

3．通过 T-SQL 语句创建一个视图，计算各个班级的各门课程的平均分。

4．通过 T-SQL 语句创建一个视图，显示“高等数学”不及格的学生的信息，要用到 WITH ENCRYPTION 选项。

5．通过 T-SQL 语句创建一个视图，查询的数据为某个班学生的考试成绩。

6．使用前面创建的视图 view_men 来更新 Student 表中的相关数据。

第9章 存储过程和触发器

任务背景：

在前一章我们学习了视图，由于在视图中只能执行简单的 SELECT 语句，不能接受输入、输出参数，只能返回查询的结果集，因此应用程序的灵活性大打折扣。如何在复杂的业务逻辑下提高程序的执行效率，这是数据库设计的核心问题。

存储过程和触发器可以满足用户更高的应用需求，存储过程可以提高执行效率，触发器可以实现比约束更强的业务规则。本章将介绍存储过程、触发器的概念、用途和类型，分析它们的特点和工作原理，并结合学生成绩管理系统这个案例，重点介绍存储过程与触发器的创建、执行（触发）、修改、删除的方法和创建时的注意事项。

学习目标：

（1）了解存储过程和触发器的概念和分类。

（2）掌握创建、执行、修改与删除存储过程的方法。

（3）理解调用存储过程时参数的传递方法。

（4）掌握创建、修改与删除触发器的方法。

（5）理解触发器的工作原理和应用场景。

任务导航：

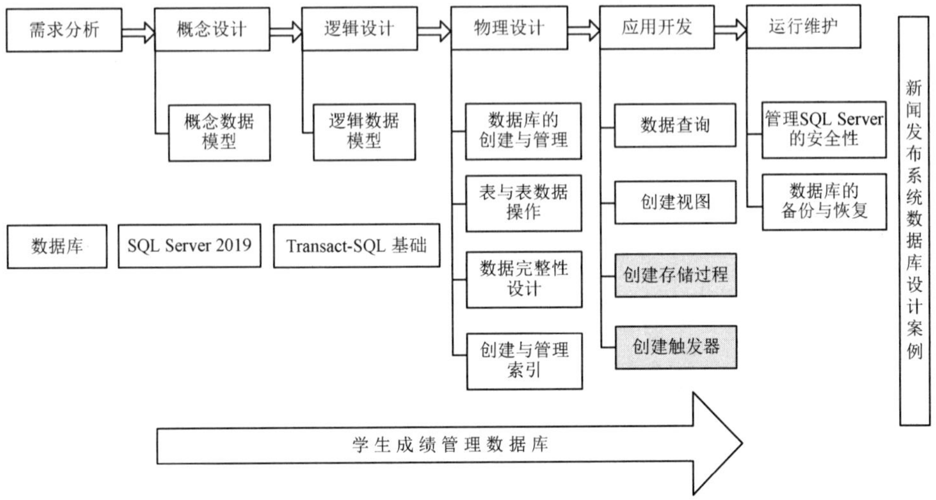

9.1 存储过程

存储过程创建与执行（1）

存储过程基于其预编译并存储在 SQL Server 数据库中的特性，提高了系统的运行效率和执行速度。因此，掌握和使用好存储过程对数据库的开发和应用非常重要。

9.1.1 存储过程概述

1. 存储过程的概念

存储过程（stored procedure）是一组为了完成特定功能的 T-SQL 语句集，经编译后存储在 SQL Server 服务器端数据库中。存储过程是数据库的重要对象，在数据量庞大的情况下使用存储过程可以加速 SQL 语句的执行，提升数据库系统的运行效率。

在 SQL Server 中使用存储过程的优点如下：

（1）存储过程允许用户进行模块化程序设计，大大提高了用户设计程序的效率。例如，存储过程创建之后，可以在程序中多次被调用，既提高了程序设计的效率又提高了应用程序的可维护性，并且允许应用程序按照统一的方式访问数据库。

（2）存储过程只在创建时进行编译，以后每次执行存储过程一般不需再重新编译，而一般 SQL 语句每执行一次就需要编译一次，所以使用存储过程可提高数据库执行速度。一般情况下，存储过程的执行速度比 SQL 语句的执行速度快 2～10 倍。

（3）存储过程可以简化对象权限的管理。用户可以被授予执行存储过程的权限而不必拥有直接对存储过程所引用对象的执行权限。

（4）存储过程可以提高应用程序的安全性，可以防止 SQL 注入攻击。如果仅仅使用 T-SQL 语句，在客户端调用程序时会将参数暴露，恶意攻击可以通过字符串拼接的方式攻入 SQL 服务器，这种情况就被称为 SQL 注入攻击。若使用存储过程，则不能通过拼接字符串调用程序，因此可以有效地防止 SQL 注入攻击。

（5）存储过程是一组命名代码，允许延迟绑定。也就是说，在存储过程中可以引用当前不存在的对象，但是这些对象在存储过程执行时应该存在。

（6）存储过程可以减少网络通信流量。例如，如果有一千条 T-SQL 语句的命令写成一条执行存储过程的命令，这时在客户端和服务器间的通信量就会大大减少，降低网络负担。

2. 存储过程的分类

SQL Server 提供了三种基本的存储过程：系统存储过程、用户自定义存储过程和扩展存储过程。

（1）系统存储过程。系统存储过程是指用来完成 SQL Server 中许多管理活动的特殊存储过程。系统存储过程在 SQL Server 安装成功后，就已经存储在系统数据库 master 中并以 sp_ 为前缀，并且系统存储过程主要是从系统表中获取信息，从而为数据库系统管理员管理 SQL Server 提供支持。通过系统存储过程，SQL Server 中许多管理性或信息性的活动，如获取数据库和数据库对象的信息，都可以非常便捷地完成。

（2）用户自定义存储过程。用户自定义存储过程是主要的存储过程类型，是由用户创建并能完成某一特定功能（如查询用户所需数据信息）的存储过程，是封装了可重用代码的 SQL

语句模块。用户自定义存储过程可以接受输入参数、向客户端返回表格或标量结果和消息、调用 DDL 和 DML 语句，以及返回输出参数。

在 SQL Server 中，用户自定义的存储过程有两种类型：T-SQL 存储过程和 CLR（公共语言运行时）存储过程。T-SQL 存储过程是指保存着 T-SQL 语句的集合，可以接收和返回用户提供的参数。CLR 存储过程是指对 .NET Framework 公共语言运行库（Common Language Runtime，CLR）的引用，可以接收用户提供的参数并返回结果。

（3）扩展存储过程。扩展存储过程是指使用某种编程语言（如 C 语言等）创建的外部存储过程，是可以在 SQL Server 实例中动态加载和运行的动态链接库（Dynamic Link Library，DLL）。Microsoft 公司宣布从 SQL Server 2005 版开始，将逐步删除扩展存储过程，使用 CLR 存储过程将更可靠而又安全地实现扩展存储过程的功能。

9.1.2 创建存储过程

在 SQL Server 中，可以用 CREATE PROCEDURE 语句来创建存储过程，其语法格式为

```
CREATE { PROC | PROCEDURE } 存储过程名称[;数值选项]
[ { @参数 数据类型 }
[ VARYING ] [ = 参数的默认值 ] [ OUTPUT ] ] [ ,...n ]
[ WITH {RECOMPILE|ENCRYPTION|RECOMPILE,ENCRYPTION} ]
AS { <SQL 语句> [;][ ...n ]
```

在上面的语法描述中，各参数的含义如下所述。

（1）存储过程名称：新存储过程的名称，必须符合标识符命名规则。

（2）数值选项：对存储过程进行分组，这样在删除存储过程时可以将同一个组中的所有过程同时删除。比如，一个组中有 insproc;1、insproc;2 两个存储过程，那么可以使用 DROP PROCEDURE insproc 删除整个组。

（3）参数：过程中的参数。参数名必须以“@”为前缀，在 CREATE PROCEDURE 语句中可以声明一个或多个参数，每个参数都需要确定一个数据类型。

（4）OUTPUT：用来表明参数是输出参数。

（5）RECOMPILE：用来表明数据库引擎不缓存该存储过程的执行计划，每次运行时都将自动重新编译。

（6）ENCRYPTION：用来对存储过程的定义进行加密。

（7）SQL 语句：在存储过程中需要执行的操作。

1. 创建简单的存储过程

【任务 9-1】创建存储过程 proc_stu，用于查询所有学生信息以及所在班级名称。

【任务分析】创建存储过程 proc_stu，不包含任何输入输出参数，只涉及多表查询。

【代码实现】实现本任务的脚本如图 9-1 所示。

2. 创建带有输入参数的存储过程

存储过程创建与执行（2）

存储过程可以定义包含参数，可以声明一个或多个输入参数。输入参数在存储过程被调用的时候需要传入具体值，存储过程才会被执行。创建存储过程时，在定义输入参数时需指定参数的数据类型，调用时传递的实参应与定义的输入参数类型一致。创建存储过程时如果指定了默认值，则调用该存储过程时可以不传入参数值。

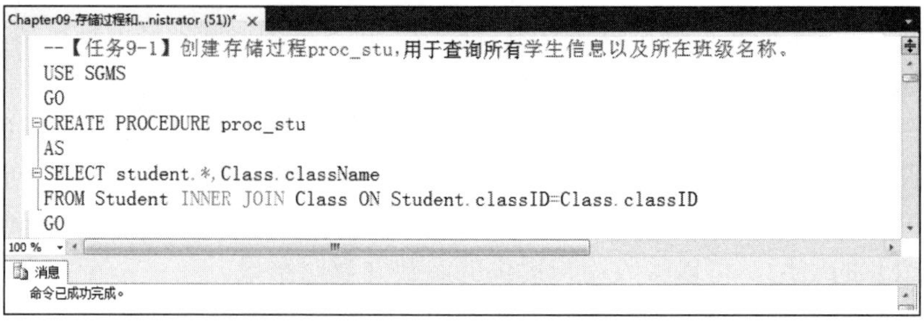

```
Chapter09-存储过程和...nistrator (51))*
--【任务9-1】创建存储过程proc_stu,用于查询所有学生信息以及所在班级名称。
USE SGMS
GO
CREATE PROCEDURE proc_stu
AS
SELECT student.*,Class.className
FROM Student INNER JOIN Class ON Student.classID=Class.classID
GO
100 %
消息
命令已成功完成。
```

图 9-1　任务 9-1 脚本图

【任务 9-2】创建存储过程 proc_stu_by_class（带有输入参数），查询指定班级的学生信息（默认情况下返回“18 计算机”班级的学生信息）。

【任务分析】本任务需要当每次执行存储过程时必须提供一个班级名称，因此可以定义一个输入参数，并且这个参数的默认值是“18 计算机”。

【代码实现】实现本任务的脚本如图 9-2 所示。

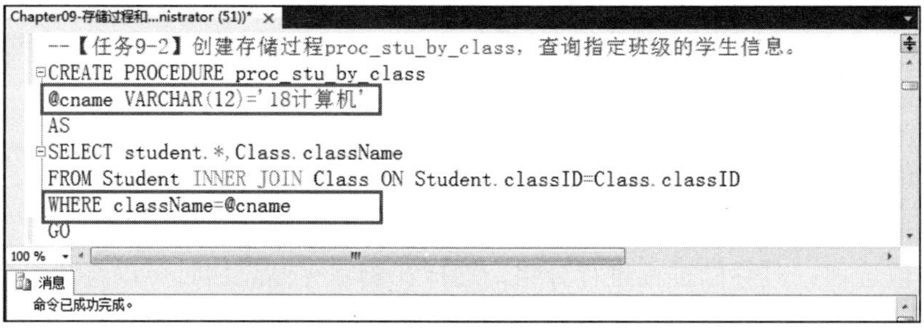

```
Chapter09-存储过程和...nistrator (51))*
--【任务9-2】创建存储过程proc_stu_by_class, 查询指定班级的学生信息。
CREATE PROCEDURE proc_stu_by_class
@cname VARCHAR(12)='18计算机'
AS
SELECT student.*,Class.className
FROM Student INNER JOIN Class ON Student.classID=Class.classID
WHERE className=@cname
GO
100 %
消息
命令已成功完成。
```

图 9-2　任务 9-2 脚本图

3. 创建带输入参数和输出参数的存储过程

【任务 9-3】创建存储过程 proc_num（带有输入参数和输出参数），用于返回指定班级的学生人数。

【任务分析】定义存储过程的参数时需要定义输入、输出参数及其数据类型，输出参数要使用 OUTPUT 关键字，此外统计人数需要使用聚集函数 COUNT( )。

【代码实现】实现本任务的脚本如图 9-3 所示。

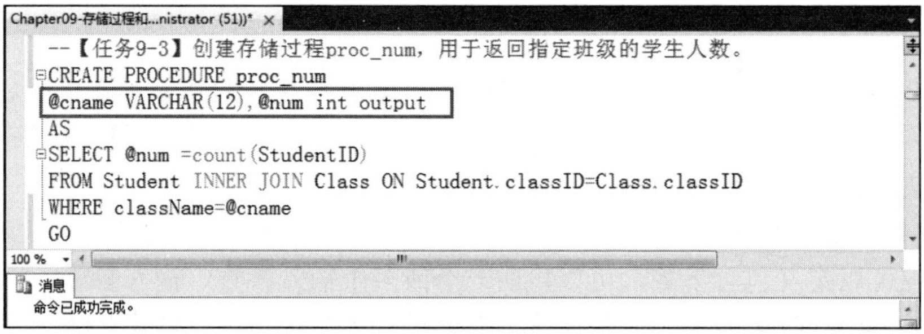

```
Chapter09-存储过程和...nistrator (51))*
--【任务9-3】创建存储过程proc_num, 用于返回指定班级的学生人数。
CREATE PROCEDURE proc_num
@cname VARCHAR(12),@num int output
AS
SELECT @num =count(StudentID)
FROM Student INNER JOIN Class ON Student.classID=Class.classID
WHERE className=@cname
GO
100 %
消息
命令已成功完成。
```

图 9-3　任务 9-3 脚本图

注意：

（1）存储过程可以引用表、视图或其他存储过程，在创建存储过程的时候引用的对象可以不存在，但是执行的时候必须是已经存在的。

（2）如果在存储过程中创建了临时表，那么临时表只在该存储过程执行时有效，当存储过程执行完毕时，临时表也随之消失。

（3）存储过程可以嵌套定义，但不建议嵌套过多层次，如果一个存储过程定义时调用另一个存储过程，那么内层的存储过程可以使用外层存储过程所定义的全部对象。

（4）存储过程应该规范命名，同时应避免使用“sp_”前缀，以便与系统存储过程区别。

9.1.3 执行存储过程

创建存储过程后，可以使用 EXECUTE（或 EXEC）语句来执行存储过程，其语法格式为

```
[{ EXEC | EXECUTE)] { [ @返回状态 = ]{存储过程名} }
[ [ @参数= ] {参数值 | @变量 [ OUTPUT ] | [ DEFAULT ] ] [ ,...n ]
[ WITH RECOMPILE ]
```

在上面的语法描述中，各参数说明如下所述。

（1）@返回状态：保存存储过程的返回状态，该变量必须在 EXEC 语句之前声明。

（2）@参数：输入参数的名称。

（3）参数值：传递给该输入参数的值。

（4）@变量：用来存放返回参数的值。

（5）OUTPUT：声明输出参数，与存储过程中声明的输出参数相匹配。

（6）DEFAULT：根据过程的定义，提供参数的默认值。

（7）WITH RECOMPILE：执行存储过程时强制重新编译。

1．执行简单的存储过程

【任务 9-4】执行存储过程 proc_stu，用于查询所有学生信息以及所在班级名称。

【任务分析】存储过程 proc_stu 无参数，只需直接调用存储过程就可以了，如果是批处理的第一条语句，可以省略 EXEC。

【代码实现】实现本任务的脚本和结果如图 9-4 所示。

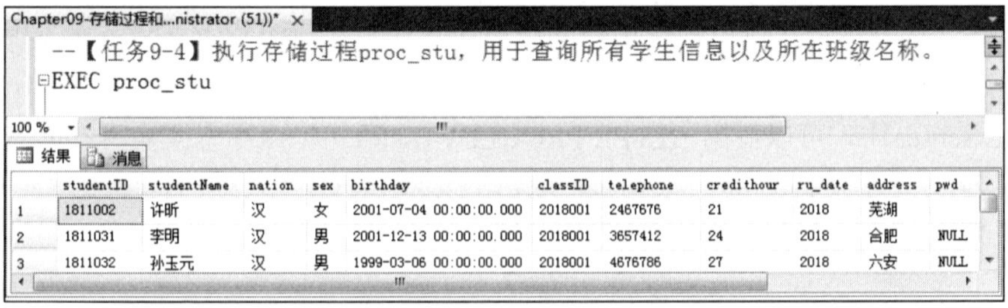

图 9-4 任务 9-4 脚本和结果图

2．执行带输入参数的存储过程

【任务 9-5】执行存储过程 proc_stu_by_class，查询“18 软件 1”班的学生信息。

【任务分析】本任务在调用存储过程时需传递实参，实参类型与存储过程中定义的输入参数须一致，如果不传递实参，就以默认值执行。当有多个参数时，参数传递可以按位置传递或名称传递。

【代码实现】实现本任务的脚本和结果如图 9-5 所示。

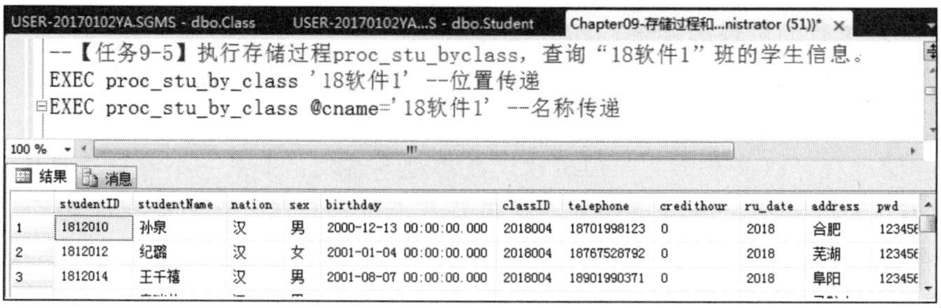

图 9-5　任务 9-5 脚本和结果图

3. 执行带输入、输出参数的存储过程

【任务 9-6】执行存储过程 proc_num，查询“18 软件 1”班的学生人数。

【任务分析】本任务在调用存储过程时须传递实参并接收存储过程输出参数返回的值，且类型与存储过程中定义的输入参数、输出参数一致，输出参数的值将保存在变量@sum 中，为了更好地显示结果，可以利用 CAST 函数或 CONVERT 函数将@sum 变量转换成字符型。

【代码实现】实现本任务的脚本和结果如图 9-6 所示。

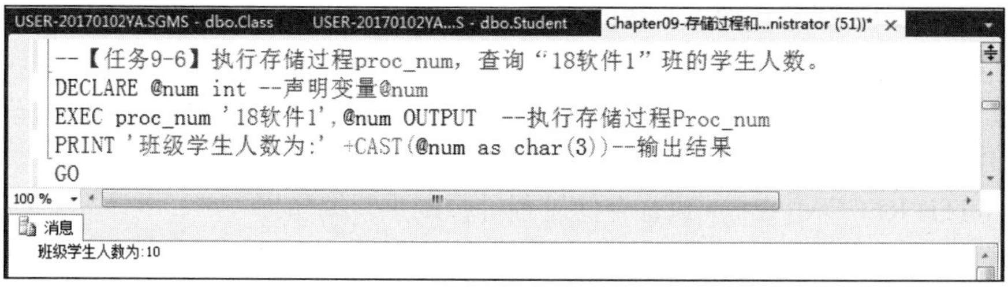

图 9-6　任务 9-6 脚本和结果图

存储过程的查看、修改和删除

9.1.4　修改与删除存储过程

可以像修改和删除数据表一样，对存储过程进行修改和删除操作。创建好的存储过程可以根据用户的要求或者基表、视图等定义的改变而修改。

1. 修改存储过程

在 SQL Server 中，可以使用 ALTER PROCEDURE 语句以命令方式实现存储过程的修改，其语法格式为

```
ALTER { PROC | PROCEDURE } 存储过程名称[;数值]
[ { @参数 数据类型 }
[ VARYING ] [ = 参数的默认值 ] [ OUTPUT ] ] [ ,...n ]
[ WITH {RECOMPILE|ENCRYPTION|RECOMPILE,ENCRYPTION} ]
[ FOR REPLICATION ]
AS { <SQL 语句> [;][ ...n ]
```

其中，各参数的含义与创建时相应参数的含义相同，在此不再赘述。需要注意的是在修改存储过程时要考虑以下因素：

（1）ALTER PROCEDURE 语句不会更改原存储过程的权限。

（2）在创建存储过程时使用的选项，在 ALTER PROCEDURE 语句中应继续保留。

（3）ALTER PROCEDURE 语句一般也不能与其他的 T-SQL 语句混合使用。

【任务 9-7】修改存储过程 proc_stu，用于查询所有女生信息以及所在班级名称。

【任务分析】本任务需要修改存储过程 proc_stu，加入筛选条件“WHERE sex='女'”。

【代码实现】实现本任务的脚本如图 9-7 所示。

```
Chapter09-存储过程和...nistrator (51))*
--【任务9-7】修改存储过程proc_stu，用于查询所有女生信息以及所在班级名称。
ALTER PROCEDURE proc_stu
AS
SELECT student.*,Class.className
FROM Student INNER JOIN Class ON Student.classID=Class.classID
WHERE sex='女'
GO

消息
命令已成功完成。
```

图 9-7 任务 9-7 脚本图

2. 删除存储过程

删除存储过程可以使用 DROP 命令，DROP 命令可以将一个或多个存储过程从当前数据库中删除，其语法格式为

```
DROP PROCEDURE {存储过程名}[,…n]
```

【任务 9-8】删除存储过程 proc_stu。

【任务分析】执行 DROP PROCEDURE 语句即可删除存储过程，如果删除多个存储过程，只需在存储过程名处用逗号分隔。

【代码实现】实现本任务的脚本如图 9-8 所示。

```
Chapter09-存储过程和...nistrator (51))*
--【任务9-8】删除存储过程proc_stu。
DROP PROCEDURE proc_stu
GO

消息
命令已成功完成。
```

图 9-8 任务 9-8 脚本图

9.2 触发器

9.2.1 触发器概述

触发器是一种特殊类型的存储过程，它是在执行某些特定的 T-SQL 语句时自动执行的一种存储过程。例如，当对一个表执行诸如 UPDATE、INSERT、DELETE 这些操作时，SQL Server 就会自动执行触发器所定义的 T-SQL 语句，从而确保对数据的处理符合由这些 T-SQL 语句所定义的规则。在 SQL Server 中，根据 SQL 语句的不同，可将触发器分为三类：DML 触发器、DDL 触发器和登录触发器。

1. 触发器的作用

触发器最重要的作用是实现复杂的完整性约束。在 SQL Server 中，可以用两种方法来保

证数据的有效性和完整性：约束和触发器。其中，约束直接设置于数据表内，只能实现一些比较简单的功能操作，如字段有效性和唯一性的检查、自动填入默认值、确保字段数据不重复（即主键）、确保数据表对应的完整性（即外键）等；触发器则可以实现较为复杂的完整性和有效性控制。

触发器是针对数据表或数据库的特殊存储过程。例如，当数据表（库）发生了 INSERT、UPDATE 或 DELETE 操作时，触发器会自动被激活执行，可以处理各种更为复杂的事务。自 SQL Server 2005 版起，触发器有了更进一步的发展，在用户登录或在数据表（库）发生 CREATE、ALTER 和 DROP 操作时，其也会被激活，以实现特定的功能。

触发器通常可以应用在以下场景：

（1）可以调用更多的存储过程。约束是不能调用存储过程的，但是触发器本身就是一种存储过程，而存储过程是可以嵌套使用的，所以触发器可以调用一个或多个存储过程。

（2）跟踪数据变化。触发器可以侦测数据库内的操作，从而禁止了数据库未经许可的更新和变化，使数据库的修改、更新操作更安全，运行更稳定。

（3）可以强化数据条件约束。触发器能够实现比 CHECK 语句更为复杂的约束，更适合在大型数据库管理系统中用来约束数据的完整性。

（4）级联和并行运行。触发器可以侦测数据库内的操作，并自动地级联影响整个数据库的各项内容。例如，某个表的触发器中包含有对另外一个表的数据操作（删除、更新、插入），而该操作又导致该表上的触发器被触发。

（5）检查 SQL 是否允许执行。触发器可以检查 SQL 所做的操作是否被允许，如在产品库存表里，如果要删除一条产品记录，在删除记录时，触发器可以检查该产品库存数量是否为零，如果不为零则取消该删除操作。

（6）修改其他数据表里的数据。当一个 SQL 语句对数据表进行操作的时候，触发器可以根据该 SQL 语句的操作情况来对另一个数据表进行操作。例如，一个订单取消的时候，触发器可以自动修改产品库存表，在订购量的字段上减去被取消订单的订购数量。

（7）发送 SQL Mail。在 SQL 语句执行完之后，触发器可以判断更改过的记录是否达到一定条件，如果达到这个条件，触发器可以自动调用 SQL Mail 来发送邮件。例如当一个订单付费之后，可以向物流人员发送 Email，通知他们尽快发货。

（8）返回自定义的错误信息。约束是不能返回信息的，而触发器可以。例如，插入一条重复记录时，可以返回一个具体的友好的错误信息给前台应用程序。

（9）更改原本要操作的 SQL 语句。触发器可以修改原本要操作的 SQL 语句，如原本的 SQL 语句是要删除数据表里的记录，但该数据表里的记录是重要记录，不允许被删除，那么触发器可以不执行该语句。

（10）防止数据表构结更改或数据表被删除。为了保护已经建好的数据表，触发器可以在接收到以 DROP 和 ALTER 开头的 SQL 语句后，不进行对数据表的操作。

由此可见，触发器可以实现高级形式的业务规则、复杂的行为限制和定制记录等功能。

2. 触发器的类型

按照触发事件的不同，触发器分为三类，即 DML 触发器、DDL 触发器和登录触发器。

（1）DML 触发器。DML 触发器是当数据库服务器中发生数据操作（INSERT、UPDATE、DELETE）事件时执行的存储过程。能触发触发器的 DML 事件包括在指定表或视图中修改数据的 INSERT、UPDATE 或 DELETE 语句。DML 触发器可以查询其他表，还可以包含复杂的 T-SQL 语句。系统将触发器和触发它的语句作为可在触发器内回滚的单个事务对待，如果检测到错误（如磁盘空间不足），则整个事务自动回滚。

在 SQL Server 中，按照触发器事件类型的不同，可将 DML 触发器分成三种类型：INSERT 类型、UPDATE 类型和 DELETE 类型。当向一个表中插入数据时，如果该表有 INSERT 类型的 DML 触发器，则触发器执行；如果该表有 UPDATE 类型的 DML 触发器，则当对表中的数据执行更新操作时，触发器执行；如果该表有 DELETE 类型的 DML 触发器，当对表中的数据执行删除操作时，触发器执行。这三种触发器也可以组合起来使用。

按照触发器和触发事件的执行时间划分，可将 DML 触发器分为 AFTER 触发器和 INSTEAD OF 触发器。AFTER 触发器是在记录已经改变完之后，才会被激活执行，它主要是用于记录变更后的处理或检查，一旦发现错误，可以用 ROLLBACK TRANSACTION 语句来回滚本次的操作。AFTER 触发器只能建在表上。INSTEAD OF 触发器一般用来取代原本的，在记录变更之前发生的操作，它不执行原来 SQL 语句里的操作（INSERT、UPDATE、DELETE），而执行触发器本身所定义的操作。INSTEAD OF 触发器既可以建在表上，也可以建在视图上。通过在视图上建立触发器，可以大大增强通过视图修改表中数据的功能。

（2）DDL 触发器。DDL 触发器是在响应数据定义语言（CREATE、ALTER、DROP）事件时执行的存储过程，一般用于执行数据库中管理任务，如审核和规范数据库操作、防止数据库表结构被修改等。DDL 触发器与 DML 触发器的相同之处在于都需要触发事件进行触发，但与 DML 触发器不同的是，DDL 触发器不会为响应针对表或视图的 UPDATE、INSERT 或 DELETE 语句而触发，相反，它会为响应 DDL 语句而触发，如 CREATE、ALTER 和 DROP 语句等。

（3）登录触发器：登录触发器与 DML 和 DDL 触发器有着本质的区别，因为 DML 和 DDL 触发器都是用来进行数据管理的，而登录触发器是纯粹的安全工具。登录触发器只响应 LOGON 事件，在登录数据库成功后、用户会话未实际建立前触发。登录数据库失败，如账户密码错误，不会触发登录触发器。登录触发器内部的错误消息及 PRINT 等 SQL 语句输出信息，会统一写到 SQL Server 错误日志。登录触发器内部执行 ROLLBACK 语句或者发生级别大于 20 的错误，将会阻止用户继续登录。

3. DML 触发器的工作原理

在 SQL Server 中，为每个 DML 触发器都定义了两个特殊的表，一个是 inserted 表，一个是 deleted 表。这两个表是建在数据库服务器的内存中的，是由系统管理的逻辑表（虚拟表），而不是真正存储在数据库中的物理表。对于这两个表，用户只有读取的权限，没有修改的权限。这两个表的结构与触发器所在数据表的结构是完全一致的，当触发器的工作完成之后，这两个表也将会从内存中删除。

inserted 表里存放的是更新前的记录，对于 INSERT 操作来说，inserted 表里存放的是要插入的数据；对于 UPDATE 操作来说，inserted 表里存放的是要更新的记录。

deleted 表里存放的是更新后的记录，对于 UPDATE 操作来说，deleted 表里存放的是更新前的记录（更新完后即被删除）；对于 DELETE 操作来说，deleted 表里存放的是被删除的旧记录。

（1）AFTER 触发器的工作原理。AFTER 触发器是在记录变更完之后才被激活执行的。以删除记录为例：当 SQL Server 接收到一个要执行删除操作的 SQL 语句时，SQL Server 先将要删除的记录存放在 deleted 表里，然后把数据表里的记录删除，再激活 AFTER 触发器，执行 AFTER 触发器里的 SQL 语句。执行完毕之后，删除内存中的 deleted 表，退出整个操作。

（2）INSTEAD OF 触发器的工作原理。INSTEAD OF 触发器与 AFTER 触发器不同，AFTER 触发器是在 INSERT、UPDATE 和 DELETE 操作完成后才被激活的，而 INSTEAD OF 触发器，是在这些操作进行之前就被激活了，并且不再去执行原来的 SQL 操作，而去运行触发器本身的 SQL 语句。

一个表（视图）只能具有一个给定类型的 INSTEAD OF 触发器。

9.2.2 创建触发器

创建 DML 触发器（1）

触发器是一种特殊类型的存储过程，因此它和存储过程的创建方式有很多相似之处。在创建触发器时，需要指定触发器的名称、触发器表、引发触发器的条件和当触发器启动后要执行的语句等。

1. 使用 T-SQL 脚本创建触发器

（1）创建 DML 触发器。创建 DML 触发器的语法格式为

```
CREATE TRIGGER 触发器名  ON { 表名 | 视图名 }
[ WITH ENCRYPTION ]
{{ {FOR|AFTER|INSTEAD OF } { [DELETE] [,][INSERT] [,] [UPDATE] }
AS
[ { IF UPDATE (列名 )    [ { AND | or } UPDATE   (列名 ) ]    [ ...n ]
| IF ( COLUMNS_UPDATED ( ) {AND|OR } [ ...n ] } ]
SQL 语句 [ ...n ]        } }
```

在上面的语法描述中，各参数的含义如下所述。

- 表名 | 视图名：执行触发器的表或视图，有时称为触发器表或触发器视图。
- WITH ENCRYPTION：用于加密 CREATE TRIGGER 语句的文本。
- AFTER：用于指定触发器只有在触发 SQL 语句中指定的所有操作都已成功执行后才被激发。必须在所有的引用级联操作和约束检查成功完成后，才能执行此触发器。如果仅指定 FOR 关键字，则 AFTER 是默认设置。
- INSTEAD OF：触发器中的语句将代替触发语句执行，触发语句将不再被执行。
- { [DELETE] [,][INSERT] [,] [UPDATE] }：用于指定在表或视图上执行哪些数据修改语句时将激活触发器的关键字。
- IF UPDATE(列名)：检测指定的列是否被插入或更新，但不与删除操作用在一起。
- IF (COLUMNS_UPDATED())：测试是否插入或更新了所涉及的列，适用于删除或更新操作。
- SQL 语句：触发器的条件和操作。触发器条件指定其他准则，以确定 DELETE、INSERT 或 UPDATE 语句是否导致执行触发器的操作。

【任务 9-9】为 Course 表创建一个 INSERT 触发器，当有新的课程插入时，同步将 coursetype 表中该类型课程的数量加 1。

【任务分析】本任务需要在 Course 表上建立一个 INSERT 触发器，当用户向 Course 表中插入新的课程信息时，与之相关联的 coursetype 表中该课程类型的数量将会发生变化，因此需要通过触发器修改该字段的值，保证该课程类型已存在，且要用到 inserted 表。

【代码实现】实现本任务的脚本如图 9-9 所示。

```
SQLQuery1.sql - N...ministrator (52))*
--【任务9-9】为Course表创建一个INSERT触发器，当有新的课程插入时，
--同步将coursetype表中该类型课程的数量加1。
CREATE TRIGGER tri_ins_course
ON Course for INSERT
AS
BEGIN
    UPDATE coursetype SET nums=nums+1
    FROM inserted join Coursetype ON inserted.coursetypeID=Coursetype.coursetypeID
END
```

图 9-9　任务 9-9 脚本图

成功创建触发器后，可以通过如图 9-10 所示的脚本来验证触发器的工作情况。

```
Chapter09-存储过程和...nistrator (51))*
--类型编号为‘003’的原有课程数量
SELECT * FROM CourseType WHERE courseTypeID='003'
--向Course表中添加一条记录
INSERT INTO Course VALUES('300001','数据库技术与应用','003',90,6.5,'');
--触发器被触发后，类型编号为‘003’的课程数量
SELECT * FROM CourseType WHERE courseTypeID='003'
```

结果　消息

	coursetypeID	typename	nums
1	003	专业课	11

	coursetypeID	typename	nums
1	003	专业课	12

图 9-10　验证任务 9-9 脚本和结果图

【任务 9-10】为 Student 表创建一个 UPDATE 触发器，当学号发生改变后级联更新 Grade 表中相关学号信息。

创建 DML 触发器（2）

【任务分析】本任务需要在 Student 表上建立 UPDATE 触发器，当 Student 表中的学号为“1811001”的“张然”同学的学号被改为“1811080”时，触发器被触发，自动将 Grade 表中的相应字段值更改，使之保持一致。本任务需要用到 inserted 表和 deleted 表。

【代码实现】实现本任务的脚本如图 9-11 所示。

```
Chapter09-存储过程和...nistrator (51))*
--【任务9-10】为Student表创建一个UPDATE触发器，当学号发生改变后级联更新Grade
CREATE TRIGGER tri_upd_student
ON Student FOR UPDATE
AS
BEGIN
    --声明变量
    DECLARE @oldsid char(10),@newsid char(10)
    --获取更新前后的学号
    SELECT @oldsid=deleted.studentID,@newsid=inserted.studentID
    from inserted join deleted
    ON inserted.StudentName=deleted.StudentName
    --级联更新Grade表中的 学号
    UPDATE Grade SET studentID=@newsid
    WHERE studentID=@oldsid
END
```

消息

命令已成功完成。

图 9-11　任务 9-10 脚本图

9 Chapter

成功创建触发器后，可以通过下列 UPDATE 语句来验证触发器的工作情况。

```
UPDATE Student SET studentID = '1811080' WHERE studentID='1811001'
---修改学号数据后，查询 Grade 表验证数据级联修改的情况
SELECT * from Grade WHERE studentID = '1811080'
```

【任务 9-11】为 Student 表创建 DELETE 触发器，当删除某个学生的信息时级联删除 Grade 表中相关信息。

【任务分析】本任务需要在 student 表上建立 DELETE 触发器，当 Student 表中的学号为“1811069”的记录被删除时，触发器被触发，自动执行将与之相关联表（Grade 表）中的相应记录删除，使之保持一致性。本任务需要用到 deleted 表。

【代码实现】实现本任务的脚本如图 9-12 所示。

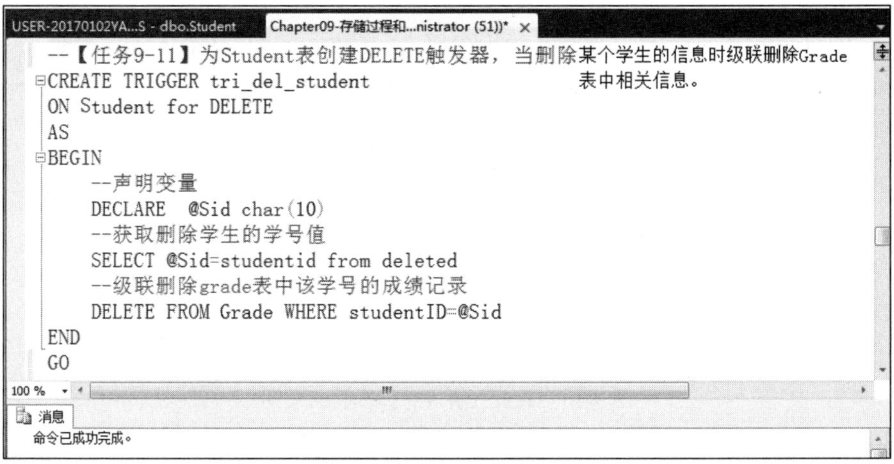


```
--【任务9-11】为Student表创建DELETE触发器，当删除某个学生的信息时级联删除Grade表中相关信息。
CREATE TRIGGER tri_del_student
ON Student for DELETE
AS
BEGIN
    --声明变量
    DECLARE  @Sid char(10)
    --获取删除学生的学号值
    SELECT @Sid=studentid from deleted
    --级联删除grade表中该学号的成绩记录
    DELETE FROM Grade WHERE studentID=@Sid
END
GO
```

图 9-12　任务 9-11 脚本图

创建 INSTEAD OF 触发器

（2）创建 INSTEAD OF 触发器。INSTEAD OF 触发器也归属 DML 触发器，这里我们将 INSTEAD OF 触发器单独列出来介绍以凸显其与 AFTER 触发器的差异。INSTEAD OF 触发器在 SQL Server 服务器接收到执行 SQL 语句请求后，先建立临时的 inserted 表和 deleted 表，然后触发 INSTEAD OF 触发器，至于触发该触发器的 SQL 语句是 INSERT、UPDATE 还是 DELETE，就一概不管了，把执行权全权交给了 INSTEAD OF 触发器，由它去完成之后的操作。INSTEAD OF 触发器通常用在以下几种情况下：

- 数据库里的数据禁止修改。例如，电信部门的通话记录是不能修改的，一旦修改，则通话费用的计数将不正确，此时可以用 INSTEAD OF 触发器来跳过 UPDATE 修改记录的 SQL 语句。
- 有可能要回滚修改的 SQL 语句。此情景下不宜用 AFTER 触发器，而应用 INSTEAD OF 触发器，当不满足更新条件时，能够中止更新操作，从而避免在修改数据之后再进行回滚操作，减少服务器负担。
- 在视图中使用触发器。因为 AFTER 触发器不能在视图中使用，如果想在视图中使用触发器，就只能用 INSTEAD OF 触发器。
- 用用户自己的方式修改数据。如不满意 SQL 直接修改数据的方式，可用 INSTEAD OF

触发器来控制数据的修改方式和流程。

创建INSTEAD OF触发器与创建AFTER触发器的语法一样，只需要把AFTER改为INSTEAD OF即可。

【任务 9-12】为 Teacher 表创建一个 INSTEAD OF 触发器，禁止删除教师信息，并提示“禁止删除教师信息”。

【任务分析】本任务需要在 Teacher 表上建立 INSTEAD OF 触发器，当删除记录时，触发器被触发，使用提示“禁止删除教师信息”的操作代替删除操作。

【代码实现】实现本任务的脚本如图 9-13 所示。

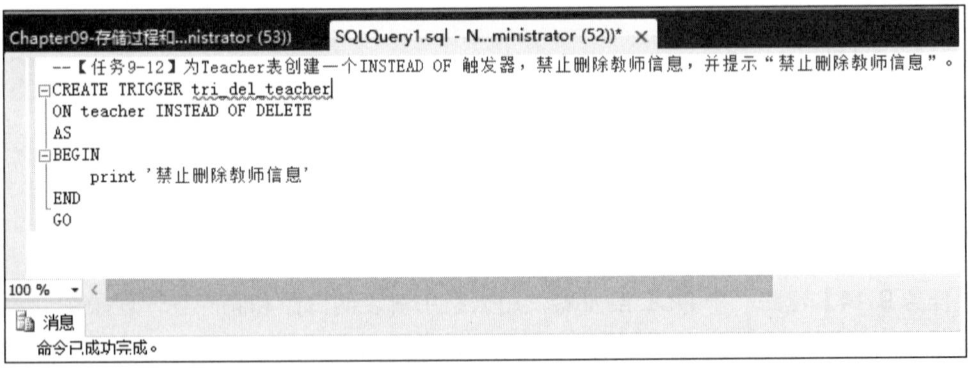

图 9-13 任务 9-12 脚本图

（3）创建 DDL 触发器。之前我们已经了解了 DDL 触发器和 DML 触发器的区别，而设计 DDL 触发器与设计 DML 触发器却很类似，创建 DDL 触发器的语法格式为

创建 DDL 触发器

```
CREATE TRIGGER 触发器名 ON { ALL SERVER | DATABASE }
[ WITH ENCRYPTION ]
{ FOR | AFTER } { 事件类型 | 事件分组 } [ ,...n ]
AS { SQL 语句 [ ; ] [ ...n ] | EXTERNAL NAME }
```

在上面的语法描述中，各参数的含义如下所述。

- 触发器名：触发器的名称，必须遵循标识符规则。
- ALL SERVER：将 DDL 触发器的作用域应用于当前服务器。如果指定了此参数，则只要当前服务器中的任何位置上出现触发事件，就会激发该触发器。
- DATABASE：将 DDL 触发器的作用域应用于当前数据库。如果指定了此参数，则只要当前数据库中出现触发事件，就会激发该触发器。
- WITH ENCRYPTION：对 CREATE TRIGGER 语句的文本进行加密。
- 事件类型：执行之后将导致激发 DDL 触发器的 T-SQL 语言事件的名称。用于激发 DDL 触发器的 DDL 事件中列出了在 DDL 触发器中可用的事件。
- 事件分组：预定义的 T-SQL 语言事件分组的名称。执行任何属于事件分组的 T-SQL 语言事件之后，都将激发 DDL 触发器。用于激发 DDL 触发器的事件分组中列出了在 DDL 触发器中可用的事件分组。
- SQL 语句：触发条件和操作。触发器条件指定其他标准，用于确定尝试的 DML 或 DDL 语句是否导致执行触发器的操作。

【任务 9-13】创建 DDL 触发器，用于保护系统中的数据库不被删除。

【任务分析】本任务是属于服务器层面的 DDL 语句，包含了“DROP_DATABASE”操作。

【代码实现】实现本任务的脚本如图 9-14 所示。

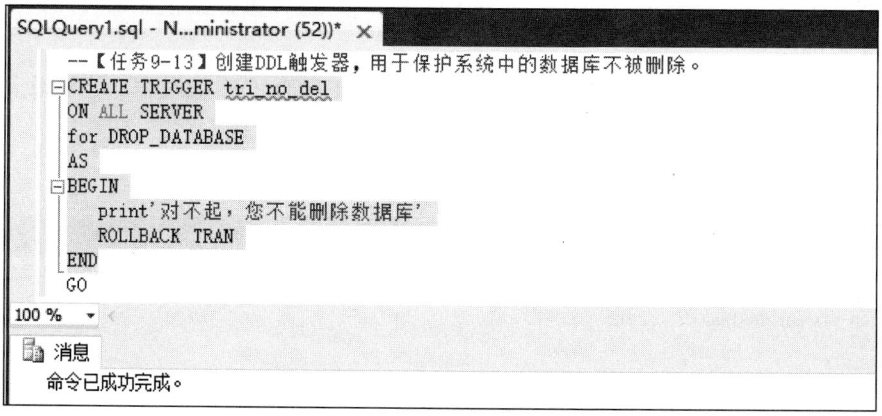

图 9-14　任务 9-13 脚本图

【任务 9-14】建立一个 DDL 触发器，用来禁用对表的修改和删除等管理操作。

【任务分析】本任务要求禁用对表的修改和删除等管理操作，其 SQL 语句是属于数据库层面的 DDL 语句，包含了“DROP_TABLE”和“ALTER_TABLE”语句。

【代码实现】实现本任务的脚本如图 9-15 所示。

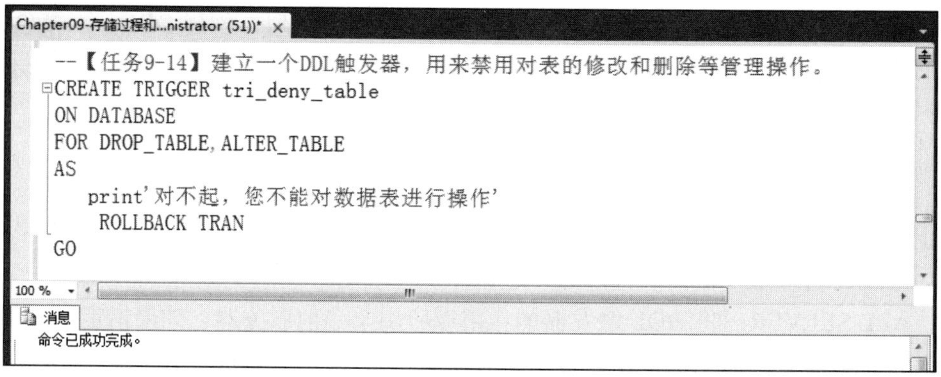

图 9-15　任务 9-14 脚本图

2. 使用可视化界面创建触发器

【任务 9-15】创建一个简单的 After Insert 触发器，这个触发器的作用是在向 Student 表中插入一条记录的时候，发出“又添加了一位新同学”的友好提示。

【操作步骤】实现本任务的步骤如下：

Step 1　启动 SSMS，连接到服务器，在“对象资源管理器”中依次展开“数据库”→SGMS→“表”→dbo.Student→“触发器”节点。

Step 2　右击“触发器”，在弹出的快捷菜单中选择“新建触发器”命令，此时会自动出现 SQL Server 预写的触发器代码，如图 9-16 所示。

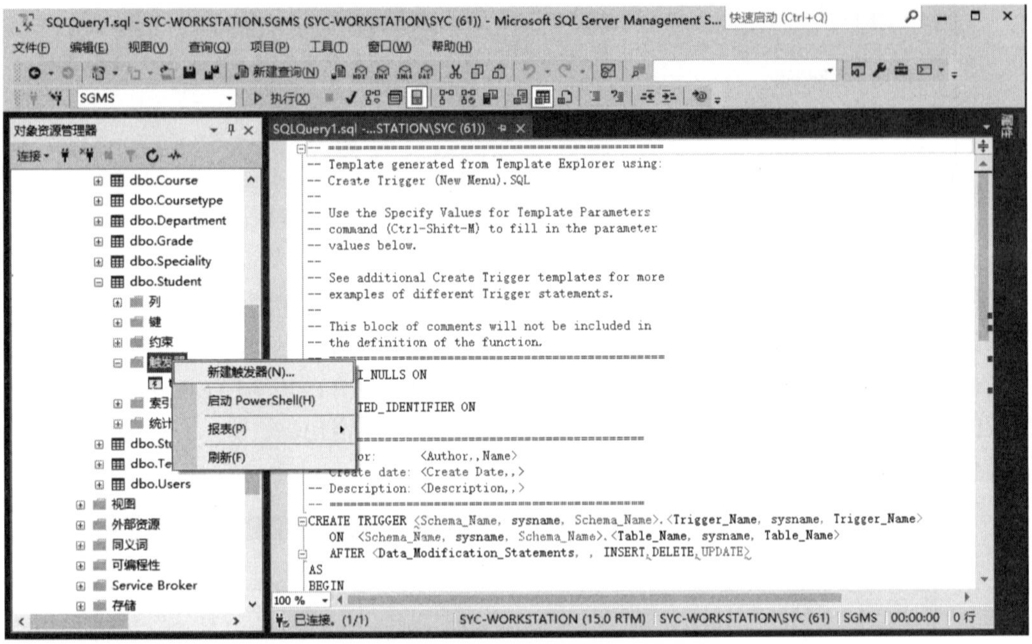

图 9-16　SQL Server 预写的触发器代码

Step 3　修改 SQL Server 预写的触发器代码，将从“CREATE”开始到“GO”结束的代码改为满足需求的 T-SQL 语句即可，如下：

```
CREATE TRIGGER tri_ins_s
ON Student AFTER INSERT
AS
BEGIN
    PRINT  '又添加了一位新同学'
END
GO
```

Step 4　检查语法，若无误，单击“执行”按钮，完成触发器的创建。刷新触发器节点，可以看到新创建的触发器。

9.2.3　修改、查看、删除触发器

修改、查看、删除触发器

触发器的修改、查看和删除操作可以使用可视化界面、系统的存储过程及 T-SQL 脚本来实现，在可视化界面中的操作很简单，在此不再赘述。下面详细介绍其他的实现方法。

1. 修改触发器

【任务 9-16】使用 SP_RENAME（系统存储过程）修改触发器 tri_del_student（于任务 9-11 中创建）名称（改为 tri_delete_student）。

【任务分析】本任务需调用系统的存储过程 SP_RENAME，掌握其语法格式即可。

【代码实现】实现本任务的脚本如图 9-17 所示。

```
--【任务9-16】 使用SP_RENAME修改触发器tri_del_student名称。
EXEC SP_RENAME 'tri_del_student','tri_delete_student'
GO
```

```
命令已成功完成。
```

图 9-17　任务 9-16 脚本图

【任务 9-17】使用 ALTER TRIGGER 命令修改任务 9-10 创建的触发器 tri_upd_student，将其修改为当更新学生学号时，Grade 表中学号级联更新，同时提示学号已更新消息。

【任务分析】本任务和建立触发器相似，只需将 CREATE 改成 ALTER，其他的语法格式和参数的含义是一致的。根据触发器所要实现的功能修改原语句。

【代码实现】实现本任务的脚本如图 9-18 所示。

```
--【任务9-17】使用ALTER TRIGGER命令修改任务9-10创建的触发器tri_upd_student，
--将其修改为当更新学生学号时,Grade表中学号级联更新，同时提示学号已更新消息。
ALTER  TRIGGER tri_upd_student
ON Student for UPDATE
AS
BEGIN
    --声明变量
    if UPDATE(studentid)
    BEGIN
        DECLARE @oldsid char(10),@newsid char(10)
        --获取更新前后的学号
        SELECT @oldsid=deleted.studentID,@newsid=inserted.studentID
        FROM inserted join deleted
        ON inserted.StudentName=deleted.StudentName
        --级联更新Grade表中的学号
        UPDATE Grade
        SET studentID=@newsid
        WHERE studentID=@oldsid
        print '学号'+ @oldsid+'已更新为:'+@newsid
    END
END
```

```
命令已成功完成。
```

图 9-18　任务 9-17 脚本图

2. 查看触发器

与其他数据库对象一样，可以使用系统提供的存储过程 SP_HELP、SP_HELPTEXT、SP_DEPENDS 查看触发器的信息。

（1）SP_HELP。用于查看触发器的一般信息，如名称、属性、类型和创建时间，其语法格式为

```
SP_HELP 触发器名称
```

（2）SP_HELPTEXT。用于查看触发器的正文信息，其语法格式为

```
SP_HELPTEXT 触发器名称
```

（3）SP_DEPENDS。用于查看指定触发器所引用的表或者指定的表涉及的所有触发器，其语法格式为

```
SP_DEPENDS 触发器名称
```

3. 删除触发器

使用 DROP TRIGGER 语句可以同时删除一个或多个触发器，其语法格式为

```
DROP TRIGGER 触发器名[ ,...n ] ON { DATABASE | ALL SERVER } [ ; ]
```

【任务 9-18】删除任务 11-15 创建的触发器 tri_delete_student。

【任务分析】直接使用 DROP TRIGGER 命令，如果删除多个触发器，用逗号分隔即可。

【代码实现】实现本任务的脚本如图 9-19 所示。

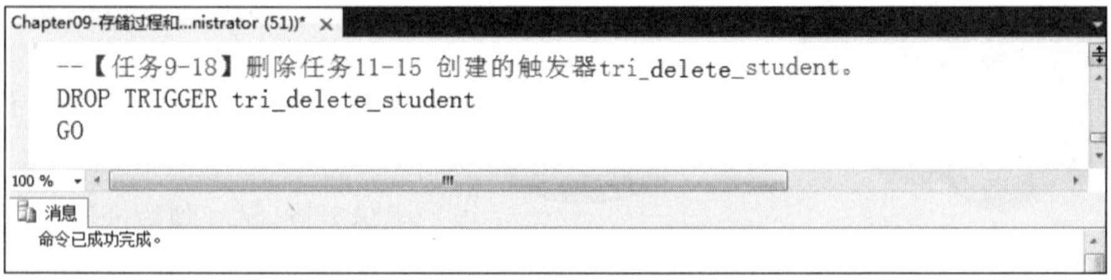

图 9-19　任务 9-18 脚本图

4. 禁止和启用触发器

在使用触发器时，用户可能会遇到需要禁止某个触发器起作用的情况，如需要向某个有 INSERT 触发器的表中插入大量数据。当一个触发器被禁止，该触发器仍然存在于表上，只是触发器的动作将不再执行，直到该触发器被重新启用。禁止和启用触发器的具体语法格式为

```
ALTER TABLE 表名
{ENABLE|DISABLE} TRIGGER{ALL| 触发器名[,…n] )
```

【任务 9-19】禁止 Student 表上所建的触发器 tri_upd_student。

【代码实现】实现本任务的脚本如图 9-20 所示。

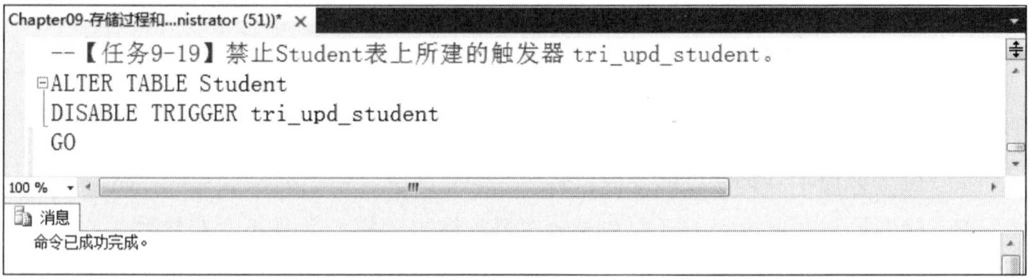

图 9-20　任务 9-19 脚本图

如果要再次启用该触发器，只需将 DISABLE 改成 ENABLE 即可。

小结

存储过程和触发器可以满足用户更高的应用需求，存储过程可以提高应用效率，触发器可以实现比约束更强的业务规则。本章主要介绍存储过程和触发器的概念、用途和类型，分析它们的特点和工作原理，并结合学生成绩管理系统这个案例，重点介绍存储过程和触发器的创建、执行（触发）、修改、删除方法，以及创建时的注意事项。

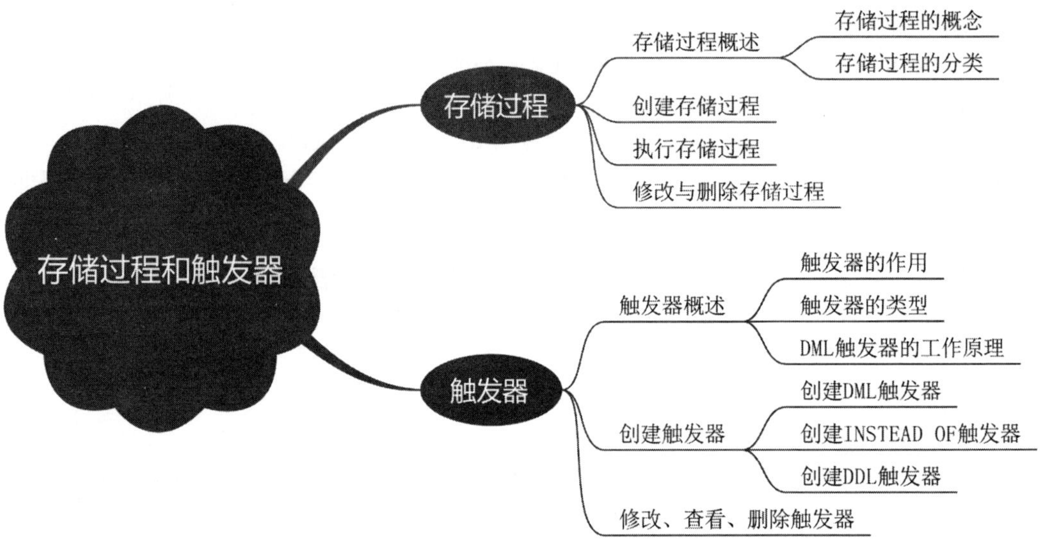

思考与练习

一、选择题

1．下列关于存储过程的描述正确的是（　　）。

A．自定义存储过程与系统存储过程名称可以相同

B．存储过程最多能够支持 64 层的嵌套

C．命名存储过程中的标识符时，长度不能超过 256 个字符

D．存储过程中参数的个数不能超过 2100

2．下列对触发器的描述错误的是（　　）。

A．触发器属于一种特殊的存储过程

B．触发器与存储过程的区别在于触发器能够自动执行并且不含有参数

C．触发器有助于在添加、更新或删除表中的记录时保留表之间已定义的关系

D．既可以对 inserted、deleted 临时表进行查询，也可以进行修改

3．sp_help 属于（　　）存储过程。

A．系统　　B．用户定义

C．扩展　　D．其他

4．（　　）语句用于创建存储过程。

A．CREATE PROCEDURE　　B．CREATE TABLE

C．DROP PROCEDURE　　D．其他

5．（　　）语句用于创建触发器。

A．CREATE PROCEDURE　　B．CREATE TRIGGER

C．ALTER TRIGER　　D．DROP TRIGGER

二、填空题

1. ________是存储在文件中的一系列 SQL 语句，即一系列按顺序提交的批处理。
2. 在 SQL Server 中，一共有三种基本的存储过程，分别为________、________和________。
3. 当用户对数据进行添加、修改和删除时，自动执行的存储过程称为________。
4. 一个存储过程的名称必须符合________命名规则。
5. 使用________语句可以对存储过程进行重命名。
6. 触发器可以引用临时表________和________。

三、简答题

1. 存储过程的主要优点有哪些？
2. 存储过程分哪几类？各有何特点？
3. 什么是触发器？存储过程与触发器有什么联系与区别？
4. 触发器的主要用途是什么？
5. 简述触发器与约束的异同？

上机实验

实验指导书

一、实验目的和要求

1. 能正确理解存储过程的概念和应用场景。
2. 会使用可视化界面和 T-SQL 脚本创建和管理存储过程。
3. 能正确理解触发器的概念、功能和类型。
4、会使用可视化界面和 T-SQL 脚本创建和管理触发器。

二、实验内容

利用本书案例数据库，即 SGMS，实现如下操作：

1．创建一个存储过程 tri_stud_grade_info，查询班级、学号、姓名、性别、课程名称、成绩等信息。

2．创建一个存储过程 proc_stud_info，根据输入的学号，查询某学生的基本信息。

3．创建一个存储过程 proc_stud_age，根据输入的学生姓名，计算该学生的年龄。

4．创建一个存储过程 proc_GetAvgGradeByCno，根据输入的课程号返回该课程的平均成绩。

5．创建一个 INSERT 触发器 tri_StudentInsert，当向 Student 表插入一记录时，向客户端显示一条“你正在插入学生的数据”信息。

6．创建一个 UPDATE 触发器 tri_StudentUpdate，当修改 student 表的记录时，向客户端显示一条“原姓名与新姓名”消息；并执行修改语句，验证触发器的运行。

7．创建一个 DELETE 触发器 tri_StudentDelete，当删除 Student 表的数据时，该数据被自动地增加到毕业生表（需要新建）中；并删除 Student 表中的数据，并返回毕业生表中的数据，验证触发器的操作。

8．创建一个 INSTEAD OF 触发器 tri_Grade_Insert，当向 Grade 表插入数据时，先检索 Student 表和 Course 表中是否有该学号的同学以及该课程号的课程。如果没有，给出提示“学生表中没有该学号的同学！课程表中没有该课程号的课程”；有则插入该数据，并执行插入语句，测试触发器的动作。

第三部分　管理篇

第10章

管理 SQL Server 的安全性

任务背景：

随着大数据、云计算的兴起，数据量与日俱增，使得其安全性越来越受人们重视。不管是数据库系统管理员、程序开发人员还是普通用户，都非常有必要了解数据库安全方面的知识，保护数据库，以防止不合法的使用所造成的数据泄露、更改或破坏。为了保证学生成绩管理系统的数据安全，我们也需要合理规划数据库及数据对象的安全体系，实现对数据的安全管理。

本章的主要任务是设计并实施 SQL Server 服务器、SGMS 数据库和数据对象的安全体系。

学习目标：

（1）了解 SQL Server 的安全体系。

（2）理解 SQL Server 的登录验证模式。

（3）掌握管理 SQL Server 登录账户的方法。

（4）掌握管理 SQL Server 数据库用户的方法。

（5）了解基于角色的权限管理。

（6）掌握管理服务器角色的方法。

（7）掌握管理数据库角色的方法。

（8）掌握管理权限的方法。

任务定位：

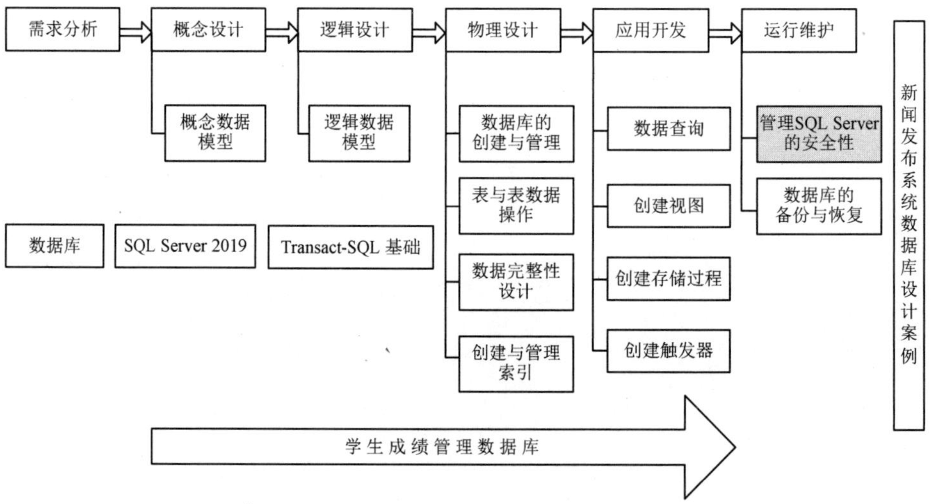

10.1 SQL Server 的安全体系

数据库的安全性指的是通过安全设置保护数据库不受非法入侵，以免造成数据泄露、更改或者破坏。SQL Server 提供了内置的安全性和数据保护机制，这种管理既有效又容易实现。SQL Server 提供的安全体系结构旨在允许数据库管理员和开发人员创建安全的数据库应用程序并抵御威胁。SQL Server 的安全性体系由四个层面组成，如图 10-1 所示。

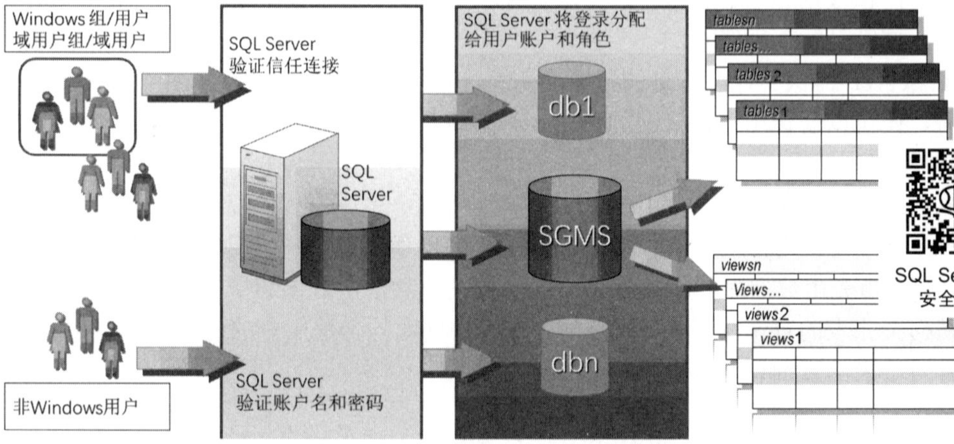

SQL Server 的
安全体系

图 10-1 SQL Server 的安全体系

Microsoft 公司的官方文档这样描述 SQL Server 的安全体系：一个 SQL Server 实例包含以服务器为主体的实体分层集合。每个服务器均包含多个数据库，而每个数据库均包含若干受保护的数据对象。每个 SQL Server 可保护的数据对象均具有可授予主体（用户、用户组及其他授权的用户）的关联权限。SQL Server 安全框架通过身份验证和授权来管理对可保护实体的访问。换言之：①安装在 Windows 服务器上的 SQL Server 服务器首先受到 Windows 层面的安全保护；②只有通过身份验证的 Windows 用户/组、域用户/组及其他得到授权的用户才能访问 SQL Server 服务器；③一个 SQL Server 实例上有多个数据库，对每个数据库的访问必须先经过授权；④每个数据库下都有若干数据对象，这些对象同样受到保护，也必须经过授权才能使用。这就是 SQL Server 安全体系的四个层面：操作系统级别的安全性、SQL Server 实例级别的安全性、数据库级别的安全性和对象级别的安全性。

1. 操作系统级别的安全性

SQL Server 实例运行在 Windows 服务器上，因此 SQL Server 是否安全的第一要素是它所处的 Windows 服务器是否安全。通常可以将与 SQL Server 相关的用户单独分组来进行授权和管理，在存在域的企业级环境里，也会通过分组的方式来集中管理。操作系统级别的安全性管理工作通常是操作系统管理员或网络管理员的任务。

2. SQL Server 实例级别的安全性

SQL Server 实例级别的安全性是建立在身份验证的基础上的。SQL Server 采用了标准的 SQL Server 登录、集成 Windows 登录两种方法，授权登录的用户在验证通过后在 SQL Server 服务器上具备一定的操作权限，可以完成其授权的操作，这就是 SQL Server 实例级别的安全性管理工作。

管理登录账户的工作是 SQL Server 数据库管理员的重要任务，在数据库的安全体系中，数据库管理员是发挥主动性的第一道防线。

3. 数据库级别的安全性

一个 SQL Server 实例中存在多个数据库。一个用户在登录到 SQL Server 服务器后，只表明该账户通过了身份的验证，但他可以访问哪些数据库，以及对数据库内的数据及数据对象进行哪些操作，与该账户对应的数据库用户所拥有的权限有关。默认情况下，只有数据库的所有者才可以访问该数据库内的对象，如果其他用户想要使用这个数据库，就必须得到数据库所有者的授权，这就是数据库级别的安全管理工作。

SQL Server 提供了许多固定的数据库角色，可以用来在当前数据库内向用户分配部分权限。同时，还可以创建用户自定义的角色，来实现权限的管理。

4. 对象级别的安全性

数据库对象级别的安全性是核查用户权限的最后一个安全防线。在创建数据库对象时，SQL Server 自动将该对象的所有权限赋予该对象的创建者。当一个普通用户想访问数据库内的对象时，必须事先由数据库的所有者赋予该用户关于某指定对象的指定操作权限。例如，一个用户想访问某张表的查询权限，则他必须在成为数据库的合法用户的前提下，再由数据库拥有者分配针对该表的查询许可。

10.2 SQL Server 实例级别的安全性

SQL Server 实例级别的安全性是建立在控制服务器的登录授权基础上的。SQL Server 允许 Windows 的合法用户和非 Windows 的授权用户登录到 SQL Server 的服务器，进行数据管理。SQL Server 事先还设计了许多固定的服务器角色，每个角色都是一系列服务器级别的安全管理权限集合，如创建数据库、备份操作等。本节将着重介绍登录验证和服务器角色的相关管理操作。

10.2.1 选择身份验证模式

SQL Server 登录身份验证用来确认该用户是否具有连接 SQL Server 服务器的权限。任何用户在连接 SQL Server 服务器之前，必须通过系统的安全身份验证。SQL Server 提供了两种身份验证模式，即“Windows 身份验证模式”和“SQL Server 和 Windows 身份验证模式”。

1. Windows 身份验证模式

Windows 身份验证模式是指只允许使用 Windows 登录账户连接 SQL Server 服务器，这也是默认的身份验证模式。它要求用户登录到 Windows，当用户访问 SQL Server 数据库时，不必再次进行登录验证，只要 Windows 用户得到授权，那么 SQL Server 就将允许其登录。Windows 身份验证通过强密码的复杂性验证提供密码策略强制和账户锁定支持，并支持密码过期等功能。当然，也不是所有的 Windows 用户都能够直接登录 SQL Server，除了默认的管理员账户外，其他的用户都需要先获得授权才能登录到 SQL Server 中。

2. SQL Server 和 Windows 身份验证模式

SQL Server 和 Windows 身份验证模式又称混合模式，是指允许用户使用 Windows 身份验证和 SQL Server 身份验证两种方式登录到 SQL Server 服务器。在这种模式下，Windows 身份验证依旧生效。除此之外，还可以创建带有用户名和密码的登录账户，并存储在 master 数据库中。SQL Server 身份验证允许用户在没有 Windows 的任何权限，甚至不使用 Windows 客户端的情况下，仍然可以使用数据库的服务。

混合模式相对于 Windows 身份验证模式而言并不安全，因为用户可以直接绕过 Windows 的保护，只要知道账户密码即可直接登录，同时在数据库安全审计层面也不方便。因此，混合模式仅在以下特殊情况下使用：

（1）在以前遗留的应用系统中仍需要 SQL Server 的登录方式。

（2）从域外访问，如从 Linux 服务器访问 Windows 服务器上的 SQL Server 服务。

（3）有特殊的安全审计要求。

（4）服务器需要提供远程登录功能。

【任务 10-1】将 SQL Server 服务器的身份验证模式更改为混合模式。

【任务分析】在 SQL Server 的安装过程中，默认的身份验证模式是 Windows 身份验证模式，如果要更改身份验证模式，用户必须使用系统管理员账户登录，利用“对象资源管理器”重新设置身份验证模式。

【操作步骤】实现本任务的步骤如下：

Step 1 启动 SSMS，登录到服务器，在“对象资源管理器”中右击 SQL Server 实例名称并选择“属性”命令，在“服务器属性-USER-20170102YA”窗口左侧选择“安全性”，在“服务器身份验证”下面选中“SQL Server 和 Windows 身份验证模式”单选按钮，如图 10-2 所示。

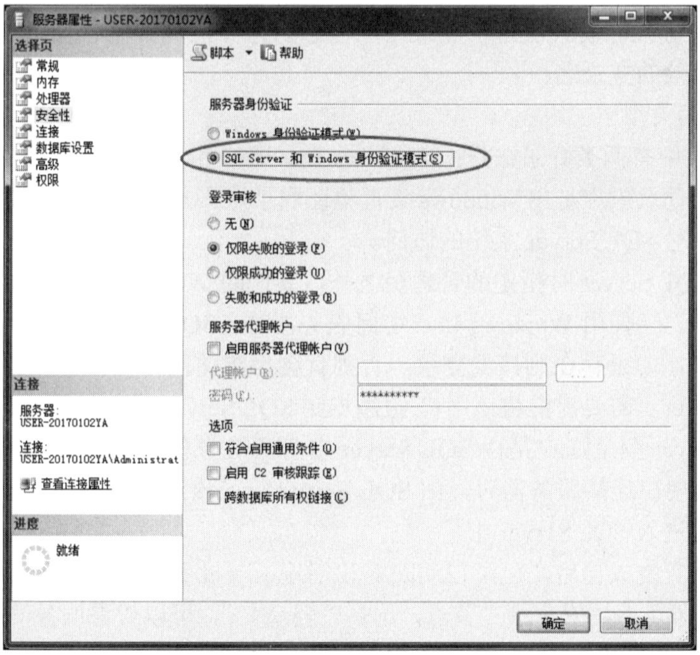

图 10-2　“服务器属性-USER-20170102YA”窗口中的“安全性”选择页

Step 2 单击“确定”按钮，系统会显示如图 10-3 所示的提示信息。

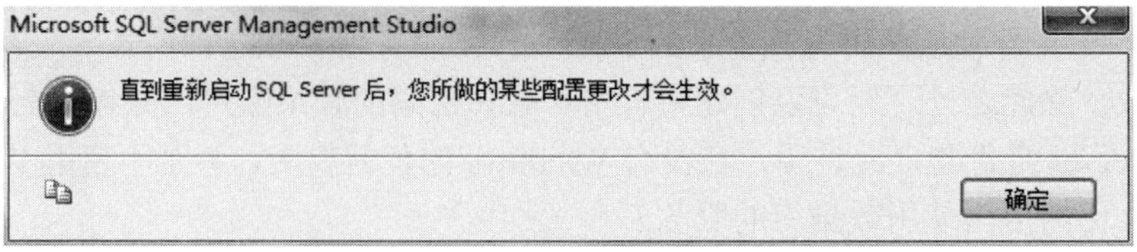

图 10-3 改变身份验证模式后的提示信息框

Step 3 打开 SQL Server 配置管理器，单击窗口左边的“SQL Server 服务”，在右侧的窗口中重新启动它，如图 10-4 所示。

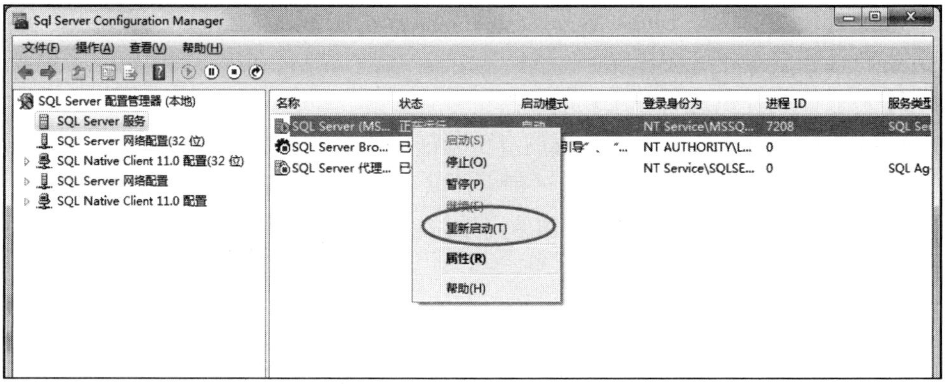

图 10-4 重新启动 SQL Server 服务

10.2.2 使用可视化界面创建和管理登录账户

服务器端的身份验证模式决定了登录账户信息的存储机制。不管使用哪种认证模式，用户都必须先具备有效的登录名。

1. 登录账户的类型

在 SQL Server 中有两类登录账户：Windows 登录账户和 SQL Server 登录账户。

（1）Windows 登录账户是由 Windows 负责验证登录账户身份的身份验证方式，由 Windows 账户或组控制用户对 SQL Server 系统的访问。

除了在安装 SQL Server 时指定的管理员之外，其他的 Windows 用户都需要经过授权才能登录到 SQL Server。当使用 Windows 账户访问服务器时，SQL Server 会在 syslogins 表中查找是否有该登录授权，如果存在则接受登录，否则就会拒绝访问。因此，如果要授权 Windows 账户使用 SQL Server，需要提前将该用户/组添加到 SQL Server 的 syslogins 表中。

（2）SQL Server 登录账户是由 SQL Server 自身负责身份验证的登录账户。当使用 SQL Server 登录账户的用户连接服务器时，由 SQL Server 验证该用户是否存在于 syslogins 表中。在验证通过后方可进入 SQL Server 中。

SQL Server 在安装成功后，已经自动映射和创建了一批登录账户，在“对象资源管理器”中依次展开“服务器”→“安全性”节点，选择“登录名”，可以查看服务器所有的登录账户，如图 10-5 所示。

对于 Windows 账户，登录名采用“域名（计算机名）\用户（或组）名”的形式，如 domain 域的用户 administrator，就使用 domain\administrator 作为它的登录名。SQL Server 账户则采用用户自己定义的名称，没有任何的前缀或后缀。

图 10-5　在“对象资源管理器”中查看服务器的登录账户信息

在 SQL Server 中始终存在着两个固定的最高权限用户：一个是安装 SQL Server 时指定的 SQL Server 管理员，它是一个 Windows 账户；另一个是 SQL Server 身份验证的最高权限账户“sa”（见图 10-5）。如果在安装时没有启用混合模式，则 sa 处于禁用状态，但是无论是否启用，该账户始终存在于系统中。

2. 创建登录账户

除了上述的最高权限账户外，其他的用户如果想要登录到 SQL Server 中，建立与 SQL Server 的连接，就必须首先创建一个登录账户（登录名）。这个登录账户可以是一个 Windows 的用户或组、企业域的账户或组，也可以是非 Windows 用户——SQL Server 登录账户。特别说明，只有 SQL Server 系统管理员、sa 这样的账户才可以创建、修改和删除登录账户。因为创建登录名需要具备 sysadmin、securityadmin 这样的角色权限。下面具体介绍创建登录账户的方法。

创建登录账户

【任务 10-2】 Windows 身份验证的登录名创建：为 Windows 账户 Jackie 创建登录名。

【任务分析】Windows 用户和 Windows 用户组都可以被授权为 Windows 登录账户，SQL Server 在登录验证时会分别检查。为两者创建 Windows 登录账户的方法一样。

【操作步骤】实现本任务的步骤如下：

（1）为当前的 Windows 系统添加用户 Jackie。有以下两种方式：

方法一：控制面板。

Step 1 选择“开始”→“设置”→“控制面板”命令，弹出“控制面板”窗口。单击“用户账户”按钮，进入“管理账户”窗口，如图 10-6 所示。

Step 2 单击“在电脑设置中添加新用户”，打开“Microsoft 账户-创建账户”对话框，如图 10-7 所示。用户可以选择创建三类 Windows 账户，选择第三种“添加一个没有 Microsoft 账户的用户”。

Step 3 在“Microsoft 账户-为这台电脑创建一个账户”对话框中，按照要求输入用户名、密码，如图 10-8 所示。

图 10-6 “管理账户”窗口

图 10-7 “Microsoft 账户-创建账户”对话框

图 10-8 “Microsoft 账户-为这台电脑创建一个账户”对话框

方法二：计算机管理。

【操作步骤】实现本任务的步骤如下：

Step 1 在桌面或者开始菜单，右击“计算机”图标或选择相应菜单项，在弹出的快捷菜单中选择“管理”命令，弹出“计算机管理”窗口。在左侧的列表中展开“本地用户和组”选项，单击“用户”，则在右侧会显示当前系统下的所有用户，右击空白区域，选择“新用户”命令，如图 10-9 所示。

图 10-9 “计算机管理”窗口

Step 2 在弹出的“新用户”对话框中输入用户名、密码，并取消勾选“用户下次登录时须更改密码”复选框，单击“创建”按钮，完成创建任务，如图 10-10 所示。

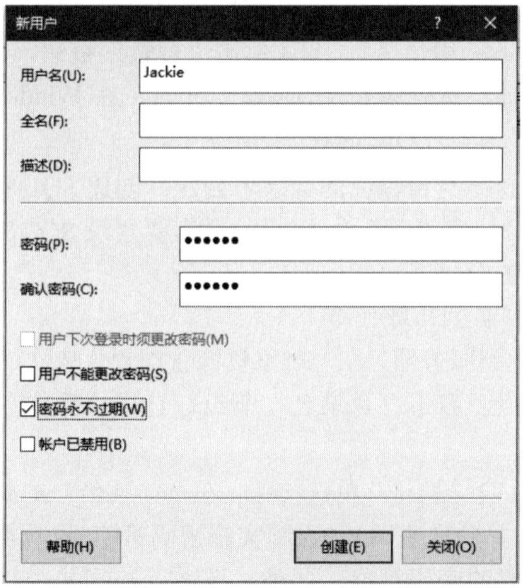

图 10-10 “新用户”对话框

（2）为 Windows 账户 Jackie 创建登录名。尽管 Jackie 被创建为管理员用户，但是仍然不能登录 SQL Server。因此需要为这个 Windows 用户新建一个 SQL Server 的登录账户。该操作相当于将这个 Windows 账户映射到 SQL Server 中，允许其在登录 Windows 后使用 SQL Server。

【操作步骤】实现本任务的步骤如下：

Step 1 打开 SSMS，以管理员的账户登录到 SQL Server，依次展开"服务器"→"安全性"→"登录名"节点，右击"登录名"节点，选择"新建登录名"命令，弹出如图 10-11 所示的窗口。

图 10-11 "登录名-新建"窗口

Step 2 在"登录名-新建"窗口中默认选择新建 Windows 身份验证的登录名，在"登录名"文本框中输入"域名\用户名"，或者单击"搜索"按钮，来搜索 Windows 账户。

Step 3 单击"确定"按钮，完成登录名的创建。此时，在 Windows 中切换到 Jackie 用户登录，就可以直接登录到 SQL Server 服务器了。

【任务 10-3】SQL Server 身份验证的登录名创建：创建 SQL Server 账户 Jones。

【任务分析】如果用户没有 Windows 账户，又需要登录 SQL Server 服务器，这时就可以为其建立一个 SQL Server 的登录账户。

【操作步骤】实现本任务的步骤如下：

Step 1 打开 SSMS，登录到服务器，在"对象资源管理器"依次展开"服务器"→"安全性"→"登录名"节点，右击"登录名"节点，选择"新建登录名"命令，进入"登录名-新建"窗口。

Step 2 选中"SQL Server 身份验证"单选按钮，在"登录名"文本框中输入 Jones，并在"密码"文本框中输入并确认密码。"强制实施密码策略"选项要求密码必须满足 Windows 操作系统中所设置的密码策略。此外，还可以选择是否强制密码过期以及用户在下次登录时是否必须更改密码等选项，如图 10-12 所示。设置完成以后，单击"确定"按钮，完成登录账户的创建。

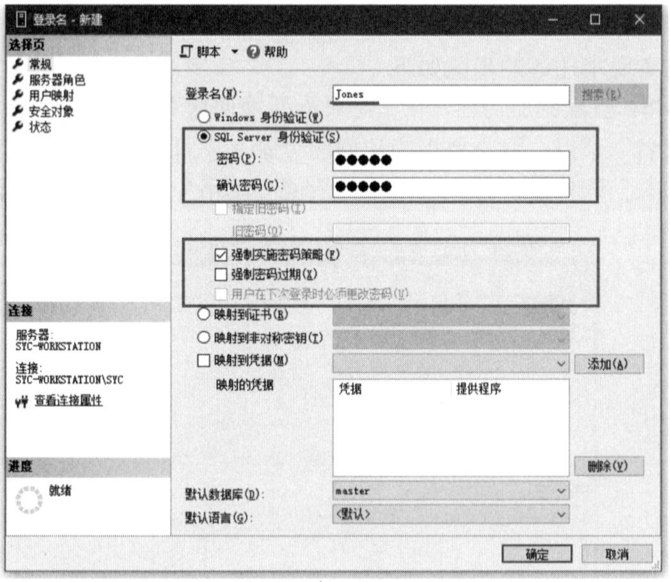

图 10-12　创建 SQL Server 登录账户 Jones

3．修改登录名属性

【任务 10-4】修改 Jones 登录名的默认数据库为 SGMS。

【任务分析】可以修改 SQL Server 登录名的部分属性，如密码、默认数据库、默认语言等。使用可视化界面修改登录账户属性比较简单，只需双击要修改属性的登录账户，并在“登录属性-Jones”窗口中进行修改即可，如图 10-13 所示。

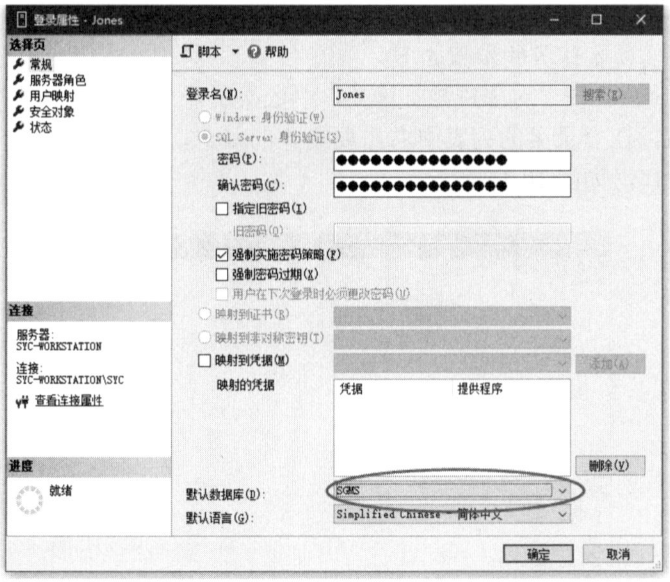

图 10-13　修改 Jones 登录名的默认数据库

4．拒绝或禁用登录账户

【任务 10-5】使用可视化界面拒绝 Windows 登录账户 Jackie 登录。

【任务分析】在日常管理和维护的过程中，如果发现某个登录名有异常，可能需要暂时拒绝或禁用其连接到服务器，经过处理后再恢复其与服务器的连接。

【操作步骤】实现本任务的步骤如下：

Step 1 打开 SSMS，登录到服务器，在“对象资源管理器”依次展开“服务器”→“安全性”→“登录名”节点，双击要拒绝访问的登录名，打开其“登录属性”窗口。

Step 2 选择“状态”选择页，并选中“拒绝”或“禁用”单选按钮，如图 10-14 所示。

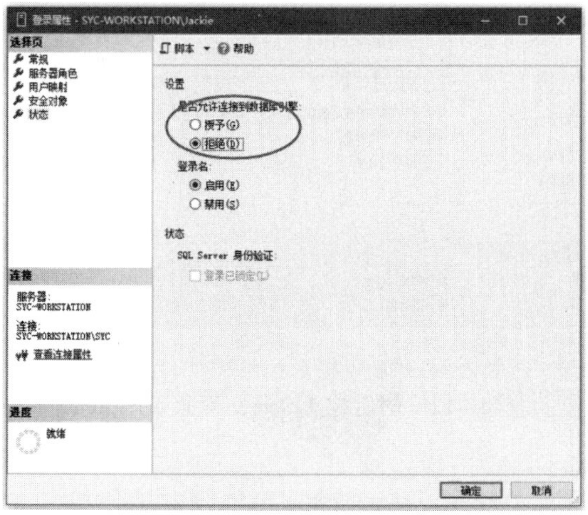

图 10-14　拒绝 Windows 登录账户登录

Step 3 单击“确定”按钮后，这个账户就不能再登录 SQL Server 服务器了。

5. 删除登录账户

还可以将某些不需要的帐户删除。

【操作步骤】实现本任务的步骤如下：

Step 1 在打开 SSMS，在“对象资源管理器”中依次展开“服务器”→“安全性”→“登录名”节点，在登录名的列表中右击要删除的账户，选择“删除”命令。进入“删除对象”窗口，如图 10-15 所示。

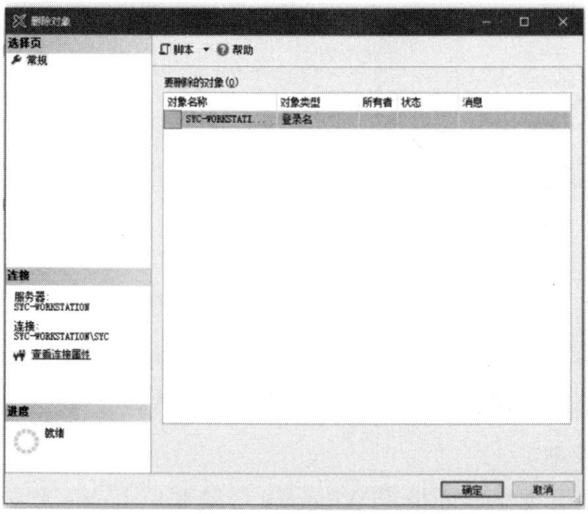

图 10-15　“删除对象”窗口

Step 2　删除前需要确认该用户的所有级联权限，如是否具有相应的数据库、数据对象等。确认无误后，单击“确定”按钮，完成删除。

10.2.3　使用 T-SQL 脚本创建和管理登录账户

SQL Server 也可以使用 T-SQL 脚本来创建和管理登录账户，即使用 CREATE LOGIN 语句创建登录账户，使用 ALTER LOGIN 语句修改登录账户，使用 DROP LOGIN 语句删除登录账户。

1. 创建登录账户

创建 Windows 登录账户的基本语法格式为

```
CREATE LOGIN [域名\用户名] FROM WINDOWS
```

创建 SQL Server 登录账户的基本语法格式为

```
CREATE LOGIN 登录名 WITH PASSWORD='密码'
```

对于 SQL Server，可以在创建登录账户时指定如下选项：

（1）MUST_CHANGE：指定用户在下次登录时必须更改密码。

（2）CHECK_EXPIRATION：指定将检查 Windows 过期策略。

（3）CHECK_POLICY：指定将应用本地 Windows 密码策略。

【任务 10-6】使用 T-SQL 脚本创建 SQL Server 登录账户 John，密码为 abc123。

【代码实现】实现本任务的脚本如下：

```
USE master
GO
CREATE LOGIN John WITH PASSWORD='abc123'
GO
```

2. 修改登录账户

修改登录账户属性可以使用 ALTER LOGIN 语句，其语法格式为

```
ALTER LOGIN 登录名 WITH PASSWORD='新密码'
```

【任务 10-7】使用 T-SQL 脚本修改 SQL Server 账户 John 为密码为 abc123$S。

【代码实现】实现本任务的脚本如下：

```
USE master
GO
ALTER LOGIN John WITH PASSWORD='abc123$S'
GO
```

3. 删除登录账户

可以使用 DROP LOGIN 语句删除登录账户，其语法格式为

```
DROP LOGIN 登录名
```

也可以使用如下语句删除一个 Windows 登录名：

```
DROP LOGIN [域名\用户名]
```

【任务 10-8】使用 T-SQL 脚本删除账户 John。

【代码实现】实现本任务的脚本如下：

```
USE master
GO
DROP LOGIN John
GO
```

10.2.4 服务器角色

服务器角色

角色是一种权限机制，可以方便管理员对用户权限进行集中管理，大大减少了管理员的工作量。在日常管理中，数据库管理员通常会将某一组职责相同的用户设置为某一角色，这样只要对角色进行权限设置便可以实现对所有用户权限的设置。当若干个用户被赋予同一个角色时，它们都继承了该角色拥有的权限；若角色的权限变更了，这些相关的用户权限都会发生变更。SQL Server 提供了日常管理工作的预定义服务器角色和数据库角色。

1．服务器角色概念

服务器角色是执行服务器级别管理操作的用户权限的集合，它根据 SQL Server 的管理任务和这些任务相对的重要性等级来把具有 SQL Server 管理职能的用户划分为不同的用户组，每一组所具有的管理 SQL Server 的权限都是 SQL Server 内置的，即不能对其进行添加、修改和删除，只能向其中加入、删除用户或其他角色。

在 SSMS 的“对象资源管理器”中，依次展开“安全性”→“服务器角色”节点，在右侧窗口中将显示固定服务器角色，如图 10-16 所示。

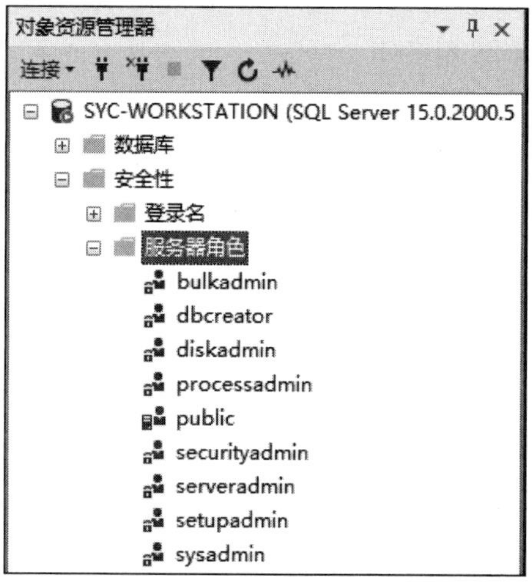

图 10-16　查看固定服务器角色

SQL Server 提供 8 个固定服务器角色，其权限描述如表 10-1 所列。

表 10-1　SQL Server 的服务器角色

固定服务器角色	权限描述
sysadmin	可以在 SQL Server 中执行任何操作
serveradmin	管理 SQL Server 服务器范围内的配置
setupadmin	添加、删除链接服务器，建立数据库复制以及管理扩展存储过程的权限许可
securityadmin	管理数据库登录
processadmin	管理 SQL Server 进程
dbcreator	创建数据库，并对数据库进行修改

续表

固定服务器角色	权限描述
diskadmin	管理磁盘文件
bulkadmin	可以运行 Bulk Insert 语句

2. 将登录账户映射到服务器角色

【任务 10-9】使用可视化界面将 Jones 映射到服务器角色 sysadmin 中。

【任务分析】因为服务器角色是内置的，只能将用户映射到角色或从角色中删除。

【操作步骤】实现本任务的步骤如下：

Step 1 打开 SSMS，以管理员的账户登录到 SQL Server，在“对象资源管理器”中依次展开“安全性”→“服务器角色”节点。

Step 2 双击右侧窗口中要更改的服务器角色，或右击该角色并在弹出的快捷菜单中选择“属性”命令，弹出“服务器角色属性-sysadmin”窗口，其中显示出当前服务器角色成员列表，如图 10-17 所示。

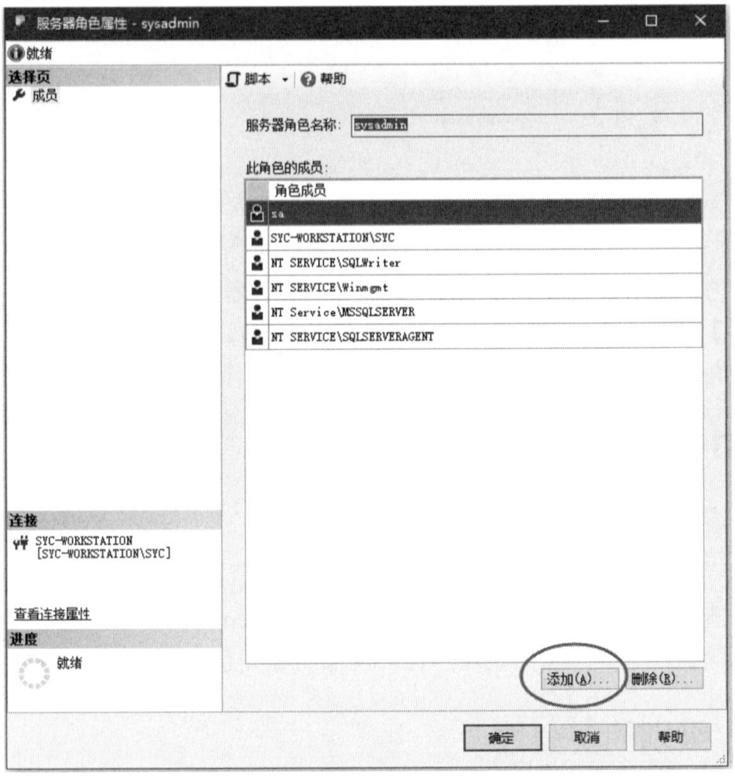

图 10-17 “服务器角色属性- sysadmin”窗口

Step 3 单击“添加”按钮，将弹出“选择服务器登录名或角色”对话框，如图 10-18 所示。

Step 4 单击“浏览”按钮，将弹出“查找对象”对话框，如图 10-19 所示。选中待添加成员 Jones，单击“确定”按钮，可以将该账户添加到服务器角色成员列表中，最后单击“确定”按钮，完成添加。

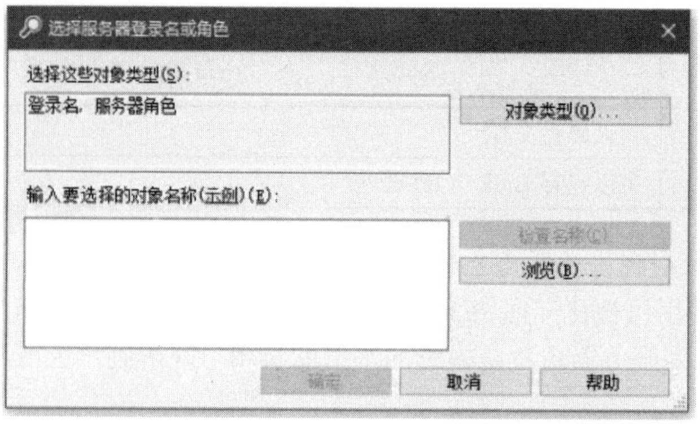

图 10-18 “选择服务器登录名或角色”对话框

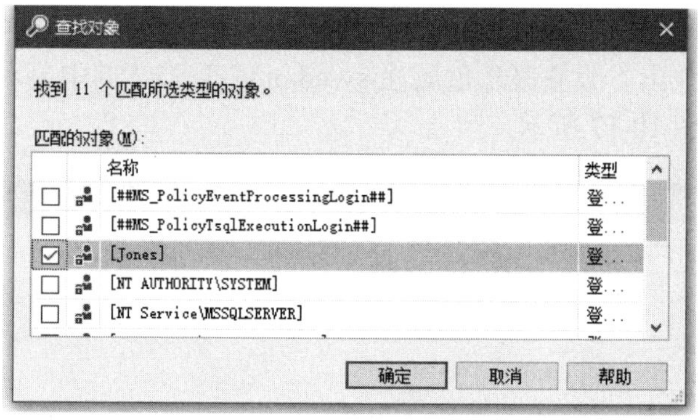

图 10-19 “查找对象”对话框

【任务 10-10】使用 T-SQL 脚本将 John 映射到服务器角色 sysadmin 中。

【任务分析】可用 sp_addsrvrolemember 将登录账号添加到当前服务器的固定服务器角色中，使其成为该角色的成员，从而具有该角色的权限，其语法格式为

```
sp_addsrvrolemember 登录名,角色名
```

【代码实现】实现本任务的脚本如下：

```
USE master
GO
EXEC sp_addsrvrolemember 'John', 'sysadmin'
GO
```

当然也可以删除服务器角色成员，利用 sp_dropsrvrolemember 存储过程可在服务器的固定服务器角色中删除登录账户，收回该账户在对应服务器角色的权限。

10.3 数据库级别的安全性

由 SQL Server 四层安全体系可知，一个用户在取得合法的登录账户后，只表明该账户可以通过 Windows 模式或 SQL Server 模式的认证，连接到 SQL Server 服务器，但并不表明其可以访问数据库或对数据库对象进行某些操作。登录账户在当前服务器上可以访问哪些数据库，以及对数据库内的数据及数据对象进行哪些操作，与该账户对应的数据库用户所拥有的权限有关。数据库管理员必须在当前数据库中将登录账户映射为数据库用户，并授予该数据库用户访

问数据库及数据库对象的权限，这样登录账户才可以进行相关操作。

10.3.1 使用可视化界面添加和管理数据库用户

在 SQL Server 中，数据库用户和登录账户是两个不同的概念。一个服务器登录账户要访问数据库，必须在这个数据库内有数据库用户与其对应。每个数据库用户都和服务器登录账户之间存在着一种映射关系，系统管理员可以将一个服务器登录账户映射到用户需要访问的数据库中的一个用户账号或角色上。登录账户在不同的数据库中可以映射成不同的用户，从而在不同数据库中拥有不同的权限。

一个数据库中可以有多个用户，每个用户在数据库中的分组和权限分配依赖于其所属的架构和角色。在 SQL Server 中，架构类似于一个数据库对象的容器。默认情况下，数据库中所有的对象都是“dbo.Xxxxx”，这里的 dbo 就是一个架构，它里面装了所有的数据库对象。如果数据库规模较大，不同业务模块之间的数据需要分别管理，就可以自己定义架构。在新建数据库用户时，可以为用户指定它所在的架构，那么这个架构所拥有的对象都可以被这个用户使用。

1. 添加数据库用户

映射数据库用户

【任务 10-11】使用可视化界面将登录账户 John 映射到 SGMS 数据库中。

【任务分析】服务器的登录账户要想访问数据库，必须在数据库内有数据库用户与其对应。系统管理员可以将一个登录账户映射到数据库中，该数据库用户拥有的权限决定了登录账户在该数据库上的操作权限。只有 sysadmin 服务器角色成员或数据库的所有者才可以添加数据库用户。

【操作步骤】实现本任务的步骤如下：

Step 1 启动 SSMS，使用具有操作权限的用户登录到服务器，在“对象资源管理器”中依次展开“数据库”→SGMS→“安全性”→“用户”节点，右击“用户”节点，选择“新建用户”命令，弹出“数据库用户-新建”窗口，如图 10-20 所示。

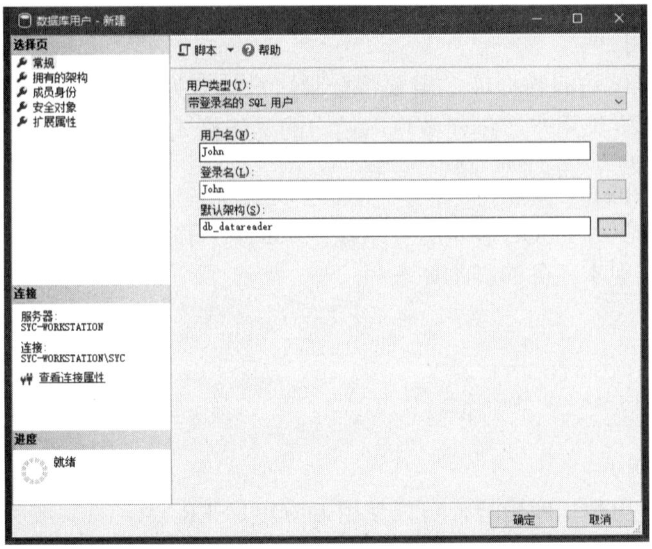

图 10-20 “数据库用户-新建”窗口

Step 2 在打开的“数据库用户-新建”窗口中，默认的用户类型为“带登录名的 SQL 用户”。在“用户名”文本框中输入要创建的数据库用户名 John，默认用户名也可以与登录名相同，在“登录名”文本框中输入与该用户名对应的登录账户，也可以通过单击“浏览”按钮打开对话框来选择。

Step 3 在“默认架构”列表中输入 db_datareader 或者单击“浏览”按钮选择。

Step 4 设置好选项后，单击“确定”按钮，完成数据库用户 John 的创建。

注意：一个 SQL Server 的登录名和数据库的用户名是可以不一致的，如登录名为 John 在数据库中可以被命名为一个其他的名称。但是为了避免管理方面的问题，并不建议这么做。

2. 删除数据库用户

当不允许某个登录名访问和使用时，可以删除与其对应的数据库用户。这里要说明的是，删除数据库用户时可能会因为该用户在数据库中拥有某些架构的所有权导致删除失败。此时就要求用户先将架构、角色的权限删除，然后再删除该用户。

【任务 10-12】使用可视化界面删除数据库用户 John。

【任务分析】删除数据库用户仅删除登录账户到数据库的映射，并不会删除登录账户，它仍然可以登录到 SQL Server。例如，删除数据库用户 John，但并不会删除登录账户 John。

【操作步骤】实现本操作的步骤如下：

Step 1 启动 SSMS，使用具有操作权限的用户登录到服务器，在“对象资源管理器”中依次展开“数据库”→SGMS→“安全性”→“用户”节点，右击 John，选择“删除”命令，弹出“删除对象”对话框。

Step 2 在“删除对象”对话框中单击“确定”按钮即可将用户从数据库中删除。

10.3.2 使用 T-SQL 脚本添加和管理数据库用户

在 SQL Server 中，可以使用 T-SQL 脚本实现数据库用户的映射和管理操作，如使用 CREATE USER 语句创建数据库用户，将登录账户映射到指定数据库中；使用 DROP USER 语句将数据库用户从数据库中删除。

1. 添加数据库用户

为了使登录名能够访问数据库，需要将登录账户映射为数据库用户，而且应在该用户需要访问的数据库中建立该用户。创建数据库用户的语法格式为

```
CREATE USER 数据库用户名  FOR LOGIN  登录名
WITH DEFAULT_SCHEMA = 架构名
```

【任务 10-13】使用 T-SQL 脚本将登录账户 Jones 映射到数据库中，用户名为 Jones。

【代码实现】实现本任务的脚本如下：

```
USE SGMS
GO
CREATE USER Jones FROM LOGIN Jones
WITH DEFAULT_SCHEMA = db_datareader
GO
```

2. 删除数据库用户

如果不再继续使用数据库用户，可以使用 DROP USER 语句将其删除，其语法格式为

```
DROP USER 数据库用户名
```

【任务 10-14】使用 T-SQL 脚本删除数据库用户 Jones。

【代码实现】实现本任务的脚本如下：

```
USE SGMS
GO
DROP USER Jones
GO
```

10.3.3 数据库角色

数据库角色

与服务器角色一样，数据库中也定义了角色的概念。数据库角色是一系列权限的集合，如 db_datareader 可以查看当前数据库所有表格的数据。若将数据库用户添加到特定角色中，这个用户就会获得该特定角色所拥有的全部权限。SQL Server 提供了两种数据库角色，即固定数据库角色和用户自定义数据库角色。

1. 固定数据库角色

固定数据库角色是在数据库级别定义的，并且存在于每个数据库中。SQL Server 已经预定义了这些角色所具有的管理、访问数据库的权限，而且 SQL Server 不能对其所具有的权限进行修改，只能向其中加入或删除数据库用户或者其他角色。在数据库中使用固定数据库角色可以将不同级别的数据库管理工作分给不同的角色，从而有效地实现权限管理。SQL Server 在安装后，默认提供了 10 个固定数据库角色，其具体描述如表 10-2 所列。

表 10-2 SQL Server 的固定数据库角色及其描述

固定数据库角色	描述
db_owner	拥有数据库的所有权限
db_securityadmin	能修改角色成员的身份和管理权限
db_accessadmin	能添加或删除用户、组或角色
db_backupoperator	能备份数据库
db_datareader	能从数据库表中读数据
db_datawriter	能修改数据库表中的数据
db_ddladmin	能添加、修改或删除数据库对象
db_denydatareader	不能从数据库表中读数据
db_denydatawriter	不能修改数据库表中的数据
public	维护全部默认的权限

在固定的数据库角色中，public 是一个特殊的数据库角色，每个数据库用户都属于 public 数据库角色。当尚未对某个用户授予权限时，则该用户默认是 public 角色成员。

【任务 10-15】使用可视化界面将数据库用户 John 添加到 db_datawriter 角色中。

【任务分析】SQL Server 不能对固定数据库角色所具有的权限进行修改，只能向其中加入或删除用户或者其他角色。本任务通过可视化界面将用户 John 添加 db_datawriter 角色中。

【操作步骤】实现本任务的步骤如下：

Step 1 使用具有足够操作权限的用户登录 SSMS，在“对象资源管理器”中依次展开“数据库”→SGMS→“安全性”→“角色”→“数据库角色”节点，右击 db_datawriter 角色，选择“属性”命令，将打开“数据库角色属性-db_datawriter”窗口，如图 10-21 所示。

图 10-21　“数据库角色属性-db_datawriter”窗口

Step 2　在“数据库角色属性-db_datawriter”窗口中可以看到目前此角色包含的成员，单击“添加”按钮，弹出“选择数据库用户或角色”对话框，在“输入要选择的对象名称”框中输入 John 或者单击右侧的“浏览”按钮，选择 John 用户，如图 10-22 所示。

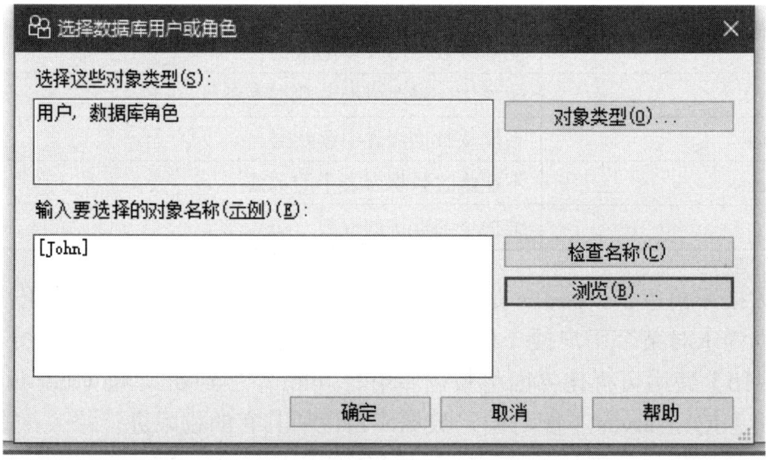

图 10-22　“选择数据库用户或角色”对话框

Step 3　单击“确定”按钮，完成用户角色分配工作，如图 10-23 示。单击“数据库角色属性-db_datawriter”窗口右下方的“删除”按钮，可以从指定角色中删除已有数据库用户。

与其他操作一样，数据库角色的操作同样可以使用 T-SQL 脚本实现。

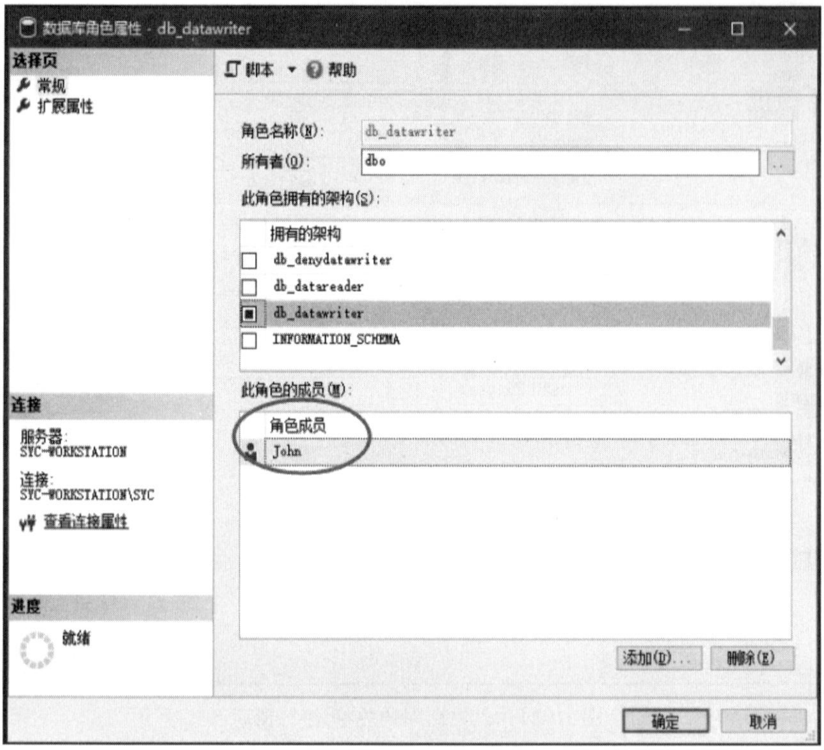

图 10-23　角色成员添加成功

【任务 10-16】使用 T-SQL 脚本向 db_ddladmin 数据库角色中添加成员 Jones。

【任务分析】利用 sp_addrolemember 同样可以向固定数据库角色中添加成员，其语法格式为

```
sp_addrolemember 角色名, 数据库用户名
```

如果删除数据库角色的成员，则使用的语法格式为

```
sp_droprolemember 角色名, 数据库用户名
```

【代码实现】实现本任务的脚本如下：

```
USE SGMS
GO
EXEC sp_addrolemember 'db_ddladmin', 'Jones'
GO
```

2. 用户自定义数据库角色

如果想为某些数据库用户设置相同的权限，且这些权限不同于固定数据库角色。此时可以自定义数据库角色，从而使这些用户能够在数据库中实现某一特定功能。

【任务 10-17】创建自定义数据库角色 db_myrole。

【操作步骤】实现本任务的步骤如下：

Step 1　打开 SSMS，登录到服务器，在“对象资源管理器”依次展开“数据库”→SGMS→“安全性”→“角色”→“数据库角色”节点，右击“数据库角色”，选择“新建数据库角色”命令，弹出“数据库角色-新建”窗口，如图 10-24 所示。

Step 2　在“数据库角色-新建”窗口中输入自定义角色的名称 db_myrole，同时需要为数据库角色指定所有者，默认选择 dbo。

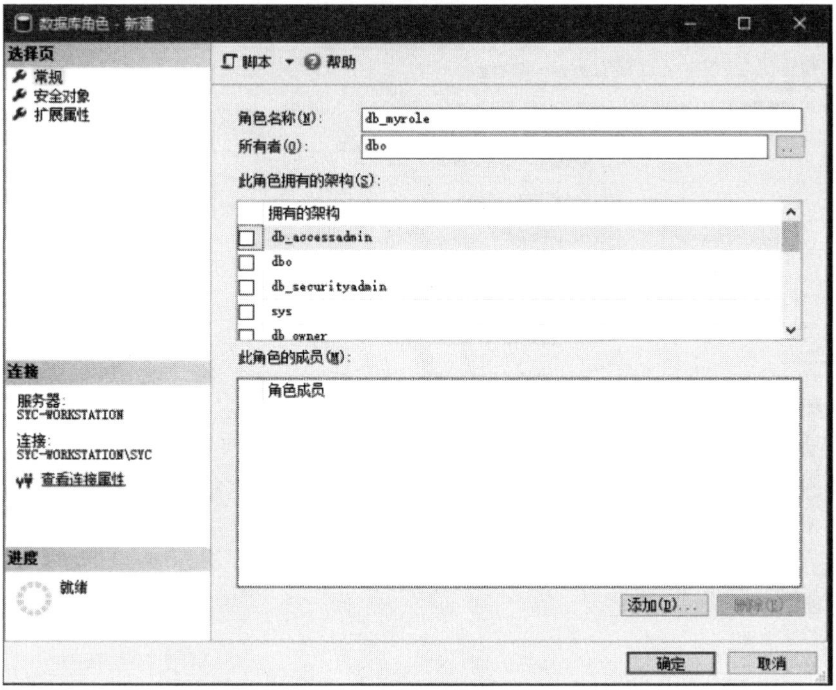

图 10-24 “数据库角色-新建”窗口

Step 3 单击“确定”按钮即可完成用户自定义角色的创建。

【任务 10-18】使用 T-SQL 脚本创建自定义数据库角色 db_sales。

【任务分析】使用 CREATE ROLE 语句也可以创建数据库角色，其语法格式为

```
CREATE ROLE 角色名
```

如果要删除数据库角色，可以使用的语法格式为

```
DROP  ROLE 角色名
```

【代码实现】实现本任务的脚本如下：

```
USE SGMS
GO
CREATE ROLE db_sales
GO
```

注意：

- 不能删除包含成员的角色。在删除角色之前，首先必须从该角色删除其所有成员。
- 自定义的角色默认为 public 角色成员，如需其他权限，需要执行授权操作。
- 与固定数据库角色一样，也可以向自定义数据库中角色中添加或删除成员。

10.3.4 关于 dbo 用户和 guest 用户

SQL Server 在数据库级别上也存在着两个特殊的数据库用户，分别是 dbo 用户和 guest 用户。

1. dbo 用户

dbo 用户是数据库对象的所有者，代表数据库的拥有者，其拥有最高权限，可以执行数据库级别的一切操作。在安装 SQL Server 时，dbo 用户被设置到 model 数据库中，所以每个数据库中都有。默认情况下，用户数据库的 dbo 用户对应于创建该数据库的登录账户，sysadmin

服务器角色的成员也会被自动映射成 dbo 用户。

2. guest 用户

guest 用户主要是允许没有对应数据库用户的登录账户访问数据库，从而使该登录者能够访问具有 guest 用户的数据库。guest 用户不能删除，但可通过撤销该用户的 CONNECT 权限将其禁用。在用户数据库中使用 guest 用户要谨慎，因为这样会为数据库系统环境带来安全隐患，所以尽量使用数据库角色来实现这一功能。

如果一个没有映射到数据库用户的登录账户试图访问一个数据库，则 SQL Server 将自动查找该数据库中有没有 guest 用户。SQL Server 在每个数据库中都创建一个 guest 用户。在默认情况下，不允许 guest 用户连接到数据库，授权 guest 用户连接数据库的语句如下：

```
GRANT CONNECT TO Guest
```

撤销 guest 用户连接数据库的语句如下：

```
REVOKE CONNECT TO Guest
```

10.4 数据库对象级别的安全性

除了服务器级别、数据库级别的权限外，每个数据库对象也具有相应的操作权限，这些权限用来指定授权用户可以使用的数据库对象和授权用户可以对这些数据库对象执行的操作。对象级别的权限可以授予数据库用户和角色，但是不能授予给登录账户。因此，用户在登录到 SQL Server 之后，根据其登录账户映射的用户或角色，决定了该用户能够对哪些对象执行哪种操作。

10.4.1 权限种类

权限管理

在每个数据库中用户的权限独立于登录账户和用户在数据库中的角色，每个数据库都有自己独立的权限系统，SQL Server 中包括三类权限，即对象权限、语句权限和隐性权限。

1. 对象权限

在针对数据对象进行数据操作或执行存储过程时需要的权限称为对象权限，它决定了用户能对表、视图、存储过程等数据库对象执行哪些操作。不同类型的对象可进行的操作是不同的，如不能对存储过程对象执行 INSERT 操作，不能在视图对象上执行 EXECUTE 操作。各数据库对象可执行的操作权限如表 10-3 所列。

表 10-3 各数据库对象可执行的操作权限

对象	可执行的操作权限
表	SELECT、INSERT、UPDATE、DELETE、REFERENCE 等
视图	SELECT、INSERT、UPDATE、DELETE 等
列	SELECT、UPDATE[更新]
存储过程	EXECUTE

2. 语句权限

语句权限表示对数据库的操作权限，即创建数据库和数据库对象所需要的权限。只有

sysadmin、db_ower 和 db_securityadmin 等角色的成员才能被授予语句权限。常见的语句权限有：

（1）CREATE DATABASE：创建数据库。

（2）CREATE DEFAULT：创建默认。

（3）CREATE FUNCTION：创建函数。

（4）CREATE PROCEDURE：创建存储过程。

（5）CREATE RULE：创建规则。

（6）CREATE TABLE：创建表。

（7）CREATE VIEW：创建视图。

（8）BACKUP DATABASE：备份数据库。

（9）BACKUP LOG：备份事务日志。

3．隐性权限

隐性权限又称暗示性权限，是指安装系统以后，有些角色和用户不必授权就具有的权限，主要用于控制只能由预定义系统角色的成员或数据库对象所有者执行的活动。其中的角色包括固定服务器角色和固定数据库角色，用户包括数据库对象所有者。

10.4.2 使用可视化界面管理权限

权限的管理主要是完成对权限的授权（GRANT）、拒绝（DENY）和回收（REVOKE），授权是允许特定角色或用户进行相关操作，拒绝是指拒绝特定角色或用户进行相关操作，回收是指收回之前的授权。

数据库用户或自定义角色创建好后，默认属于 public 角色。一般情况下，public 角色拥有的权限是很少的。要使数据库用户或自定义角色拥有特定操作的权限，需要为他们授权。使用可视化界面对对象权限授权有两种方法：一是从数据库对象的角度来管理，二是从用户或角色的角度来管理。本书仅介绍其中一种，其他方法读者可自学。

1．使用可视化界面为用户授予对象权限

【任务 10-19】为 SGMS 数据库用户 John 授予 Student 表的添加数据权限。

【任务分析】在当前状态下，John 只是 public 角色的成员，不具有添加数据的权限。要想让其具备这样的权限，必须为其授予 Student 表的 INSERT 权限。

【操作步骤】实现本任务的步骤如下：

Step 1 使用具有足够权限的用户登录服务器，在 SSMS 的“对象资源管理器”中依次展开“数据库”→SGMS→“表”节点，右击 Student，选择“属性”命令，查看表属性，如图 10-25 所示。

Step 2 选择“权限”选择页，单击右侧窗口中“用户或角色”列表框上方的“搜索”按钮，弹出“选择用户或角色”对话框。单击“浏览”按钮，弹出“查找对象”对话框，如图 10-26 所示。在此对话框中勾选需要授权的数据库用户或角色，如 Jones。

Step 3 单击“确定”近钮，返回“表属性-Student”窗口，此时在窗口的下方出现可供授予的权限列表，如图 10-27 所示，勾选“插入”行上的“授予”复选框。

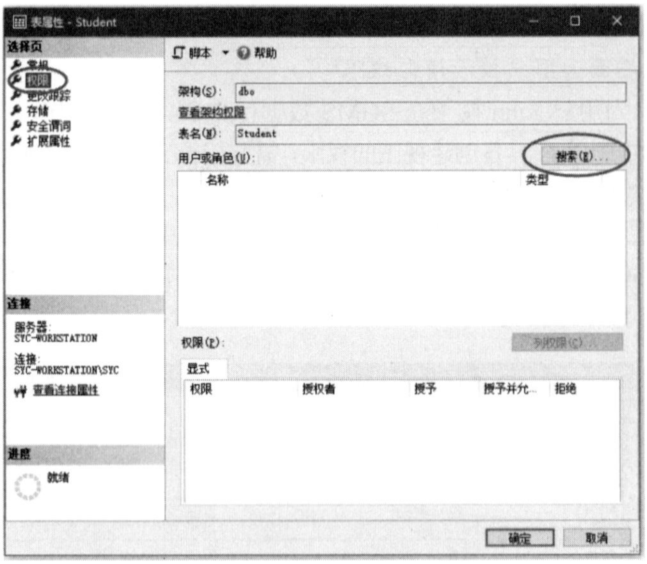

图 10-25　“表属性-Student”窗口

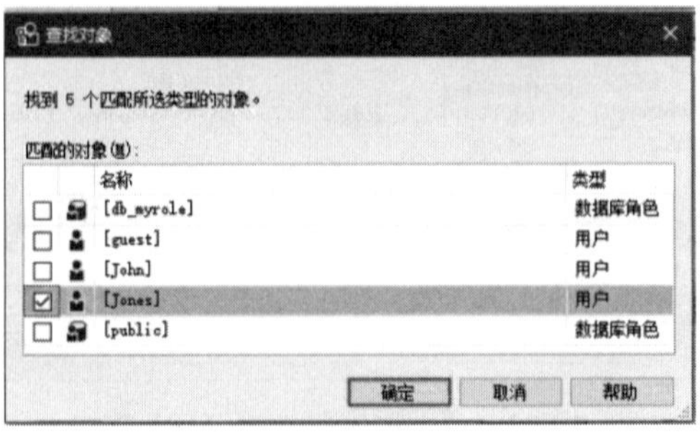

图 10-26　“查找对象”对话框

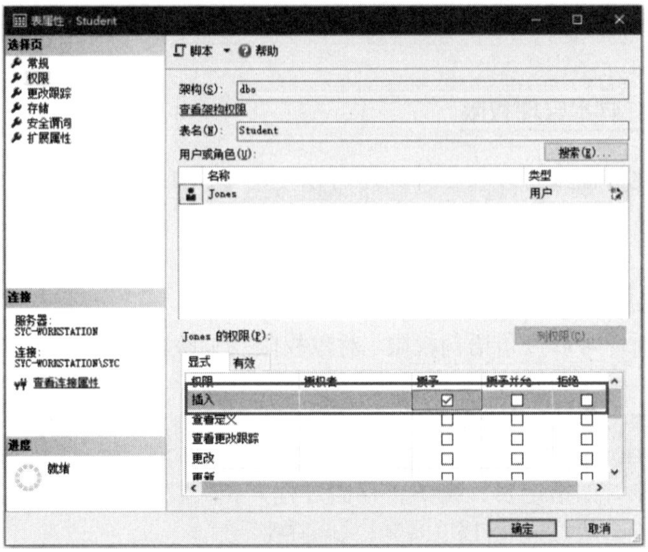

图 10-27　“权限”选择页

Step 4 设置完毕后，单击“确定”按钮即可完成 Jones 用户权限的授予操作。

2. 使用可视化界面为用户授予语句权限

【任务 10-20】为用户 John 授予在 SGMS 数据库中创建视图的权限。

【任务分析】要想让用户具备创建视图的权限，需要授予 SGMS 数据库 CREATE VIEW 权限。

【操作步骤】实现本任务的步骤如下：

Step 1 使用具有足够权限的用户登录服务器，在 SSMS 中依次展开“数据库”→SGMS 节点，右击 SGMS，选择“属性”命令，打开“数据库属性-SGMS”窗口，如图 10-28 所示。

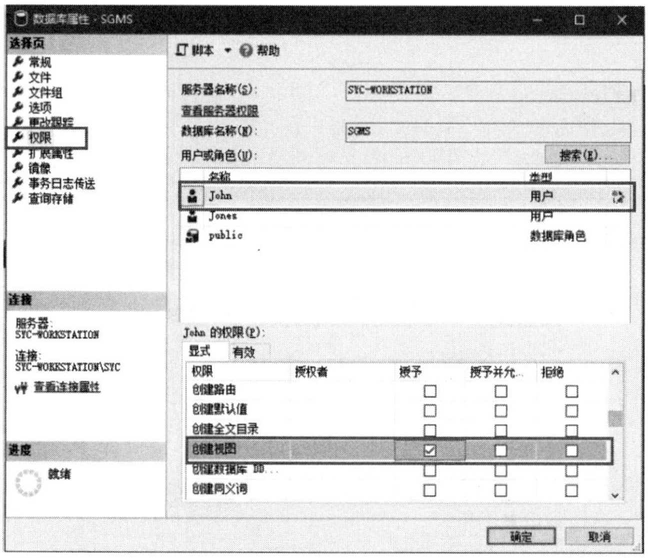

图 10-28 “数据库属性-SGMS”窗口

Step 2 选择“权限”选择页，在“用户或角色”列表中选择 John，下方将列出该用户的权限列表，勾选“创建视图”行的“授予”复选框。单击“确定”按钮，完成语句权限的授权。

10.4.3 使用 T-SQL 脚本管理权限

除了使用可视化界面来管理权限外，还可以使用 T-SQL 脚本来管理权限。在 SQL Server 中，使用 GRANT 语句来实现授权操作，使用 DENY 语句来实现拒绝权限，使用 REVOKE 语句来收回权限。

1. 使用 T-SQL 脚本授予权限

使用 GRANT 语句可以授予语句权限、对象权限及列级权限。授予数据库语句权限的语法格式为

```
GRANT { ALL | 权限 [, …n ] }  TO 用户 [, …n ]
[ WITH GRANT OPTION ]
```

授予数据库对象（如指定表、视图、存储过程）相关权限的语法格式为

```
GRANT { ALL | 权限 [, …n ] } { ON {表 | 视图 | 存储过程}
TO 用户 [, …n ]  [ WITH GRANT OPTION ]
```

授予表或视图列级权限的语法格式为

```
GRANT { ALL | 权限 [, …n ] } { ON {表 | 视图 } (列名 [, …n ] )
TO 用户 [, …n ]  [ WITH GRANT OPTION ]
```

【任务 10-21】授予数据库用户 Jones 创建表格和 Grade 表的 UPDATE 和 DELETE 权限。

【代码实现】实现本任务的脚本如下：

```
USE SGMS
GO
GRANT CREATE TABLE TO Jones
GO
GRANT UPDATE, DELETE ON Grade TO Jones
GO
```

2. 使用 T-SQL 语句拒绝权限

DENY 语句用于禁止用户或角色成员对一个对象执行特定的操作。即使这个用户是角色的成员，或者已经被授予了该权限，一旦被显式拒绝了某项权限或者被任何角色成员拒绝，就不能再执行相关操作了。显式拒绝数据库语句权限的语法格式为

```
DENY { ALL | 权限 [, …n ] }  TO 用户 [, …n ]  [CASCADE ]
```

显式拒绝数据库对象（如指定表、视图、存储过程）相关权限的语法格式为

```
DENY  { ALL | 权限 [, …n ] } { ON {表 | 视图 | 存储过程}
TO 用户 [, …n ]  [CASCADE ]
```

显式拒绝表或视图列级权限的语法格式为

```
DENY  { ALL | 权限 [, …n ] } { ON {表 | 视图 } (列名 [, …n ] )
TO 用户 [, …n ]  [CASCADE ]
```

【任务 10-22】拒绝 Jones 修改 SGMS 数据库中 Grade 表的数据。

【代码实现】实现本任务的脚本如下：

```
USE SGMS
GO
DENY UPDATE TO Jones
GO
```

3. 使用 T-SQL 脚本收回权限

REVOKE 语句用来收回用户所拥有的某些权限，使其不再具有相关权限。如果该用户属于某个角色，那么该用户仍然可能具有相应权限。收回语句权限的语法格式为

```
REVOKE { ALL | 权限 [, …n ] }  FROM 用户 [, …n ]  [CASCADE ]
```

收回数据库对象（如指定表、视图、存储过程）相关权限的语法格式为

```
REVOKE { ALL | 权限 [, …n ] } { ON {表 | 视图 | 存储过程}
FROM 用户 [, …n ]  [CASCADE ]
```

收回表或视图上列级权限的语法格式为

```
REVOKE { ALL | 权限 [, …n ] } { ON {表 | 视图 } (列名 [, …n ] )
FROM 用户 [, …n ]  [CASCADE ]
```

【任务 10-23】收回 Jones 对 Grade 表的 UPDATE 权限。

【代码实现】实现本任务的脚本如下：

```
USE SGMS
GO
REVOKE UPDATE FROM Jones
GO
```

小结

SQL Server 的安全体系是比较完善的，主要包括操作系统级别的安全性、服务器实例级别的安全性、数据库级别的安全性，以及对象级别的安全性四个层级。本章重点介绍了服务器级别、数据库级别、表和列级别三个层级的安全管理方法。为了简化权限的管理，本章还介绍了服务器角色和数据库角色的概念。

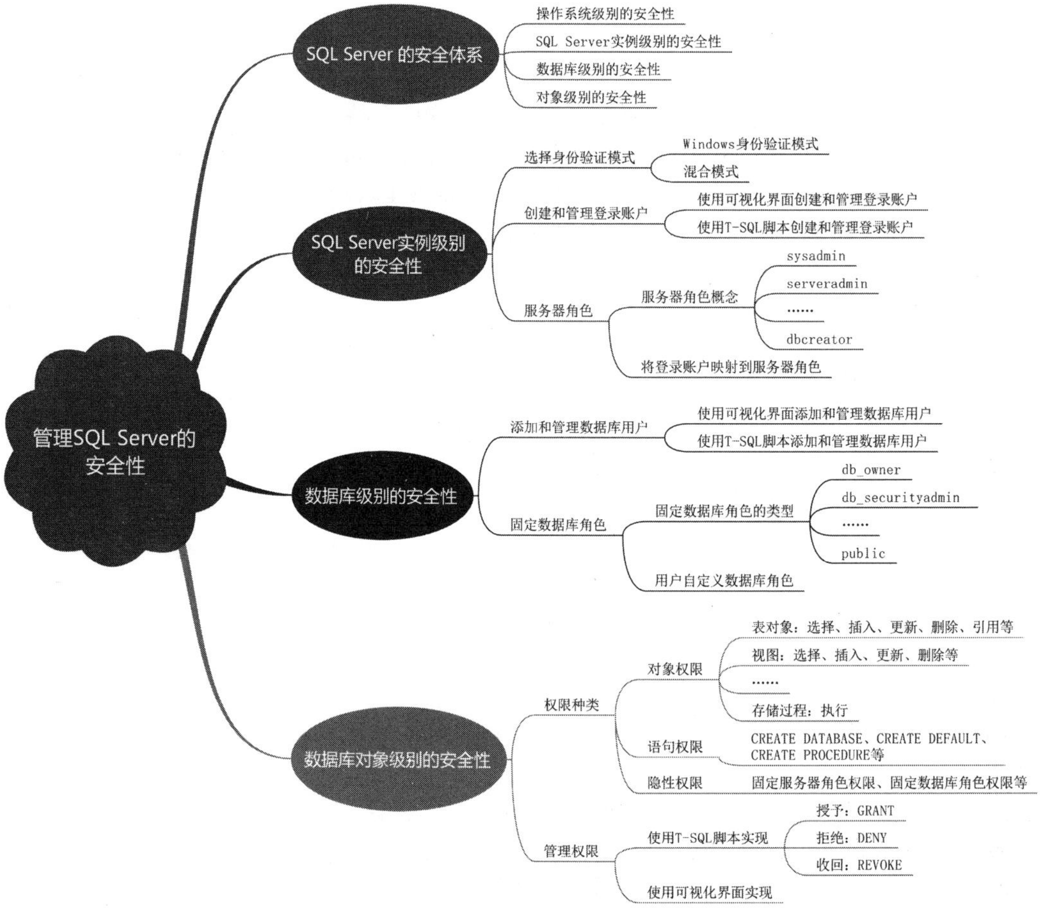

思考与练习

一、选择题

1．（　　）属于登录账户。

A．dbo　　B．guest　　C．sa　　D．Setupadmin

2．（　　）属于数据库用户。

A．dbo　　B．public　　C．sa　　D．db_owner

3．（　　）固定服务器角色具有创建数据库的权限。

A．bulkadmin　　B．dbcreator　　C．diskadmin　　D．processadmin

4．SQL Server 的权限不可以被（　　）。

A．授予　　B．回收　　C．拒绝　　D．删除

5．SQL Server 的权限类型不包括（　　）。

A．数据库对象权限　　B．数据库语句权限

C．隐性权限　　D．自定义权限

6．（　　）语句用来创建数据库角色。

A．CREATE USER　　B．CREATE LOGIN

C．CREATE TABLE　　D．CREATE ROLE

二、填空题

1．SQL Server 的安全性控制策略包括四个方面：操作系统级别的安全性、________、________和________。

2．SQL Server 的身份验证模式有两种，分别是________和________身份验证模式。

3．授予数据库用户或自定义角色权限的命令是________，拒绝权限的命令是________，收回权限的命令是________。

4．SQL Server 的角色包括三类，分别是________、________和________。

5．________用户主要是允许没有对应数据库用户的登录账户访问数据库。在默认情况下，不允许该用户连接到数据库。可以通过授予其________权限将其启用。

三、简答题

1．SQL Server 服务器的两种身份模式有什么区别？

2．SQL Server 中登录账户和数据库用户的作用是什么？

3．SQL Server 中有哪些默认的登录账户和数据库用户？简述其功能。

4．简述数据库权限管理中有哪两大类角色及其作用，以及这两类角色中分别包含哪些固定角色。

上机实验

实验指导书

一、实验目的和要求

1．理解 SQL Server 的身份验证模式。

2．会使用可视化界面和 T-SQL 脚本两种方法添加和删除登录账户。

3．会使用可视化界面和 T-SQL 脚本两种方法添加和删除数据库用户。

4．会使用可视化界面和 T-SQL 脚本两种方法管理权限。

5．理解登录账户和数据库用户的关系。

6．理解服务器角色和数据库角色。

二、实验内容

利用 SQL Server 用户数据库 SGMS 实现如下操作：

1．创建登录账户。

（1）为教务管理系统管理员创建 Windows 类型的登录账户，其 Windows 用户名为 Davilo（若不存在，请先自行创建）。

（2）为各部门的教务管理秘书创建 SQL Server 类型的登录账户，登录名分别为 Jessica、Angela、Sophia。

（3）为数据库管理人员创建 Windows 类型的登录账户，其 Windows 用户名为 Stanford、Jones。

（4）将 Davilo 映射到 sysadmin 角色。

2．数据库级别安全性。

（1）将上述用户都映射到 SGMS 数据库中，使他们都能够访问该数据库，数据库用户名可以采用默认用户名（与登录名相同）。

（2）将 Stanford 添加到 db_securityadmin 和 db_accessadmin 角色，专门负责管理该系统的安全性。

（3）将 Jones 添加到 db_backupoperator 角色中，专门负责对该系统的备份和还原工作。

3．用户权限管理。

（1）授予教务管理秘书对所有表和视图的查看权限。

（2）拒绝教务管理秘书对 Grade 表的更新权限。

（3）拒绝教务管理秘书对 Student 表的删除权限。

第11章 数据库的备份与恢复

任务背景：

在数据库系统建立以后，其日常的运行维护和管理也很重要。前面我们已经介绍了最重要的日常管理任务之一——安全性管理。除了对安全性进行管理外，管理员还要完成很多日常的维护和管理任务，如备份、恢复、数据导入与导出等。SQL Server 提供了强大的备份和恢复功能，也支持将数据转换到其他结构的数据库管理系统或文件中，用来进行数据交换。为了保证学生成绩管理系统的稳定运行，管理员需要规划数据库的备份计划，并在遇到故障时快速恢复数据库的运行。

本章任务是学习数据库备份与恢复的基本概念和相关操作，以及数据导入与导出工具的用法。

学习目标：

（1）理解数据库备份与恢复的概念。

（2）掌握使用 T-SQL 脚本实现数据库备份的方法。

（3）掌握使用 T-SQL 脚本恢复数据库的方法。

（4）会使用可视化界面进行数据库备份和恢复。

（5）会进行数据的导入与导出。

任务导航：

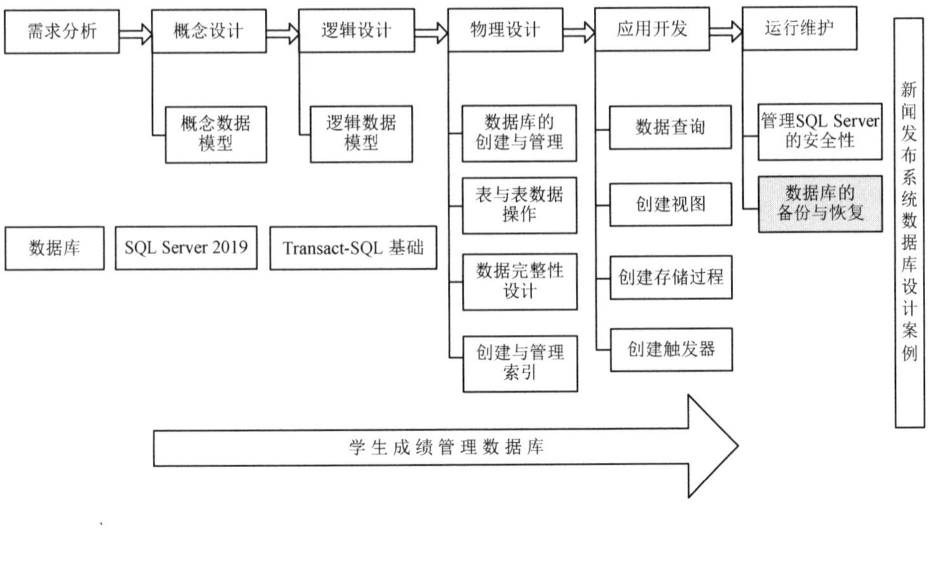

11.1 数据库故障种类与恢复技术

数据库故障种类与恢复技术

11.1.1 数据库故障种类

尽管数据库系统中采取了各种保护措施来防止数据库的安全性和完整性遭到破坏，保证并发操作都能正确执行，但是计算机系统中的硬件故障、软件错误、操作员失误及恶意破坏仍然是不可避免的，这些故障轻则造成运行中的事务非正常中断，影响数据库中数据的正确性，重则破坏数据库，使数据库中部分或全部数据丢失。

数据库故障主要分为以下四类：

（1）事务故障。事务在运行过程中由于种种原因，如输入数据的错误、运算溢出、违反了某些完整性限制、某些应用程序的错误，以及并发事务发生死锁等，未运行至正常终止点就被撤销，这种情况称为事务故障。

（2）系统故障。系统在运行过程中，由于某种原因致使事务非正常停止，而需要重新启动，这种情况称为系统故障。例如，操作系统故障、硬件故障（如 CPU 故障）、突然停电等。发生系统故障时内存中数据库缓冲区的数据会丢失，但存储在外存储设备上的数据不会受影响。

（3）介质故障。在系统的运行过程中，某种硬件故障，如磁盘损坏、磁头碰撞，或操作系统的某种潜在错误、瞬时强磁场干扰等，会使存储在外存上的数据部分或全部损失，这种情况称为介质故障。这类故障发生的可能性虽然比前两类故障小得多，但破坏性却最大。

（4）计算机病毒。计算机病毒是一种人为破坏计算机正常工作的特殊程序。通过读写染有病毒的计算机系统中的程序与数据，这些病毒可以迅速传播，危害计算机系统和数据库。目前大多数病毒是在 PC 和其兼容机上传播的。有的病毒一旦侵入系统就马上摧毁系统，有的病毒有较长的潜伏期，有的病毒则只在特定的日期发生破坏作用，有的病毒感染系统所有的程序和数据，有的只影响特定的程序和数据。

11.1.2 数据库恢复技术

数据库管理系统必须具有把数据库从错误状态恢复到某一已知正确状态的功能，这一功能称为数据库恢复。数据库系统的恢复功能对系统的可靠程度起着决定性作用，是衡量系统性能优劣的重要指标。

数据库恢复的基本原理可以用一个词来概括：冗余，即数据库中任何一部分被破坏的或不正确的数据可以根据存储在别处的冗余数据来重建。恢复机制涉及两个关键问题：一是建立冗余数据，二是利用这些冗余数据实施数据库恢复。建立冗余数据最常用的技术是数据备份和登记日志文件。

1. 数据备份

备份是指数据库管理员将整个数据库复制到外存上保存起来的过程，又称转储。这些备用的数据文本称为后备副本或备份文件。一旦数据库遭到破坏，可将后备副本重新装载回来达到恢复数据库的目的。数据备份是数据库恢复中采用的基本技术。

使用备份文件恢复数据库，只能将数据库恢复到备份时的状态，要想恢复到故障发生时的状态，须重做备份后的所有成功事务，并将这些事务已提交的结果重新写入数据库。

备份恢复的基本过程如图 11-1 所示。

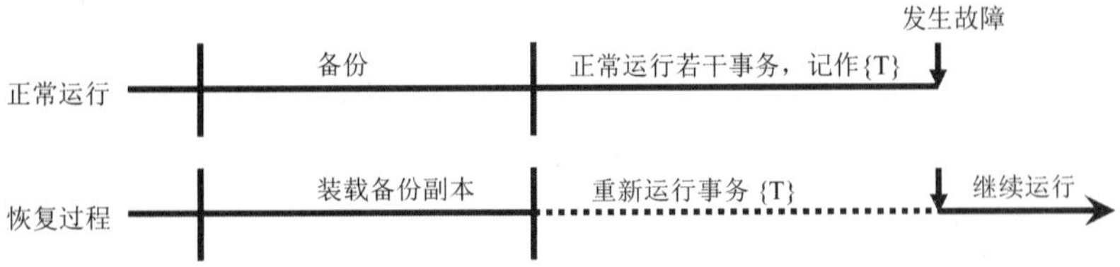

图 11-1　备份恢复的基本过程

备份是十分耗费时间和资源的，不能频繁进行。数据库管理员应该根据数据库使用情况确定一个适当的备份周期。

备份的过程可分为静态备份和动态备份两种。静态备份是在数据库系统没有运行事务时进行的备份操作，即备份操作开始的时刻，数据库处于一致性状态，而备份期间数据库数据不允许任何的存取和修改。很显然，静态备份得到的一定是一个数据一致性的副本，该转储方式简单可靠，但备份过程中不允许新的事务执行，运行效率较低。动态备份是指备份期间允许对数据库数据进行存取或修改，即备份和用户事务可以并发执行，但并发执行造成备份文件的数据未必是正确有效的。因此，在动态备份过程中，需要把备份期间各用户事务对数据库的修改操作记录下来，建立日志文件。这样，后备副本加上日志文件就能把数据库恢复到某时刻的正确状态。

2. 登记日志文件

日志文件是用来记录事务对数据库的更新操作的文件。不同数据库系统采用的日志文件格式也不同。常用的格式是以记录为单位的日志文件，它记录以下信息：

（1）事务开始标记（BEGIN TRANSACTION）。

（2）事务结束标记（COMMIT 或 ROLLBACK）。

（3）事务对数据的更新操作，包括操作类型、操作对象、数据原值、数据新值等。

日志文件在数据库恢复中起到十分重要的作用，具体表现在以下几个方面：

（1）事务故障恢复和系统故障恢复必须使用日志文件。

（2）在动态备份方式中必须建立日志文件，后备副本和日志文件结合起来才能有效恢复数据库。

（3）在静态备份方式中，也可建立日志文件。当数据库破坏后可重新装入后备副本把数据库恢复到备份结束时刻的正确状态，然后利用日志文件对备份后的所有成功事务进行重新处理，使得数据库恢复到故障前某时刻的正确状态。基于日志文件恢复数据库的过程如图 11-2 所示。

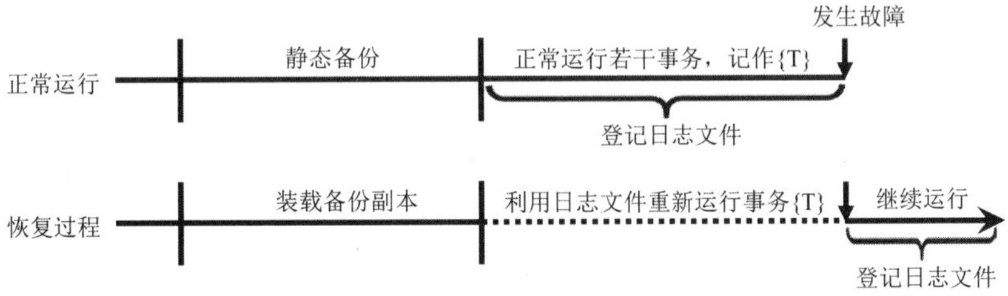

图 11-2　基于日志恢复数据库的过程

为了保证数据库是可恢复的，登记日志文件时须遵循以下两条原则：

（1）登记的次序严格按事务执行的时间次序。

（2）先写日志文件，后写数据库。

先写日志文件，后写数据库的原因是：把对数据的修改写到数据库中和把该对应的日志记录写到日志文件是两个不同的操作。有可能在发生故障时这两个操作只完成了一个。如果把对数据的修改先写到数据库，而没有写到日志文件，那发生故障后就无法恢复这个修改了。如果先写到日志文件，而没有写到数据库，恢复时利用日志文件只不过是多执行一次不必要的UNDO 操作，不影响数据库的正确性。所以为了安全，须先写日志文件。

11.1.3 SQL Server 的数据恢复技术

SQL Server 的备份和还原组件具有比较强大的数据库恢复功能，它支持对数据库完整或部分的备份，同时支持文件、文件组的备份。

1. SQL Server 支持的备份类型

SQL Server 支持的备份一般有三种：数据库完整备份、差异备份和事务日志备份。

（1）完整备份。完整备份是指包含一个或多个数据文件的完整映像的任何备份。数据库完整备份会备份所有数据和足够的日志，以便恢复数据。完整备份可以对全部或部分数据库、一个或多个文件进行数据备份。

（2）差异备份。差异备份基于数据库完整备份，称为差异的基准备份。基准备份是差异备份所对应的最近完整或部分备份。差异备份仅包含基准备份之后更改的数据。在还原差异备份之前，必须先还原其基准备份。

（3）事务日志备份。事务日志备份（也称日志备份）包括了在前一个日志备份中没有备份的所有日志记录。只有在完整恢复模式和大容量日志恢复模式下才可以进行事务日志备份。

在较为大型的数据库备份时，备份过程将既耗费时间，又耗费存储资源。SQL Server 还支持文件和文件组的单独备份。

2. SQL Server 的备份设备

SQL Server 将数据库、事务日志和文件备份到备份设备上。在创建数据库备份时，必须选择备份设备，一般使用物理设备名称或逻辑设备名称标识备份设备。

（1）物理备份设备是指磁带机或操作系统提供的磁盘文件。物理备份设备的名称包括物理路径和文件名，如“C:\Backup\SGMS.bak”。

（2）逻辑备份设备是用户给物理设备定义的一个别名，这个别名保存在 SQL Server 数据库的系统表中。逻辑设备的优点是可以简单地使用逻辑设备名称而不用给出复杂的物理设备路径，使用逻辑设备也便于用户管理备份信息。

3. SQL Server 的数据库恢复模式

SQL Server 的数据库恢复模式是数据库运行时记录事务日志的模式，它控制了将事务记录在日志中的方式、事务日志是否需要备份及允许的还原操作。恢复模式是数据库的一个属性，可以理解为数据库备份和恢复的方案，它不仅决定了恢复的过程，还决定了备份的行为。恢复模式一共有三种：

（1）完整恢复模式。完整恢复模式完整地记录了所有的事务，并保留所有事务的完整日志记录，直到将它们备份。完整恢复模式能使数据库恢复到任意时间点，基本不会丢失数据。

在完整恢复模式下，用户可以进行“完整”“差异”“事务日志”及“结尾日志”备份类型的操作。

（2）大容量日志恢复模式。在大容量日志恢复模式下，进行大容量操作时不是将每一项事务都记录到日志中，而是只对这些操作进行开始和结果等基础信息的记录，不记录实际操作事务的过程。大容量日志恢复模式只能将数据库恢复到日志备份的结尾，而不能恢复到某个时间点或日志备份中某个标记的事务。

在大容量日志恢复模式下，可以进行“完整”“差异”“事务日志”备份类型的操作。

（3）简单恢复模式。简单恢复模式可以理解为没有事务日志的备份，其处理过程比较简单。简单恢复模式只能将数据库恢复到备份时刻，而且会丢失数据库备份后的所有操作。

在简单恢复模式下，用户只可以进行“完整”“差异”备份类型的操作。

11.2　备份数据库

备份数据库

备份数据库的过程就是对数据库文件或事务日志文件进行复制的过程。数据库备份记录了在进行备份这一操作时数据库中所有数据的状态。在 SQL Server 中，可以使用可视化界面进行备份操作，也可以使用 T-SQL 脚本完成备份。

11.2.1　使用可视化界面完成备份

【任务 11-1】创建逻辑备份设备：在磁盘上新建一个名称为“SGMSBACKUP”的逻辑备份设备，用于容纳 SGMS 数据库的备份。

【任务分析】逻辑备份设备是用户给物理设备或磁盘文件定义的别名，在对数据库进行备份的时候，可以直接使用别名来引用这个位置，而不需要用文件名来直接引用。

【操作步骤】实现本任务的步骤如下：

Step 1　使用具有足够权限的账户登录服务器，在 SSMS 的“对象资源管理器”中展开“服务器对象”节点，右击“备份设备”，选择“新建备份设备”命令，打开“备份设备-SGMSBACKUP”窗口，如图 11-3 所示。

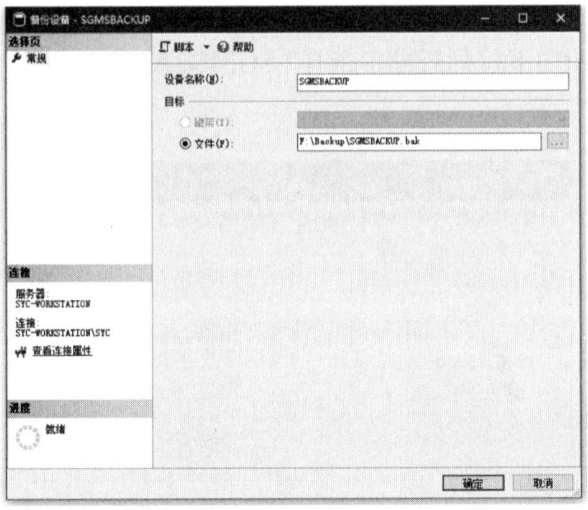

图 11-3　“备份设备-SGMSBACKUP”窗口

Step 2 在“设备名称”文本框输入设备名称“SGMSBACKUP”。如果需要重新确定备份存储位置，就在“文件”文本框中输入目标路径及文件名或单击“...”按钮选择目标路径。

Step 3 单击“确定”按钮完成备份设备的创建。

【任务 11-2】使用可视化界面对完整恢复模式的 SGMS 数据库进行完整备份。

【操作步骤】实现本任务的步骤如下：

Step 1 使用具有足够权限的账户登录服务器，在“对象资源管理器”中展开“数据库”节点，右击 SGMS 数据库，选择“任务”→“备份”命令，打开“备份数据库-SGMS”窗口，在“备份类型”下拉列表框中选择“完整”，如图 11-4 所示。

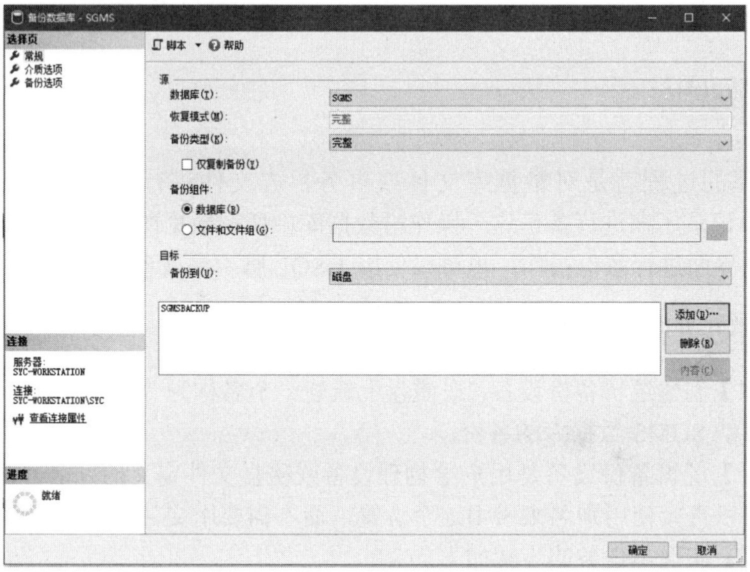

图 11-4　“备份数据库-SGMS”窗口

Step 2 选择备份目标。默认情况下备份位置在 SQL Server 目录的 Backup 子目录下，如果要修改备份的位置，可以按照如下步骤操作：单击“删除”按钮删除现有的备份目标，再单击“添加”按钮，会弹出“选择备份目标”对话框，如图 11-5 所示。在该对话框中的“备份设备”单选按钮的下拉列表框中选择“SGMSBACKUP”，单击“确定”按钮，返回“备份数据库-SGMS”窗口。

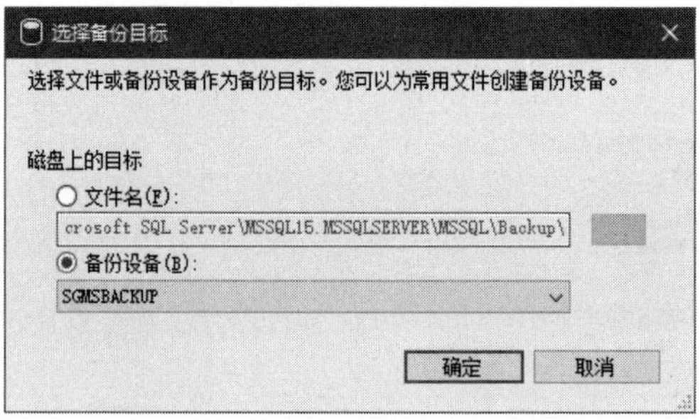

图 11-5　“选择备份目标”对话框

11 Chapter

Step 3　单击“确定”按钮，系统将进行数据库的完整备份，完成后会弹出提示窗口。

【任务 11-3】查看“SGMSBACKUP”备份设备的信息

【操作步骤】实现本任务的步骤如下：

Step 1　使用具有足够权限的账户登录服务器，在“对象资源管理器”中依次展开“服务器对象”→“备份设备”节点，双击“SGMSBACKUP”，打开“备份设备-SGMSBACKUP”窗口，如图 11-6 所示。

图 11-6　“备份设备-SGMSBACKUP”窗口

Step 2　在窗口左侧选择“介质内容”选择页，可以看到备份设备中已经存储的备份信息，包括备份的名称、类型、数据库名称及时间点等信息。

11.2.2　使用 T-SQL 脚本完成备份

除了使用可视化界面来进行数据库备份外，还可以使用 T-SQL 脚本来实现备份。BACKUP DATABASE 语句用来备份数据库，BACKUP LOG 语句用来备份数据库日志，语法格式为

```
BACKUP {DATABASE | LOG} 数据库名  TO <备份目标>
 [ WITH  [DIFFERENTIAL ]
      [ [ , ] { FORMAT | NOFORMAT } ]
      [ [ , ] { INIT | NOINIT } ]
      [ [ , ] NAME = {备份名称 } ]  ]
```

在上面的语法描述中，各参数说明如下所述。

（1）DIFFERENTIAL：用于执行差异备份，指定数据库备份或文件备份只包含上次完整备份后更改的数据库或文件部分。差异备份一般会比完整备份占用更少的空间。

（2）FORMAT|NOFORMAT：FORMAT 用于指定创建新的媒体集，将在用于此备份操作的所有卷上写入新的媒体标头，覆盖任何现有的媒体标头和备份集。FORMAT 选项会格式化一个备份设备或媒体，将使全部现有的媒体内容失效，所以需要谨慎使用。NOFORMAT 指定

不将媒体标头写入用于此备份操作的所有卷，是默认选项。

（3）INIT |NOINIT：INIT 指定应覆盖所有备份集，但是保留媒体标头。NOINIT 是默认选项，表示将备份集追加到指定的媒体集上，以保留现有的备份集。

（4）NAME＝{备份名称}：指定备份的名称，以便在恢复时查看，如果未指定，它将为空。

【任务 11-4】使用 T-SQL 脚本对 SGMS 数据库进行完整备份。

【任务分析】在数据库的管理与维护中，可以使用 BACKUP DATABASE 语句备份数据库。

【代码实现】实现本任务的脚本和结果如图 11-7 所示。

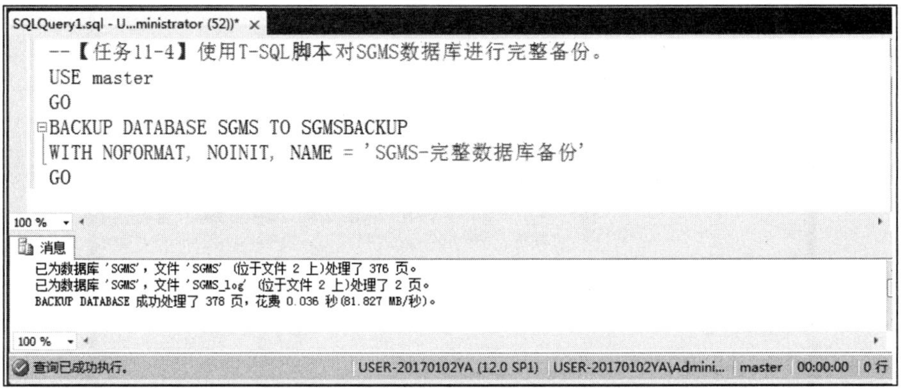

图 11-7　任务 11-4 脚本和结果图

【任务 11-5】使用 T-SQL 语句对 SGMS 数据库进行差异备份。

【任务分析】SQL Server 的差异备份必须要在至少一个完整的数据库备份基础上进行。因此进行差异备份之前必须进行完整备份。

【代码实现】实现本任务的脚本和结果如图 11-8 示。

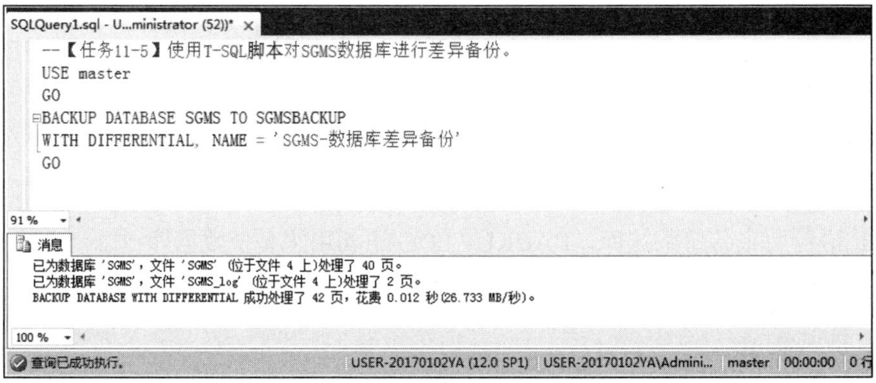

图 11-8　任务 11-5 脚本和结果图

【任务 11-6】使用 T-SQL 脚本对 SGMS 数据库进行事务日志备份。

【任务分析】SQL Server 只允许在完整恢复模式或者大容量日志恢复模式的数据库中进行日志备份。

【代码实现】实现本任务的脚本和结果如图 11-9 所示。

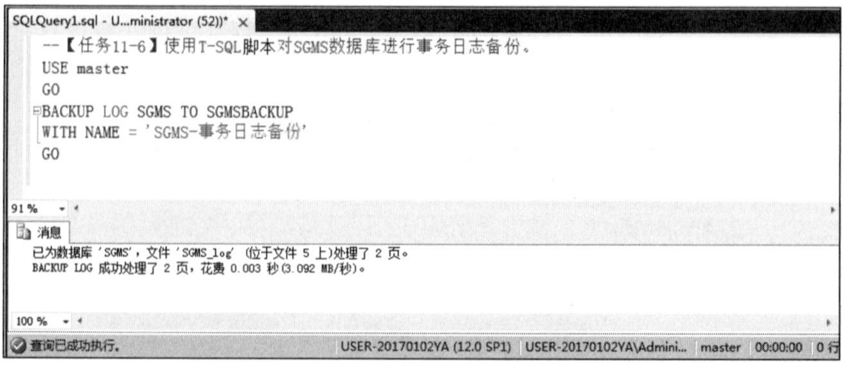

图 11-9　任务 11-6 脚本和结果图

11.3　恢复数据库

恢复数据库

通过备份，管理员可以保存 SQL Server 数据库及其对象的特定状态。在系统出现故障时，可以通过还原向导将数据库恢复到正常状态，降低用户损失。在 SQL Server 中，管理员可以使用可视化界面来实现数据恢复，也可以使用 T-SQL 脚本完成数据恢复。

11.3.1　使用可视化界面恢复数据库

【任务 11-7】使用可视化界面恢复数据库 SGMS。

【任务分析】当数据库损坏后，可以使用“还原数据库”向导对数据库进行恢复。这里可以通过删除数据库的方式来模拟数据库损坏，然后按照如下步骤来实现数据恢复。

【操作步骤】实现本任务的步骤如下：

Step 1　使用具有足够权限的账户登录服务器，在“对象资源管理器”中展开“数据库”节点，右击“数据库”，选择“还原数据库”命令，弹出“还原数据库-SGMS”窗口，如图 11-10 所示。

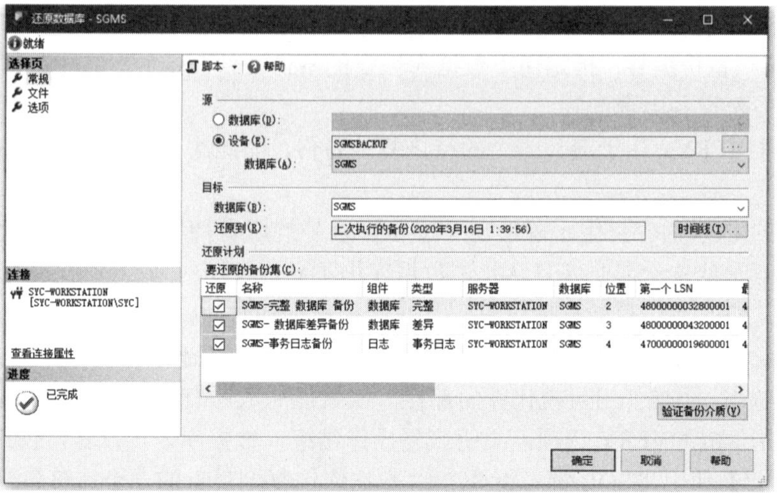

图 11-10　“还原数据库-SGMS”窗口

11 Chapter

Step 2 选中“设备”单选按钮，单击右侧的“…”按钮，打开“选择备份设备”窗口，如图 11-11 所示。

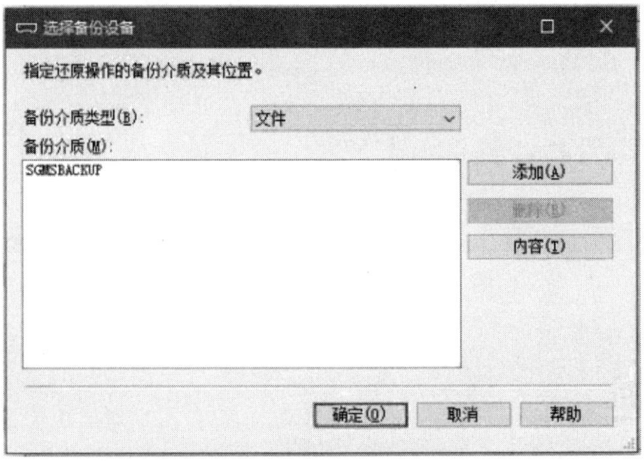

图 11-11　“选择备份设备”窗口

Step 3 选择备份设备后，SQL Server 会自动识别设备上的备份集，筛选有用的备份并列在图 11-10 下方的“要还原的备份集”列表框中，默认选择到最新的状态。

Step 4 单击“确定”按钮，SQL Server 将按照设置情况完成数据库的恢复。

11.3.2　使用 T-SQL 脚本恢复数据库

在 SQL Server 中可以使用 RESTORE DATABASE 和 RESTORE LOG 语句进行数据库备份恢复和事务日志备份恢复，语法格式为

```
RESTORE {DATABASE | LOG} 数据库名
[ FROM <备份设备> ]
   [ WITH [ [ , ]FILE= 备份编号 ] [[,] {RECOVERY | NORECOVERY ]
[[,] STOPAT =指定时间点] ]
```

在上面的语法描述中，各参数说明如下所述。

（1）FROM <备份设备>：用于指定要从哪些备份设备恢复备份。

（2）FILE= 备份编号：指定用于数据库恢复的备份文件在备份设备中的编号，这个编号可以在数据库备份设备中查询到。

（3）RECOVERY：用于最后一个的待恢复的备份，即此次 RESTORE 语句执行结束后即可使用数据库。

（4）NORECOVERY：用于除最后一个备份以外的所有待恢复备份，即此次 RESTORE 语句执行后仍有其他备份需要恢复，此刻数据库仍不允许使用。

（5）STOPAT：用于将数据库恢复到其在指定日期和时间时的状态。

从上面的语法可以看出，在进行恢复操作时，需要多个备份按顺序组合，才能将数据库恢复到指定的状态，不像使用可视化界面那样一次就能完成所有操作。在进行最后一次恢复操作的时候才使用 RECOVERY 选项，说明恢复操作结束，数据库才可以正常使用。

【任务 11-8】使用 T-SQL 脚本将 SGMS 数据库恢复到最近的一个完整备份时的状态。

【任务分析】恢复完整备份是恢复数据库的基础，在恢复完整备份之后才能恢复差异备

份和事务日志备份。因为完整备份不是数据库的最终状态，如果要恢复到最终状态还需要继续恢复差异备份和日志备份，所以需要使用 NORECOVERY 选项。在执行部分恢复操作后，数据库仍有待恢复的操作，所以数据库显示“正在恢复…”状态，仍不可以使用。

【代码实现】实现本任务的脚本和结果如图 11-12 所示。

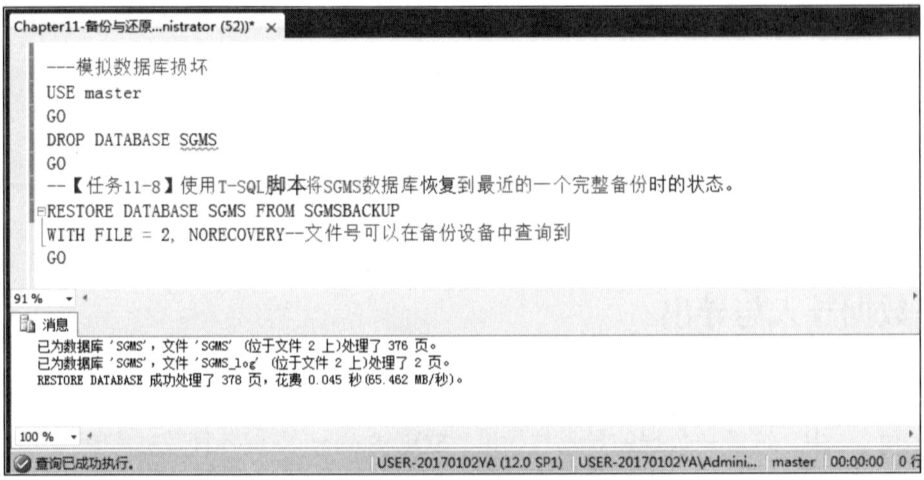

图 11-12　任务 11-8 脚本和结果图

【任务 11-9】使用 T-SQL 脚本将 SGMS 数据库恢复到最近的一个差异备份时的状态（在任务 11-8 的基础上）。

【任务分析】差异备份的恢复与完整备份的操作语法相似，只是文件编号参数不一样。

【代码实现】实现本任务的脚本和结果如图 11-13 所示。

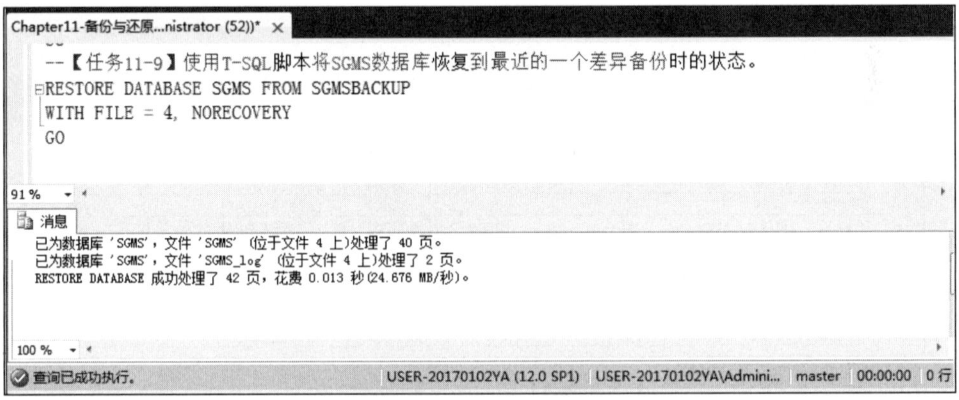

图 11-13　任务 11-9 脚本和结果图

【任务 11-10】使用 T-SQL 脚本将 SGMS 数据库恢复到最近的事务日志备份时的状态，完成数据恢复全过程（在任务 11-9 的基础上）。

【任务分析】恢复数据库日志备份的命令是 RESTORE LOG。在最后一次恢复操作完成后，数据库将恢复至可用状态，此时需要使用 RECOVERY 选项来结束整个恢复过程。

【代码实现】实现本任务的脚本和结果如图 11-14 所示。

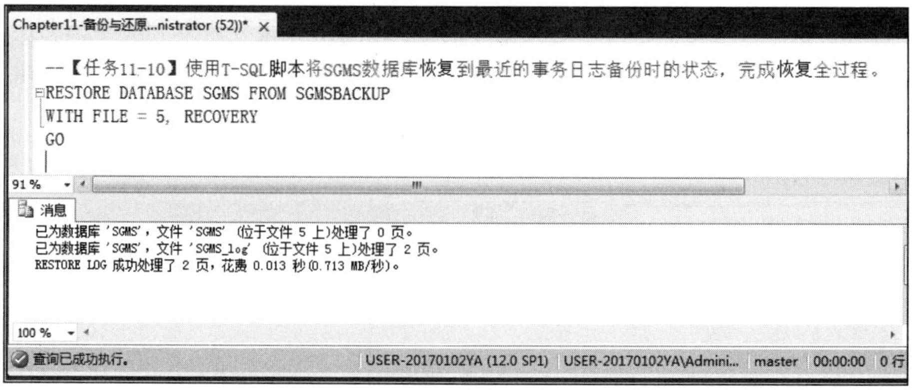

图 11-14　任务 11-10 脚本和结果图

11.4　数据导入与导出

在数据库的日常管理过程中经常需要将一种格式的数据传输或转换到另一种数据环境中，这就是数据的导入与导出。SQL Server 支持各种数据库管理系统、Excel 数据文件、文本文件等格式的数据进行相互转换，提高数据录入的效率。

数据导入与导出

SQL Server 支持多种导入数据的方式，较为常用的是数据导入与导出向导（以下简称 DTS）。DTS 能够以向导的方式完成不同格式数据之间的转换，还可以在没有数据对象时创建新数据库或数据表。在使用 DTS 进行数据导入导出的过程中还可以完成数据的检验和格式转换，非常实用。

【任务 11-11】使用数据导入导出方法将图 11-15 所示的 Excel 文件中的学生数据导入 SGMS 数据库的 Student 表中。

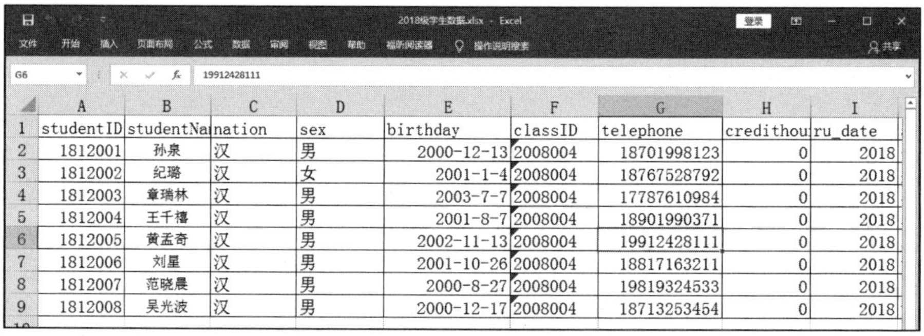

	A	B	C	D	E	F	G	H	I
1	studentID	studentNa	nation	sex	birthday	classID	telephone	credithou	ru_date
2	1812001	孙泉	汉	男	2000-12-13	2008004	18701998123	0	2018
3	1812002	纪璐	汉	女	2001-1-4	2008004	18767528792	0	2018
4	1812003	章瑞林	汉	男	2003-7-7	2008004	17787610984	0	2018
5	1812004	王千禧	汉	男	2001-8-7	2008004	18901990371	0	2018
6	1812005	黄孟奇	汉	男	2002-11-13	2008004	19912428111	0	2018
7	1812006	刘星	汉	男	2001-10-26	2008004	18817163211	0	2018
8	1812007	范晓晨	汉	男	2000-8-27	2008004	19819324533	0	2018
9	1812008	吴光波	汉	男	2000-12-17	2008004	18713253454	0	2018

图 11-15　学生数据

【任务分析】在使用数据转换向导导入数据时，可以导入到新表，也可以导入到已有表格。在导入到已有表格时，数据源的数据结构必须与目标表格数据结构兼容，否则容易导入失败，因此建议在导入之前对数据进行初步的处理。在导入过程中，如果数据存在不匹配的地方，可以进行相应的设置、适当地转换格式，使之与目标表格匹配。

【操作步骤】实现本任务的步骤如下：

Step 1　使用具有足够权限的账户登录服务器，在 SSMS 的“对象资源管理器”中展开“数据库”节点，右击 SGMS 数据库，依次选择“任务”→“导入数据”命令，打开“SQL Server 导入和导出向导”窗口，如图 11-16 所示。

图 11-16 “SQL Server 导入和导出向导”窗口

Step 2 单击 Next 按钮，进入“选择数据源”界面，如图 11-17 所示。在“数据源”下拉列表框中选择“Microsoft Excel”（或者“Microsoft Access”等其他类型），单击“文件路径”右下方的“浏览”按钮，选择要导入的文件，并勾选“首行包含列名称”复选框。

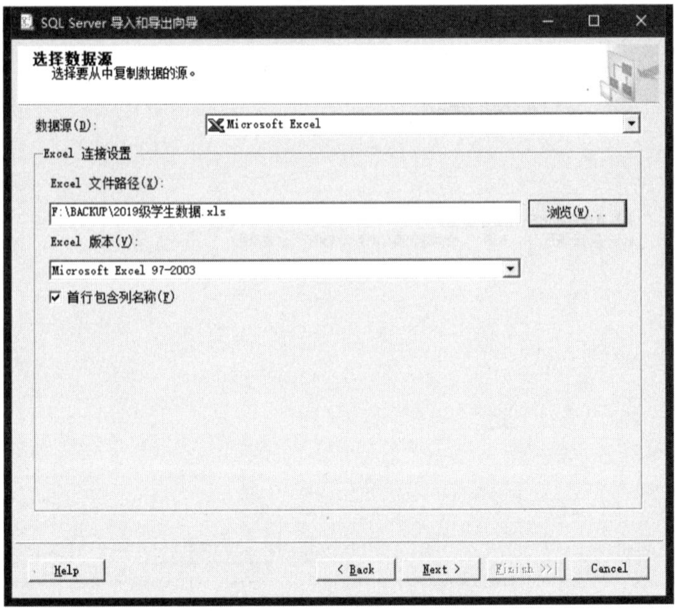

图 11-17 “选择数据源”界面

Step 3 单击 Next 按钮，进入“选择目标”界面，如图 11-18 所示，在“目标”下拉列表框中选择“SQL Server Native Client 11.0”，输入或选择服务器名称，并选中要导入的目标数据库，如图 11-8 所示。

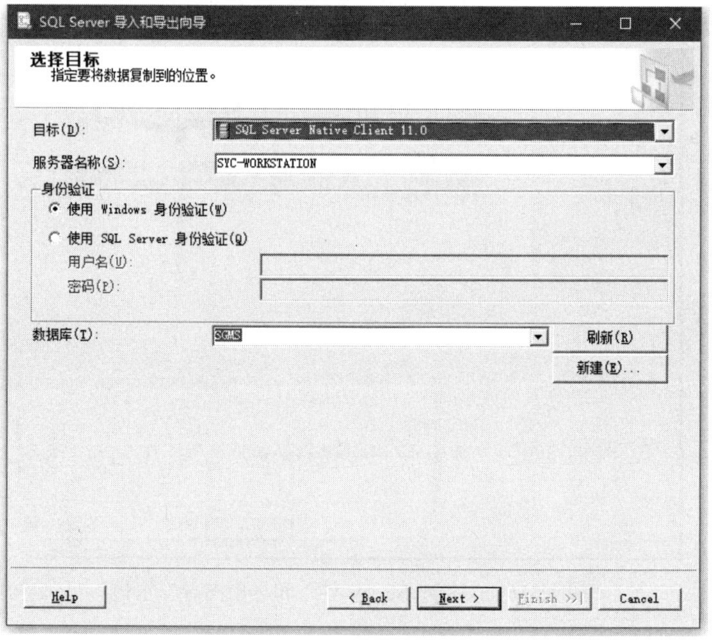

图 11-18 “选择目标”界面

Step 4 单击 Next 按钮，进入“指定表复制或查询”界面，如图 11-19 所示。

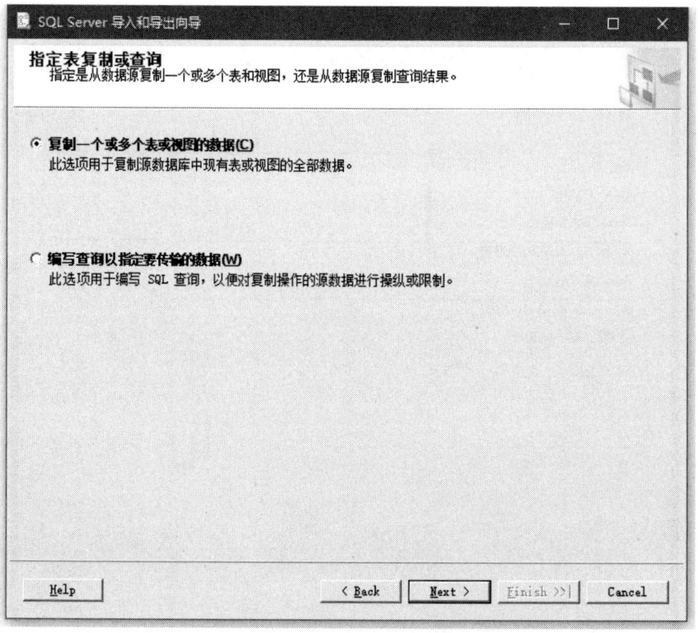

图 11-19 “指定表复制或查询”界面

Step 5 选中“复制一个或多个表或视图的数据”单选按钮。单击 Next 按钮，进入“选择源表和源视图”界面，如图 11-20 所示。

图 11-20　“选择源表和源视图”界面

Step 6 在“表和视图”列表框中选中要导入的表，单击“预览”按钮可以查看其数据。如果 Excel 中字段名或数据类型与目标不一致，需要通过“编辑映射”按钮手动进行匹配，如图 11-21 所示。

图 11-21　编辑映射

Step 7 完成编辑映射后，单击 Next 按钮，进入“查看数据类型映射”界面，如图 11-22 所示。

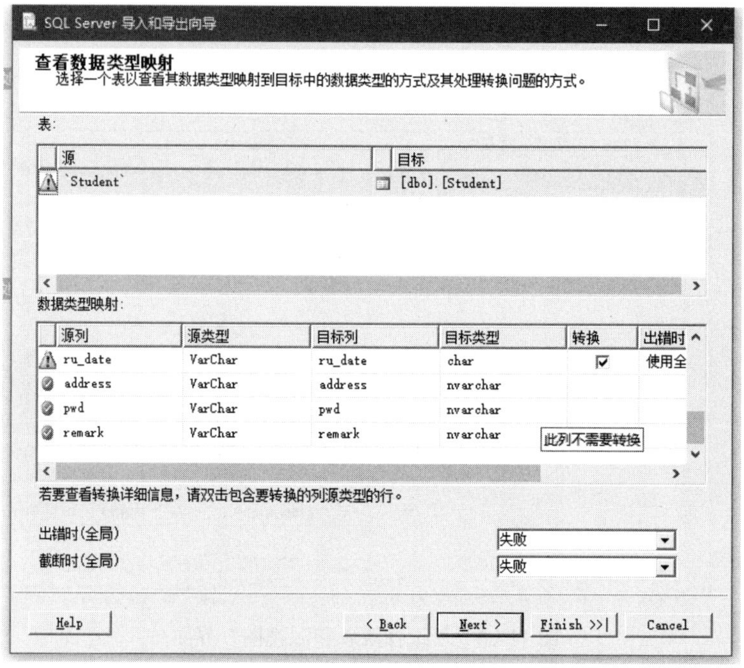

图 11-22 “查看数据类型映射”界面

Step 8 单击 Next 按钮，进入“保存并运行包”界面，如图 11-23 所示。

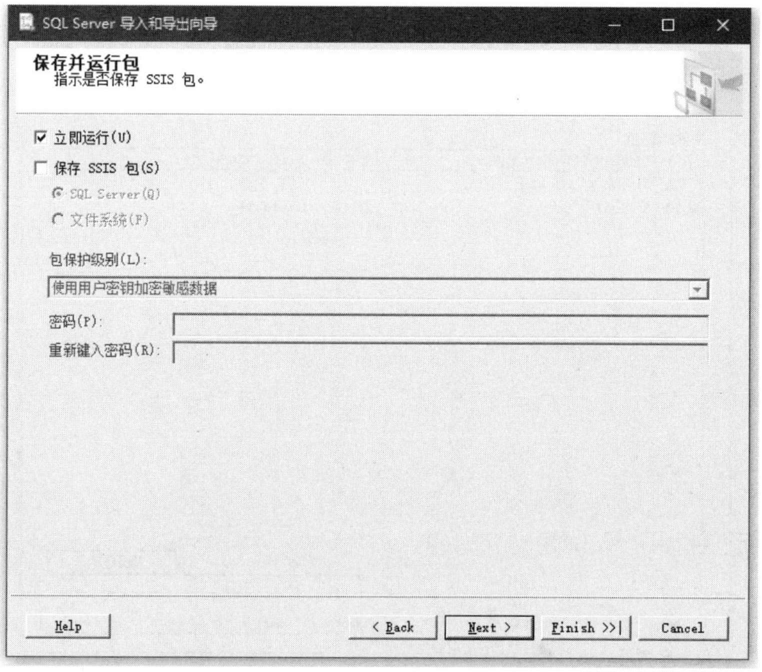

图 11-23 “保存并运行包”界面

Step 9　单击 Next 按钮，显示“完成该向导”；单击 Finish 按钮，等待数据导入过程结束，如图 11-24 所示。

图 11-24　等待数据导入结束

Step 10　数据导入过程结束后将显示结果详情，单击 Close 按钮，完成导入任务。

在日常管理中通常也需要将当前系统中的数据导出到其他系统中，或者转换为其他格式的数据供用户使用。例如，将教务管理系统数据库 SGMS 中学生表的部分数据文件转换为 Excel 表格，供学生管理人员使用。此时也可以使用数据转换向导来完成。导出数据与导入数据的方法类似，在此不再赘述。导出数据时，如果导出到不同类型的目标数据库会有不同的选项，可以根据向导提示逐步完成。

小结

数据库的恢复是日常管理任务中非常重要的工作，为了确保数据库在遇到突发状况时能够快速恢复正常，并且降低数据库发生故障时的数据损失，必须要做好数据库的日常备份，并在必要的时候尽快利用已有备份完成数据的恢复。本章首先介绍数据库备份和恢复的基本概念，并通过案例详细介绍数据库备份和恢复的过程，然后通过案例介绍了数据导入与导出的方法，为将来从事数据库管理工作的人员提供参考。

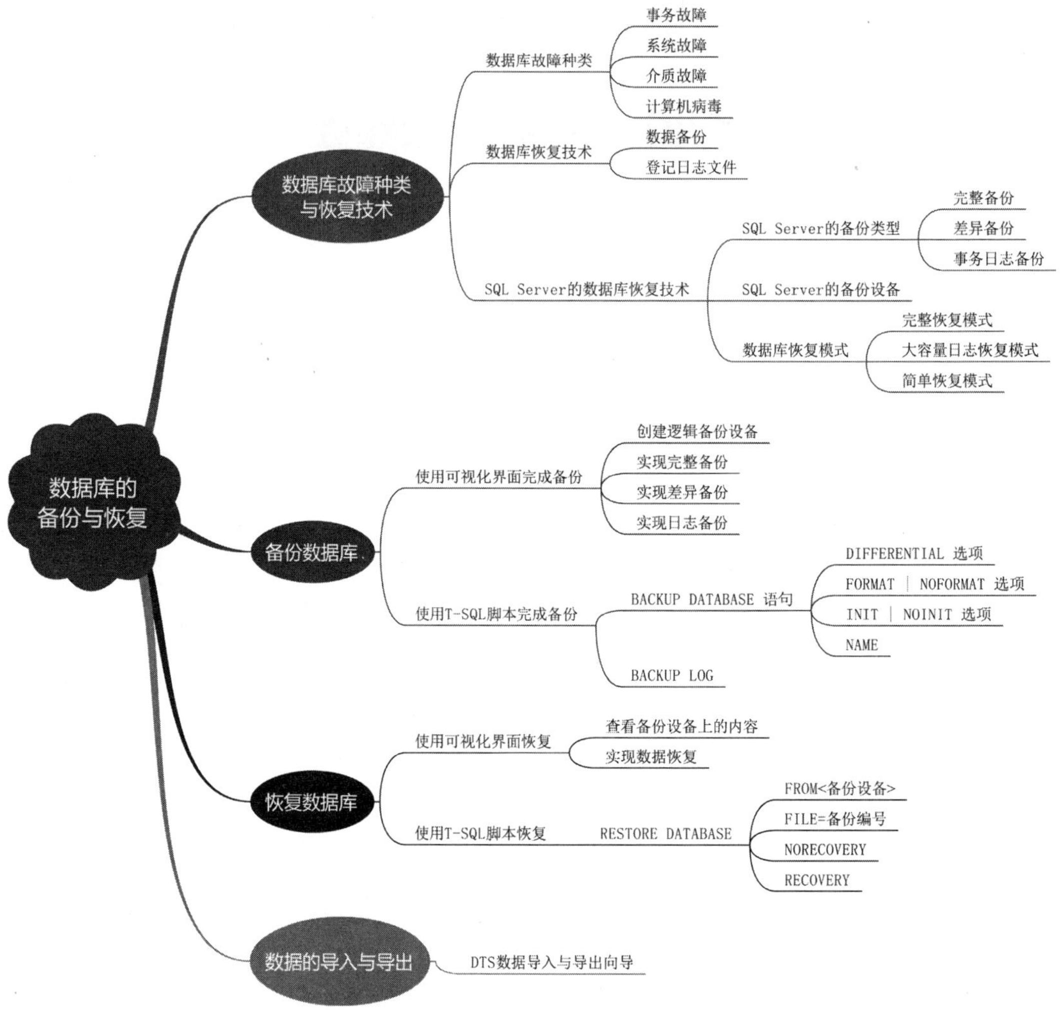

思考与练习

一、选择题

1．进行数据库差异备份之前，需要进行（　　）备份。

A．数据库完整　　　　B．数据库差异

C．事务日志　　　　　D．文件和文件组

2．关于 SQL Server 的恢复模式下列叙述正确的是（　　）。

A．简单恢复模式支持所有的备份类型

B．大容量日志模式不支持日志备份

C．完全恢复模式是最好的安全模式

D．在大容量日志模式下可以进行完整备份、差异备份和日志备份

3．下列语句或工具中，（　　）可以将 Excel 文件中数据导入 SQL Server 中。

A．数据导入和导出向导　　B．数据库分离与附加工具

C．复制数据库工具　　D．收缩数据库工具

二、填空题

1．SQL Server 提供的备份类型包括________、________和________。

2．SQL Server 数据库的恢复模式包括________、________和________。

3．________是指将数据库从 SQL Server 表复制到其他格式文件/系统；________是指将数据从其他格式数据源加载到 SQL Server。

4．在 RESTORE 语句中，________选项用于最后一个的待恢复备份，________选项用于除最后一个备份以外的所有待恢复备份，________选项用于将数据库恢复到其在指定日期和时间时的状态。

三、简答题

1．简述数据库的日常故障种类。

2．SQL Server 支持哪几种恢复模式？它们之间有什么区别？

3．请分别列出 BACKUP 语句和 RESTORE 语句的基本语法和主要参数的意义。

上机实验

实验指导书

一、实验目的和要求

1．掌握 SQL Server 中常用备份类型的实现方法。

2．掌握 SQL Server 恢复数据的方法。

2．掌握 SQL Server 数据库与其他数据库之间进行数据转换的方法。

二、实验内容

利用 SGMS 示例数据库，实现如下操作：

1．完全的数据库备份与还原。

（1）创建备份设备：SGMS_FULL，存放在 D 盘根目录。

（2）将 SGMS 数据库完全备份到 SGMS_FULL 上。

（3）删除 Grade 表中的所有数据。

（4）在 SGMS_FULL 上恢复数据库并检查数据是否成功恢复。

2．完全数据库备份+差异数据库备份+日志备份+恢复。

（1）创建备份设备：SGMS_DIFF，存放在 D 盘根目录。

（2）将数据库完全备份到 SGMS_DIFF。

（3）向 Users 表添加一条测试数据，语法格式如下

```
INSERT INTO Users VALUES('TEST1','123456',NULL)
```

（4）将数据库差异备份到 SGMS_DIFF。

（5）再向 Users 表添加一条测试数据，语法格式如下：

```
INSERT INTO Users VALUES('TEST2','123456',NULL)
```

（6）将数据库日志备份到 SGMS_DIFF。

（7）删除数据库，模拟数据库发生故障，并：

- 将数据库恢复到最近的状态
- 将数据库恢复到仅有“TEST1”数据的状态

3．还原到指定时间点。

（1）创建备份设备：SGMS_LOG，存放在 D 盘根目录。

（2）将数据库完全备份到 SGMS_LOG。

（3）向 Users 表添加一条测试数据，并记录下语句执行结束的时间，语法格式如下：

```
INSERT INTO Users VALUES('TEST11','123456',NULL)
```

（4）2 分钟后，再向 Users 表添加一条测试数据，并记录下语句执行结束的时间，语法格式如下：

```
INSERT INTO Users VALUES('TEST22','123456',NULL)
```

（5）将数据库日志备份到 SGMS_LOG。

（6）假如现在数据库受到了损失，请恢复数据库到仅包含“TEST11”数据的状态。

4．新建一个 Excel 文件“课程清单.xlsx”，将 SGMS 数据库 Course 表中的数据导出到文件。

第四部分　设计篇

第12章
数据库设计

任务背景：

数据库的实施必须要有依据，这个依据就是数据库设计（Database Design）。数据库设计是指对一个给定的应用环境，构造最优的数据库模式，建立数据库及其应用系统，使之能够有效地存储数据，满足各种用户的应用需求（信息要求和处理要求）。数据库设计包括需求分析、概念结构设计、逻辑结构设计、物理结构设计、数据库的实施和数据库的运行和维护。

本章任务是学习数据库设计的一般方法和流程，以及结合 PowerDesigner 软件实现数据库建模的方法。

学习目标：

（1）理解数据库设计的方法和特点。

（2）掌握基于概念模型实现现实世界数据化表示的方法。

（3）掌握概念模型向关系模型转换的方法。

（4）会使用 PowerDesigner 软件完成常见数据模型的建模。

任务导航：

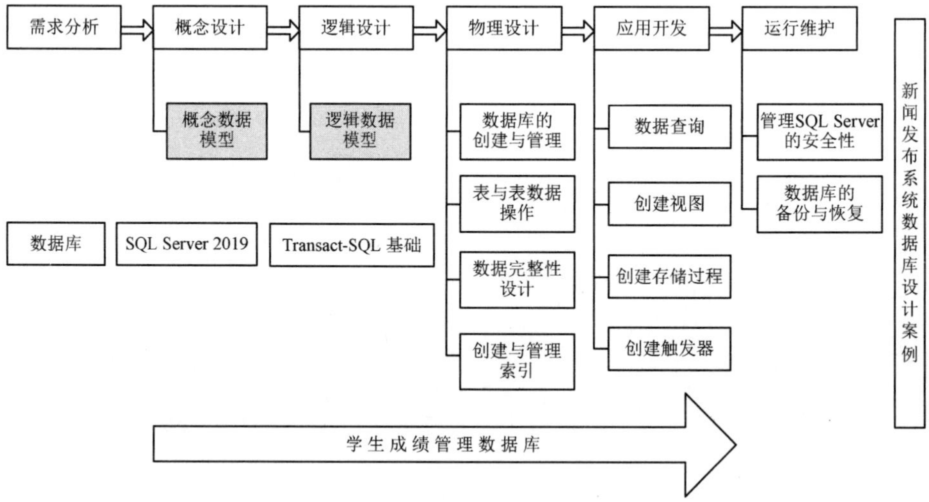

12.1 数据库设计概述

数据库技术是对信息资源进行管理的最有效手段。数据库设计是数据库应用系统开发的核心问题，也是数据库在应用领域的主要研究课题，其成败直接关系到数据库应用系统的可用性。

12.1.1 数据库设计方法

数据库设计的基本任务是根据用户使用的硬件系统、操作系统与数据库管理系统等条件，设计出数据库模式。由于数据信息结构复杂，应用环境多样，在相当长的一段时间内，数据库设计主要采用手工试凑法。试凑法缺乏可靠理论依据和科学工程方法的支持，设计过程基本依赖于设计人员的经验和水平，从而难以保证数据库的设计质量，并且增加了系统维护的代价。为克服试凑法的缺点，在数据库技术发展的过程中，数据库设计人员不断努力探索，提出了很多数据库设计方法。这些方法以软件工程的思想为基础，形成了数据库设计中须遵守的准则和规程。具备一定设计准则和规程的数据库设计方法都属于规范化设计方法。

规范化设计方法中最著名的当属新奥尔良法，它将数据库设计分为四个标准阶段：需求分析（分析用户需求）、概念设计（信息分析和定义）、逻辑设计（设计实现）和物理设计（物理数据库设计）。后来，很多设计者在此基础上对新奥尔良法进行了补充和丰富。S. B. Yao 法将数据库设计分为六个步骤：需求分析、模式构成、模式汇总、模式重构、模式分析和物理数据库设计。I. R. Palmer 法主张将数据库设计当成一步步的过程并采用一些辅助手段实现每一过程；数据库生命周期法以软件生命周期（规划、设计、实施、运行维护）为主线对数据库进行设计。

基于 E-R（实体-联系）模型的数据库设计方法、基于 3NF（第三范式）的设计方法和基于视图的数据库设计方法等都是在数据库设计的不同阶段上支持实现的具体技术和方法。

1. 基于 E-R 模型的数据库设计方法

基于 E-R 模型的数据库设计方法是由 P. P. S. Chen 于 1976 年提出的数据库设计方法，其基本思想是在需求分析的基础上，用 E-R 模型构造一个反映现实世界实体以及实体之间联系的企业模式，然后再将此企业模式转换成基于某一特定的 DBMS 的概念模式。

2. 基于 3NF（第三范式）的数据库设计方法

基于 3NF 的数据库设计方法是由 S. Atre 提出的结构化设计方法，其基本思想是在需求分析的基础上，确定数据库模式中的全部属性和属性间的依赖关系，并将它们组织在一个单一的关系模式中，然后再分析模式中不符合 3NF 的约束条件，将其进行投影分解，规范成若干个 3NF 关系模式的集合。其具体设计步骤分为以下五个阶段：

（1）设计企业模式，利用规范化得到的 3NF 关系模式画出企业模式。

（2）设计数据库的概念模式，把企业模式转换成 DBMS 所能接受的概念模式，并根据概念模式导出各个应用的外模式。

（3）设计数据库的物理模式（存储模式）。

（4）对物理模式进行评价。

（5）实现数据库。

3. 基于视图的数据库设计方法

基于视图的数据库设计方法先从分析各个应用的数据着手，其基本思想是为每个应用建立自己的视图，然后再把这些视图汇总起来合并成整个数据库的概念模式。在合并过程中要解决以下问题：

（1）消除命名冲突。

（2）消除冗余的实体和联系。

（3）进行模式重构，在消除了命名冲突和冗余后，需要对整个汇总模式进行调整，使其满足全部完整性约束条件。

除了以上三种方法外，规范化设计方法还有实体分析法、属性分析法和基于抽象语义的设计方法等，本书不再详细介绍。

12.1.2 数据库设计的一般步骤

在数据库设计过程中，按照规范进行设计是数据库开发成功的保证，结合数据库系统的开发过程，一般可将数据库设计分为六个阶段，如图 12-1 所示。

数据库的设计流程

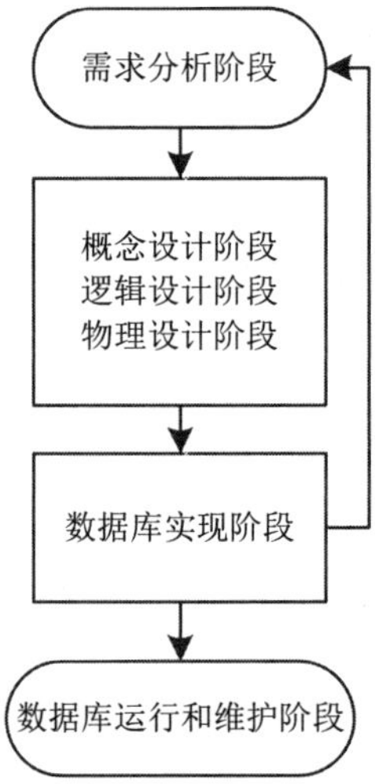

图 12-1 数据库设计流程

1. 需求分析阶段

需求分析是整个数据库设计的基础，是进行数据库设计的起点，其结果应能准确地反映用户的实际要求。数据库分析首先要收集资料，并对资料进行分析整理，画出数据流程图；然后建立数据字典，并把数据字典图集和数据字典的内容返回用户，进行用户确认；最后形成文档资料。需求分析阶段直接影响到后面各个阶段的设计，并影响设计结果的合理性和实用性，加之需要设计者与用户的反复沟通交流，因此该阶段是最费时、最困难的一个阶段。

在需求分析阶段，收集和分析需求过程中的每一步都可能出现问题，因此，在收集和分析需求时应注意以下几点：

（1）注意与用户进行充分的交流。设计人员须重视需求分析，充分的需求交流是数据库设计成功的关键。

（2）在交流中把握系统本质性的需求。通常在数据库设计中会遇到不同用户出现意见分歧的问题，在同一系统下，当不同的用户提出不同的需求时，设计者要能把握问题的实质，对正确合理的需求给予满足。

（3）关注系统开发过程中需求的改变。设计者在为某一环境进行新系统的开发时，经常会遇到设计需求改变的情况。因此，设计者须及时关注系统开发中需求的改变，及时调整系统设计以满足实际需要。由此可以发现，使一个系统满足变化着的需求是极具挑战性的。

2. 概念设计阶段

概念设计是将需求分析阶段得到的用户需求抽象为数据库的概念结构，是对现实世界的抽象反映，它不依赖于具体的计算机系统，是现实世界到数据世界的一个中间层次。根据需求分析的结果，建立独立于不同数据库管理系统的概念模型，该概念模型用 E-R 模型来描述。

对数据库系统进行概念设计通常分为五个步骤：

（1）定义实体：根据需求分析，找出数据实体。

（2）定义联系：根据需求分析，找出实体与实体之间的联系。

（3）定义主码：根据需求分析，找出实体的主码。

（4）定义属性：根据需求分析，找出实体的属性。

（5）E-R 模型设计：综合以上分析进行 E-R 模型设计。

12.2 节将结合新闻发布系统的数据设计案例详细介绍概念设计的一般流程和 E-R 图的绘制方法。

3. 逻辑设计阶段

我们知道独立于计算机载体的信息世界是通过对客观世界进行认知并抽象后得到的，虽然概念模型不依赖于具体的计算机，但数据库最终的实现都是以计算机为载体的，因此我们需对概念模型进行转化。也就是将概念设计 E-R 模型转换成具体数据库管理系统支持的数据模型（关系模型），并对数据进行优化处理，形成数据库的外模式。转换的内容主要包括以下三个方面：

（1）实体转换为关系模式。由于逻辑设计是面向具体数据库管理系统，因此概念设计中实体及其属性都要转换为关系模式。

（2）联系转换为关系模式。实体间的联系在实体转换为关系模式的同时也需要做相应的转换，联系存在一对一、一对多、多对多三种情况，在转换成关系模式的时候应分别进行。

（3）关系规范化。数据库逻辑设计的好坏与关系模式的结构有很大关系，关系模式的结构合理、规范化程度高，可以确保所建立的数据库具有较高的数据密度、较好的数据共享度、较准确的数据一致性。

12.3 节将结合新闻发布系统详细介绍逻辑设计的流程和关系模型的转换方法。

4. 物理设计阶段

对数据库进行设计后，数据库最终是要存储在物理设备上的。根据数据库管理系统的特点和处理的需要，对逻辑设计的关系模型进行物理存储安排，形成数据库的内模式。为一个给定的逻辑数据模型选取一个最适合应用环境的物理结构（存储结构与存取方法）的过程，就是数据库的物理设计。物理结构依赖于给定的数据库管理系统和硬件系统，因此设计人员必须对所使用数据库管理系统的内部特征有充分了解，特别是存储结构和存取方法；充分了解该数据库的具体应用环境，特别是对响应频率和响应速度的具体要求；充分了解物理存储设备的使用特性。

数据库的物理设计通常分为两步：

（1）确定数据库的物理结构。

- 确定数据库的存储结构。确定数据库的存储结构时要综合考虑存取时间、存储空间利用率和数据库维护代价三方面的因素。这三个方面常常是相互矛盾的，因此设计者必须进行权衡，选择一个适合具体应用环境的折中方案，使系统达到用户可以接受的平衡状态。
- 设计数据的存取路径。在关系数据库中，设计数据的存取路径主要是确定如何建立数据库索引。
- 确定数据的存放位置。在数据库应用过程中，为了提高系统在实际应用过程中的性能，应该根据应用情况将易变的数据部分与稳定的数据部分、经常存取的数据部分和存取频率较低的数据部分分开存放。
- 确定系统配置。数据库管理系统一般都提供一些存储分配参数，供设计人员和数据库管理员对数据库进行物理优化。例如，同时使用数据库的用户数，同时打开的数据库对象数，使用的缓冲区长度、个数，时间片大小，数据库的大小等。

（2）评价物理结构。

数据库的物理设计需要对时间效率、空间效率、维护代价和各种用户的实际要求进行权衡，在权衡的过程中便会产生很多可选的物理设计方案，而最终使用的设计方案只有一个，因此数据库设计人员必须对这些方案进行细致的评价，从中选择一个较优的设计方案作为数据库的物理结构。

评价物理结构的方法完全依赖于所选用的数据库管理系统，主要是从定量估算各种方案的存储空间、存取时间和维护代价入手，对估算结果进行权衡、比较，选择出一个较优的、合理的物理结构。

5. 数据库实现阶段

数据库实现阶段的主要工作是运用具体数据库管理系统提供的数据语言、工具及宿主语言，根据逻辑设计和物理设计的结果建立数据库，编制与调试应用程序，组织数据入库，并进行试运行。

数据库实现阶段主要包括以下工作：

（1）定义数据库结构。确定了数据库的逻辑结构与物理结构后，就可以用所选用的数据库管理体统所提供的 DDL 来定义数据库的结构，如创建数据库、创建数据库的表、创建数据库的视图等。

（2）数据装载。定义好数据库的结构以后，就可以向数据库中装载数据了。数据是数据库的基础，合理有效地组织数据录入是数据库实施阶段最主要的工作。对于数据量不是很大的小型系统，可以用人工录入方法完成数据的录入，其步骤如下：

- 数据选择。需要录入数据库中的数据通常都是原始数据，这些数据都存放在相应的原始文件（如纸制文件等）中。即便文件存放在计算机存储介质中，也可能是分散而不规律的，因此，必须首先对需要录入数据库的数据信息进行选择。
- 数据格式转换。选择出来的需要录入数据库的数据，其格式一般不能满足具体数据库管理系统的要求，还需要进行转换。这种转换涉及数据的具体格式，往往比较复杂。

- 录入数据。将转换好的数据输入计算机中，原始数据的录入过程较简单，但由于数据量较大，往往需要消耗较多的人工。
- 数据校验。检查录入的数据是否有误。对于中大型系统，由于数据量十分庞大，用人工方式录入数据往往耗时耗力，并且很难保证数据录入的准确性。因此可以通过设计辅助系统来实现数据录入的同时完成数据校验。

（3）编制与调试应用程序。在数据库设计中还需要进行一些具体的应用设计，即一些应用程序的设计。在数据库实施阶段，当建立好数据库结构后，就应该开始编制与调试数据库的应用程序，也就是说，编制与调试应用程序应与组织数据录入同步进行。由于调试应用程序时数据录入尚未完成，因此可先使用模拟数据进行应用程序测试。

（4）数据库试运行。测试完数据库的应用程序，并且已录入一小部分数据后，就可以开始试运行数据库。数据库试运行也称为数据库联合测试，其主要工作包括功能测试和性能测试两部分。

- 功能测试：实际运行数据库应用程序，执行对数据库的各种应用操作，在实际环境下测试应用程序的各种功能。
- 性能测试：测试数据库系统的性能指标，分析其是否符合设计目标。

6. 数据库运行和维护阶段

经过试运行的数据库即可投入正式运行。在数据库系统运行过程中必须不断对其进行评价、调整与修改，只有通过反复修正才能使系统逐步接近用户的真实需求。通常，每个项目都要有一个团队，成员包括项目经理、数据库设计人员、应用系统设计人员、程序员、技术文档编写人员、数据库管理员等。对于小的数据库设计项目，以上角色可由一个人承担。但要注意：对于每一方面一定要有专人负责以使项目的开发取得成功。

当试运行结果符合数据库设计目标后，数据库就可以真正投入运行了。数据库的运行标志着数据库开发任务的基本结束和数据库维护工作的开始，但这并不意味着数据库设计过程的终结，由于在具体的应用环境下数据库使用的具体需求也在不断变化，随着数据库的运行，其物理存储也会不断变化，因此对数据库设计进行调整、修改、评价等是一个长期反复的工作，也是设计工作的继续，可不断提高数据库设计质量。

在数据库运行阶段，对数据库的维护工作主要是由数据库管理员完成的，其工作内容包括以下几点：

（1）数据库的备份和恢复。数据库的运行过程中可能会发生很多意想不到的事情，从而影响数据库的安全和数据信息的完整。因此需要定期对数据库和数据库日志文件进行备份，以保证一旦数据库系统发生故障，数据库管理员能利用数据库备份及日志文件备份，在尽可能减少数据库数据损失的前提下，将数据库恢复到某种无错状态。

（2）数据库的安全性、完整性控制。由于应用环境是不断变化的，因此数据库管理员必须对数据库安全性和完整性控制负责，如根据用户的实际需要授予不同的数据库操作权限；根据数据库完整性约束条件的不断变化对完整性约束进行修正，以满足用户要求等。

（3）对数据库性能的监督、分析和改进。许多数据库管理系统都提供了监测系统性能参数的监测工具，数据库管理员可以利用这些工具方便地得到系统运行过程中的一系列性能参数，并通过仔细分析这些数据，调整某些数据库设置参数来进一步改进数据库的可用性。

（4）数据库的重组织和重构造。在数据库运行过程中，数据信息的不断增、删、改，会使数据库的物理存储性能下降，从而降低数据库存储空间的利用率和数据的存取效率。这时数据库管理员就要对数据库进行重组织。数据库的重组织不会改变原有数据库设计的数据逻辑结构和物理结构，只是按原设计要求重新安排存储位置，以提高系统性能，如回收垃圾、减少指针链等。数据库管理系统一般都提供了供重组织数据库使用的实用程序，帮助数据库管理员重新组织数据库。

在数据库应用环境发生变化时，往往会导致实体及实体间的联系也发生相应的变化，使原有的数据库设计不能很好地满足新环境下应用的需求，从而不得不适当调整数据库的模式和内模式，这就是数据库的重构造。数据库管理系统都提供了修改数据库结构的功能。但很多情况下，由于应用环境变化太大，在新的应用环境下已无法通过重构数据库来满足新的需求，或重构数据库的代价太大，则表明此时数据库应用系统的生命周期已经结束，应该重新设计新的数据库系统，开始新数据库应用系统的生命周期，以满足新应用环境的需求。

12.2 概念设计

12.2.1 概念设计概述

在需求分析阶段，设计人员充分调查并描述了用户的需求，但这些需求只是现实世界的具体要求，只有把这些需求抽象为信息世界的结构，才能更好地实现用户的需求。概念设计就是将需求分析阶段得到的用户需求抽象为信息结构，即概念数据模型。在早期的数据库设计中，概念设计并不是一个独立的设计阶段。当时的设计方式是在需求分析之后，接着就进行逻辑设计，但设计人员在进行逻辑设计时，既要考虑用户的信息，又要考虑具体 DBMS 的限制，这使得设计过程复杂化，难以控制。为了改善这种状况，P. P. S. Chen 设计了基于 E-R 模型的数据库设计方法，即在需求分析和逻辑设计之间增加了一个概念设计阶段。在这个阶段，设计人员仅从用户角度看待数据及处理要求和约束，产生一个反映用户观点的概念模型，然后再将其转换成逻辑模型。

概念模型作为概念设计的表达工具，为数据库提供了一个说明性结构，是设计数据库逻辑结构即逻辑模型的基础。因此，概念模型必须具备以下特点：

（1）语义表达能力丰富。概念模型要能表达用户的各种需求，充分反映现实世界，包括事物和事物之间的联系、用户对数据的处理要求，它是现实世界的一个真实模型。

（2）易于交流和理解。概念模型是数据库管理员、应用开发人员和用户之间的主要界面，因此需要表达自然、直观和容易理解，以便和不熟悉计算机的用户交换意见，用户的积极参与是保证数据库设计成功的关键。

（3）易于修改和扩充。概念模型要能灵活地加以改变，以反映用户需求和现实环境的变化。

（4）易于向各种数据模型转换。概念模型独立于特定的 DBMS，因而更加稳定，能满足方便地向关系模型、网状模型或层次模型等各种数据模型转换的需求。

12.2.2 概念结构设计的方法和步骤

1. 概念结构设计的方法

设计概念结构的 E-R 模型可采用以下四种方法。

概念设计的方法

（1）自顶向下法。先定义全局概念结构 E-R 模型的框架，再逐步细化，如图 12-2 所示。

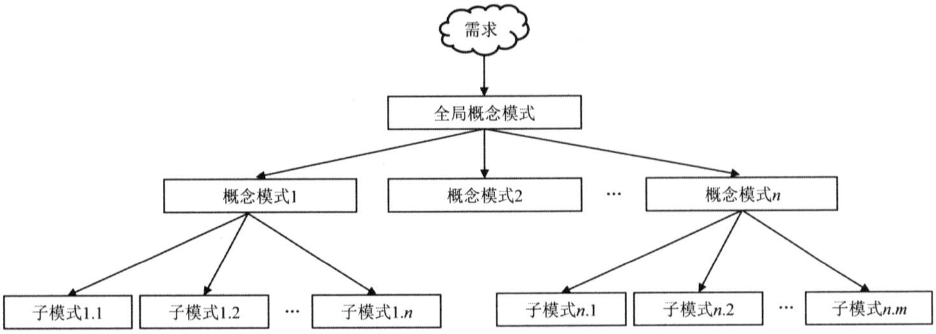

图 12-2　自顶向下的概念结构设计方法

（2）自底向上法。先定义各局部应用的概念结构 E-R 模型，然后将它们集成，得到全局概念结构 E-R 模型，如图 12-3 所示。

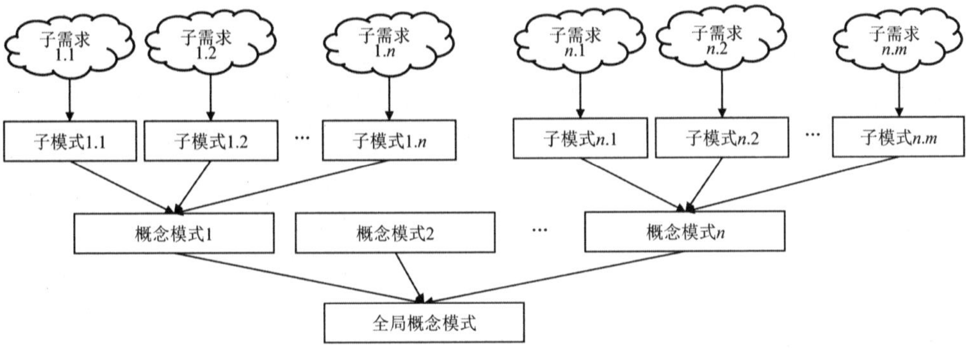

图 12-3　自底向上的概念结构设计方法

（3）逐步扩张法。先定义核心概念 E-R 模型，然后向外扩充，以滚雪球的方式逐步生成其他概念结构 E-R 模型，如图 12-4 所示。

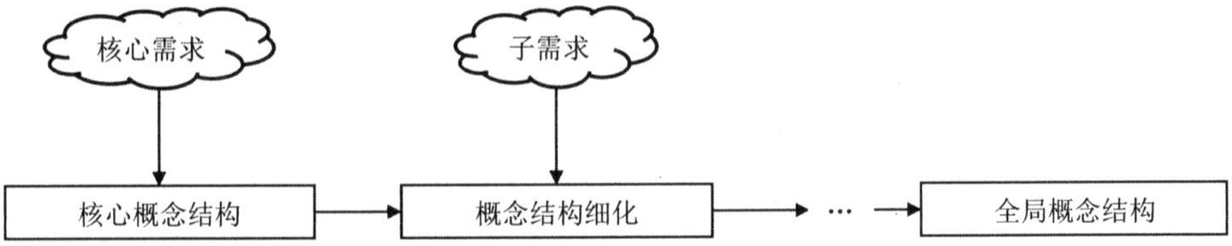

图 12-4　逐步扩张的概念结构设计方法

（4）混合策略。该方法采用自顶向下和自底向上相结合的方法，先自顶向下定义全局框架，再以它为骨架集成自底向上方法中设计的各个局部概念结构。

最常用的方法是自底向上法，即自顶向下地进行需求分析，再自底向上地设计概念结构。

2. 概念结构设计的步骤

自底向上的概念结构设计的步骤如图 12-5 所示。

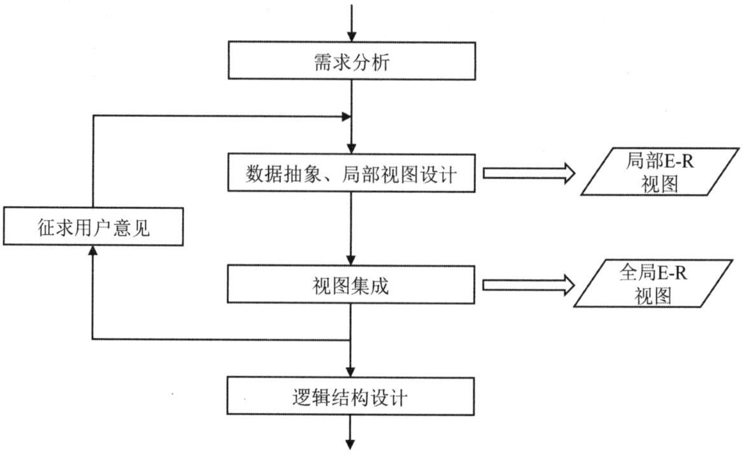

图 12-5　自底向上的概念结构设计的步骤

概念结构设计的步骤总结如下：

（1）数据抽象，设计局部 E-R 模型，即设计用户视图。

（2）各局部 E-R 模型，形成全局 E-R 模型，即视图的集成。

概念结构是对现实世界的一种抽象。所谓抽象是对实际的人、物、事和概念进行人为处理，抽取人们关心的共同特性，忽略非本质的细节，并把这些特性用各种概念精确地加以描述，这些概念组成了某种模型。

12.2.3　局部 E-R 模型的画法和设计

局部 E-R 模型画法

1．局部 E-R 模型的画法

概念结构设计首先要根据需求分析得到的结果对现实世界进行抽象，设计各个局部 E-R 模型。在 E-R 模型中，信息由实体型、实体属性和实体间的联系三种概念单元来表示，其图形化表示方法如图 12-6 所示。

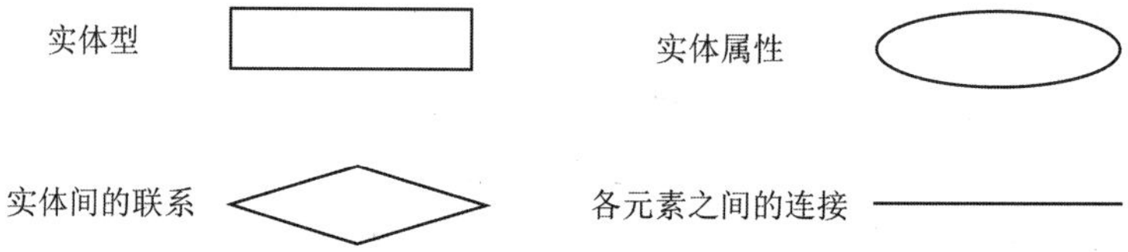

图 12-6　E-R 模型中的图形元素

在图 12-6 中，各个图形元素所代表的含义如下：

（1）实体型：用矩形表示，矩形框内写明实体名。

（2）实体属性：是实体的说明，用椭圆形表示，并用无向边将其与相应的实体连接起来。

（3）实体间的联系：用菱形表示，菱形框内写明联系名，并用无向边分别与有关实体连接起来，同时在无向边旁标上联系的类型（1:1、1:*n*、*m*:*n*）。

【任务 12-1】绘制新闻发布系统的新闻和用户的 E-R 模型。

【任务分析】新闻实体具有新闻编号、标题、内容、标题图片等属性。因此，可使用矩形框表示实体，使用椭圆形框表示属性，使用线条表示实体与属性之间的连接，如图 12-7 所示。

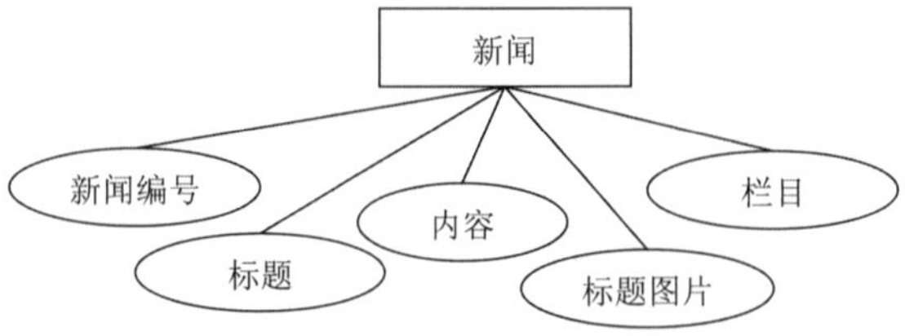

图 12-7　新闻实体属性

用户可以在浏览新闻的同时发表评论，每条新闻都可以被多个用户评论，而每个用户都可以评论多条新闻，因此它们之间是多对多的关系，其 E-R 模型如图 12-8 所示。此时评论作为新闻和用户之间的联系，还具有评论标题、内容、发布时间等属性。

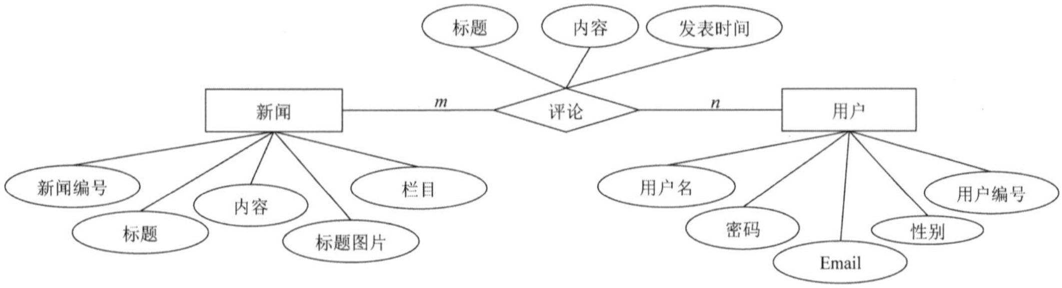

图 12-8　新闻实体与用户实体联系的 E-R 模型

2. *局部 E-R 模型的设计*

将现实世界的事务进行数据抽象后，得到了实体和属性，实际上实体和属性是相对而言的，往往要根据实际情况进行必要的调整。在调整中要遵循两条原则：

（1）实体具有描述信息，而属性没有。即属性必须是不可分的数据项，不能再由另一些属性组成。

（2）属性不能与其他实体具有联系，联系只能发生在实体之间。

同一数据项可能由于环境和要求的不同，有时作为属性，有时则作为实体，此时则必须根据实际情况而定。一般情况下，凡能作为属性对待的，应尽量作为属性，以简化 E-R 模型。

【任务 12-2】绘制新闻发布系统的新闻模块的局部 E-R 模型。

【任务分析】新闻的栏目是可以继续细分的数据项，且在后台管理时评论需要与管理员产生审核的业务关联，因此我们可以将评论单独作为一个实体处理。新闻发布系统的新闻及评论模块局部 E-R 模型如图 12-9 所示。

【任务 12-3】绘制新闻发布系统的后台管理模块的局部 E-R 模型。

【任务分析】新闻发布系统另一个重要的模块是后台管理，主要是管理员及相关角色权限的管理，其局部 E-R 模型如图 12-10 所示。

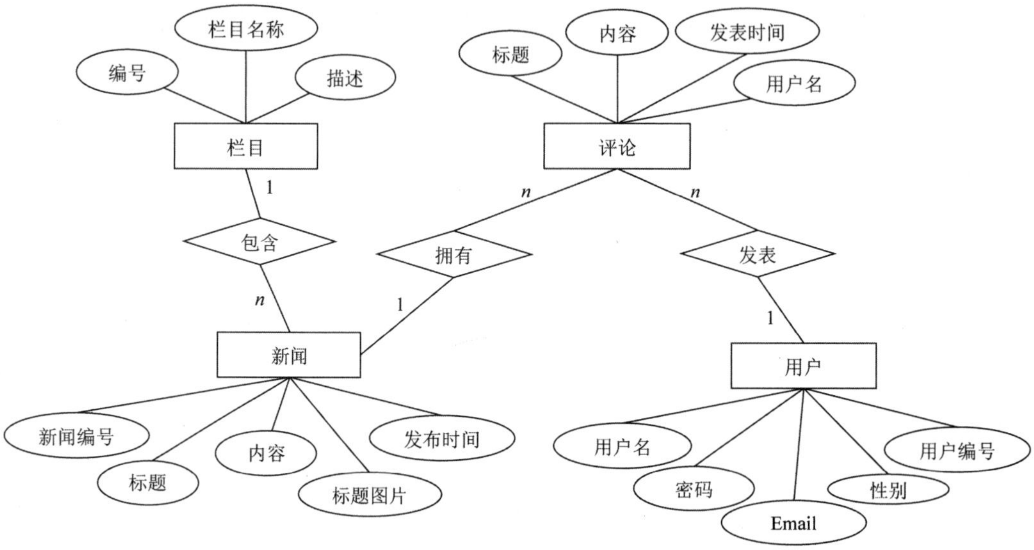

图 12-9　新闻发布系统的新闻及评论模块局部 E-R 模型

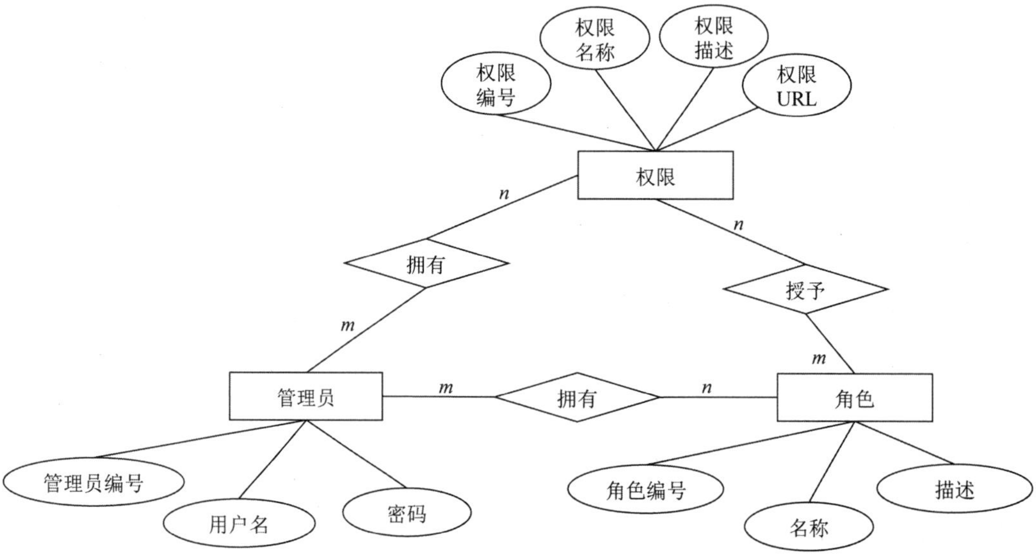

图 12-10　新闻发布系统的后台管理模块局部 E-R 模型

12.2.4　基本 E-R 模型的生成与优化

设计完局部 E-R 模型之后，下一步就是集成各局部 E-R 模型，形成全局 E-R 模型，即视图集成。视图集成的方法有如下两种：

（1）多元集成法：一次性将多个局部 E-R 模型合并为一个全局 E-R 模型。

（2）二元集成法：先集成两个重要的局部模型，以后用累加的方法逐步将一个新的模型集成进来。

在实际应用中，可以根据系统复杂性合理选择这两种方案，一般情况下采用二元集成法，即每次只综合两个模型，这样可降低难度；若局部模型比较简单，则多采用多元集成法。

无论使用上述的哪一种方法，模型集成均分成两个步骤：合并局部 E-R 模型，生成初步全局 E-R 模型；消除不必要的冗余，生成基本 E-R 模型。

1. 合并局部 E-R 模型，生成初步全局 E-R 模型

这个步骤将所有的局部 E-R 模型合成为全局概念结构。全局概念结构不仅要支持所有的局部 E-R 模型，而且必须合理地表示一个完整、一致的数据库概念结构。

由于各个局部应用不同，且通常由不同的设计人员进行局部 E-R 模型设计，因此各局部 E-R 模型不可避免地会有许多不一致的地方，我们称之为冲突。

合并局部 E-R 模型时并不是简单地将各个 E-R 模型画到一起，而是必须要消除各个局部 E-R 模型中的不一致，使合并后的全局概念结构不仅支持所有的局部 E-R 模型，而且必须是一个能被全系统中所有用户共同理解和接受的完整的概念模型。因此合并局部 E-R 模型的关键就是合理消除各局部 E-R 模型中的冲突。

E-R 模型中的冲突有如下三种：

（1）属性冲突。属性冲突又分为属性值域冲突和属性的取值单位冲突两种。

- 属性值域冲突，即属性值的类型、取值范围或取值集合不同。例如学号，有些局部模型将其定义为数值型，而有些局部模型将其定义为字符型。又如年龄，有的可能用出生年月表示，有的则用整数表示。
- 属性的取值单位冲突，比如零件的重量，有的以千克为单位，有的以克为单位。

属性冲突属于用户业务上的约定，必须与用户协商后解决。

（2）命名冲突。命名不一致可能发生在实体名、属性名或联系名之间，其中属性的命名冲突更为常见，一般表现为如下两种情况：

- 同名异义，即同一名字的对象在不同的局部模型中具有不同的意义。例如，“单位"在一个模型中表示为人员所在的部门，而在另一个局部模型可能表示物品的重量、长度等。
- 异名同义，即同一意义的对象在不同的局部模型中具有不同的名称。例如，对于“房间”这个名称，在教务管理局部模型中对应着为教室，而在后勤管理局部模型中对应着学生宿舍。

命名冲突的解决方法同属性冲突，需要与各实际业务部门协商、讨论后加以解决。

（3）结构冲突。结构冲突主要有如下三种情况：

- 同一对象在不同应用中有不同的抽象，可能为实体，也可能为属性。例如，教师的职称在某一局部应用中被当作实体，而在另一局部应用中被当作属性。这类冲突在解决时，就是使同一对象在不同应用中具有相同的抽象，或把实体转换为属性，或把属性转换为实体。
- 同一实体在不同应用中属性组成不同，可能是属性的个数或次序不同。解决办法是，合并后实体的属性组成为各局部 E-R 模型中的同名实体属性的并集，然后再适当调整属性的次序。
- 同一联系在不同应用中呈现不同的类型。比如 E1 与 E2 在某一应用中可能是一对一联系，而在另一应用中可能是一对多或多对多联系，也可能是在 E1、E2、E3 三者之间有联系。这种情况应该根据应用的语义对实体联系的类型进行综合或调整。

2. 消除不必要的冗余，生成基本 E-R 模型

所谓冗余，在这里是指冗余的数据以及实体之间冗余的联系。冗余的数据是指可由基本

数据导出的数据，实体之间冗余的联系是指可由其他的联系导出的联系。消除冲突并合并后得到的初步全局 E-R 模型，可能存在冗余的数据或联系。冗余的存在容易破坏数据库的完整性，给数据库的维护增加困难。消除了冗余的初步全局 E-R 模型称为基本 E-R 模型。

通常采用分析的方法消除冗余。数据字典是分析冗余数据的依据，还可以通过数据流图分析出冗余的联系。最终得到的基本 E-R 模型是企业的概念模型，它代表了用户的数据要求，是沟通“要求”和“设计”的桥梁；决定了数据库的总体逻辑结构，是成功建立数据库的关键。如果设计不好，就不能充分发挥数据库的功能，无法满足用户的处理要求。因此，用户和数据库人员必须对这一模型进行反复讨论，在用户确认这一模型已正确无误地反映了他们的要求后，才能进入下一阶段的设计工作。

【任务 12-4】生成新闻发布系统基本 E-R 模型。

【任务分析】新闻发布系统包含两个局部的 E-R 模型，现在需要将图 12-9 和图 12-10 所示的局部 E-R 模型合并为初步全局 E-R 模型，合并过程中，我们会发现有大量的属性命名冲突，因此在实际设计过程中应尽量避免属性重名，如用“新闻标题”“评论标题”来区分标题，用“管理员用户名”“普通用户名”来区分人员等。解决上述冲突，合并两个局部 E-R 模型，生成初步的全局 E-R 模型，如图 12-11 所示。

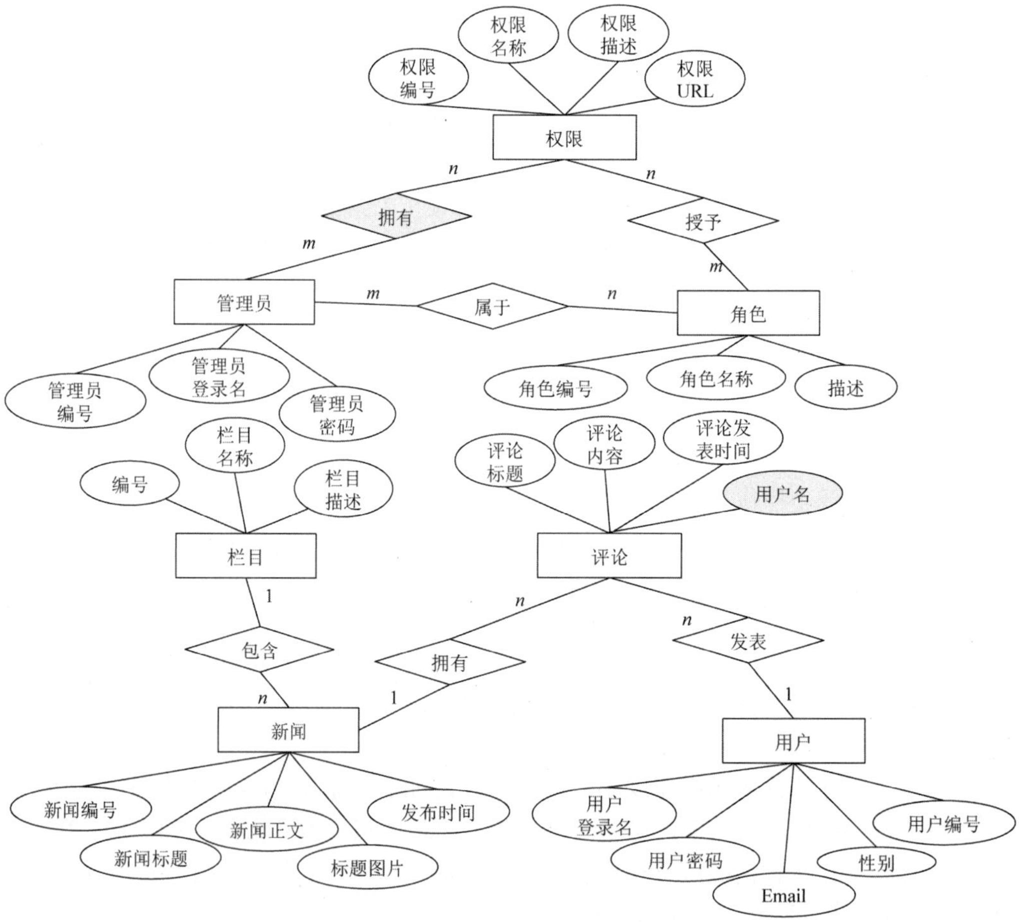

图 12-11　新闻发布系统初步的全局 E-R 模型

在图 12-11 中，“评论”实体中的属性“用户名”可由“发表”这个评论与用户之间的联系导出，属于冗余数据。另外，“管理员”和“权限”之间的联系“拥有”，可以由“管理员”“角色”“权限”三者之间的关系推导出来，所以也属于冗余联系。因此，我们需要消除冗余属性和冗余联系，然后便可得到基本 E-R 模型，如图 12-12 所示。

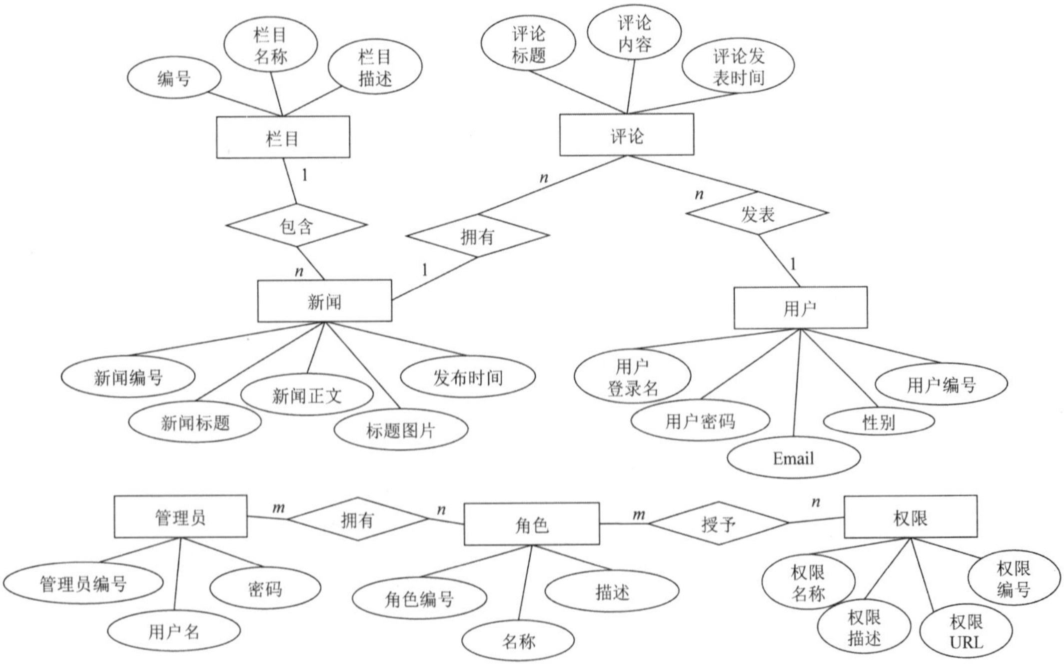

图 12-12　新闻发布系统基本 E-R 模型

12.3　逻辑设计

12.3.1　关系数据库的逻辑设计方法

概念结构设计阶段得到的 E-R 模型是用户的模型，它独立于任何一种数据模型，独立于任何一个具体的 DBMS。为了建立用户所要求的数据库，需要把概念模型转换为某个具体的 DBMS 所支持的数据模型，这就是数据库逻辑设计。从此开始便进入了“实现设计”阶段，需要考虑到具体的 DBMS 的性能、具体的数据模型特点。E-R 模型所表示的概念模型可以转换成任何一种具体的 DBMS 所支持的数据模型，如网状模型、层次模型和关系模型。本书只讨论关系数据库的逻辑设计问题以及 E-R 模型如何向关系模型进行转换。

关系数据库的逻辑结构设计分为初始关系模式设计、关系模式规范化和模式的评价修正三步。关系数据库的逻辑结构设计流程如图 12-13 所示。

12.3.2　E-R 模型向关系模型的转换

概念设计中得到的 E-R 模型是由实体、属性和联系组成的，而关系数据库逻辑设计的结果是一组关系模式的集合。所以将 E-R 模型转换为关系模型实际上就是将实体、属性和联系转换成关系模式。

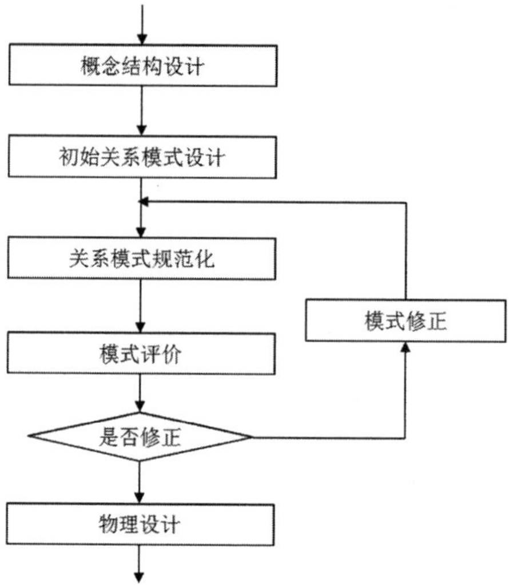

图 12-13　关系数据库的逻辑结构设计流程

在转换中要遵循以下原则：

（1）一个实体转化为一个关系模式，实体的属性即关系的属性，实体的码就是关系的码。

（2）一个 1:1 联系可以转换成一个独立的关系模式，也可以与任意一端对应的关系模式合并。如果转换为一个独立的关系模式，则与该联系相连的各实体的码以及联系本身的属性均转换为关系的属性，每个实体的码均是该关系的候选码；如果与某一端实体对应的关系模式合并，则需要在该关系模式的属性中加入另一个关系模式的码和联系本身的属性。

（3）一个 1:*n* 联系可以转换为一个独立的关系模式，也可以与 *n* 端对应的关系模式合并。如果转换为一个独立的关系模式，则与该联系相连的各实体的码以及联系本身的属性均转换为关系的属性，而关系的码为 *n* 端实体的码。

（4）一个 *m*:*n* 联系转换为一个关系模式，与该联系相连的各实体的码以及联系本身的属性均转换为关系的属性，各实体的码组成关系的码或关系码的一部分。

（5）三个或三个以上实体间的一个多元联系可以转换为一个关系模式。与该多元联系相连的各实体的码以及联系本身的属性均转换为关系的属性，各实体的码组成关系的码或关系码的一部分。

（6）实体集的实体间的联系，即自联系，也可按照上述 1:1、1:*n*、*m*:*n* 三种情况分别处理。

（7）具有相同码的关系可以合并。

【任务 12-5】将新闻发布系统基本 E-R 模型转换为关系模型。

【任务分析】按照转换原则，将图 12-12 所示的新闻发布系统基本 E-R 模型按如下方式转换为关系模型。

（1）实体的转换：一个实体型转换为一个关系，从其中确定一个做主键（下划线表示）。

- 栏目（<u>栏目编号</u>，栏目名称，栏目描述）
- 用户（<u>用户编号</u>，用户登录名，用户密码，性别，Email）

- 管理员（管理员编号，管理员登录名，管理员密码）
- 角色（角色编号，角色名称，角色描述）
- 权限（权限编号，权限名称，权限描述，权限 URL 地址）

（2）一对一及一对多的联系，在可以和关系合并的时候一般尽量和关系合并，不建议单独创建关系，例如新闻与栏目存在一对多的关系，一般与 *n* 端合并，将 1 端的主码加入 *n* 端。

- 新闻（新闻编号，新闻标题，标题图片，***栏目编号***，作者，来源，发布时间，……）
- 评论（评论编号，评论标题，评论内容，***新闻编号***，***用户编号***，评论发布时间，……）

（3）多对多的联系，一般需要单独转换，将两端主键合并可以作为新关系的主键。

- 管理员角色（***管理员编号，角色编号***）
- 角色权限（***角色编号，权限编号***）

在实际应用中，为了简化管理，我们可以单独定义字段做新关系的主键。

- 管理员角色（管理员角色编号，***管理员编号，角色编号***）
- 角色权限（角色权限编号，***角色编号，权限编号***）

12.3.3 关系的规范化理论

关系数据库逻辑设计的好坏与其所含的各个关系模式设计的好坏相关。如果各个关系模式结构合理、功能简单明确、规范化程度高，就能确保所建立的数据库具有较少的数据冗余、较高的数据共享度、较好的数据一致性，并为数据库系统良好应用于实际打下基础。不规范的关系设计会增大系统在运行过程中的数据冗余，进而可能为整个数据库系统带来其他运行的障碍，以及数据的删除异常和插入异常等问题。因此，关系的规范化在数据库设计中起着很重要的作用。

规范化理论是数据库逻辑设计的指南和工具。规范化理论以范式为核心思想，下面简单介绍数据库的规范化理论相关概念。

1. 函数依赖的基本概念

部分函数依赖：设 X、Y 是关系 R 的两个属性集合，存在 X→Y，若 X’是 X 的真子集，存在 X’→Y，则称 Y 部分函数依赖于 X。

例如，学生基本信息表 R（学号，身份证号，姓名）中，学号、身份证号属性取值是唯一的，在 R 关系中，（学号，身份证号）→（姓名），（学号）→（姓名）且（身份证号）→（姓名）；此时，姓名属性部分函数依赖于（学号，身份证号）。

完全函数依赖：设 X、Y 是关系 R 的两个属性集合，X’是 X 的真子集，存在 X→Y，但对每一个 X’都有 X’!→Y，则称 Y 完全函数依赖于 X。

例如，学生基本信息表 R（学号，班级，姓名）中，假设不同的班级学号有相同的，班级内学号不能相同，在 R 关系中，（学号，班级）→（姓名），但是（学号）→（姓名）不成立，（班级）→（姓名）不成立。此时，姓名属性完全函数依赖于（学号，班级）。

传递函数依赖：设 X、Y、Z 是关系 R 中互不相同的属性集合，存在 X→Y(Y !→X)，Y→Z，则称 Z 传递函数依赖于 X。

例如，在关系 R（学号，宿舍，费用）中，（学号）→（宿舍），（宿舍）→（费用）。此时，费用属性就可以通过传递依赖学号，因此存在传递函数依赖现象。

2. 第一范式 1NF

1NF 定义：设关系 R，则关系 R 中所有属性不可再分，即消除非原子属性分量。

在关系模式设计中，经常会遇到某一属性还具有子属性的情况。可对其进行规范化，使其满足第一范式。例如，在关系“学生”中有“电话”属性，“电话属性”可能有“家庭电话”和“手机”等子属性。此时就需要将其规范化，最简单的方法就是将“电话”属性拆分为“家庭电话”和“手机”。

3. 第二范式 2NF

2NF 定义：设关系 R，则关系 R 中所有非主属性需完全函数依赖于每个主码，即消除非主属性对主码的部分函数依赖。

在关系模式设计中，如果非主属性存在对主码的部分函数依赖，则可对其进行规范化，使其满足第二范式。

例如，某设计人员将学生“选课”关系设计为

```
Student_Course(studentID,studentName,Sex,courseID,courseName,typeName,Grade)
```

此时，Student_Course 关系的主码为 studentID 和 courseID，非主属性 studentName 等仅部分依赖 studentID，而 courseName 等仅依赖 courseID 对主码的部分函数依赖。

此时，可将“选课”关系分解为三个关系：

Student(studentID,studentName,Sex)，主码：studentID。

Course(courseID,coursename,typename)，主码：courseID。

Student_Course(studentID,courseID,Grade)，主码：studentID，courseID。

这样，新的关系中的非主属性就分别完全函数依赖于各自的关系主码，从而满足第二范式。

4. 第三范式 3NF

3NF 定义：设关系 R，则关系 R 中所有非主属性需不传递函数依赖于每个主码，即消除非主属性对每个主码的传递函数依赖。

例如，某设计人员将“课程”关系设计为

```
Course(courseID,coursename,CoursetypeID,typename)
```

此时 Course 关系的主码为 courseID。由于 courseID 可以决定 courseTypeID，而 CourseTypeID 可以决定 typeName，因此存在非主属性对主码的传递函数依赖。

此时，可将“课程”关系分解为两个关系，取消其传递依赖：

Course(courseID,coursename, CoursetypeID)，主码：courseID。

Coursetype(coursetypeID,typename)，主码：coursetypeID。

这样，由于关系 R 分解为两个新关系，则取消了原有关系之间的传递依赖，且新关系中也不存在其他传递依赖，从而满足第三范式。

5. BC 范式 BCNF

BCNF 定义：设关系 R，则关系 R 中所有属性都不传递函数依赖于每个候选码，即消除属性对候选码的传递函数依赖。

在关系模式设计中，如果不是每一个决定因素都包含关键字，则不满足 BC 范式。BC 范式是改进的第三范式，其要求比第三范式更加严格。第三范式只关注非主属性和关键字之间的传递函数依赖关系，而 BC 范式则关注所有属性和每个候选码之间的传递函数依赖。当一个关系模式中有多个候选码，并且这些候选码具有公共属性时，就不满足 BC 范式。由此可见，满

足 BC 范式的关系模式一定满足第三范式，但满足第三范式的关系模式不一定满足 BC 范式。

6. 范式间的关系

规范化的实质是概念的单一化。范式之间的关系如图 12-14 所示。

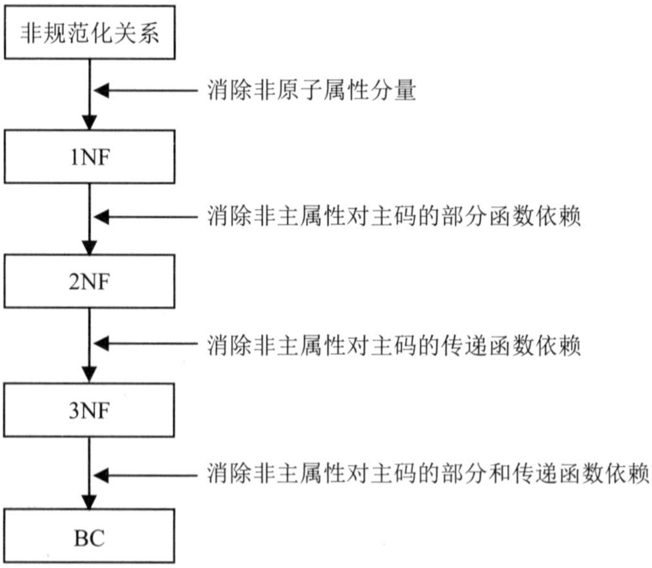

图 12-14　范式之间的关系

可见，1NF、2NF、3NF 和 BC 之间是逐步深化的关系。但在实际应用中，未必是关系的规范化程度越高，数据库系统的效率越高。例如，关系有时故意保留成非规范化的模式，甚至有些情况下，在进行了规范化处理后，又进行规范化的逆操作，这样做完全是由数据库的实际情况决定的，而且过分的规范化可能会加大数据库维护的成本。

因此，将关系分解到什么程度要根据实际情况决定，对于大多数商业应用，一般分解到 3NF 就够了，这就是前面所说的基于 3NF（第三范式）的设计方法。

12.3.4　数据模型的规范化及关系模式的评价与改进

1. 数据模型的规范化

应用规范化理论对前文所述关系的逻辑模式进行初步优化，可以减少乃至消除关系模式中存在的各种异常，确保完整性、一致性和提高存储效率。

数据模型的规范化过程可分为确定范式级别和实施规范化处理两个步骤。

（1）确定范式级别。考察关系模式的函数依赖关系，确定范式等级，逐一分析各关系模式，考察它们是否存在部分函数依赖、传递函数依赖等，并确定它们分别属于第几范式。

（2）实施规范化处理。确定范式级别后，利用规范化理论，逐一考察各个关系模式，根据应用要求，判断它们是否满足规范要求，可用已经介绍过的规范化方法和理论将关系模式规范化。

由此可见，规范化理论在数据库设计中有如下几方面的应用：

（1）在需求分析阶段，用数据依赖概念分析和表示各个数据项之间的联系。

（2）在概念结构设计阶段，以规范化理论为指导，确定关系键，消除初步 E-R 模型中冗余的联系。

（3）在逻辑结构设计阶段 E-R 模型向数据模型转换的过程中，用模式合并与分解方法达到范式级别。

2. 关系模式的评价与改进

（1）模式评价。关系模式的规范化不是目的而是手段，数据库设计的最终目的是满足应用需求。因此，为了进一步提高数据库应用系统的性能，还应该对规范化后产生的关系模式进行评价、改进，经过反复多次的尝试和比较，最后得到优化的关系模式。

模式评价的目的是检查所设计的数据库模式是否满足用户的功能、效率要求，确定加以改进的部分，主要包括功能评价和性能评价。

- 功能评价。功能评价指对照需求分析的结果，检查规范化后的关系模式集合是否支持用户所有的应用要求。其中关系模式必须包括用户可能访问的所有属性，且在涉及多个关系模式的应用中，应确保连接后不丢失信息。如果发现有的应用不被支持，或不完全被支持，则应该改进关系模式。发生这种问题的原因可能是在逻辑设计阶段，也可能是在需求分析或概念设计阶段。是哪个阶段的问题就返回到哪个阶段去，因此有可能对前两个阶段再进行评审，解决存在的问题。在功能评价的过程中，可能会发现冗余的关系模式或属性，这时应搞清楚它们是为未来发展预留的，还是某种错误（如名字混淆）造成的。如果属于错误处置，则进行改正即可，而如果这种冗余来源于前两个设计阶段，则也要返回重新进行评审。
- 性能评价。对于目前得到的数据库模式，由于缺乏物理设计所提供的数量测量标准和相应的评价手段，因此性能评价是比较困难的，只能对实际性能进行估计，包括逻辑记录的存取数、传送量和物理设计算法的模型等。美国密执安大学的 T.Teorey 和 J.Fry 于 1980 年提出的逻辑记录访问（Logical Record Access，LRA）方法是一种常用的关系模式性能评价方法，它对网状模型和层次模型较为实用，对于关系模型的查询也能起一定的估算作用。

（2）模式改进。模式改进是指根据模式评价的结果，对已生成的模式进行改进。如果因为需求分析、概念设计的疏漏导致某些应用不能得到支持，则应该增加新的关系模式或属性；如果因为性能考虑而要求改进，则可对关系模式进行合并或分解。

经过多次的模式评价和模式改进之后，最终的数据库模式得以确定。逻辑设计阶段的结果是全局逻辑数据库结构，而对于关系数据库系统来说，就是一组符合一定规范的关系模式组成的关系数据库模型。

数据库系统的数据物理独立性特点消除了由于物理存储改变而引起的对应程序的修改。标准的 DBMS 例行程序应适用于所有的访问，查询和更新事务的优化应当在系统软件一级上实现。这样，确定逻辑数据库之后，就可以开始进行应用程序设计了。

12.4 使用 PowerDesigner 设计数据库

12.4.1 PowerDesigner 简介

PowerDesigner 是一个功能强大且使用简单的计算机辅助软件工程工具集，它提供了直观而便捷的交互环境，支持软件开发生命周期所有阶段的模型设计工作，包括业务流程建模、应用程序建模和数据建模等。利用 PowerDesigner 可以方便地对管理信息系统进行分析设计，几乎包括了数据库模型设计的全过程，即可以制作数据流程图、概念数据模型、物理数据模型，以及为数据仓库制作结构模型，也能对团队设计模型进行控制。PowerDesigner 与许多流行的软件开发工具配合使用可缩短开发时间和优化系统设计。

PowerDesigner 是能进行数据库设计的强大的软件，是一款设计和开发人员常用的数据库建模工具。使用 PowerDesigner 可以分别从概念数据模型和物理数据模型两个层次对数据库进行设计。PowerDesigner 支持 10 种模型：企业架构模型（EAM）、需求模型（RQM）、数据移动模型（DMM）、业务流程模型（BPM）、概念数据模型（CDM）、逻辑数据模型（LDM）、物理数据模型(PDM)、面向对象模型(OOM)、XML 模型、自由模型(FEM)等。PowerDesigner 的初始工作界面主要包括浏览器对象窗口、输出窗口、工作区窗口等，如图 12-15 所示。

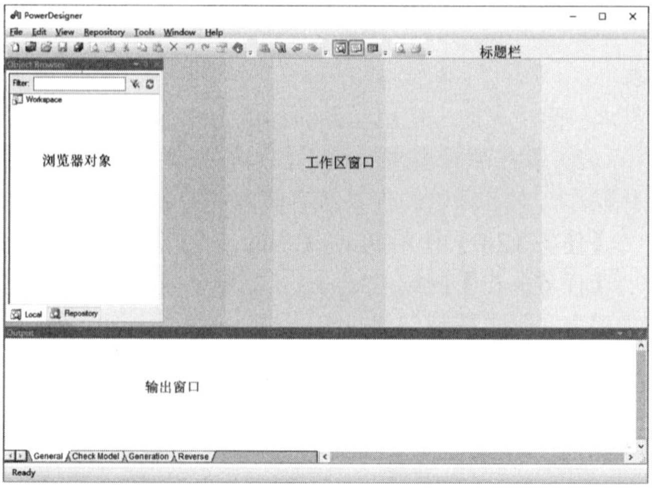

PowerDesigner 简介

图 12-15　PowerDesigner 的初始工作界面

1. 浏览器对象窗口

浏览器对象窗口以层次结构呈现模型信息，实现快速导航，主要包括本地（Local）浏览器窗口和知识库（Repository）浏览器窗口两个子选项。浏览器对象窗口中的模型按照工作空间（Workspace）、工程（Project）、文件夹（Folder）和包（Package）几个层次进行管理。

2. 输出窗口

输出窗口用于显示操作过程中的相关信息。其中，General 选项卡用于显示建模过程中的相关信息；Check Model 选项卡用于显示模型检查过程中的相关信息；Generation 选项卡用于显示模型生成过程中的相关信息；Reverse 选项卡用于显示逆向工程操作过程中的相关信息。

3. 工作区窗口

工作区窗口也称为图形窗口或图形列表窗口，用于模型设计。

除上述窗口外，在建模过程中常用的窗口还包括结果列表（Rusult List）窗口，该窗口主要用于显示模型对象查找结果，模型检查结果信息。可以通过 View 菜单打开或关闭结果列表窗口。此外，还有工具箱窗口，该窗口主要用于显示当前模型常用工具选项，不同模型对应工具箱中的选项不同。

12.4.2 使用 PowerDesigner 建立需求模型

本节以新闻发布系统的数据库设计为例介绍 PowerDesigner 软件的使用方法。新闻发布系统需要将企业传统的新闻发布、评论管理、用户管理等流程转为信息化管理的流程，同时要求系统简洁、实用、便捷，其核心需求可以概括为以下两点。

1. 功能性需求

（1）用户登录：提供验证用户名和密码的功能，并加入验证用户的管理员权限和操作权限的步骤，否则拒绝使用。

（2）新闻管理：包括新增新闻、修改新闻、删除新闻、查询新闻列表等操作。

（3）评论管理：包括用户评论新闻、查看新闻相关评论、管理员管理新闻评论（删除、修改）等操作。

（4）权限管理：超级管理员对用户权限进行控制，设置管理员以及管理员对新闻和评论的操作权限等。

2. 非功能性需求

（1）用户界面需求：简洁、便于使用，界面体现企业专业性，界面风格统一等。

（2）系统质量要求：注重信息安全保护、注重用户操作响应时间、人性化操作、对各种软硬件系统有较好的兼容性等。

使用 PowerDesigner 建立需求模型

【任务 12-6】使用 PowerDesigner 创建新闻发布系统需求模型。

【任务分析】PowerDesigner 提供了需求模型的创建和管理功能。创建需求模型实际上就是创建一个结构化的文档，如系统背景、系统目标、功能规范、测试计划等。在 RQM 中，每行代表一个需求，每个需求可以分成多个层次。

【操作步骤】实现本任务的步骤如下：

Step 1 新建需求模型。

1）单击 File→New Model，打开 New Model 对话框，如图 12-16 所示。

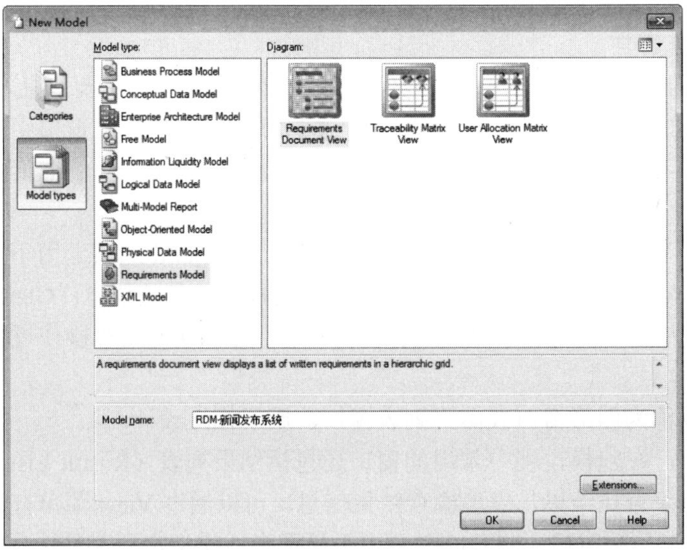

图 12-16　任务 12-6 New Model 对话框

2）在 Model type 列表框中选择 Requirements Model，在 Diagram 列表框中单击选中 Requirements Document View，然后在下方的 Model Name 文本框中输入模型名称，单击 OK 按钮，即可打开需求文档视图，在该窗口中建立需求界面。

Step 2 添加需求。

1）在打开的需求文档视图窗口中，单击工具栏中的 Insert a Object 按钮“ ”或单击需求文档视图中的空白区，即可添加新的需求，如图 12-17 所示。

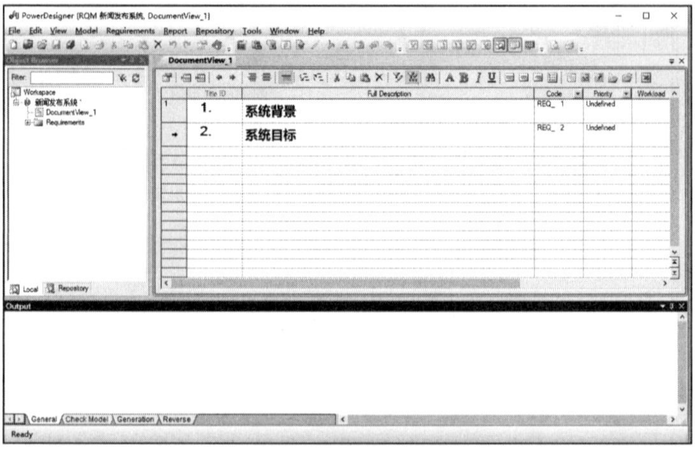

图 12-17　需求文档视图窗口

2）在需求文档视图窗口中除了 Title ID 栏之外，每栏都处于可编辑状态，可根据设计的需求进行编辑操作。如果需要删除某栏或某需求，选中改行后单击工具栏中的“×”按钮即可删除，也可右击某栏或某需求，选择 Edit→Delete 命令进行删除。

3）编辑需求属性可以通过双击需求视图中 Title ID 左侧的箭头区域，也可以单击工具栏中的 Properties 按钮“ ”或右击某栏或某需求后选择 Properties，进入属性编辑窗口，对该栏目内容的标题、描述、优先级等模块进行编辑，如图 12-18 所示。

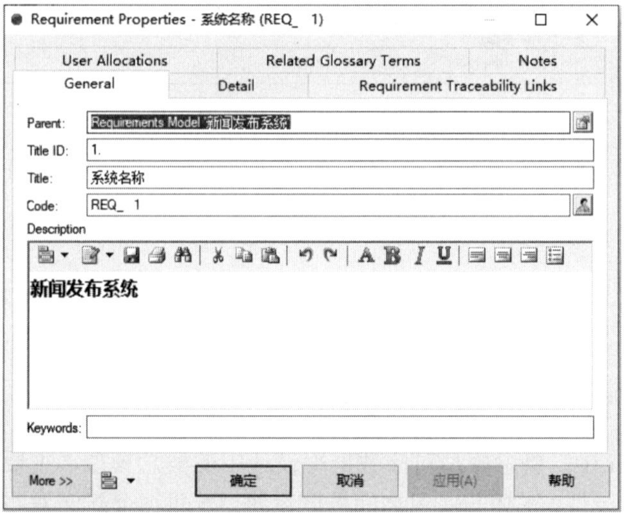

图 12-18　编辑需求属性

12 Chapter

Step 3 添加子需求。

1）我们在“新闻发布系统”需求模型的系统功能模块中，加入了两个子节点“功能性需求”和“非功能性需求”。这是通过工具栏中 Insert a Sub-Object 按钮“ ”进行的操作，也可以右击“系统需求”，从弹出的快捷菜单中选择 New→Requirement 以添加子需求，如图 12-19 所示。

图 12-19　添加子需求

2）反复进行插入子需求的操作，同时对插入的子需求对象进行内容编辑，同样也可以为各个子需求对象添加下一级子需求，进行进一步细化，部分细化结果如图 12-20 所示。

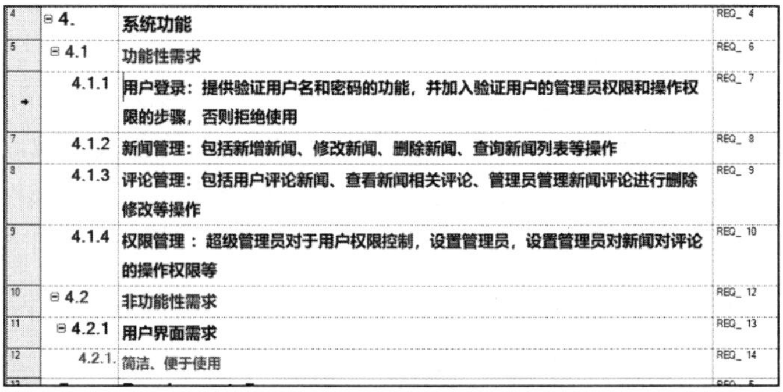

图 12-20　子需求细化结果样例

3）可以通过工具栏中的 promote 和 demote 按钮“ ”“ ”来提升或者降低子需求对象的层次。

Step 4 保存需求模型。

完成所有需求信息编辑后，可以单击“保存”按钮保存需求模型，结束需求模型的创建过程。

12.4.3　使用 PowerDesigner 建立概念数据模型

在 PowerDesigner 中，概念模型对应数据库设计中的概念模型，主要是使用图形语言反映现实世界中实体及其属性、实体与实体之间的联系等。下面结合新闻发布系统中的核心业务来介绍使用 PowerDesigner 建立概念模型的方法。

【任务 12-7】使用 PowerDesigner 创建新闻和评论模块的概念数据模型。

【操作步骤】实现本任务的步骤如下：

使用 PowerDesigner 建立概念数据模型

Step 1 创建概念数据模型文件。

1）单击 File→New Model，弹出 New Model 对话框，如图 12-21 所示。

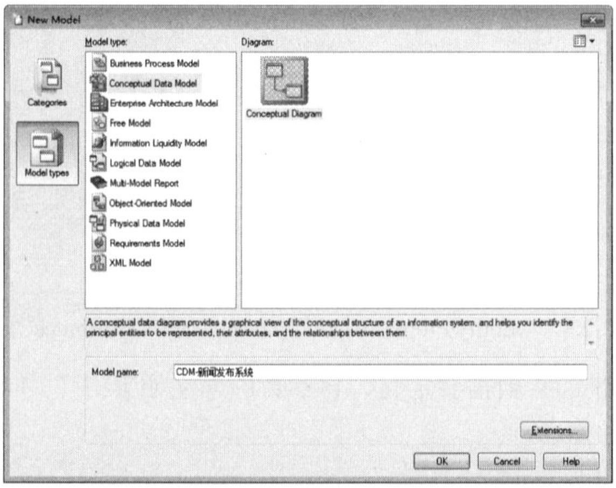

图 12-21　任务 12-7 New Model 对话框

2）在 Model type 列表框中选择 Conceptual Data Model，在 Diagram 列表框中选择 Conceptual Diagram，在 Model name 文本框中输入模型名称，单击 OK 按钮完成新建。

Step 2 定义新闻实体。

1）单击工具选项栏 Conceptual Diagram 中的 Entity 按钮“▦”，在图形设计区中选择合适的位置进行单击，设置实体。

2）双击实体，打开“Entity Properties-新闻(news)”窗口，填入 Name（名称）、Code（编码），如图 12-22 所示。

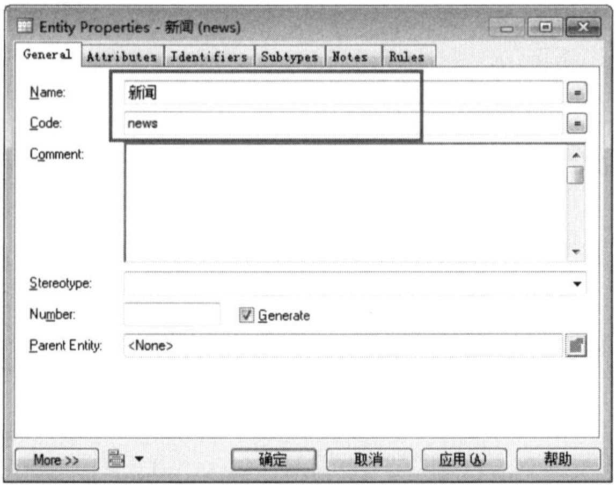

图 12-22　“Entity Properties-新闻(news)”窗口-General 选项卡

3）实体的属性（Attribute）用来描述实体的特性，每个实体至少应该包括一个属性。新闻实体的属性有编号、新闻标题、新闻内容、标题图片、新闻作者、来源等。属性的定义需要在“Entity Properties-新闻(news)”窗口的 Attributes 选项卡中进行，如图 12-23 所示。

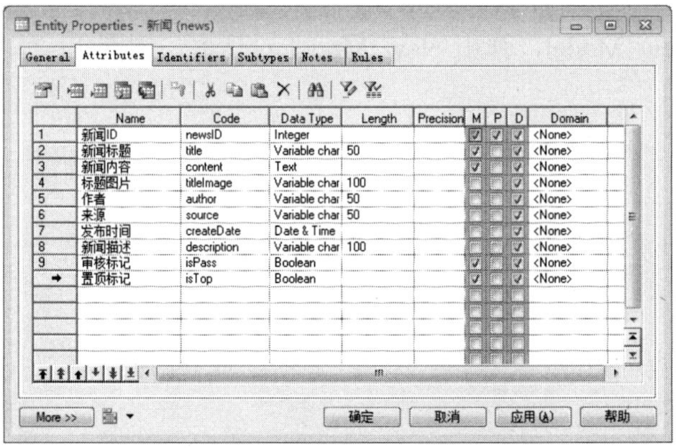

图 12-23　“Entity Properties-新闻(news)”窗口-Attributes 选项卡

在图 12-23 中，属性的参数需要定义，各参数的含义如下：

- Name：属性名称。
- Code：属性代码。
- Data Type：数据类型。
- Length：长度。
- Precision：数据精度。
- M（Mandatory）：是否允许为空，勾选为不许为空。
- P（Primary Key）：是否为主键。
- D（Displayed）：是否在图形设计区中展示该字段。
- Domain：表示应用到该属性的域。

4）单个属性也可设置其参数，选中某个属性，单击 Properties 按钮“”即可打开该属性的参数窗口。以“发布时间”为例，其属性参数设置窗口如图 12-24 所示。

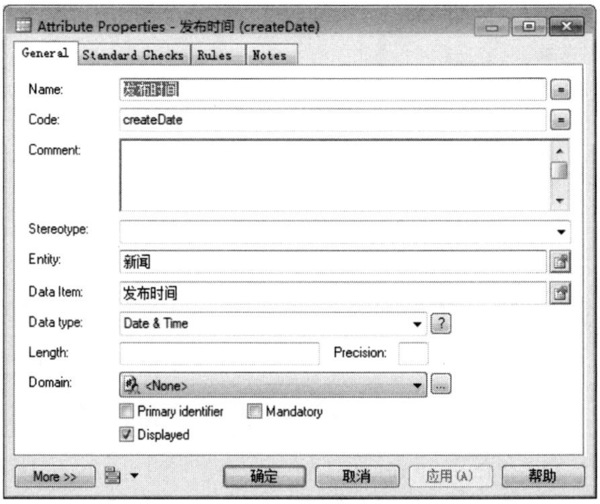

图 12-24　“Attribute Properties-发布时间(createDate)”窗口

其中，General 选项卡用于设置该属性的基本信息，Standard Checks 选项卡用于设置该属性的检查性约束；Rules 选项卡用于设置与该属性相关的业务规则，指导和约束业务行为。

Step 3 定义评论实体。按照上述方法，建立评论、用户信息等实体，如图 12-25、图 12-26 所示。

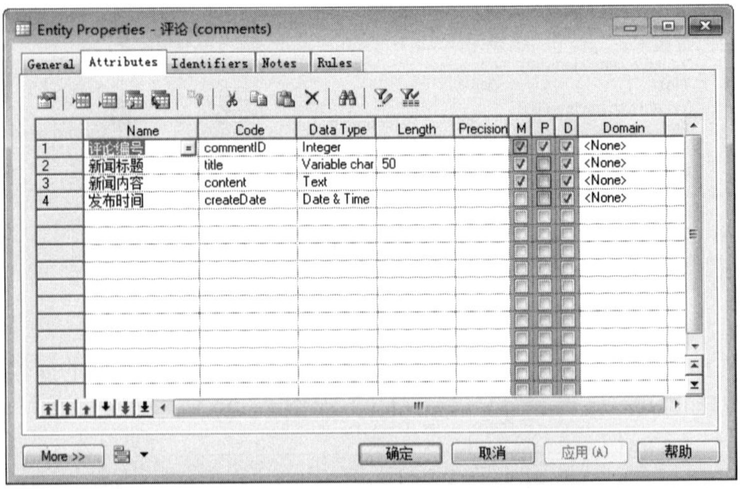

图 12-25 “评论”实体定义

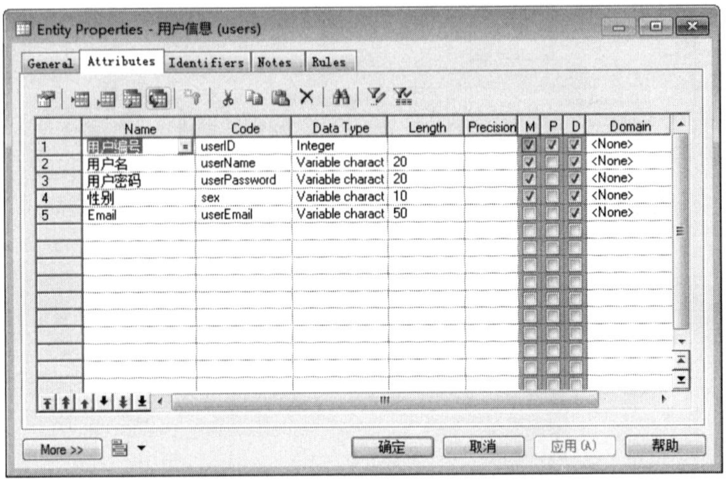

图 12-26 “用户信息”实体定义

定义完实体后，查看图形设计区中的展现结果，如图 12-27 所示。

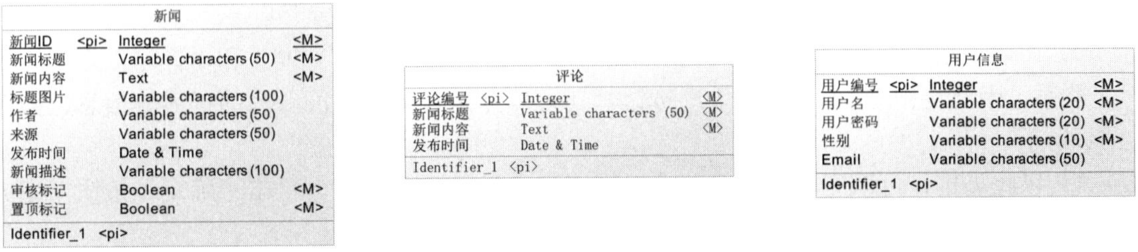

图 12-27 还没有定义联系的实体

Step 4 定义实体间的联系。定义好实体和属性后需要定义实体内部、实体与实体之间的联系。

1）单击右侧工具栏中的 Relationship 按钮“ ”，单击“新闻”实体，拖动鼠标移动到“评论”实体后释放鼠标，这样就在两个实体间创建了联系，如图 12-28 所示。

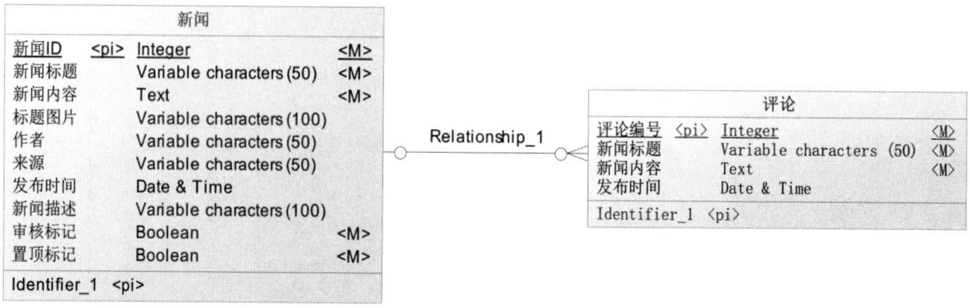

图 12-28 “新闻”实体与“评论”实体的联系

2）默认的联系是一对多联系。双击联系的图形符号可以修改联系的属性，修改 Name 为“新闻-评论管理”，Code 为“news_comments”，如图 12-29 所示。

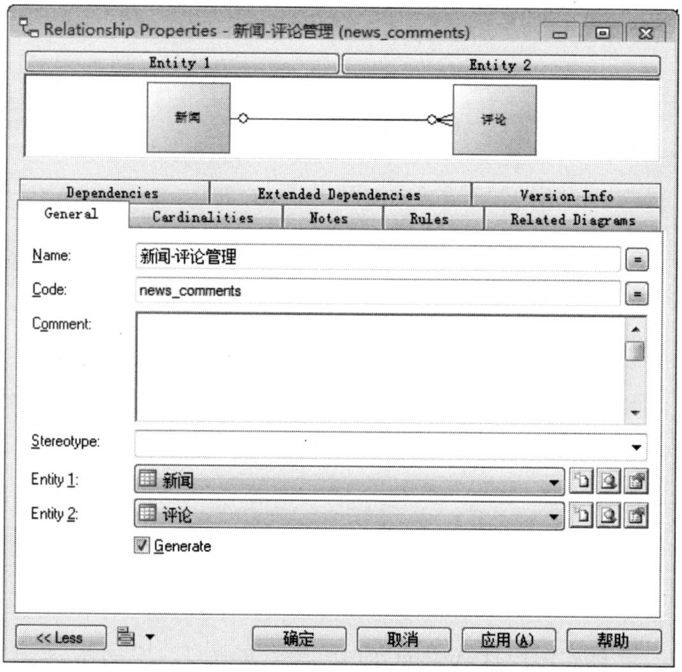

图 12-29 修改联系的属性

3）切换到 Cardinalities 选项卡，可以设置联系的基数信息。“新闻”和“评论”之间为一对多联系，因此选中 One - Many 单选按钮。还可以分别设置实体间关系的描述等信息，如图 12-30 所示。

4）以此类推，可以完成“用户信息”和“评论”的联系设置。单击“确定”按钮，完成实体间联系的设置，结果如图 12-31 所示。

图 12-30　“新闻”和“评论”联系的基数设置

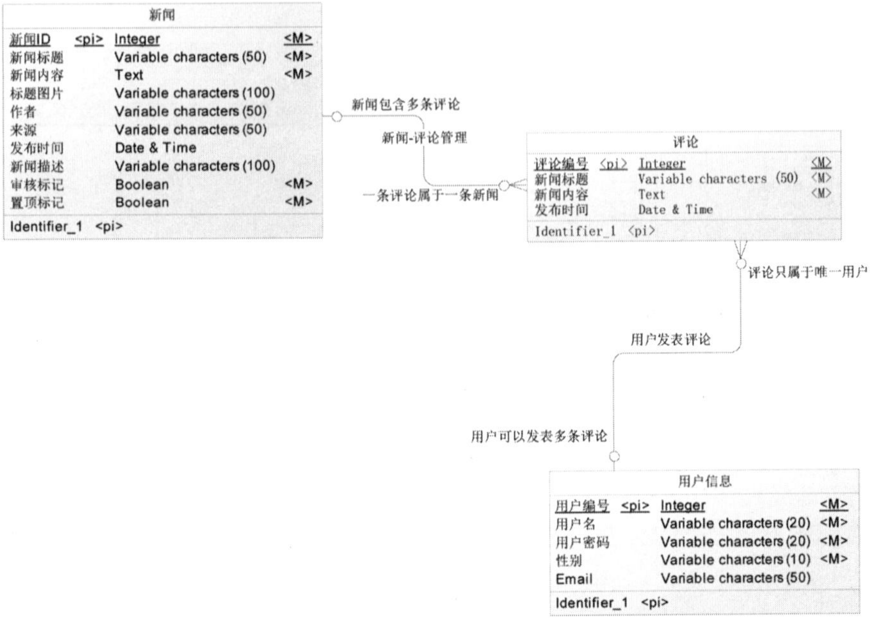

图 12-31　“新闻”“评论”“用户信息”实体的联系图

Step 5 概念模型有效性检查。定义一个科学合理的概念模型，不仅要以规范化理论为指导，同时设计过程中的每个对象都需要符合一定的规范，以保证概念模型的有效性。PowerDesigner 提供了模型检查功能，用于检查模型中存在的致命错误和警告错误。

1）打开 CDM（概念模型），单击 Tools→Check Model，弹出 Check Model Parameters 窗口，如图 12-32 所示。

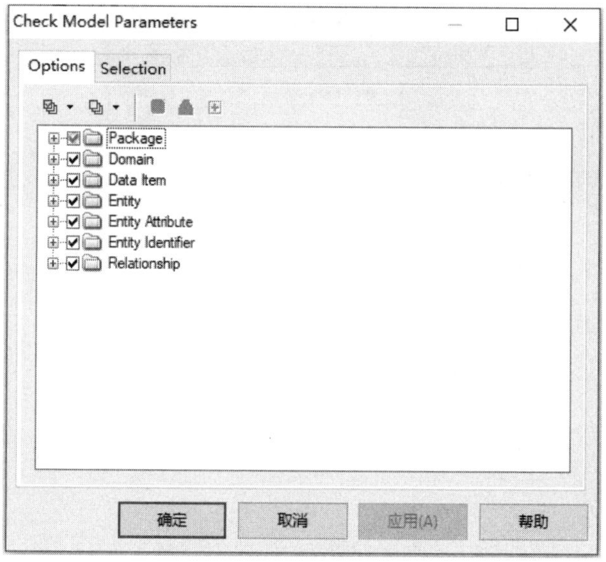

图 12-32　Check Model Parameters 窗口

2）在弹出的窗口中勾选需要检查的项目，单击“确定”按钮，即可进行检查操作。模型检查结果输出到结果列表窗口中，如图 12-33 所示。

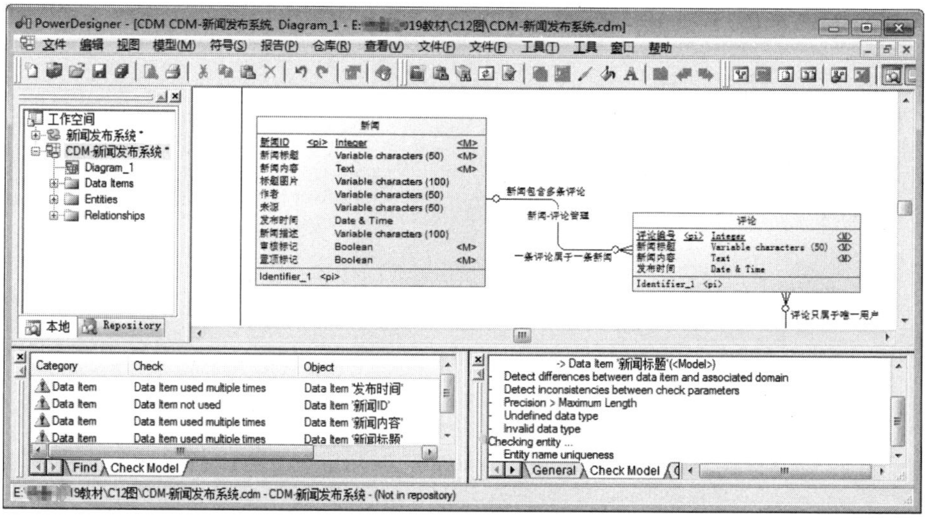

图 12-33　模型检查结果

3）如果有错误或警告会在图形设计区的 Check Model 界面进行列表展示。例如，在图 12-33 中我们重复使用了 title、content 等作为实体的属性编码，会报出警告。警告不影响后续的工作，因此可以忽略。但如果存在错误，设计人员就必须根据错误的提示进行修改，直至完成概念模型的创建。

12.4.4　使用 PowerDesigner 实现数据模型的转换

使用 PowerDesigner 实现数据模型的转换

PowerDesigner 作为一款数据库设计工具，不仅能够辅助数据库设计人员完成各种模型的建模，而且可以帮助用户在完成某个阶段的模型设计之后自动转换到下一个阶段的模型设计。例如，从概念模型转换到逻辑模型，逻辑模型转换到物理模型，甚至是直接从概念模型转换到物理模型等。这个过程虽然不能保证转换过来的模型完全满足数据库实施的需要，但可以减少相当一部分的工作量，使设计人员只需要做模型的完善工作即可。

【任务 12-8】使用 PowerDesigner 将概念数据模型转换到逻辑数据模型。

【任务分析】逻辑数据模型是对概念数据模型的进一步具体化，是用户从数据库的角度能够看到的，以及使用的数据库管理系统所支持的数据模型。

使用 PowerDesigner 实现数据模型的转换

【操作步骤】实现本任务的步骤如下：

Step 1 打开概念数据模型，单击 Tools→Generate Logical Data Model，打开 LDM Generation Options 窗口，同时输入逻辑模型的 Name 及 Code，如图 12-34 所示。

图 12-34 LDM Generation Options 窗口

Step 2 设计人员可以切换到其他选项卡进行更加详细的设置。其中：Detail 选项卡用来设置编码转换、模型检查，Selection 选项卡可以用于选择需要转换的实体。

Step 3 单击“确定”按钮，完成模型的转换。转换过程中如果遇到问题，会弹出 ResultList 对话框，反馈转换过程中的警告和错误。转换成功后的效果如图 12-35 所示。

Step 4 在生成的逻辑数据模型中，我们可以看出，关系模式“评论”中增加了两个属性，分别是来自“新闻”和“用户信息”的主键，以此来反映“评论”与“新闻”“用户信息”之间的一对多联系。

Step 5 在模型转换结束后，一般还需要对逻辑模型进行更进一步的检查和设置，如各个关系的主外键关系名称的优化、域的设置等，在此不再一一赘述。

【任务 12-9】使用 PowerDesigner 将逻辑数据模型转换到物理数据模型。

【任务分析】逻辑数据模型是概念数据模型的进一步分解和细化，物理数据模型（PDM）则完成与具体数据库管理系统相关的详细设计。

【操作步骤】实现本任务的步骤如下：

Step 1 打开逻辑数据模型，单击 Tools→Generate Physical Data Model，打开 PDM

Generation Options 窗口，选择目标 DBMS 的类型为“Microsoft SQL Server 2012”，如图所 12-36 示。

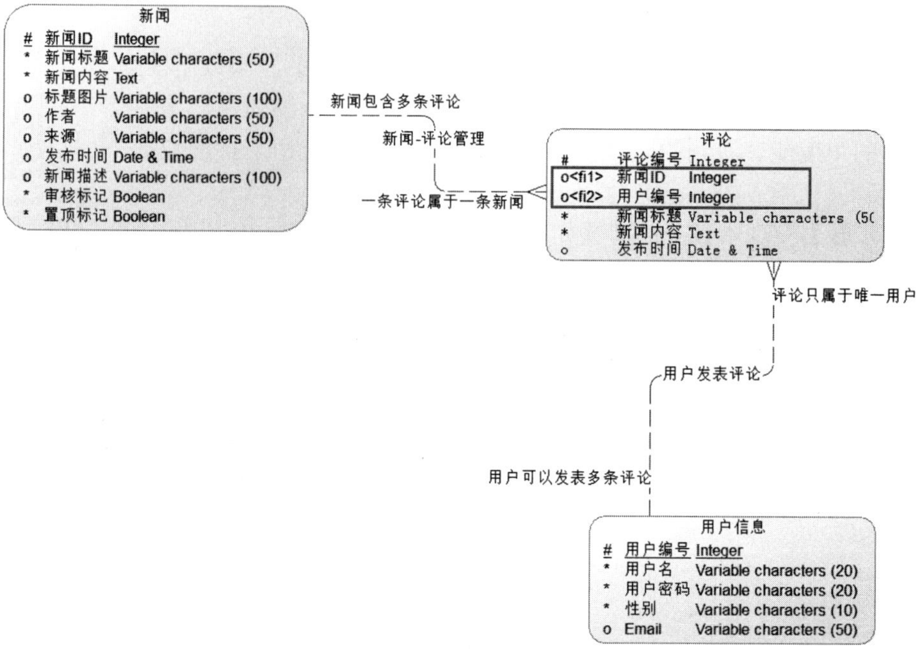

图 12-35 转换完成的逻辑数据模型

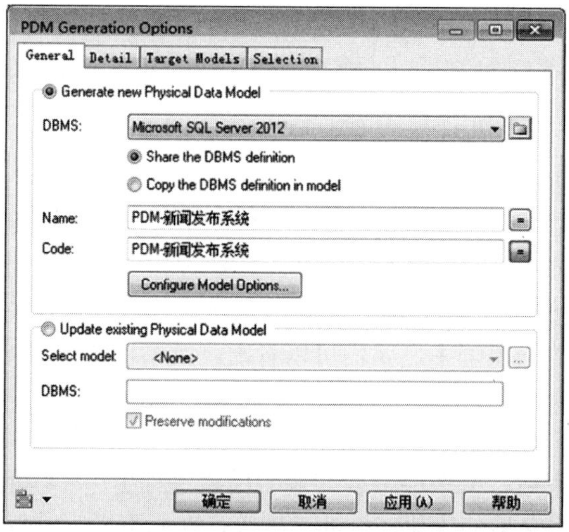

图 12-36 PDM Generation Options 窗口-General 选项卡

Step 2 切换到 Detail 选项卡，可以进行物理模型中对象的基本设置，如图 12-37 所示。Detail 选项卡的主要参数说明如下：

- Table prefix：定义表名前缀。
- Index：设置索引的名称后缀，如主键列上的索引后缀为“表名称_PK”。

- FK column name template：定义外键列命名约定。
- Reference：定义更新和删除时是否自动参照外键约束。

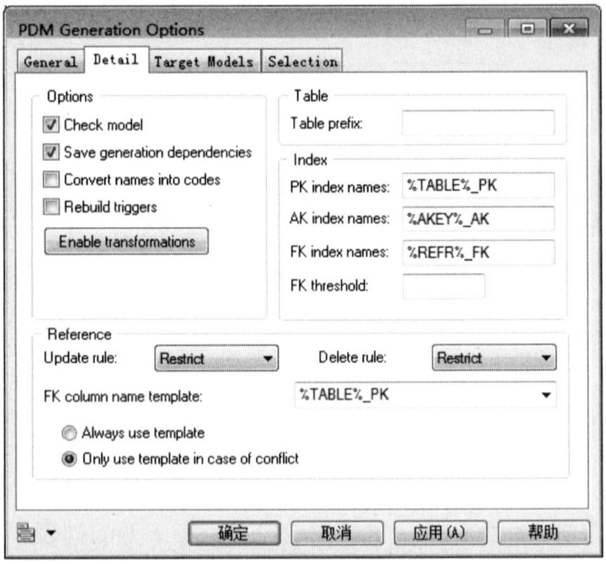

图 12-37　PDM Generation Options 窗口-Detail 选项卡

Step 3　单击“确定”按钮，生成物理数据模型，如图 12-38 所示。

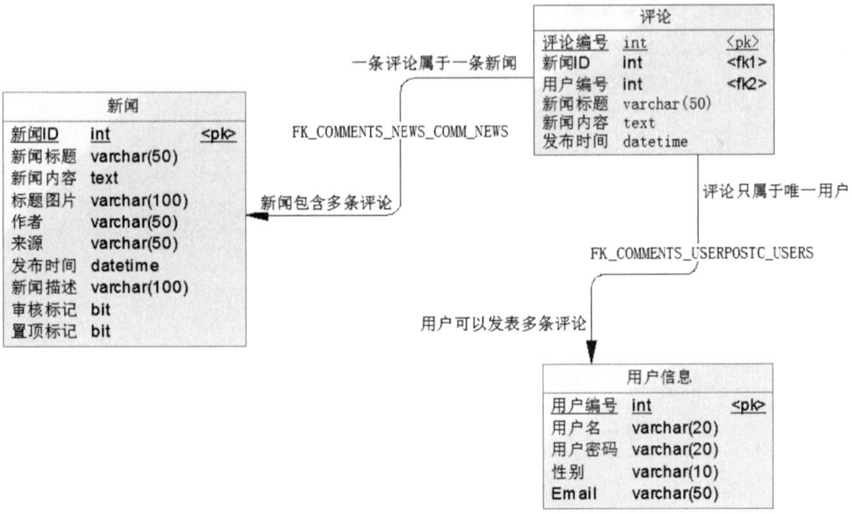

图 12-38　转换完成的物理数据模型

Step 4　数据库物理设计模型的完善。在模型转换结束后，数据库的物理设计还需要继续做很多工作，如数据库的索引、视图、存储过程等的相关工作。以索引为例，刚刚转换完成的物理模型仅在表格的主键列、外键列上默认创建了索引，其他字段的索引需要自行设计和添加。

1）在打开的物理模型中双击表格对象 news，打开“Table Properties-新闻(news)”窗口，如图 12-39 所示。

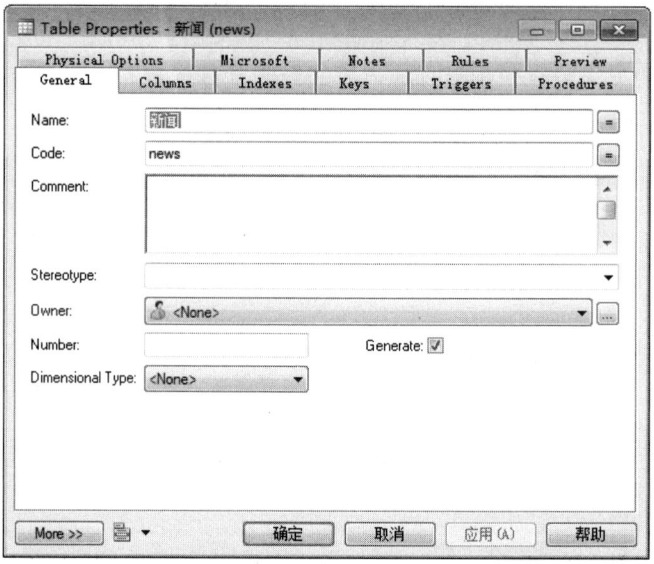

图 12-39　“Table Properties-新闻(news)”窗口-General 选项卡

2）选择 Indexes 选项卡，默认的主键索引已经显示在下方的列表中，如图 12-40 所示。

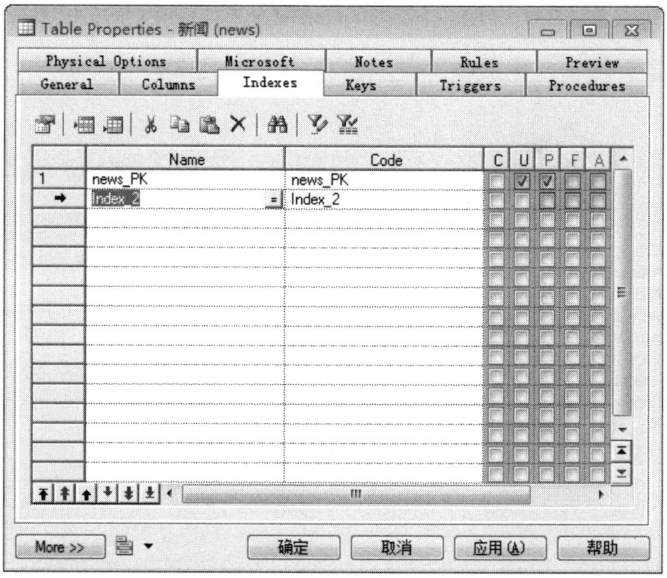

图 12-40　“Table Properties-新闻(news)”窗口-Indexes 选项卡

3）在列表中选择下一个空行，单击“”按钮，弹出 Index Properties-news_ti(news_ti)窗口，如图 12-41 所示。

4）在窗口中输入 Name、Code，然后切换到 Columns 选项卡，选择索引列，设置索引的排序规则，如图 12-42 所示。单击“确定”按钮后完成索引的设计。

除了将逻辑模型转换到物理数据模型外，PowerDesigner 还提供了概念模型直接向物理数据模型的转换功能。也提供了上述模型向面向对象数据模型的转换功能，为后期的应用程序编制提供参考。以上功能受篇幅限制，此处不再一一介绍，有兴趣的读者可以自行练习。

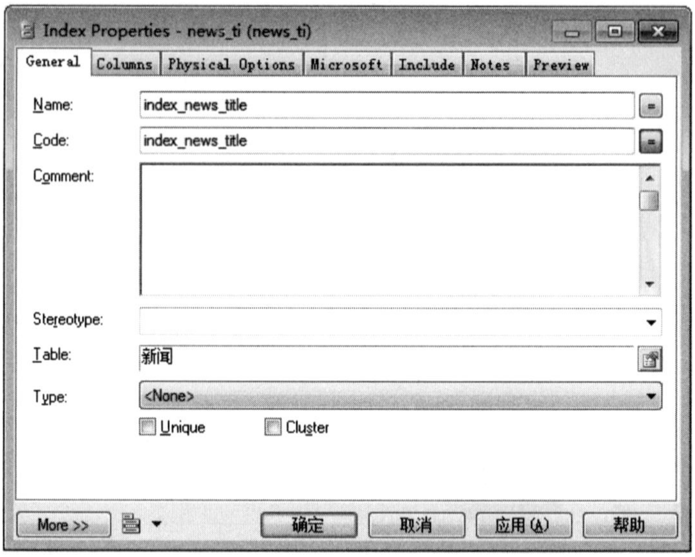

图 12-41　Index Properties-news_ti(news_ti)窗口-General 选项卡

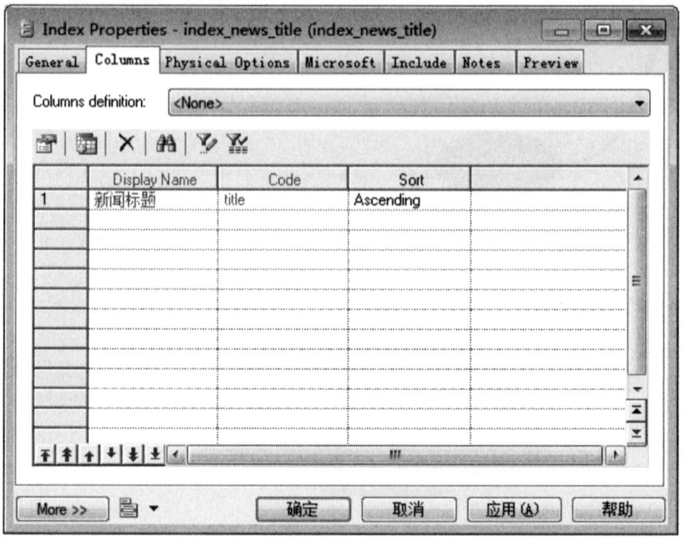

图 12-42　Index Properties-index_news_title(index_news_title)窗口-Columns 选项卡

小结

本章介绍了基本的数据库设计理论，给出了数据库设计的一般流程，并结合新闻发布系统案例，讲解了数据库概念模型设计的方法及 E-R 模型的画法，以及将 E-R 模型转换为关系模型方法。最后，本章重点介绍了主流的数据库建模工具 PowerDesigner，并通过新闻发布系统的设计，介绍了使用 PowerDesigner 实现数据库需求分析、概念数据模型、逻辑数据模型和物理模型的过程。

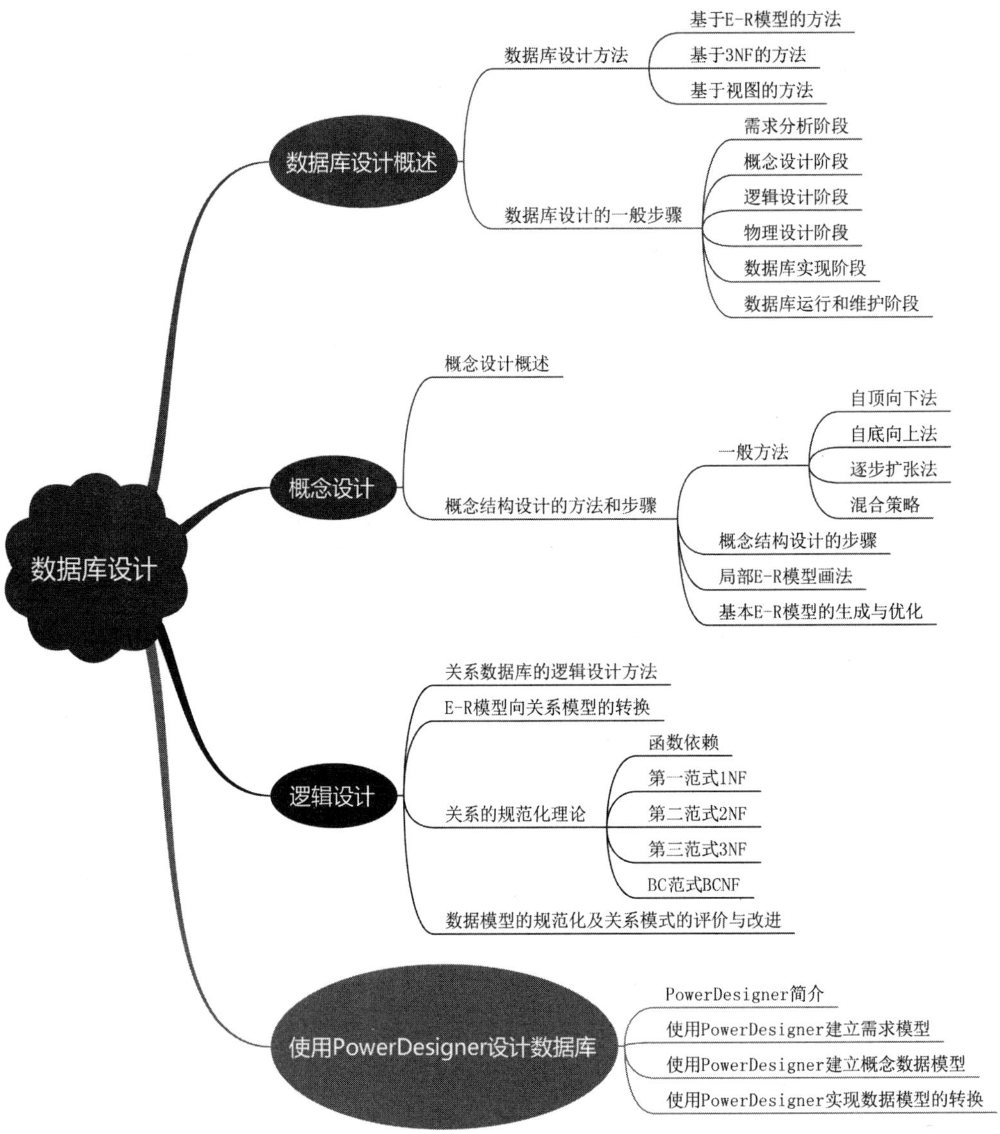

思考与练习

一、选择题

1．设学生关系模式为：学生(学号,姓名,年龄,性别,成绩,专业)，则该关系模式的主键是（　　）。

A．姓名　　B．学号、姓名　　C．学号　　D．学号、姓名、年龄

2．所谓概念模型，是指（　　）。

A．客观存在的事物及其相互联系

B．将信息世界中的信息数据化

C．实体模型在计算机中的数据化表示

D．现实世界到机器世界的一个中间层次，即信息世界

3．如果采用关系数据库实现应用，在数据库的逻辑设计阶段需将（　　）转换为关系数据模型。

A．E-R 模型　　B．层次模型　　C．关系模型　　D．网状模型

4．概念设计的结果是（　　）。

A．一个与 DBMS 相关的概念模式　　B．一个与 DBMS 无关的概念模式

C．数据库系统的公用视图　　D．数据库系统的数据词典

5．数据库设计中，学生的学号在某一局部应用中被定义为字符型，而在另一局部应用中被定义为整型，那么这种情况被称为（　　）。

A．属性冲突　　B．命名冲突　　C．联系冲突　　D．结构冲突

6．关系数据库设计理论中，起核心作用的是（　　）。

A．范式　　B．模式设计　　C．数据依赖　　D．数据完整性

二、填空题

1．按照规范进行设计，一般可将数据库设计分为需求分析、________、________、________、数据库实现、数据库的运行和维护六个阶段。

2．设计概念结构 E-R 模型的四种方法分别是：_______、_______、________和________。

3．关系数据库的逻辑设计分为________、________、________三步。

4．数据库实现阶段主要包括________、________、_________和数据库试运行四个方面的工作。

三、简答题

1．简述数据库设计的一般步骤及每个步骤的核心任务。

2．简述 1NF、2NF、3NF、BCNF 的基本定义。

3．简述概念设计的基本方法和步骤。

4．简述关系模式的评价内容。

四、设计题

1．建立一个关于学生、专业、班级、系、社团等信息的关系数据库，其中实体的主要描述如下：

（1）学生的属性：学号、姓名、出生年月、系名、班号、宿舍号。

（2）专业的属性：专业号、专业名、专业描述、所属系名。

（3）班级的属性：班号、专业名、系名、人数、入校年份。

（4）系的属性：系名、系号、系办公地点、人数。

（5）社团的属性：社团名、成立年份、地点、人数。

有关语义描述：一个系有若干专业，每个专业每年有若干个班，每个班有若干学生。

一个系的学生住在同一个宿舍区。每个学生可参加若干社团，每个社团有若干学生。

学生参加某社团有一个加入年份。

请根据上述信息给出数据库的设计模型：

（1）请画出上述数据库的 E-R 模型。

（2）请给出上述数据库关系模式。

2．结合本教材第 13 章新闻发布系统的需求，给出新闻发布系统的数据库概念模型和逻辑模型。

（1）使用 PowerDesigner 绘制新闻发布系统的概念模型。

（2）使用 PowerDesigner 将概念模型转换为逻辑模型，并进行进一步细化。

（3）使用 PowerDesigner 将逻辑模型转换为物理模型，并进行索引和视图、存储过程的设计。

第13章 新闻发布系统数据库设计案例

任务背景：

SQL Server 是市场占有率较高的数据库管理系统，很多企事业单位都使用它来存储和管理数据库，并在此基础上构建信息系统。

新闻发布系统是最常见的资讯系统之一，几乎每一家单位都会构建自己的新闻发布系统，尤其是政府部门、大中型企业等。新闻发布系统的主要功能是新闻的发布和管理，其核心业务是新闻数据的存储和管理。

本章主要讲述新闻发布系统的数据库设计过程。通过本章的学习，读者可以在新闻发布系统的设计过程中学会如何基于 SQL Server 系统实现一个数据库的设计。

学习目标：

（1）掌握数据库物理设计与创建的方法。

（2）掌握表结构设计与创建的方法。

（3）掌握索引设计与创建的方法。

（4）掌握视图设计与创建的方法。

（5）掌握存储过程和触发器的设计与创建方法。

任务导航：

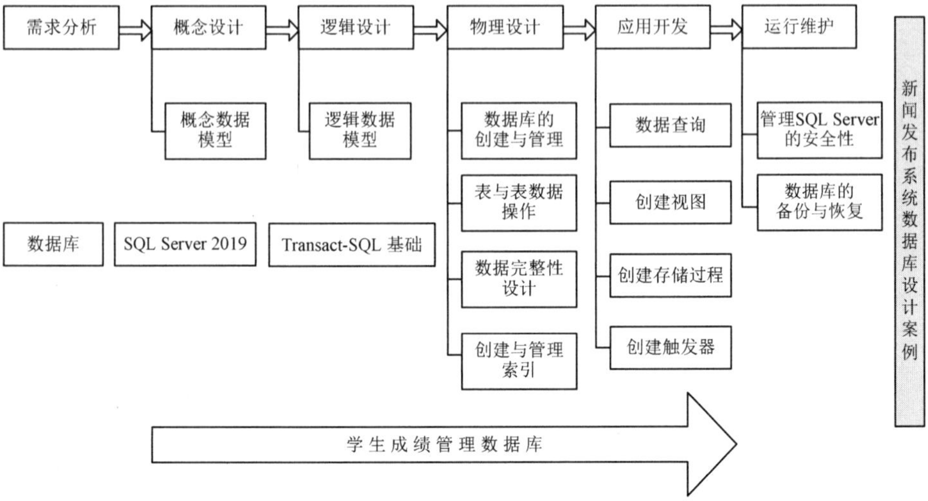

13.1 系统功能概述

13.1.1 系统概述

本章介绍的是一个小型新闻发布系统，系统后台管理员可以通过该系统进行发布新闻、修改新闻、删除新闻等管理操作。新闻发布系统基于 B/S 结构实现，包含新闻信息的后台管理、新闻信息的前台显示和新闻信息查询搜索等功能模块。

13.1.2 设计要求

依据软件系统开发设计的要求，新闻发布系统应具有如下特点：

（1）易用：以用户体验为导向，使用户零成本掌握和使用本系统，系统保持界面简洁、操作方便的特性。

（2）实用：服务于主体需求，无冗余功能，尽可能减少非必要功能设计，节约开发成本。

（3）规范：要求设计文档及程序代码简洁规范、清晰易懂。

13.1.3 系统功能简述

新闻发布系统主要用于新闻信息的发布、管理员账户的权限及普通用户的管理、新闻及评论的管理等，这些资料的录入、查询、修改和删除都是需要进行设计和实现的。

本章新闻发布系统所要实现的功能具体包括以下两大部分：

（1）管理员功能：

- 新闻信息添加
- 新闻信息修改
- 新闻信息删除
- 显示全部新闻信息
- 按类别显示新闻信息
- 按关键字查询新闻信息
- 按关键字进行站内查询
- 管理删除评论
- 用户添加和删除

（2）普通用户功能：

- 注册新用户
- 个人信息管理
- 显示全部新闻信息
- 按类别显示新闻信息
- 按关键字查询新闻信息
- 按关键字进行站内查询
- 新闻评论及留言功能

13.1.4 新闻发布系统功能模块划分

新闻发布系统主要包含两大模块：网站前台模块和网站后台管理模块。前台模块针对普通用户，可以进行新闻的浏览、搜索、评论等功能；网站后台管理模块主要是新闻、栏目、权限的增删改查操作。新闻发布系统功能模块如图 13-1 所示。

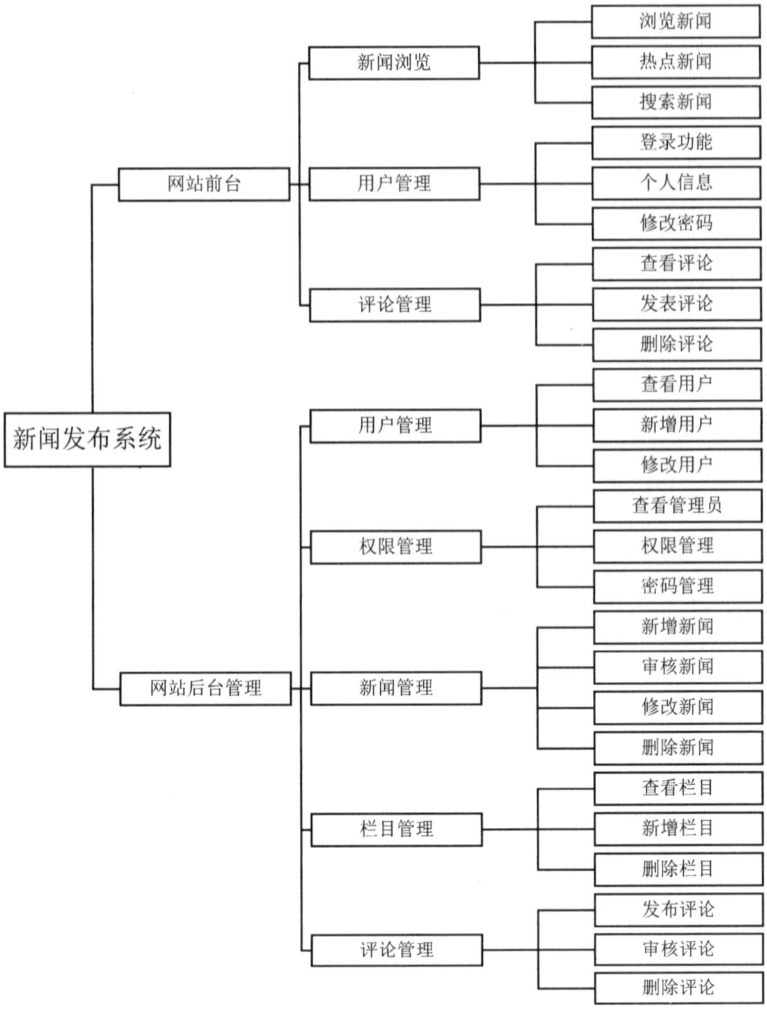

图 13-1　新闻发布系统功能模块图

13.2 数据库详细设计

13.2.1 设计数据库

本系统所有的表都放在 news_db 数据库下。根据系统功能和数据库设计的基本原则设计并实现 news_db 数据库。实现的 SQL 脚本如下：

```
USE master
GO
CREATE DATABASE  news_db
ON PRIMARY(
    NAME='news_data',--主文件逻辑文件名
    FILENAME='D:\news_data.mdf', --主文件物理文件名
    SIZE=50mb,--系统默认创建的时候会给主文件分配初始大小
    MAXSIZE=500MB,--主文件的最大值
    FILEGROWTH=15%-- 主文件的增长方式
)
LOG ON(
    NAME='news_log',--日志文件逻辑文件名
    FILENAME='E:\news_log.ldf',--日志文件物理文件名
    SIZE=5MB,--日志文件初始大小
    FILEGROWTH=0 --启动自动增长
)
GO
```

13.2.2 数据表结构设计

news-db 数据库下总共存放 9 张表，分别是 categories、news、users、comments、admins、roles、admin_roles、privileges、role_privileges。在实际设计和创建表格的时候，要根据数据库的设计原则注意主外键关系表的创建顺序。

1. 新闻栏目分类：categories 表

一般按照栏目来实现对新闻的分类显示。而 categroies 表用来存储新闻栏目信息。categories 表的详细设计如表 13-1 所列。

表 13-1 categories 表的详细设计

序号	列名	数据类型	允许 NULL	约束	说明
1	categoryID	INT	否	主键、标识列	栏目 ID
2	categoryName	VARCHAR(50)	否		栏目标题
3	categoryDesc	VARCHAR(50)	是		栏目描述

创建 categories 表的脚本如下：

```
USE news_db
GO
CREATE TABLE categories (
    categoryID INT IDENTITY PRIMARY KEY,
    categoryName VARCHAR(50) NOT NULL,
    categoryDesc VARCHAR(50) NULL
)
GO
```

2. 新闻信息：news 表

news 表主要用来存储新闻信息，包括新闻的编号、标题、内容及发布时间等，此外还要包括新闻的审核标记和置顶标记等。news 表的详细设计如表 13-2 所列。

表 13-2 news 表的详细设计

序号	列名	数据类型	允许 NULL	约束	说明
1	newsID	INT	否	主键、标识列	新闻 ID
2	title	VARCHAR(50)	否		新闻标题
3	content	TEXT	否		新闻内容
4	titleImage	VARCHAR(100)	是		新闻标题图片
5	author	VARCHAR(50)	是		新闻作者
6	source	VARCHAR(50)	是		新闻来源
7	createDate	DATETIME	是	默认为当前系统时间	发布时间
8	categoryID	INT	否		栏目 ID
9	description	VARCHAR(100)	是		新闻描述信息
10	isPass	BIT	否	默认值 0	是否审核通过
11	isTop	BIT	否	默认值 0	是否置顶

创建 news 表的脚本如下：

```
USE news_db
GO
CREATE TABLE news(
    newsID INT IDENTITY PRIMARY KEY,
    title VARCHAR(50) NOT NULL,
    content TEXT NOT NULL,
    titleImage VARCHAR(100) NULL,
    author VARCHAR(50) NULL,
    source VARCHAR(50) NULL,
    createDate DATETIME DEFAULT(GETDATE()),
    categoryID INT NOT NULL FOREIGN KEY REFERENCES categories(categoryID),
    description VARCHAR(100) NULL,
    isPass BIT NOT NULL DEFAULT(0),
    isTop BIT NOT NULL DEFAULT(0)
)
GO
```

3. 用户信息：users 表

users 表用来存储系统的用户基本信息 ID、用户名、密码、性别和 Emai 等字段。users 表的详细设计如表 13-3 所列。

表 13-3 users 表的详细设计

序号	列名	数据类型	允许 NULL	约束	说明
1	userID	INT	否	主键、标识列	用户编号
2	userName	VARCHAR(20)	否	唯一	用户名称
3	userPassword	VARCHAR(20)	否		用户密码
4	sex	VARCHAR(10)	否	默认“男”，仅为“男”“女”两个取值	用户性别
5	userEmail	VARCHAR(50)	否		用户的 Email

创建 users 表的脚本如下：

```
USE news_db
GO
CREATE TABLE users(
    userID INT IDENTITY PRIMARY KEY,
    userName VARCHAR(20) UNIQUE NOT NULL,
    userPassword VARCHAR(20) NOT NULL,
    sex varchar(10) DEFAULT('男') NOT NULL,
    userEmail VARCHAR(50)   NOT NULL,
    CHECK(sex IN('男', '女'))
)
GO
```

4. 新闻评论：comments 表

comments 表主要用来存储用户对某新闻的评论，其中需要有字段来设置该评论是哪个用户发出的，以及是关于哪条新闻的评论，因此需要用外键引用 users 表和 news 表。comments 表的详细设计如表 13-4 所列。

表 13-4　comments 表的详细设计

序号	列名	数据类型	允许 NULL	约束	说明
1	commentID	INT	否	主键、标识列	评论编号
2	title	VARCHAR(50)	否		评论标题
3	content	TEXT	否		评论内容
4	createDate	DATETIME	是	默认为系统时间	评论发布时间
5	userID	INT	否	外键，引用 users 表	用户编号
6	newsID	INT	否	外键，引用 news 表	新闻编号

创建 comments 表的脚本如下：

```
USE news_db
GO
CREATE   TABLE   comments(
    commentID INT IDENTITY PRIMARY KEY,
    title VARCHAR(50) NOT NULL,
    content TEXT NOT NULL,
    createDate DATETIME DEFAULT( GETDATE() ),
    userID INT NOT NULL FOREIGN KEY REFERENCES users(userID),
    newsID INT NOT NULL FOREIGN KEY REFERENCES news(newsID),
)
GO
```

5. 管理员信息：admins 表

admins 表主要用来存储新闻发布系统后台管理员账户的信息，管理员不同于普通用户，他们负责新闻系统的数据管理和维护。admins 表的详细设计如表 13-5 所列。

表 13-5 admins 表的详细设计

序号	列名	数据类型	允许 NULL	约束	说明
1	adminID	INT	否	主键、标识列	管理员 ID
2	adminName	VARCHAR(20)	否	唯一	管理员用户名
3	adminPassword	VARCHAR(20)	否		管理员密码

创建 admins 表的脚本如下：

```
USE news_db
GO
CREATE TABLE admins(
    adminID INT IDENTITY PRIMARY KEY,
    adminName VARCHAR(20) UNIQUE NOT NULL,
    adminPassword VARCHAR(20) NOT NULL
)
GO
```

6. roles 表

roles 表主要用来存储管理员角色信息，一个管理员可以属于不同的角色，角色拥有若干权限。roles 表的详细设计如表 13-6 所列。

表 13-6 roles 表的详细设计

序号	列名	数据类型	允许 NULL	约束	说明
1	roleID	INT	否	主键、标识列	角色 ID
2	roleName	VARCHAR(20)	否		角色名称
3	roleDesc	VARCHAR(50)	是		角色描述

创建 roles 表的脚本如下：

```
USE news_db
GO
CREATE   TABLE   roles(
    roleID   INT IDENTITY PRIMARY KEY,
    roleName   VARCHAR(20)   NOT NULL,
    roleDesc   VARCHAR(50) NULL
)
GO
```

7. 管理员角色信息：amdin_roles 表

admin_roles 表主要用来存储管理员 ID 及其所隶属的角色 ID。admin_roles 表的详细设计如表 13-7 所列。

表 13-7 admin_roles 表的详细设计

序号	列名	数据类型	允许 NULL	约束	说明
1	adminRoleID	INT	否	主键，标识列	角色授权编号
2	adminID	INT	否	外键，引用 admins 表	管理员 ID
3	roleID	INT	否	外键，引用 roles 表	角色 ID

创建 admin_roles 表的脚本如下：

```
USE news_db
GO
CREATE TABLE admin_roles(
    adminRoleID INT IDENTITY PRIMARY KEY,
    adminID    INT    NOT NULL FOREIGN KEY REFERENCES admins(adminID),
    roleID    INT    NOT NULL FOREIGN KEY REFERENCES roles(roleID)
)
GO
```

8．系统权限信息：privileges 表

privileges 表主要用来存储系统权限。privileges 表的详细设计如表 13-8 所列。

表 13-8　privileges 表的详细设计

序号	列名	数据类型	允许 NULL	约束	说明
1	privilegeID	INT	否	主键，标识列	权限 ID
2	privilegeName	VARCHAR(10)	否		权限名称
3	privilegeURL	VARCHAR(50)	否		权限 URL 地址
4	privilegeDesc	VARCHAR(100)	是		权限描述信息

创建 privileges 表的脚本如下：

```
USE news_db
GO
CREATE TABLE privileges(
    privilegeID INT IDENTITY PRIMARY KEY,
    privilegeName VARCHAR(10) NOT NULL,
    privilegeURL VARCHAR(50) NOT NULL,
    privilegeDesc VARCHAR(100) NULL
)
GO
```

9．角色权限分配信息：role_privileges 表

权限信息存储在 privileges 表中，而每个用户要想具有具体的权限，需要通过角色来获取，因此我们创建一个 role_privileges 表来解决权限分配问题。role_privileges 表的详细设计如表 13-9 所列。

表 13-9　role_privileges 表的详细设计

序号	列名	数据类型	允许 NULL	约束	说明
1	rolePrivilegeID	INT	否	主键，标识列	权限分配 ID
2	roleID	INT	否	外键，引用 roles 表	角色 ID
3	privilegeID	INT	否	外键，引用 privileges 表	权限 ID

创建 role_privileges 表的脚本如下：

```
USE news_db
GO
CREATE TABLE role_privileges (
```

```
    rolePrivilegeID INT IDENTITY PRIMARY KEY,
    roleID INT NOT NULL FOREIGN KEY REFERENCES roles(roleID),
    privilegeID INT NOT NULL FOREIGN KEY REFERENCES privileges(privilegeID)
)
GO
```

13.2.3 设计索引

索引分为聚集索引和非聚集索引，数据库中的索引类似于一本书的目录，在一本书中通过目录可以快速找到你想要的信息，而不需要读完全书。索引的主要目的是提高 SQL Server 系统的性能，加快数据的查询速度与减少系统的响应时间。

但也不是建立越多的索引就越好。索引建少了，用 WHERE 子句找数据效率低，不利于查找数据；索引建多了，不利于新增、修改和删除等操作，因为做这些操作时，SQL Server 除了要更新数据表本身外，还要连带立即更新所有的相关索引，而且过多的索引也会浪费硬盘空间。

新闻发布系统需要查询新闻的信息，这就需要在某些特定字段上建立索引，以便提高查询速度，同时也能降低服务器和数据库的查询压力。本书的第 7 章介绍了几种创建索引的方法和索引列的选择方法。本节将使用 CREATE INDEX 语句创建索引。

1. 在 news 表上建立索引

在新闻发布系统的开发过程中，需要大量地按照 title 字段、content 字段、isPass 字段查询新闻信息，还会按照 createDate 字段来排序。根据索引的设计原则，主键列将自动创建一个聚集索引，而 isPass 字段的重复值过高，content 字段是 text 类型，数据量大，都不适合创建索引，因此我们可以在 title 字段、createDate 字段创建索引。

（1）在 news 表的 title 字段上创建名为 index_news_ title 的索引，脚本如下：

```
CREATE INDEX index_news_title on news(title)
GO
```

（2）在 news 表的 createDate 字段上创建名为 index_news_createDate 的索引，脚本如下：

```
CREATE INDEX index_news_createDate ON news(createDate)
GO
```

2. 在 comments 表上建立索引

在处理评论业务的时候，开发人员需要频繁地使用 newsID 和 userID 连接查询 users 表和 news 表，并且通过 createDate 字段来实现排序，因此可以在这些字段上创建索引。

（1）在 comments 表的 newsID 字段上创建名为 index_comments_newsID 的索引，脚本如下：

```
CREATE INDEX index_comments_newsID ON comments(newsID)
GO
```

（2）在 comments 表的 userID 字段上创建名为 index_comments_userID 的索引，脚本如下：

```
CREATE INDEX index_comments_userID ON comments(userID)
GO
```

（3）在 comments 表的 createDate 字段上创建名为 index_comments_createDate 的索引，脚本如下：

```
CREATE INDEX index_comments_createDate ON comments(createDate)
GO
```

索引仅在数据量较大的时候才会发挥作用，考虑到本系统中除了新闻和评论两个模块的数据表数据量较大外，其他数据表数据量均较少，因此其他表格我们可以暂时不设计索引，在后续运行过程中再根据实际情况添加。

13.2.4 设计视图

视图是由数据库中一个或多个表导出的虚拟表，其作用是方便用户对数据的操作。新闻发布系统中，大量的数据查询操作来自多张表格，查询语句较为复杂。为了减轻开发人员的工作量，提高系统运行效率，我们将常用的较为复杂的查询定义为视图。

1. 热点新闻列表视图 news_top_view

在新闻发布系统中，新闻的数据是最常用的，新闻显示的方式主要包括热点新闻、最新新闻、按照分类显示新闻等。其中，热点新闻的标识字段 isTop 值为 True，且热点新闻列表需要从数据库中同时查询新闻的标题、题图、栏目名称等基本信息。像这样常用的较为复杂的查询我们都可以用视图来处理。

实现热点新闻列表视图的脚本如下：

```
USE news_db
GO
CREATE VIEW news_top_view
AS
SELECT newsID, title, titleImage, categoryName, createDate
FROM news n INNER JOIN categories c
    ON n.categoryID = c.categoryID
WHERE isTop = 1
GO
```

2. 新闻列表视图 news_detail_view

所有新闻的列表与热点新闻的视图相似，只是不需要判断 isTop 字段，仅连接查询新闻分类表格即可，实现的脚本如下：

```
USE news_db
GO
CREATE VIEW news_detail_view
AS
SELECT newsID, title, titleImage, categoryName, createDate
FROM news n INNER JOIN categories c
    ON n.categoryID = c.categoryID
GO
```

3. 评论列表视图 comments_detail_view

在新闻发布系统中，评论属于与用户交互较为频繁的数据，如果直接查询 comments 表，显示信息时会显示新闻编号和用户编号。这种显示不直观，为了以后查询方面，可以建立一个视图 comments_detail_view，该视图显示评论标题、新闻编号、新闻标题、新闻内容和新闻发布时间，实现的脚本如下：


```
USE news_db
GO
CREATE VIEW comments_detail_view
As
SELECT commentID, c.title as commentTitle,u.userName,
```

```
    n.title AS newsTile,c.content,c.createDate
FROM comments c INNER JOIN news n ON c.newsID = n.newsID
    INNER JOIN users u ON c.userID = u.userID
GO
```

4. 用户权限明细视图 privilege_list_view

在新闻发布系统的后台，一个管理员账户每次登录时都需要查询自己的权限，而权限信息实际存储在 privileges 表中，管理员账户如果需要查询权限则首先需要查找自己所属的角色（roles），再根据角色来查询权限（privileges），这三个实体之间都是多对多的联系，因此需要做多次连接查询才能查询到自己想要的数据，此时就建议创建视图来完成了。创建用户权限明细视图的脚本如下：

```
USE news_db
GO
CREATE VIEW privilege_list_view
As
SELECT a.adminID,adminName,roleName,privilegeName,privilegeURL,privilegeDesc
FROM admins a INNER JOIN admin_roles ar ON a.adminID = ar.adminID
    INNER JOIN roles r ON ar.roleID = r.roleID
    INNER JOIN role_privileges rp ON r.roleID = rp.roleID
    INNER JOIN privileges p ON rp.privilegeID= p.privilegeID
GO
```

13.2.5 设计存储过程

存储过程和触发器可以满足用户更高的应用需求，其中存储过程不仅可以提高 SQL 语句的执行效率，优化系统性能，更能提高应用系统的安全性。因此，我们会将数据库系统中客户端需要频繁执行交互的操作封装为存储过程，让用户通过传入最基本的参数来执行较为复杂的操作。

1. 管理员发布新闻存储过程：news_insert_proc

发布新闻的操作是典型的 INSERT 操作，存储过程最常用的用途就是封装增删改语句。程序开发人员只需要将参数按顺序传递给存储过程，就可以实现新闻的添加操作，不仅简化了操作，还大大提高了程序执行的效率。

实现 news_insert_proc 存储过程的脚本如下：

```
USE news_db
GO
CREATE PROC news_insert_proc
    @title VARCHAR(50),
    @content TEXT,
    @titleImage VARCHAR(100),
    @author VARCHAR(50),
    @source VARCHAR(50),
    @createDate DATETIME ,
    @categoryID INT,
    @description VARCHAR(100)
AS
BEGIN
    IF @title IS NULL OR @content IS NULL OR @categoryID IS NULL
```

```
    BEGIN
        RAISERROR('标题、内容、栏目不能为空',16,1)
        RETURN -1
    END
    IF @createDate IS NULL
    BEGIN
        SET @createDate = GETDATE()
    END
    INSERT INTO news values(@title,@content,
        @titleImage,@author,@source,@createDate,
        @categoryID,@description,0,0)
END
GO
```

2. 发布新闻评论存储过程：comments_insert_proc

发布新闻评论是每个用户都会用到的常用操作，通过存储过程来实现可以大大提高其运行效率。在发布新闻评论的时候，系统还需要校验提交的评论中标题、内容、用户等信息是否非空，这项检查也可由存储过程来实现。

实现 comments_insert_proc 存储过程的脚本如下：

```
USE news_db
GO
CREATE PROC comments_insert_proc
    @title VARCHAR(50),
    @content TEXT,
    @createDate     DATETIME,
    @userID INT,
    @newsID INT
AS
BEGIN
    IF @title IS NULL or @content IS NULL OR @userID IS NULL OR @newsID IS NULL
    BEGIN
        RAISERROR('标题、内容、用户等信息不能为空',16,1)
        RETURN -1
    END
    IF @createDate IS NULL
    BEGIN
        SET @createDate = GETDATE()
    END
    INSERT INTO comments values(@title,@content,@createDate,@userID,@newsID)
END
GO
```

3. 管理员审核新闻存储过程：news_check_proc

按照系统设计，所有新闻都需要经过审核方可对外发布，普通用户只能看到发布的新闻，因此新闻发布后默认的 isPass 标记位值是 FALSE。管理员审核新闻的操作同样可以使用存储过程来实现。

实现 news_check_proc 存储过程的脚本如下：

```
USE news_db
GO
```

```
CREATE PROC news_check_proc
    @newsID INT,
    @isPass BIT
AS
BEGIN
    IF @newsID IS NULL OR @isPass IS NULL
    BEGIN
        RAISERROR('新闻 ID、审核标记不能为空',16,1)
        RETURN -1
    END
    UPDATE news SET isPass = @isPass WHERE newsID = @newsID
END
GO
```

4. 管理员修改密码存储过程：admin_change_pwd_proc

管理员修改密码的操作同样可以使用存储过程来封装，此时可以一并传入用户名、旧密码、新密码，实现数据验证后再完成相应的操作。

实现 admin_change_pwd_proc 存储过程的脚本如下：

```
USE news_db
GO
CREATE PROC admin_change_pwd_proc
    @adminName VARCHAR(20),
    @oldPassword VARCHAR(20),
    @newPassword VARCHAR(20)
AS
BEGIN
    DECLARE @adminID INT
    IF @adminName IS NULL OR @oldPassword IS NULL OR @newPassword IS NULL
    BEGIN
        RAISERROR('数据不能为空',16,1)
        RETURN -1
    END
    SELECT @adminID = adminID FROM admins
    WHERE adminName = @adminName AND adminPassword = @oldPassword
    IF @adminID IS NULL
    BEGIN
        RAISERROR('用户名或原密码错误',16,1)
        RETURN -2
    END
    UPDATE admins SET adminPassword = @newPassword WHERE adminID = @adminID
END
GO
```

13.2.6 设计触发器

触发器是 SQL Server 提供给程序员和数据分析员来保证数据完整性的一种方法，它是与表事件相关的特殊存储过程，经常用于加强数据的完整性约束和业务规则等。触发器的执行不是由程序调用，也不是手工启动，而是由事件来触发，比如当对一个表进行操作（INSERT、UPDATE 和 DELETE 等）时就会激活它执行。SQL Server 的较高版本中还支持针对 DDL 语句的触发器、登录事件的触发器等，用于辅助系统实现较为高级的约束和规则。

针对新闻发布系统，我们可以在遇到以下情形时考虑使用 DML 触发器：

（1）通过数据库中的相关表实现级联更改、级联删除。

（2）防止恶意或者错误的 INSERT、UPDATE 和 DELETE 操作，强制执行比 CHECK 约束更为复杂的约束规则。

（3）评估数据修改前后表的状态，并根据状态变化采取相应措施。

通过上述分析，我们可以通过以下几个触发器来实现更高级别的数据完整性约束。

1．新闻栏目的删除操作触发器：category_delete_trg

在新闻发布系统的后台管理过程中，管理员可以删除一个不再使用的新闻栏目。在删除栏目时，需要考虑该栏目下是否有新闻，如果有新闻则需要一同删除。与此同时，每条新闻还关联了若干条新闻的评论，如果删除了新闻，这些评论也将成为无用数据。在之前进行数据表设计的时候，我们已经使用了外键来约束这些数据的引用关系。在实际删除的过程，我们没有设置级联操作，因此实际执行删除操作时是无法成功的，此时可通过触发器来完成。

实现上述操作的脚本如下：

```
USE news_db
GO
CREATE TRIGGER category_delete_trg
ON categories
INSTEAD OF DELETE
AS
BEGIN
    DECLARE @categoryID INT, @count INT
    SELECT @categoryID = categoryID FROM deleted
    SELECT @count = COUNT(*) FROM categories
            WHERE categoryID = @categoryID
    IF @count = 0
    BEGIN
        RAISERROR('分类不存在',16,1)
    END
    DELETE FROM comments WHERE newsID IN( SELECT newsID
                FROM news WHERE categoryId = @categoryID)
    IF @@ERROR <> 0
    BEGIN
        RAISERROR('评论删除异常，已撤销删除操作',16,1)
        ROLLBACK TRAN
    END
    DELETE FROM news WHERE categoryId = @categoryID
    IF @@ERROR <> 0
    BEGIN
        RAISERROR('该栏目下新闻删除异常，已撤销删除操作',16,1)
        ROLLBACK TRAN
    END
    DELETE FROM categories WHERE categoryID = @categoryID
    IF @@ERROR <> 0
    BEGIN
        RAISERROR('栏目删除异常，已撤销删除操作',16,1)
```

```
            ROLLBACK TRAN
        END
    END
    GO
    --验证触发器，删除 categories 表中的一条数据
    DELETE FROM categories WHERE categoryID = 1
```

2. 用户删除操作触发器：user_delete_trg

在新闻发布系统后台管理过程中，管理员可以删除普通用户。在做用户删除操作时需要级联删除该用户发布的所有新闻评论信息，否则相关的新闻评论在显示的时候就会出现异常。在之前进行表格设计时，我们使用外键约束了两张表的引用关系，因此直接删除会有错误。此时也可通过触发器来解决。

实现上述操作的脚本如下：

```
USE news_db
GO
CREATE TRIGGER user_delete_trg
ON users
INSTEAD OF DELETE
AS
BEGIN
    DECLARE @userID INT, @count INT
    SELECT @userID = userID FROM deleted
    SELECT @count = COUNT(*) FROM users
              WHERE userID = @userID
    IF @count = 0
    BEGIN
        RAISERROR('用户不存在',16,1)
    END
    DELETE FROM comments WHERE userID = @userID
    IF @@ERROR <> 0
    BEGIN
        RAISERROR('评论删除异常，已撤销删除操作',16,1)
        ROLLBACK TRAN
    END
    DELETE FROM users WHERE userID = @userID
    IF @@ERROR <> 0
    BEGIN
        RAISERROR('用户删除异常，已撤销删除操作',16,1)
        ROLLBACK TRAN
    END
END
GO
--验证触发器，删除 users 表中的一条数据
DELETE FROM users WHERE userID = 1
```

3、新闻修改操作触发器：news_update_trg

在新闻发布系统后台管理过程中，管理员可以修改已经发布的新闻。为了防止系统统计数据不准确，需要限制管理员将新闻发布时间修改到早于其发布的时间，但不能晚于系统时间。类似这种复杂的约束，我们也需要定义触发器来解决。

实现上述操作的脚本如下：

```
USE news_db
GO
CREATE TRIGGER news_update_trg
ON news
AFTER UPDATE
AS
BEGIN
    DECLARE @olddate DATETIME, @newdate DATETIME
    DECLARE @count INT
    SELECT @count = COUNT(*) FROM deleted
    IF @count > 1
    BEGIN
        RAISERROR('新闻的修改操作不允许批量进行',16,1)
        ROLLBACK TRAN
    END
    SELECT @olddate = createDate FROM deleted
    SELECT @newdate = createDate FROM inserted
    if @newdate < @olddate OR @newdate > GETDATE()
    BEGIN
        RAISERROR('修改日期不可以早于发布时间，也不可以晚于当前日期',16,1)
        ROLLBACK TRAN
    END
END
GO
--验证触发器，修改一条新闻数据
UPDATE news SET createDate = DATEADD(DAY,1,GETDATE()) WHERE newsID=1
```

13.3 本章总结

本章以企业常用的新闻发布系统为例，介绍了 SQL Server 在具体企业项目中的实践。在数据库设计方面，本章从零开始引导读者设计和完善表结构、进行字段设置等，还借由项目提高读者对索引、视图、存储过程和触发器的具体实践运用能力。其中，在介绍索引、视图、存储过程与触发器的具体运用之前，还讲解了设计思路，以使读者学会优化数据库性能和提高设计技巧。

参考文献

[1] 王珊，萨师煊．数据库系统概论[M]．5 版．北京：高等教育出版社，2014．

[2] 李伟红．SQL Server 2005 实用教程[M]．北京：中国水利水电出版社，2009．

[3] 青岛东合信息技术有限公司．数据库原理与应用（Oracle 版）[M]．北京：电子工业出版社，2010．

[4] SILBERSCHATZ A，KORTH H F，SUDARSHAN S．数据库系统概念[M]．杨冬青，李红燕，唐世渭，等译．6 版．北京：机械工业出版社，2012．

[5] 黄存东．数据库原理及应用（SQL Server 2005）[M]．北京：中国水利水电出版社，2010．

[6] 刘志成．SQL Server 2005 实例教程[M]．北京：电子工业出版社，2008．

[7] 郭更麒，王槐彬．数据库原理与应用——SQL Server 2005 项目教程[M]．北京：中国水利水电出版社，2009．

[8] 朱如龙．SQL Server 2005 数据库应用系统开发技术[M]．北京：机械工业出版社，2006．

[9] 马俊，袁暋．SQL Server 2012 数据库管理与开发[M]．北京：人民邮电出版社，2016．

[10] 刘娜，董引娣，周健飞．SQL Server 2012 数据库原理及应用[M]．哈尔滨：哈尔滨工程大学出版社，2017．

附录　学生成绩管理系统数据库 SGMS 表结构设计

1.概述

根据教学案例功能，数据库将以学生成绩管理为中心存储相关数据，配合 SQL Server 数据库系统中提供的数据管理功能，实现学生档案管理、班级管理、系部管理、专业管理、教师管理、课程和成绩管理等业务功能。

数据库设计将以存储信息的学生表、课程表、成绩表为基础，包括对基本的教学流程的处理。数据库系统主要的数据库关系如附图 1 所示。

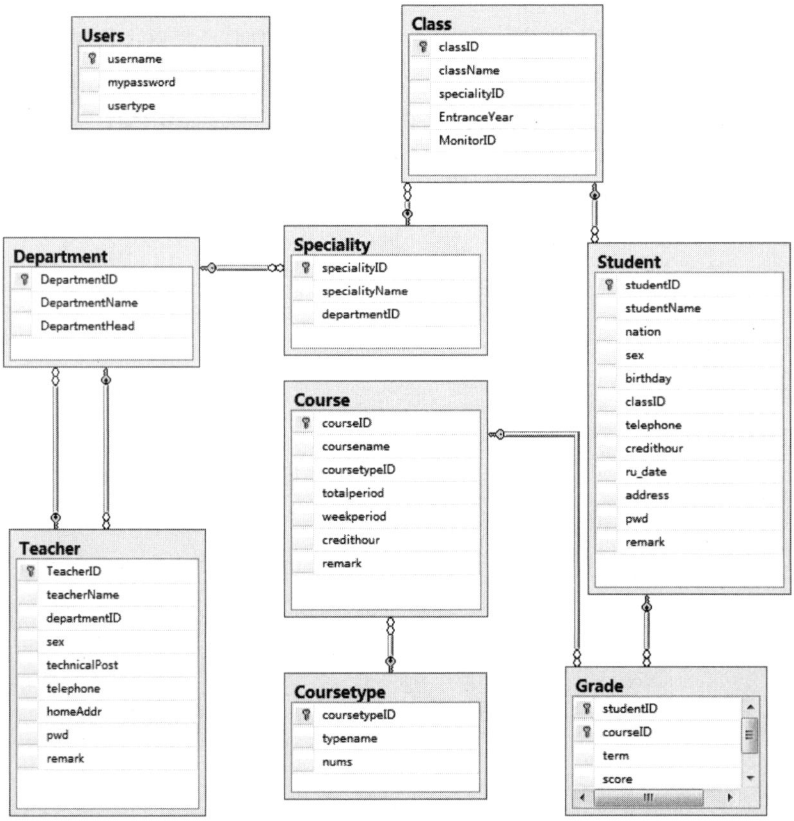

附图 1　数据库系统主要的数据库关系

2.Department 表

2.1 概述

Department 表用于记录教学系部基本信息。

2.2 表定义

Department 表的定义如附表 1 所列。

附表 1 Department 表的定义

名称	数据类型	可否为空	说明	备注
DepartmentID	char (3)	否	系部编号	
DepartmentName	varchar (30)	否	系部名称	
DepartmentHead	char (8)	是	部门负责人	

2.3 主键

Department 表的主键是 DepartmentID 字段，数据类型为 char (3)。

2.4 外键

Department 表的外键为 DepartmentHead，用于与 Teacher 表的 TeacherID 相关联。

3.Teacher 表

3.1 概述

Teacher 表用于记录教师基本信息。

3.2 表定义

Teacher 表的定义如附表 2 所列。

附表 2 Teacher 表的定义

名称	数据类型	可否为空	说明	备注
TeacherID	char (8)	否	教师编号	
teacherName	varchar(10)	否	教师姓名	
departmentID	char (3)	是	教师所在系部 ID	
sex	char (2)	是	性别	男或女，默认男
technicalPost	char (16)	是	职称	
telephone	char (16)	是	电话	
homeAddr	varchar (50)	是	家庭住址	
pwd	varchar (16)	是	密码	
remark	nvarchar (200)	是	备注	

3.3 主键

Teacher 表的主键是 TeacherID 字段，数据类型为 char (8)。

3.4 外键

Teacher 表的外键为 DepartmentID，用于与 Department 表的 DepartmentID 相关联。

4.Speciality 表

4.1 概述

Speciality 表用于记录专业基本信息。

4.2 表定义

Speciality 表的定义如附表 3 所列。

附表 3　Speciality 表的定义

名称	数据类型	可否为空	说明	备注
specialityID	char (5)	否	专业编号	
specialityName	varchar (30)	否	专业名称	
departmentID	char (3)	是	专业所在系部 ID	

4.3 主键

Speciality 表的主键是 specialityID 字段，类型为 char (5)。

4.4 外键

Speciality 表的外键为 DepartmentID，用于与 Department 表的 DepartmentID 相关联。

5. CourseType 表

5.1 概述

CourseType 表用于记录课程分类信息，如基础课、专业基础课、专业课、专业方向选修课等。

5.2 表定义

CourseType 表的定义如附表 4 所列。

附表 4　CourseType 表的定义

名称	数据类型	可否为空	说明	备注
coursetypeID	char (3)	否	课程类型编号	
typename	varchar (18)	否	课程类型名称	

5.3 主键

CourseType 表的主键是 coursetypeID 字段，数据类型为 char (5)。

6.Course 表

6.1 概述

Course 表用于记录课程信息。

6.2 表定义

Course 表的定义如附表 5 所列。

附表 5 Course 表的定义

名称	数据类型	可否为空	说明	备注
courseID	char (8)	否	课程编号	
coursename	varchar (20)	否	课程名称	
coursetypeID	char (3)	是	课程类型编号	
totalperiod	tinyint	是	总课时	
weekperiod	tinyint	是	周课时	
credithour	tinyint	是	学分	大于 0
remark	varchar (50)	是	备注	

6.3 主键

Course 表的主键是 courseID 字段，数据类型为 char (8)。

6.4 外键

Course 表的外键为 coursetypeID，用于与 CourseType 表的 coursetypeID 相关联。

7.Class 表

7.1 概述

Class 表用于记录所有班级信息。

7.2 表定义

Class 表的定义如附表 6 所列。

附表 6 Class 表的定义

名称	数据类型	可否为空	说明	备注
classID	char (7)	否	班级编号	
className	varchar (12)	否	班级名称	

续表

名称	数据类型	可否为空	说明	备注
specialityID	char (5)	是	专业编号	
specialityName	Varc har (30)	是	专业名称	
EntranceYear	char (4)	是	入学年份	
MonitorID	char (10)	是	班长编号	

7.3 主键

Class 表的主键是 classID，数据类型为 char (7)。

7.4 外键

Class 表的外键为 specialityID 和 MonitorID，分别用于与 Speciality 表的 specialityID 和 Student 表的 studentID 相关联。

8.Student 表

8.1 概述

Student 表用于记录所有学生的基本信息。

8.2 表定义

Student 表的定义如附表 7 所列。

附表 7　Student 表的定义

名称	数据类型	可否为空	说明	备注
studentID	char (10)	否	学生编号	
studentName	varchar (10)	否	学生姓名	
nation	char (10)	是	民族	
sex	char (2)	是	性别	男或女，默认男
birthday	datetime	是	出生日期	
classID	char (7)	是	班级编号	
telephone	varchar (16)	是	联系电话	
credithour	tinyint	否	已修学分	大于 0
ru_date	char (4)	是	入学年份	
address	varchar (50)	是	家庭住址	
pwd	varchar (16)	是	密码	
remark	varchar (200)	是	备注	

8.3 主键

Student 表的主键是 studentID，数据类型为 char (10)。

8.4 外键

Student 表的外键为 classID，用于与 Class 表的 classID 相关联。

9.Grade 表

9.1 概述

Grade 表用于记录学生成绩。

9.2 表定义

Grade 表的定义如附表 8 所列。

附表 8 Grade 表的定义

名称	数据类型	可否为空	说明	备注
studentID	char (10)	否	学生编号	
courseID	char (8)	否	课程编号	
Term	nvarchar(20)	否	学期	
score	tinyint	是	学生成绩	在[0,100]之间

9.3 主键

Grade 表的主键是 studentID 与 courseID 字段的组合，数据类型为 char (10)和 char (8)。

9.4 外键

Grade 表的外键为 studentID 和 courseID，分别用于与 Student 表的 studentID 和 Course 表的 courseID 相关联。

10.Users 表

10.1 概述

Users 表用于记录系统管理员账户信息。

10.2 表定义

Users 表的定义如附表 9 所列。

附表 9 Users 表的定义

名称	数据类型	可否为空	说明	备注
username	char (10)	否	登录用户名	
mypassword	varchar (50)	否	密码	
usertype	varchar (20)	是	用户类型	超级管理员或一般管理员

10.3 主键

Users 表的主键是 username，数据类型为 char (10)。